典型难焊接材料焊接技术

李淑华　编著

中国铁道出版社

2016年·北京

内 容 简 介

本书针对铝、镁、钛为代表的轻质结构材料、先进陶瓷材料和异种材料的焊接问题,讨论了可焊性,给出了具体的焊接方法、工艺参数和相关技术数据,并结合国内外研究的最新成果,针对特殊材料焊接时面临的问题和容易产生的缺陷给出了具体解决措施。全书力求突出新颖性、实用性和先进性,以期为读者实现这些典型材料的焊接提供帮助和指导。

图书在版编目(CIP)数据

典型难焊接材料焊接技术/李淑华编著. —北京:中国铁道出版社,2016.3
ISBN 978-7-113-21041-0

Ⅰ.①典… Ⅱ.①李… Ⅲ.①焊接工艺 Ⅳ.①TG44

中国版本图书馆 CIP 数据核字(2015)第 242368 号

书　　名:	典型难焊接材料焊接技术
作　　者:	李淑华

责任编辑:	张　瑜	编辑部电话:	010-51873371
编辑助理:	袁希翀		
封面设计:	崔　欣		
责任校对:	马　丽		
责任印制:	陆　宁　高春晓		

出版发行:	中国铁道出版社(100054,北京市西城区右安门西街 8 号)
网　　址:	http://www.tdpress.com
印　　刷:	北京鑫正大印刷有限公司
版　　次:	2016 年 3 月第 1 版　2016 年 3 月第 1 次印刷
开　　本:	850 mm×1 168 mm　1/32　印张:14.25　字数:375 千
书　　号:	ISBN 978-7-113-21041-0
定　　价:	40.00 元

版权所有　侵权必究

凡购买铁道版图书,如有印制质量问题,请与本社读者服务部联系调换。电话:(010)51873174(发行部)
打击盗版举报电话:市电(010)51873659,路电(021)73659,传真(010)63549480

前言

随着先进结构材料和功能材料的不断发展和应用,以铝、镁、钛为代表的轻质结构材料、金属间化合物、电子信息材料、复合材料、先进陶瓷材料的应用逐渐增加,但如何焊接这些材料,以及如何提高接头质量的可靠性,一直是摆在焊接工作者面前的一道难题。如:铝及铝合金焊接中的气孔、热裂纹和接头"等强性"问题;镁及镁合金焊接过程中的氧化、氮化、蒸发、热裂纹、气孔和烧穿缺陷等问题;钛及钛合金焊接过程中的焊接接头脆化、裂纹和气孔等问题;陶瓷与金属焊接过程中的润湿性与应力缓解问题等。

提高以上材料的焊接性能,同时加强焊接工艺与控制技术的研究,提高难焊接材料的焊接质量,获得优质焊接接头,是进一步拓宽这些材料应用范围的重要条件。目前,焊接这些材料的技术虽然已经取得了重大突破,能基本满足急需生产的部分要求,但仍存在很多迫切需要解决的问题。如焊接技术过分依赖经验和试验,焊工的劳动条件仍然还很差,在新能源、太空及含氧气氛焊接的开发中,焊接技术仍然面临巨大的挑战,需要焊接工作者的更大努力。为了使我国从制造大国迈向制造强国,焊接作为制造业的关键技术,将发挥越来越重要的作用。

当前很多重要的工程技术问题必须采用焊接才能解决,而且焊接接头可能在复杂、严酷的条件下工作,甚至要在极限条件下实现材料焊接。钎焊、扩散焊、摩擦焊和压焊等非熔化焊技术以及高能束流焊接方法具有对基体原始组织热损伤小的优势,在这些材料的连接领域受到了普遍的重视和快速发展。以激光束、电子束、等离子束为代表的高能束流焊接技术可大幅度提高生产效率,在进行厚板焊接时甚至可以不开坡口直接对接焊,因此近年来得到了较多的重视和发展,尤其是采用激光复合电弧的焊接技术受到了极大的关注。但考虑到电弧熔化焊仍是目前焊接生产中的基础技术,保持高效、优质、低成本的焊接过程是人们一直所关注的方向。因此,本书在编写过程中,力求尽量采用较简便的焊接方法实现典型难焊接材料的焊接,焊接工艺力求突出实用性和先进性。

本书是作者集多年的科研及生产技术经验,并参考相关技术书籍和文献编写而成的。全书汇集了铝及铝合金的焊接、镁及镁合金的焊接、钛及钛合金的焊接、陶瓷的连接、异种材料焊接与连接、钎焊六部分典型材料、先进材料和难焊接材料的焊接及焊接过程中面临的问题及其解决方法,并且针对一些棘手问题,还提供了国内外研究者的最新研究数据和解决方案,供读者参考。

在本书编写过程中,得到了军械工程学院的大力支持,并参考了其他作者的相关文献,引用了部分作者的照片。在此,对关心和支持作者的领导和同仁、对相关著作作者表示衷心的感谢!

由于作者学识水平和实践范围所限,书中所涉及的范围较窄,难免有错误之处,恳请读者批评指正。

作者
2015 年 6 月

目 录

第一章 铝合金焊接 ·· 1

一、哪些方法可以用来焊接铝及铝合金？各有什么特点？······ 1
二、如何进行铝及铝合金的焊接？······························ 4
三、如何避免铝及铝合金焊接过程中产生气孔？················ 8
四、如何防止铝及铝合金的焊接热裂纹？······················· 9
五、如何解决焊接过程中铝及铝合金接头的"等强性"
　　问题？··· 10
六、如何进行 LC9CS 超硬铝合金的焊接？······················ 11
七、哪种焊接方法适宜焊接铝合金薄板？······················· 15
八、如何选择保护气体才能防止和减少铝合金焊缝中
　　的气孔？·· 17
九、如何焊接才能减小高强铝合金薄板结构中的残余
　　应力？··· 21
十、如何采用超声冲击处理技术提高铝合金焊接接头
　　的强度？·· 24
十一、如何控制铝合金薄板焊接过程中的变形？··············· 30
十二、如何进行铝合金角接结构的搅拌摩擦焊？··············· 37
十三、如何进行 6061 铝合金薄板的超声波点焊？············· 42
十四、激光-MIG 复合焊接铝合金时如何选择保护气体？····· 48

第二章 镁合金焊接 ·· 56

一、如何采用钨极氩弧焊焊接挤压的 AZ31 镁合金板材？··· 56

二、如何提高 AZ31B 镁合金 TIG 焊接头的力学性能? …… 59
三、如何增加镁合金 TIG 焊的焊缝熔深? …… 66
四、焊接中如何通过改变工艺参数调节镁合金焊接接
　　头的力学性能? …… 71
五、采用 CO_2 激光焊焊接 AZ61 和 AZ31 镁合金各有什
　　么特点? …… 76
六、如何解决 AZ31 镁合金 CO_2 激光焊焊缝下塌问题? …… 84
七、如何通过磁控焊接提高 AZ31 镁合金焊接接头的
　　力学性能,降低其热裂敏感性? …… 90
八、如何采用电磁搅拌技术实现 AZ61 镁合金的 TIG
　　焊接? …… 96
九、如何采用 TIG 焊进行 AZ91 镁合金焊接? …… 102
十、如何改善 AZ91 镁合金的焊接性,提高焊接接头的
　　力学性能? …… 107
十一、AM50 镁合金 TIG 焊接过程中如何选取焊接工艺
　　　规范? …… 110
十二、如何进行 AM60 变形镁合金薄板的激光焊接? …… 117
十三、如何进行 ZK60 镁合金的焊接? …… 122
十四、如何进行 ZK60-Gd 镁合金的搅拌摩擦焊? …… 126
十五、如何进行厚板镁合金的搅拌摩擦焊? …… 132
十六、如何进行镁合金小孔变极性等离子弧焊接? …… 137

第三章　钛合金焊接　143

一、如何采用氩弧焊焊接纯钛? …… 143
二、如何进行工业纯钛 TA2 阀门构件的焊接? …… 149
三、如何进行小直径 TA2 钛管的氩弧焊? …… 156
四、如何进行钛合金的焊接? …… 160
五、焊接前为防止 TC4 钛合金产生氢脆如何对其进行
　　酸洗? …… 172
六、如何进行 TC6 钛合金的焊接? …… 174

七、如何降低 TC6 钛合金热影响区脆性? ……………… 177
八、如何进行钛合金的高效焊接? ………………………… 183
九、如何进行 TA15 钛合金的高压及中压电子束焊接? …… 189
十、如何进行 TC2 钛合金换热管与管板的焊接? ………… 194
十一、如何利用超声冲击消除钛合金焊缝的残余应力? …… 199
十二、如何进行钛合金厚板的窄间隙 TIG 焊? …………… 203
十三、采取哪种方法焊接可得到使用性能良好的 TC18
钛合金焊接接头? ……………………………………… 209
十四、采取哪些措施可以控制或减少钛及钛合金的焊
接缺陷? ………………………………………………… 215
十五、如何利用助焊剂消减钛合金焊接气孔? …………… 216

第四章 陶瓷的连接 …………………………………… 221

一、如何连接 SiC 陶瓷件? ………………………………… 221
二、如何提高氮化硅陶瓷连接处的结合强度? …………… 226
三、如何采用微波技术连接陶瓷材料? …………………… 233
四、如何采用聚硅氮烷连接剂和纳米铝粉连接无压烧
结的 SiC 陶瓷? ………………………………………… 241
五、如何采用坯体连接技术连接先进陶瓷? ……………… 243
六、如何进行氧化锆陶瓷的润湿及钎焊? ………………… 246
七、如何用有机硅树脂连接结构陶瓷? …………………… 252

第五章 异种材料焊接与连接 ………………………… 256

一、如何将 0Cr18Ni9 不锈钢与 16Mn 低合金钢焊接在
一起? …………………………………………………… 256
二、如何焊接 06Cr19Ni10 与 Q235B 钢才能使之避免焊
接缺陷? ………………………………………………… 259
三、如何避免承重结构 T 型焊缝中 18MnMoNb 与 Q345A
钢焊后的层状撕裂? …………………………………… 261
四、如何焊接才能保证动载荷结构的 18CrMnMoB 与 Q345D

在使用中不产生裂纹？………………………………… 263
五、如何焊接45号钢与12Cr18Ni9不锈钢才能使焊接
接头的性能达到设计指标？ ………………………… 266
六、如何进行254SMO超级奥氏体不锈钢与Q235B普
通碳素结构钢焊接？ ………………………………… 269
七、如何进行调质状态的30CrMo与16Mn钢的焊接？ … 271
八、如何进行硬质合金与45号钢的焊接？ ……………… 273
九、如何实现TiAl金属间化合物与GH3536镍基高温
合金的焊接？ ………………………………………… 283
十、如何焊接12Cr12Mo珠光体耐热钢与1Cr18Ni9Ti
奥氏体不锈钢才能使之不产生裂纹？ ……………… 284
十一、如何焊接避免12Cr12Mo珠光体耐热钢与1Cr18Ni9Ti
奥氏体不锈钢接头产生晶间腐蚀？ ………………… 285
十二、如何焊接硬质合金YT767与45号钢钻削刀具才
能满足其性能要求？ ………………………………… 286
十三、如何焊接Q345与1Cr18Ni9Ti不锈复合钢板并防
止其出现焊接裂纹？ ………………………………… 289
十四、焊接中如何避免钛与钢的复合板焊缝产生气孔？ …… 292
十五、如何避免钛-钢复合板焊接过程中产生热裂纹？ …… 293
十六、如何焊接才能保证焊后的钛-钢复合板的钛焊缝
和热影响区表面颜色一致？ ………………………… 294
十七、如何将铝合金与镀锌钢板焊接在一起？ …………… 295
十八、如何采用激光滚压焊技术连接异种金属？ ………… 303
十九、如何进行高纯Al_2O_3陶瓷和不锈钢的高强度连接？ … 311
二十、如何进行陶瓷与金属的活性封接？ ………………… 314
二十一、金属与陶瓷连接时如何选择中间过渡层材料？ …… 318
二十二、SiC陶瓷及SiC陶瓷基复合材料与金属连接时
如何选用中间层材料？ ……………………………… 324
二十三、如何进行石墨/Ni+Ti体系的润湿与连接？ ……… 325
二十四、如何将金刚石与金属连接在一起？ ……………… 332

第六章 钎 焊 ·········· 336

一、如何将钨钴硬质合金与 45 号钢焊接在一起? ········ 337
二、如何将 40Cr 钢与 YG8 硬质合金焊接在一起? ······ 341
三、如何采用火焰钎焊焊接 6061 汽车用铝管管件? ····· 349
四、如何进行 TC4 钛合金的钎焊? ············· 353
五、如何焊接不锈钢与碳钢制备的复合钢板? ········ 357
六、如何将氧化铝和铜焊接在一起? ············ 362
七、如何进行电极触头的钎焊? ··············· 367
八、如何对重要构件进行钎焊连接? ············ 370
九、如何进行热挤压银石墨触点的钎焊? ·········· 375
十、如何进行颗粒增强石英纤维复合材料与因瓦合金
　　的钎焊? ···························· 381
十一、如何进行高纯石墨的钎焊? ·············· 389
十二、如何进行钛与铜的钎焊? ················ 396
十三、如何进行钨与铜的钎焊? ················ 400
十四、如何减少钎剂中活化组分对微连接电路的腐蚀性? ··· 406
十五、如何提高铜铝异种金属钎焊接头的抗电化学腐
　　　蚀性能? ·························· 414
十六、如何解决钎焊过程中紫铜与铜钨合金焊接接头
　　　出现的强度和硬度降低问题? ············ 417
十七、如何采用无银钎料进行导电铜质器件的钎焊? ····· 422
十八、如何利用火焰钎焊焊接冷凝管? ············ 427
十九、如何进行紫铜管的火焰钎焊? ············· 434

参考文献 ································ 439

第一章 铝合金焊接

铝合金具有高的比强度、良好的抗腐蚀性、易加工成型和导热性能好等优点，在航天航空、汽车等行业中已大量应用。与工程结构钢和不锈钢相比，铝合金作为结构材料，其质量轻、强度高、外观好，耐腐蚀性能好，而造价又低于不锈钢结构，尤其适用于一些在较强腐蚀环境下服役的结构体。但作为焊接结构材料，由于铝合金的热膨胀系数大、弹性模量小，焊接变形问题相当突出。铝表面有一层熔点高、比重大且易吸附水分的氧化膜（Al_2O_3），焊接时，如果工艺措施不当，氧化膜会阻碍焊缝金属间的相互熔合，形成氧化物夹杂和密集型气孔，影响焊缝质量。因此，了解铝合金的焊接方法、工艺特点对保证铝合金焊接质量尤为重要。本章主要根据铝合金焊接过程中遇见的各种问题介绍其焊接方法和工艺措施。

一、哪些方法可以用来焊接铝及铝合金？各有什么特点？

铝及铝合金产品具有轻质、高强、大规格、耐高温、耐腐蚀和耐疲劳等优点，在航天、航空、汽车等行业中越来越具有不可替代性。铝及铝合金的焊接已经不仅仅局限于以前的焊条电弧焊、气体保护焊等基本的焊接方法，现也逐步向高质量、高效率、高新技术、低成本、低能耗、低劳动强度的方向发展。铝及铝合金的传统焊接方法主要有钨极氩弧焊（TIG焊）、熔化极氩弧焊（MIG焊）和电子束焊，它们的优点是技术成熟，设备简单，相对于新型的焊接技术来说更能节约成本，但也存在一定的局限性。例如，采用以上这些焊接方法,一些高强铝合金或结构复杂的构件无法进行高质量的焊接,而且焊接过程中有时还容易出现气孔、焊接热裂纹、接头"等强性"不等强等问题。随着科学技术的发展,焊接技术也在不断更新,焊接方法不断更新,使之被焊接的材料与构件的质量不断提高。

随着微处理单元(MCU)以及数字信号处理器(DSP)等科技的发展,结合传统的TIG焊和MIG焊,目前开发出了双焊枪TIG焊、低脉冲MIG焊和交流MIG焊等焊接方法。革新后的焊接技术在保证焊缝质量的基础上,提高了生产效率,降低了成本。双焊枪TIG焊与传统的交流TIG焊相比,不仅简化了焊接工艺和节约了能量,而且在焊缝强度和延展性上都有了很大的提高。低脉冲MIG焊在质量上可以代替传统的TIG焊,减少焊接气孔并细化晶粒、降低焊缝裂纹敏感性,可以用来焊接对表面质量和内在质量均要求较高的铝合金部件(如自行车架、壳体、油箱等)。

铝及铝合金的激光焊、电子束焊、变极性等离子电弧焊等均属于高能密度焊。激光焊诞生于20世纪60年代,主要有CO_2和YAG等激光焊,其主要优点包括以下三个方面:一是能量密度高,深穿透,焊缝热影响区小,变形小,接头强度高;二是生产速度快,效率高;三是焊接过程中可采用自动化和精密控制,实现对密闭透明物体内部的金属材料进行焊接,但由于铝合金对激光具有很高的反射性且由于其自身的热导率较高,因此焊接中容易产生气孔、热裂纹。铝合金高温支持强度低,铝及铝合金焊缝在焊接中容易产生塌陷和接头软化等缺陷。为了克服铝及铝合金焊接过程中的这些缺点,近几年国内外对激光焊接技术不断改进,研究了复合激光焊接技术、双束激光焊和超声振动激光焊等。如激光TIG焊和激光MIG焊,分别适用于薄板和厚板的焊接。目前激光焊在航空航天、汽车制造、轻工电子等领域得到广泛应用。

电子束焊的研究开始于20世纪50年代,电子束焊分为真空电子束焊和非真空电子束焊两大类,但通常焊接都是采用真空电子束焊接。真空电子束焊接的突出特点是精确、快速、高功率、密度高、高穿透能力强、可控性好、保护效果好。铝合金的电子束焊接,由于能量密度高,可大大减小热影响区,提高焊接接头强度,可避免热裂纹等缺陷的产生,且由于穿透能力强,所以可对难以焊接的铝合金厚板进行焊接。因此,在航空、航天和汽车制造业等领域,质量要求高的铝合金零部件均是采用电子束焊进行加工,如运载火箭的贮箱壳体和汽车的变速器齿轮等均采用电子束焊。

变极性等离子电弧焊又被称为"零缺陷焊",它的研究开始于20世纪80年代。变极性等离子电弧焊在铝及铝合金焊接中的优点是具有很高的能量密度和射流速度(射流速度是普通电弧射流速度的2~15倍),使其能量更集中,线能量更小,焊接变形小,接头性能可以和母材等强;变极性等离子电弧焊一次可以焊很厚的板,最厚可达25 mm,可以单面焊双面成型,变极性等离子电弧焊接铝的这些优点可以大大地减少焊接工序和缩短焊接时间,使焊接过程既可以提高工作效率,又可以提高焊接构件的质量。目前变极性等离子弧焊接主要应用于航天产品的焊接中。例如,美国波音公司的"自由号空间站"项目中就应用了该变极性等离子电弧焊焊接方法。目前,我国关于变极性等离子弧焊接的研究还处于试验阶段,还没有真正的应用到实际焊接中,但是其未来的发展空间很大。

搅拌摩擦焊是1991年由英国焊接研究所首次提出的。搅拌摩擦焊经过20多年的发展,如今已经作为一种新兴技术泛应用于军事和工业等领域。搅拌摩擦焊具有无焊接变形、残余应力小、焊接接头的综合力学性能优良、成本低、适用范围广、焊接质量对人的依赖程度很低等优点。搅拌摩擦焊的局限性是焊接时机械力很大,需要焊接设备有很好的刚性;与弧焊相比,搅拌摩擦焊缺少焊接操作的柔性。但搅拌摩擦焊作为先进的固态连接技术,尤其是应用在现代运载工具的高速化、轻型化进程中,技术经济效益显著。因此正在大面积取代熔焊方法,广泛应用于铝合金结构件的连接制造。

由此可见,随着焊接技术的发展以及计算机控制与焊接技术相结合，铝及铝合金的焊接已经不仅仅局限于以前的焊条电弧焊、气体保护焊等基本的焊接方法，发展趋势也逐步向高质量、高效率、高新技术、低成本、低能耗、低劳动强度的方向发展。随着微处理单元(MCU)以及数字信号处理器(DSP)等科技的发展，全数字化焊机正在广泛的应用到实际生产中。自动化、智能化的焊接过程能够保证焊接质量的稳定性，以及恶劣环境下工作人员的安全。随着激光焊和搅拌摩擦焊等新型焊接技术的发展，有些历来被视为不可焊的硬铝及超硬铝合金，通过新型的氩弧焊、氦弧焊、搅拌摩擦焊等方法及特殊焊接材料的配合，已成为可焊的铝合金并制成高新产品，应用在航空、航天和动车等高新领域，以及船舶业和汽车业中。新型的焊接技术有着更高的稳定性、高效性以及可应用性，在未来几年内将得到广泛应用来代替传统的铝及铝合金焊接方法。

二、如何进行铝及铝合金的焊接？

铝及铝合金材料因具有价廉、质轻及良好的低温力学和加工性能而被广泛用于各行各业。铝及铝合金的焊接不同于一般黑色金属的焊接，由于热导率和比热容是碳素钢和低合金钢的两倍多，热导率是奥氏体不锈钢的十几倍，因此在焊接过程中，大量的热量能被迅速传导到基体金属内部。焊接铝及铝合金时，能量除消耗于熔化金属形成熔池外，热量中还要有更多的部分消耗于金属其他部位。焊接铝及铝合金这种消耗于其他部位的能量要比焊接黑色金属（例如钢）消耗于其他部位的能量显著。所以，若想获得高质量的铝及铝合金焊接接头，焊接方法上就应当尽量采用能量集中、功率大的焊接热源，方便时尽量采用预热等工艺措施。

铝及铝合金的线膨胀系数约为碳素钢和低合金钢的两倍。铝凝固时的体积收缩率较大，焊件的变形和应力较大。因此，焊接前就需采取预防焊接变形的措施。铝及铝合金焊接冷却凝固时的体积收缩率较大，焊接熔池凝固时容易产生缩孔、缩松、热裂纹及较高的内应力,为避免焊接生产过程中产生缩孔、缩松、热裂纹及较高的内应力等,焊接时可采用调整焊丝成分与焊接工艺的措施防止热裂纹的产生。在耐蚀性允许的情况下,焊接铝及铝合金时,可采用铝硅合金焊丝焊接除铝镁合金之外的铝合金。

铝在空气中及焊接时极易氧化,生成的氧化铝(Al_2O_3)熔点高(2 050 ℃),非常稳定,不易去除,阻碍焊接时母材的熔化和焊丝与母材的熔合,且由于铝及铝合金的氧化膜的比重大,不易浮出熔池表面,使焊接中易生成夹渣、未熔合、未焊透等焊接缺陷。铝及铝合金焊接中,铝材的表面及氧化膜容易吸附大量的水分,易使其焊接的焊缝产生气孔。为避免焊缝中形成气孔,铝及铝合金在焊接前应采用化学或机械方法进行严格表面清理,清除其表面氧化膜。在焊接过程也要注意加强保护,防止其氧化。

焊接铝及其合金可以选用多种焊接方法,几乎各种焊接方法都可以用于焊接铝及铝合金,但是铝及铝合金对各种焊接方法的适应性不同,各种焊接方法有其各自的应用场合。

气焊和焊条电弧焊方法,设备简单、操作方便,气焊可用于对焊接质量要求不高的铝薄板及铸件的补焊,焊条电弧焊可用于铝合金铸件的补焊。惰性气体保护焊(TIG 或 MIG)方法是应用最广泛的铝及铝合金焊接方法。铝及铝合金薄板可采用钨极交流氩弧焊或钨极脉冲氩弧焊。铝及铝合金厚板可采用钨极氦弧焊、氩氦混合钨极气体保护焊、熔化极气体保护焊、脉冲熔化极气体保护焊。熔化极气体保护焊、脉冲熔化极气体保护焊应用越来越广泛(氩气或氩/氦混合气)。

在这些焊接方法中,氩弧焊焊接铝及其合金被公认是一种方便、焊接成本较低的方法。选用钨极氩弧焊焊接铝及铝合金时,应采用交流电源,采用交流电源焊接铝及铝合金可以通过特殊的"阴极雾化"作用,去除其铝及铝合金表面的氧化膜。采用气焊焊接铝及铝合金时,可以采用去除表面氧化膜的气焊溶剂。在焊接厚大板材的铝及铝合金时,应注意加大焊接线能量,以保证其构件熔化和结合良好。

氩弧焊用的钨极材料有纯钨、钍钨、铈钨、锆钨四种。作为钨极,纯钨的熔点和沸点高,不易熔化挥发,电极烧损及尖端的污染较少,但电子发射能力较差。在纯钨中加入1%～2%的氧化钍形成的电极为钍钨极,电子发射能力强,允许的电流密度高,电弧燃烧较稳定,但钍元素具有一定的放射性,使用时应采取适当的防护措施。否则,焊接时钍钨极的放射性会危及操作者的健康。在纯钨中加入1.8%～2.2%的氧化铈(杂质≤0.1%)的电极为铈钨极。铈钨极电子逸出功低,化学稳定性高,允许电流密度大,无放射性,是目前普遍采用的电极。锆钨极可防止电极污染基体金属,尖端易保持半球形,适用于交流焊接。

铝及铝合金的另一个焊接难点是其在液态能溶解大量的氢,而固态铝及铝合金几乎不溶解氢。这使得在焊接铝及其合金时,在熔池凝固和随后的快速冷却过程中,溶解在熔池中的氢来不及溢出而形成氢气孔。

焊接中,弧柱气氛中的水分、焊接材料及母材表面氧化膜吸附的水分,都是焊缝中氢气的重要来源。因此,焊接铝及铝合金时应对氢的来源严格控制,以防止气孔的形成。

焊接铝及铝合金时,铝对光、热的反射能力较强。焊接过程中在固、液转变时,由于其表面没有明显的色泽和光泽被观察到,因此焊接操作时很难判断熔池的温度。铝及其铝合金的高温支持强度很低,焊接过程中熔池易于产生塌陷,使焊缝容易焊穿。

铝及铝合金焊前的清理工作很重要。铝及铝合金焊接时,焊前应严格清除工件焊口及焊丝表面的氧化膜和油污。铝及其合金焊前的清除质量直接影响焊接工艺与接头质量。如,焊缝气孔产生的倾向和力学性能等直接与焊前清理的好坏有关。铝及铝合金清理常用的清理方法有两种,化学清洗和机械清理。

机械清理多用在工件尺寸较大、生产周期较长、多层焊或化学清洗后又沾污了的情况。机械清理是先用丙酮、汽油等有机溶剂擦拭表面以除油,随后直接用直径为0.15～0.2 mm的铜丝刷或不锈钢丝刷,一直刷到构件表面露出金属光泽为止。机械清理一般不宜采用砂轮或普通砂纸打磨,以免砂粒残留在金属表面,导致砂粒在焊接时进入熔池产生夹渣等缺陷。机械清理也可采用刮刀、锉刀等清理待焊表面。

化学清洗是利用化学反应将污垢清除的方法。化学清洗一般情况下效率都很高,质量稳定。但化学清理适用于清理焊丝及尺寸不大、成批生产的工件。化学清洗有浸洗法和擦洗法两种。

工件和焊丝经过清洗和清理后,在存放过程中会重新产生氧化膜,特别是在潮湿环境下,在被酸、碱等蒸气污染的环境中,氧化膜成长得更快。因此,工件和焊丝清洗和清理后到焊接前的存放时间应尽量缩短,在气候潮湿的情况下,一般应在清理后 2 h 内施焊。清理后如存放时间过长(如超过 24 h)应当重新处理。

铝及铝合金的这些焊接特点决定了其焊接时焊接材料的选择应该注意以下几点:

1. 焊丝的选择

铝及铝合金焊丝的选用除要考虑良好的焊接工艺性能外,还应考虑容器的使用性能要求和对其焊接接头的抗拉强度、塑性(通过弯曲试验)等规定。对含镁量超过 3% 的铝镁合金还应满足冲击韧性的要求,对有耐蚀要求的容器,焊接接头的耐蚀性还应达到或接近母材的水平。因而焊丝的选用主要考虑下列原则:

(1)纯铝焊丝选择铝的纯度一般不低于母材;
(2)铝合金焊丝的化学成分一般与母材相等或相近;
(3)用于耐腐蚀的铝合金焊丝中的耐蚀元素(镁、锰、硅等)的含量一般不低于母材;
(4)异种铝材焊接时,一般应按耐蚀较高、强度高的母材选择焊丝;
(5)不要求耐蚀性的高强度铝合金(热处理强化铝合金)可采用异种成分的焊丝。

2. 焊剂的选择

铝及铝合金焊接时,为清除表面氧化、防止熔池氧化和增加金属的流动性,要采用焊剂。气焊用焊剂为钾、钠、锂、钙等元素的氯化物和氟化物。

3. 其他

氩弧焊焊接铝及铝合金要采用保护气体。保护气体为氩气、氦气或其混合气。

铝及铝合金焊前最好进行预热。薄、小铝件一般可不用预热,厚度 10~15 mm 时可进行焊前预热,根据不同类型的铝合金,预热温度可为 100 ℃~200 ℃。预热时可用氧-乙炔焰、电炉或喷灯等加热。预热可使焊件减小变形、减少气孔等缺陷。

铝及铝合金在高温时强度很低,液态铝的流动性能好,在焊接时焊缝金属容易产生下塌现象。为了保证焊透而又不致塌陷,焊接时常采用垫板来托住熔池及附近金属。垫板可采用石墨板、不锈钢板、碳素钢板、铜板或铜棒等。垫板表面开一个圆弧形槽,以保证焊缝反面成型。

铝及铝合金焊后留在焊缝及附近的残存焊剂和焊渣等会破坏铝表面的钝化膜,有时还会腐蚀铝件。因此,铝及铝合金焊后应及时进行清理。对于形状简单、要求一般的工件可以焊后用热水冲刷或蒸气吹刷等简单方法清理。

铝容器一般焊后不要求热处理,但是如果所用铝材在容器接触的介质条件下确有明显的应力腐蚀敏感性时,需要在焊后进行热处理以消除较高的焊接应力,使容器上的应力降低到产生应力腐蚀开裂的临界应力以下。

三、如何避免铝及铝合金焊接过程中产生气孔?

铝及铝合金焊接过程中,氢气是气孔产生的主要原因。因此,避免熔池吸氢是消除或减少焊接气孔的有效方法。铝及铝合金焊接过程中氢气的来源主要有三类途径：一类是来自于空气中的水；另一类是来自弧柱气氛中的水；还有一类是来自于铝材表面的污染物、水分或铝材表面的氧化膜吸附的潮气和水分。

为了防止氢气孔的产生，需要考虑的问题有两个：一个是尽量避免氢气溶入到焊缝金属内；另一个是使熔入焊缝中的氢气尽可能多且快的逸出熔池。要解决以上这两个问题，具体方法是：

(1) 焊前准备与清洁工作很重要。首先，焊前应该处理与控制所有焊接材料(如保护气体、焊丝和焊条等)的含水量，即所有焊接材料焊前必须进行干燥处理。通常认为，氩气中的含水量小于 0.08% 时不易形成气孔。焊前处理的另一项重要工作就是清除工件表面的杂质和氧化膜。清除工件表面的杂质和氧化膜可以采用化学方法或者机械方法，但两者并用的效果更好。

(2) 控制焊接工艺。控制焊接工艺的目的在于控制氢气的溶入时间和析出时间，其结果是对熔池高温存在时间的控制。试验和生产实践证明，熔池在高温状态下存在的时间越长，越有利于氢的逸出，但也有利于氢的溶入；相反，熔池在高温状态下存在的时间越短，则可减少氢的溶入，但也不利于氢的逸出。因此，焊接工艺参数的选择，一方面要尽量采用小线能量以减少熔池存在时间，从而减少气氛中氢的溶入；又要能充分保证根部熔合，以利根部氧化膜上的气泡浮出。所以，焊接铝及铝合金时采用大的焊接电流配合较高的焊接速度对减少氢气孔是比较有利的。

(3) 尽可能采用短弧焊接。短弧焊接可以使焊接熔池保护得更好。同时，短弧焊接也能防止空气中的有害气体熔入熔池。

四、如何防止铝及铝合金的焊接热裂纹？

铝及铝合金焊接过程中，引起焊接热裂纹的原因主要有两个方面：一方面是熔池从冷却、凝固结晶到完全形成固态金属是发生在某一温度范围内，在该温度范围内存在着强度和塑性都比较低的液态和固态金属(称为液态薄膜)，这一温度范围称为液态与固态并存的凝固区间；另一方面，铝合金的焊接膨胀系数比较大，在熔池冷却收缩的过程中焊缝金属将产生很大的拉伸变形,当焊缝金属处于凝固温度区间时,此时构件如受到较大的拉伸变形,由于液态薄膜强度很低,焊缝非常容易产生裂纹。

焊接热裂纹的防止可以从以下三方面考虑:一是缩短结晶温度区间;二是在填充金属中加入一些细化晶粒的元素(如钛、锆、钒等);三是选择适当的焊接工艺,使焊接过程中的凝固温度区间尽可能小。

五、如何解决焊接过程中铝及铝合金接头的"等强性"问题?

有焊接经验的操作者都知道,非时效强化铝合金(如 Al-Mg 合金)在退火状态下焊接时,接头与母材是等强的,但非时效强化铝合金(如 Al-Mg 合金)在冷作硬化状态下焊接时,接头强度低于母材。这表明非时效强化铝合金(如 Al-Mg 合金)在冷作状态下焊接时接头有软化现象。

对时效强化铝合金,无论是退火状态下还是时效状态下焊接,若焊后不经热处理,接头强度均低于母材,这种情况称为焊接接头的"不等强性"。铝合金焊接接头焊后的"不等强性"严重影响铝合金及其构件的使用安全。为解决铝合金焊接接头焊后的"不等强性"问题,人们进行了广泛研究,主要解决方法是焊后热处理以及在焊接过程中注意焊接顺序,另外还可以采用焊接过程中适当加垫板等方法。通常人们采用焊后热处理来解决铝合金焊接接头"不等强性"问题。

铝合金材料热处理技术和工艺的主要应用原理是利用一定的设备和仪器对材料进行加热,然后再控制一定的冷却速度,在此过程中对其性能进行改造。铝合金焊后热处理可根据使用材料化学成分的不同按照《热处理手册》选取,但一般常用的热处理是去应力退火。

焊件焊后往往有很大的残余内应力,使合金的应力腐蚀倾向增加,组织及机械性能的稳定性明显降低。因此焊接后的铝及铝合金构件必须进行去应力退火。去应力退火就是把铝合金加热到一个较低温度,保温一定时间,再缓慢速度冷却的一种热处理工艺。

在加热保温过程中,由于温度升高,原子活动能力增大,使晶体晶格中的某些缺陷消失或数量减少。此外,还会发生多边化过程,即位移错过攀移和滑移,组列成错壁,构成许多小亚晶块烦人晶界,使晶格的扭曲能量降低。这些情况都会导致晶格弹性畸变能下降,使金属制件的内应力大大减小,因而尺寸稳定、应力腐蚀倾向减小,但强度、硬度基本上不会降低,仍保留原来的加工硬化效果,因此在工业上应用较多。在去应力退火过程中应该注意加热温度,如果选择过高,则工件的强度、硬度会有所降低,影响产品质量;如果选择过低,则需要很长的加热时间才能较充分的消除内应力,影响生产效率。所以,去应力退火的加热温度应该适宜。

六、如何进行 LC9CS 超硬铝合金的焊接?

LC9CS 超硬铝合金因其具有高强度、高断裂韧性和良好的热加工性能,在各个领域应用相当广泛。例如,在航空航天领域用于制作飞机蒙皮、机身框架、大梁、旋翼、螺旋桨、油箱、壁板和起落架支柱,以及火箭锻环、宇宙飞船壁板等;在交通运输领域用于汽车、地铁车辆、铁路客车、高速客车的车体结构件材料,车门窗、货架、汽车发动机零件、空调器、散热器、车身板、轮毂及舰艇用材等。但超硬铝合金 LC9CS 在理论上焊接性较差,焊接时容易出现气孔、夹渣、裂纹、未熔合等缺陷,抗拉强度往往也达不到设计要求。针对 LC9CS 超硬铝合金的焊接难点,目前有关研究人员经过相关试验和研究,解决了在现有设备条件下 LC9CS 超硬铝合金焊接工作出现的难题。

LC9CS 超硬铝合金的化学成分与美国 7075 合金基本相同,属于 Al-Zn-Mg-Cu 系合金,LC9CS 技术条件规定的最低性能(例如厚度为 0.5~2.5 mm 的板材):$\sigma_b = 490$ MPa,$\sigma_{0.2} = 420$ MPa,

$\delta=7\%$。LC9CS 超硬铝合金是在 Al-Zn-Mg 系合金的基础上添加了 Cu、Cr、Mn、Zr 等元素,所以进一步提高了力学性能。

LC9CS 超硬铝合金的焊接特点表现为:

(1)铝合金表面易形成氧化膜,形成的氧化膜阻碍其基体金属的熔合,致使焊接中焊缝极易产生夹渣,导致焊后焊缝的机械性能明显下降。

(2)铝在高温时吸氢严重,焊接过程中加热后熔化的焊缝金属吸收大量的氢气,焊缝冷却时氢气的逸出速度却很慢,而焊接过程中是小熔池,冷却速度相当快。这样,氢气在焊缝快速冷却与凝固时来不及逸出,易在焊缝中聚集,从而形成气孔。

(3)LC9CS 超硬铝合金的热胀冷缩现象比较严重,焊接的构件易产生较大的焊接变形和内应力,尤其是刚性较大的结构在焊接应力与外力作用下将导致裂纹的产生。

(4)焊接中,LC9CS 超硬铝合金中的合金元素易挥发、烧损,从而改变焊缝金属的化学成分,使焊缝性能下降。

有研究者在试验中发现,经过堆焊的 LC9CS 超硬铝合金零件采用纯铝焊丝 S301 焊接,焊接后发现其抗拉强度试验结果不能满足堆焊层及热影响区与基体等强度这一要求。后来选用含少量 Ti 的铝镁合金焊丝 S331,耐蚀性及抗热裂性能均较好,且强度高。选用的铝镁合金焊丝 S331,其化学成分为:$5.8\%\sim6.8\%$ Mg,$0.5\%\sim0.8\%$ Mn,$0.02\%\sim0.10\%$ Ti,余量为 Al,杂质含量小于 1.2%。试焊后接头抗拉强度为 550 MPa,大于设计要求的强度(490 MPa)。

为保证 LC9CS 超硬铝合金焊接质量稳定可靠,可以采用目前应用较为普遍的钨极氩弧焊(TIG 焊)进行焊接。但焊前必须采取特殊工艺措施清除工件及焊丝表面的氧化膜,调整合理的焊接工艺参数,避免 LC9CS 焊后工件上的堆焊层出现气孔、裂纹、夹渣、未熔合等缺陷。

为防止 LC9CS 焊接过程中产生各种缺陷,进行 TIG 焊接或补焊过程中,应针对可能出现的缺陷,对其产生原因进行分析,并采取有效的预防措施。

例如,LC9CS 焊接过程中产生气孔的原因主要是氢气的作用。焊接过程中,由于高温时 Al 可强烈地吸收与溶解氢,冷却时铝对氢的溶解度急剧下降,因而氢容易在焊缝中聚集而形成气孔。另外,Al 合金表面的氧化膜也可吸收较多的水分,焊接过程中分解放出氢气,这也是产生焊缝气孔的主要原因之一。

对于多层焊接,由于多层堆焊,焊层金属在多次熔化结晶过程中溶入大量气体而来不及逸出,极易形成气孔。因此,对于气孔的预防,一是严格清除工件待焊处及焊丝表面的氧化膜(氧化膜吸有水分);二是采用纯度高的氩气进行保护,例如采用纯度为 99.9% 以上的氩气作保护气体,使金属熔池和填充金属不被氧化;三是有条件时可将工件放入烘箱进行预热,这样一方面可清除构件上的水分,另一方面也使焊接的温度梯度降低,防止焊接过程中产生过烧现象;四是构件焊接完成后应对焊件采用保温缓冷措施,降低熔化金属的冷却速度,有利于气泡的逸出。

LC9CS 铝合金焊接过程中如果应力控制不好还会产生裂纹。产生焊接裂纹的主要因素一般与母材及焊丝的化学成分、焊接工艺参数选择有关。

为预防 LC9CS 铝合金焊接过程中产生裂纹,焊接中主要注意以下几个问题:

一是,尽量选用出现裂纹几率小的 S331 防锈铝合金填充焊丝进行堆焊。这种焊条焊接后,一方面可以满足焊缝的"等强度"要求,另一方面也可防止产生裂纹。

二是,焊接时尽量采用较小的焊接规范,以焊接电流 50～75 A、喷嘴直径 5 mm、钨丝直径 1.5 mm、氩气流量 15～20 mL/min 为宜。

三是,焊前最好将焊件与焊丝进行预热,预热可显著降低焊接应力,防止裂纹产生。

为防止在焊接 LC9CS 铝合金时产生夹渣、未熔合等较严重的焊接缺陷,焊接过程中焊件的氧化膜清理非常重要。夹渣、未熔合的产生一般是由于铝件表面的氧化膜(Al_2O_3)未清除干净,在操作过程中基体金属未熔化就填加焊丝,焊枪偏摆过大,造成熔池氩气保护不好等原因形成的。焊接时,只要对以上不利因素进行排除或改善,便可防止LC9CS铝合金焊接过程中的夹渣、未熔合等缺陷的产生。

为使焊接后的LC9CS铝合金焊缝达到等强度要求,有研究者采用脉冲氩弧焊方法对LC9CS超硬铝试样进行了对接焊接,其焊接的试样尺寸为120 mm×60 mm×2.5 mm,选用手工氩弧焊机WP300(PANA-TIG)。焊接工艺参数为:脉冲电流I_m=100 A,基值电流I_J=50 A,占空比k=40%,频率f=2 Hz。选用焊丝的主要化学成分为:Mg=6.28%,Zn=1.2%,Mn=0.52%,Ti=0.12%,Zr=0.15%,Re=0.65%,Fe=0.23%,其余为Al。焊丝直径不大于2.0 mm。为提高焊后焊接接头强度,对焊接试样进行了热处理。热处理参照超硬铝合金常规热处理工艺并经试验确定,其工艺路线为:加热至475 ℃保温30 min,快速水淬,再将焊件放置在135 ℃的温度下时效12~16 h。按照GB/T 2651—2008焊接接头拉伸试验法测试接头的抗拉强度,焊接接头在焊接状态和淬火加人工时效状态的抗拉强度测试结果见表1-1。可见,焊接接头经淬火加人工时效处理后,其抗拉强度达480 MPa,接近母材,比原始焊态约提高80%。

表1-1 热处理前后焊接接头的抗拉强度

测试次序	热处理前抗拉强度(MPa)	热处理后抗拉强度(MPa)
第一次测试	272.6	475.6
第二次测试	274.9	482.9
第三次测试	265.4	486.5
平均值	271.0	481.7

在实际焊接结构中,如结构较大不能采用整体热处理,可考虑采用局部热处理方法(如履带式电热板加热器等)。

按照以上方法,有关企业对已经焊接的几千件LC9CS零件的堆焊性能进行了分析。分析结果表明,对于焊接性差的超硬铝,只要选择与基体材料匹配的焊丝,在焊接过程中调整合理的焊接工艺参数,采取有效的预防气孔、裂纹、夹渣、未熔合等措施,便可防止焊接缺陷的产生并得到质量良好的焊接零件。

七、哪种焊接方法适宜焊接铝合金薄板?

铝合金制品因其质轻、拉伸性能好,可实现其型材的大型宽体化,因此已成为各国研究的热点。铝合金薄壁焊接结构重量轻、耐腐蚀、加工性能优异、易于连接而在各种箱体、车体中大量应用。

由于铝合金的热膨胀系数大、弹性模量小,焊接变形问题相当突出,严重影响结构的制造精度和使用性能。用于结构的铝合金薄板自身拘束度小,再加上铝合金热膨胀系数较大,传统的热输入量较大的焊接方法容易出现熔池下塌或烧穿,产生难以矫正的波浪变形,所以对铝合金薄板焊接技术的研究开发显得尤为重要。

在某些航空设备和高速列车中,铝合金薄板主要应用在蒙皮、地板、端墙等部位,使用的主要合金牌号有 5754 和 5083 两种非热处理强化铝合金。焊接铝合金薄板应用较为广泛的方法有弧焊、激光焊和搅拌摩擦焊等。

钨极氩弧焊(TIG)在铝合金焊接方面应用得较多,是一种较为成熟的焊接方法。对比手工 TIG、自动 TIG、脉冲 TIG 自动焊三种焊接方法,铝合金薄板的长焊缝采用脉冲 TIG 自动焊焊接较为理想,焊后焊缝接头性能良好,生产效率比手工 TIG 焊提高了三倍多。

采用钨极氩弧焊(TIG)焊接铝合金时,为了有效地清除铝合金表面的氧化膜,减少钨极的烧损,最好采用交流 TIG 焊的方法。研究发现,使用脉冲方波交流 TIG 焊焊接薄板铝合金时,脉冲电流幅值和 EP 半波时间决定了阴极清理氧化膜的能力。但是,使用 TIG 焊焊接薄板易产生焊接缺陷,不能够满足高效、高质量的焊接要求。焊接工作量很大时,TIG 焊难以满足大范围使用的需要。

目前,国内铝合金薄板焊接大量采用的方法是熔化极氩弧焊(MIG)。而且,通过对 1~3 mm 薄板的试验和研究,现已成功解决了铝合金薄板焊接过程中容易出现的气孔和焊缝成型不良等难题。通过优化焊接工艺参数,MIG 焊焊接 2 mm 厚的 5052 铝合金薄板,生产效率是 TIG 焊的两倍多,焊接质量达到了国际先进水平。在对 2.5 mm 1060 铝合金薄板双脉冲 MIG 焊试验中,人们发现应使低能脉冲阶段弧长修正值略高于高能脉冲阶段值,才能获得良好的焊缝。但是,使用脉冲 MIG 焊焊接薄板铝合金,工件非常容易被烧穿,焊接过程很难控制。因此,需要焊接操作者掌握娴熟的操作技能。否则,焊接产品质量的稳定性将得不到保证。

激光焊是一种先进的焊接方法,具有能量集中、焊接变形小、焊缝质量优良和生产效率高等优点,是一种焊接铝合金比较理想的焊接方法。有研究者通过对激光填丝焊和激光未填丝焊进行薄板焊接对比试验发现,激光填丝焊接工艺参数对 5A06 铝合金焊接的影响,送丝方式、光丝间距和焊接热输入是影响焊缝成型的主要因素。通过铝合金薄板激光单光点和双光点焊接两种焊接工艺进行比较发现,与激光单光点焊接相比,激光双光点焊接铝合金可以明显改善焊缝质量。填加焊丝可以改善激光单光点焊接铝合金焊缝的表面质量,但将增大焊缝产生大气孔的倾向。也有人提出利用多光路系统对薄板进行激光焊接,可以提高激光焊接质量,得到质量优良的焊缝。但也有研究表明,激光焊焊接铝合金薄板的接头力学性能不理想,焊缝力学性能仅达到母材的 60% 左右,且激光焊接对接头间隙要求严格,焊接铝合金时过程不稳定,容易造成焊接缺陷。因此,建议对于重要的铝合金薄板结构,尽量不采用激光焊接,以避免造成焊接接头强度低、焊接缺陷多的弊端。

对于铝合金薄板的焊接,最近有一种新的焊接方法,称之为搅拌摩擦焊。搅拌摩擦焊是一种新型固相焊接技术。铝合金搅拌摩擦焊焊接接头可以避免产生气孔和凝固裂纹等熔化焊中的常见缺陷,焊接变形小,接头强度高。有研究者对 1.4 mm 的 LF21 铝合金薄板进行搅拌摩擦焊焊接,焊接强度可以达到母材的 80%～85%;对 1 mm 厚度 6061-T6 铝合金采用搅拌摩擦焊,通过优化焊接工艺参数,接头的抗拉强度竟然达到母材的 105%。由此可见,采用搅拌摩擦焊焊接铝合金薄板可以取得很好的焊接效果。搅拌摩擦焊在铝合金薄板焊接中较其他传统焊接方法表现出明显的优势。

八、如何选择保护气体才能防止和减少铝合金焊缝中的气孔?

采用熔化焊焊接方法焊接铝合金已成为连接成型的主要方式之一。焊接中,由于铝合金本身的物理性能,焊缝的气孔缺陷往往是造成焊件废品的最主要原因。气孔的存在破坏了焊缝金属的致密性,削弱了焊缝的有效截面积,减少了焊件的承载面积,降低了焊缝金属的力学性能与耐腐蚀性能。因此,铝合金的焊接一般需采用一定的保护气体。选择合适的保护气体也是顺利进行焊接同时避免产生焊缝气孔的有效方法之一。

通常焊接铝合金选用的保护气体是纯氩气体。大量的试验发现,尽管氩气具有较好的电弧稳定性和有效降低焊接接头气孔敏感性作用,但采用纯氩气焊接铝合金时,接头气孔问题往往仍然难以得到有效解决。

近年来有研究表明,焊接铝合金时在纯氩气体中添加氦气能够更有效地降低焊接接头中的气孔敏感性。焊接过程中,由于液态铝不溶解氮,且铝又不含碳,所以铝合金中不会产生氮气孔和一氧化碳气孔;氧和铝有很大的亲和力,氧的存在只会使铝以固态氧化铝的形式存在,因此也不会产生氧气孔。但高温时氢在液态铝中有很高的溶解度,且随着温度的下降,溶解度下降,特别是在凝固点处溶解度急剧下降;固态中的溶解度很低,固态时溶于液态铝中的氢几乎全部析出。铝合金凝固时的胞状晶或树枝晶凝固界面以及一些夹杂物又成为析出气体的形核点,这样导致大量的氢从液态铝中析出并聚集长大形成氢气泡。这些长大的气泡在浮力的作用下自发的上浮。铝的导热能力强,凝固快,且铝合金的密度小,使得气泡在熔池中的上升速度较慢,当上浮速度小于液态铝的凝固速度时,则保留在铝合金中就形成了氢气孔。

　　氩气作为传统的保护气体,由于其能很好的实现对焊接熔池及热影响区的保护以防止气孔的产生,在电弧焊焊接中一直被使用着。而在氩气中添加某些气体,对改善铝合金焊接接头中的气孔缺陷有很好的作用。例如,采用纯氩气、50%Ar+50%He混合气体、30%Ar+70%He混合气体等三种保护气体对同一铝合金母材2519进行熔化极MIG焊接,焊后用X射线检查氢气孔的数目。结果表明,随着加入的氦气量的增多,焊接接头中气孔数目和尺寸逐渐减小,当氦气的量达到70%时,焊接接头中的气孔数目和尺寸已经显著减小。

　　采用纯氩气和50%Ar+50%He混合气体作为保护气体对国产铝合金板进行MIG焊接,焊后测量了焊接接头的抗拉强度和焊缝冲击功。结果表明,采用50%Ar+50%He的保护气体焊接的构件,焊接接头的抗拉强度和焊缝冲击功两项力学性能指标都优于采用纯氩气保护气体焊接的构件,这也从侧面反映出了氦气能减少焊接接头中的气孔数目和尺寸。

　　采用纯氩气和50%Ar+50%He混合气体作为保护气体对高强度铝合金厚板进行MIG焊接,从焊接接头的宏观金相观察看出,采用纯氩气保护气体时,焊接接头中出现大量的气孔,而采用50%Ar+50%He混合气体时焊接接头中的气孔缺陷有明显改观。

　　采用氩氦混合气体与纯氩气保护做对比试验,研究其对焊缝中气孔的影响。X射线检测结果显示,纯氩条件下焊缝气孔率最高;纯氩条件下焊缝的气孔率是纯氦条件下焊缝气孔率的4~7倍;当采用75%He+25%Ar混合气时,焊缝中的气孔率基本接近纯氦条件下的焊缝中的气孔率。采用70%He+30%Ar的He-Ar

混合气作保护气体,同样也可获得较好的焊缝质量。同时,在采用混合保护气体焊接时有较多的小气孔,而在采用纯氩气保护焊接时,焊缝中气孔缺陷的尺寸较大。

采用纯氩气、含67%氦气的氩氦混合气体和以频率为2.2 Hz进行氩气和氦气交替保护三种保护气体作对比试验发现,纯氩气保护气体焊接接头中的气孔数量最多,含67%氦气的混合保护气体次之,以频率为2.2 Hz交替保护的气孔数最小。

研究100%Ar+0%He、67%Ar+33%He、50%Ar+50%He、33%Ar+67%He四种不同保护气体对5083铝合金焊接接头尺寸及疲劳寿命的影响发现,焊接接头焊缝区的疲劳寿命随着保护气体中氩气含量的增大逐渐降低,这从侧面反映出焊缝区气孔数量和尺寸也随之减少,因为气孔的存会引起结构的应力集中区,残余应力的存在会显著降低焊接接头的疲劳寿命。

氦氩混合气体焊接铝合金与纯氩气保护气体焊接铝合金相比能明显消减焊接接头中气孔倾向,这与氦气本身的物理性能有很大的关系。氦气与氩气的物理性能见表1-2。

表1-2 氦气与氩气的物理性能

气体	密度 (kg/m^3)	原子量	最小电离势 (V)	导热率(20℃) (kcal·m^{-1}h^{-1}℃$^{-1}$)
氩气	1.784	40	15.76	0.014 9
氦气	0.179	4	24.59	0.131

在铝合金焊接中,氩氦混合保护气体焊接的焊接接头优于纯氩气保护气体焊接的焊接接头,这主要是氦气起作用。由表1-2可明显看出,氦气的电离能高于氩气的电离能,氦气的电离电势和导热率也高于氩气。这样在相同的焊接电流和电弧长度情况下,混合气体的电弧电压高于纯氩气的电弧电压,混合气体的电弧具有更大的功率,会传递给焊件更多的能量,从而在一定程度上降低了焊缝的冷却速度,使得液态铝中有更多的时间进行气泡的长大和气体的析出。同时氦气更高的电离能也使得氩氦混合

保护气体焊接时产生了不同于氩弧焊焊接接头的焊接性能和焊缝形状。由于纯氩保护气体的电弧能量要低于混合保护气体的,再加上铝合金本身较高的热传导系数,所以热量在熔池内的热传导在宽度方向上大于在深度方向上,这样氩弧焊焊接后接头形状为典型的"指状"(如图1-1(a)所示),而混合气体电弧能量高于氩弧能量,并且氦的热传导性比氩的高,能产生能量更均匀分布的电弧等离子体,这样就改善了"指状"的熔池特征,使得熔池在根部的宽度更大,使得焊缝截面向"蘑菇状"方向改变(如图1-1(b)所示)。

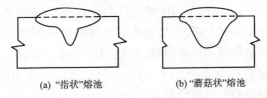

(a) "指状"熔池　　　　　　(b) "蘑菇状"熔池

图1-1　氩气保护和氩氦混合保护气体焊接熔池形状

氩氦混合保护气体焊接熔池的形状更加有利于氢气泡的逸出,这主要是由于气泡在液态铝中是依靠自身的浮力逸出液体的。当浮力较大,上浮速度大于结晶速度时便不能形成气孔;而气孔在液态铝中的上浮速度与浮力有关,浮力越大上浮速度越快;气泡的半径越大则浮力就越大,所以半径比较大的气孔可以较早的逸出熔池。当氦气浓度较高时,高的电离能使得焊件得到更多的能量,减慢了冷却速度,使得气体逸出的时间加长,这样就使得半径较小且在氩弧焊焊接时不能逸出焊缝的气泡在氩氦混合保护气体焊接时可以逸出。从另一个角度讲,也就是使得焊缝中可以残留的气孔半径尺寸更小了,气孔也就更少了。所以,氩氦混合保护气体电弧焊接铝合金时,可以明显减小气孔数量和尺寸;另一方面,由于氩氦混合气体有更高的电弧能,这样就增加了金属和焊缝表面的温度,从而减少焊缝表面张力,进一步增加了氢气泡的析出量。

氩氦混合保护气体电弧焊接铝合金虽然能一定程度上减少焊接接头的气孔,但一般情况下我们不能用纯氦气保护气体电弧焊接铝合金(除特殊情况下用负极性的钨极对铝进行TIG直流电焊外)。一方面由于氦气的导电率较低,会给焊接过程和焊接接头带来一些不好的影响,例如焊接电弧不稳定;采用交流电源时气体保护焊接引弧困难;采用MIG焊接时熔滴过渡变得粗大且无规则等。另一方面氦气比氩气昂贵而且较轻,氩气的原子质量是氦气的10倍,焊接时若要获得相同的保护效果,氦气流量必须是氩气的2~3倍,这样就增加了焊接成本。所以用混合的保护气体代替纯氩气或纯氦气,既节约成本、改善焊接工艺,又一定程度上改善了接头的气孔缺陷。既起到有效降低铝合金焊接接头中气孔数量和尺寸大小的作用,同时又增强了焊接接头的力学性能。

九、如何焊接才能减小高强铝合金薄板结构中的残余应力?

比刚度和比强度高的铝合金是航空航天制造业中的一种主要结构材料,该材料要求加工精度较高,成型结构变形小。近几十年以来,随着科技进步及国防、民用等需要,质量轻、便于成型及强度足够的铝合金薄板及其焊接构件越来越受到重视。但是,在焊接结构中,铝合金薄板件的焊接残余应力和挠曲变形较大,严重影响使用与后续加工。那么,采用什么方法可以降低焊接残余应力水平或者均化焊接残余应力分布呢?

理论与试验研究表明,焊接残余应力水平与分布对铝合金薄板的尺寸稳定性影响很大。在焊接过程中,铝合金薄板件的焊接残余应力越大,引起的挠曲变形也越大。较大的焊接变形不但影响其使用性能与后续加工,甚至可能造成焊接结构的直接报废。因此,减小焊接残余应力已成为铝合金薄板及其薄板焊接结构面临的主要问题之一。

目前,降低薄板焊接结构中残余应力的有效方法之一是"预应力法"。"预应力法"就是在铝合金薄板焊接过程中,在其被焊接构件的两端整体施加平行于焊缝方向的预拉力。

例如,为降低焊接残余应力和挠曲变形,有研究者就采用该

"预应力法"收到了较好的防变形焊接效果。

研究者试验中采用的是经水浴淬火后随炉退火的 2A12 高强铝合金薄板,尺寸为 400 mm×220 mm×4 mm,其 σ_b、$\sigma_{0.2}$ 分别为 430 MPa、300 MPa。焊接时,沿板纵向中心线采用熔化极气体保护钨极氩弧焊(TIG 焊)焊接,焊接电流为 100 A,电弧电压为 12 V,焊接速度为 300 mm/min。在焊前及焊接过程中,在薄板两端沿平行于焊缝方向整体施加一低于材料屈服极限的预加拉应力,预应力 σ_F 大小分别为 0、$0.4\sigma_{0.2}$ 与 $0.8\sigma_{0.2}$。

然后,研究者采用 10 MPa 的 XRD 型应力测量仪对焊接后焊缝上及垂直于焊缝方向的残余应力进行测量,并使用 GLOBALSTATUS575 型三坐标测量机对铝板表面变形情况进行测量,三坐标测量机的最大允许探测误差为 2.5 μm。焊前经测试,退火试样表面残余应力水平处于 20 MPa 以内,对后续的焊接影响较小。因此,"预应力"效果可通过焊接后试件直接测量分析。为便于 X 射线衍射残余应力测试,焊接后焊缝上需经细砂纸轻轻打磨。不同"预应力"条件下焊缝及垂直于焊缝方向的纵向表面残余应力分布如图 1-2 所示。由图 1-2 可见,随着"预应力"的增大,焊后残余应力幅值降低且较早趋于平缓分布,焊接影响区域减小,说明研究者采用的"预应力法"对控制残余应力水平及分布是非常有效的。当 $\sigma_F = 0.4\sigma_{0.2}$ 时,焊缝中心残余应力下降 34%,残余压应力平均水平由 35 MPa 下降至 20 MPa 左右(与试样初始残余应力水平相当),焊接影响范围下降至距离中心线 30 mm 处;而当 $\sigma_F = 0.8\sigma_{0.2}$ 时,焊缝中心残余应力下降 52%,残余压应力平均水平由 35 MPa 下降至 20 MPa(与试样初始残余应力水平相当),焊接影响范围下降至距离中心线 20 mm 处。

在不同"预应力"作用下焊接薄板挠曲变形量分布如图 1-3 所示。由图 1-3 可知,随着"预应力"的增大,垂直于焊缝方向的挠曲变形量逐渐减小且趋于缓和。当 $\sigma_F = 0.4\sigma_{0.2}$ 时,平均变形量由 3.9 mm 下降至 1.9 mm,降幅超过 51%;而当 $\sigma_F = 0.8\sigma_{0.2}$ 时,平均变形量下降 71%,且分布非常平均。

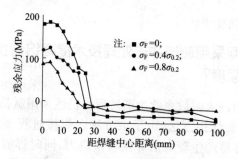

图 1-2　不同预应力下焊接薄板纵向残余应力分布

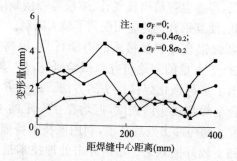

图 1-3　不同预应力下焊接薄板挠曲变形量分布

焊接过程中及焊后应力下降的主要原因与构件中最大残余应力和最小残余应力的差值以及构件潜在尺寸变形线性相关。通过对薄板施加"预应力",可以改变焊接快速加热与快速冷却过程中热应力引起的应力应变分布特征,可部分抵消焊缝及其附近区域热膨胀过程中产生的压应力,故在后续的冷却中可降低残余拉应力水平。应力的重新分布进一步使远离焊缝区域的压应力区减小,且使该处的应力水平也相应有所下降。

实质上,相关研究表明,焊接过程中残余应力对构件的尺寸稳定性影响最大,故控制焊接结构中的残余应力幅值并使其均化分布,则构件的挠曲变形将得到控制。对于高强铝合金焊接薄板件,降低残余应力水平与均化残余应力分布是保证构件尺寸稳定性的重要手段。而且,引入"预应力"可显著控制焊接残余应力幅值并减小焊接影响区范围,可明显均化应力分布状态及大幅减小板试件的挠曲变形。

十、如何采用超声冲击处理技术提高铝合金焊接接头的强度？

目前，国内大多数企业生产过程中仍然采用氩弧焊作为焊接铝合金的主要焊接方法，由于该方法在焊接过程要输入大量的热，焊接件容易产生较大的焊接残余应力，同时焊缝两侧和填充材料经过焊接过程的重新熔化和冷却过程的再结晶，会在焊缝处形成铸态组织，焊缝也容易出现气孔、缩松等焊接缺陷，造成焊后接头强度降低，使其铝合金的应用受到了较大限制。

为改善高强铝合金焊接接头的力学行为，提高接头力学性能，国内外进行了大量的理论研究和试验研究，从力学角度和冶金角度开发出了多种强化焊接接头的方法。这些方法虽然能较好地提高铝合金焊接接头的强度，但均存在一定的不足。目前，有研究者研究了超声冲击处理技术，利用该技术处理焊接后的铝合金焊缝收到了较好的效果。超声冲击处理技术是近年来发展起来的提高焊接接头疲劳强度的方法，相对于传统的其他焊后处理技术，该技术在降低应力方面效果比较明显，处理后的焊缝强化层深度大，而且处理成本低、能耗少，尤其是该方法便于野外现场作业，因此是一种较为理想的改善焊接接头性能的方法。

例如，针对焊接基材板厚分别为 6 mm 和 4 mm 的 2A12 铝合金板材进行焊接和超声冲击处理，2A12 铝合金板材为 T4 态，焊接用焊丝选用 ER5356 铝镁合金焊丝，焊丝直径为 2.5 mm。基材与焊丝的主要化学成分见表 1-3。

表 1-3　2A12 铝合金和 ER5356 焊丝化学成分

材料	质量分数(%)									
	Si	Fe	Cu	Mn	Mg	Cr	Zn	Ti	Ni	Al
2A12	0.50	0.50	3.8~4.9	0.3~0.9	1.2~1.6	—	0.30	0.15	0.10	余量
ER5356	0.25	0.40	0.10	0.01	4.5~5.5	0.07	0.10	0.10	—	余量

焊接工艺采用手工交流氩弧焊(TIG),焊接过程采用无拘束双面焊接,焊接工艺参数见表1-4。

表1-4 焊接工艺参数

参数	电流 (A)	电压 (V)	焊接速度 (mm·min^{-1})	送丝速度 (mm·min^{-1})	氩气流量 (L·min^{-1})
取值	120	16	300	530	5.8

焊件的超声冲击处理是将焊后的试样平置于工作台上,使用 ZJ-Ⅱ 超声冲击设备沿焊接接头进行全覆盖冲击处理(处理过程如图1-4所示)。超声冲击处理的道次为3次。超声冲击处理设备工作的电流为 0.8～1.0 A,振动频率为 20 kHz,静压力为 50 N。

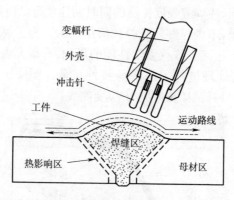

图1-4 超声冲击处理工艺过程

超声冲击处理前后焊接接头焊缝区的显微组织如图1-5所示。由图1-5(a)可见,未处理的焊缝主要为铸态的枝晶组织,这种铸态组织晶粒较粗大,而且晶粒大小很不均匀,组织也不致密,粗大的枝晶形结构弱化了晶界的连接,在外力作用下容易沿晶断裂,使焊接接头的拉伸性能变差。超声冲击处理后的组织如图1-5(b)所示,超声冲击处理中剧烈的塑性变形可致使焊缝表层的显微组织发生明显的变化,使晶粒尺寸大幅减小,组织更加致密。

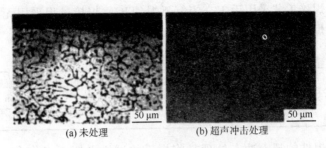

(a) 未处理　　　　　(b) 超声冲击处理

图 1-5　超声冲击处理前后焊缝区表层显微组织

理论上，由 Hall-Petch 公式可知，焊缝区组织的晶粒越细小，焊缝的强度就会越高。同时，晶粒细化还能有效改善焊缝的韧性。其主要原因是细小的晶粒可以使材料断裂前就能够承受更大程度的变形，使焊缝强度提高的同时韧性也得以提高。

在工程上，不少焊件是受静载荷作用的。为了解超声冲击处理对铝合金焊接接头静载力学性能的影响，有研究者对铝合金板材、超声冲击处理进行了静载荷拉伸试验。图 1-6 为 6 mm 厚 2A12 铝合金母材试样拉伸应力-应变曲线。

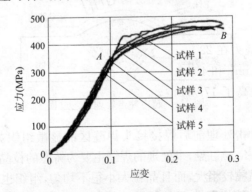

图 1-6　6 mm 厚 2A12 铝合金板材应力-应变曲线

由图 1-6 可见，载荷比较小时，试样伸长随载荷增加而增加，该过程为弹性变形阶段；当载荷超过 A 点后，拉伸曲线开始偏离直线，试样在继续产生弹性变形的同时将产生塑性变形，进入弹塑性变形阶段；当载荷上升至 B 点时，试样产生断裂。试样在拉伸过程中由弹性变形过渡到明显塑性变形，中间经历了屈服阶段，拉伸曲线上出现了平台（AB 段）。试样从变形开始到断裂的全过程是由弹性变形、塑性变形和断裂 3 个阶段组成，断裂前出现明显的塑性变形，属于韧性断裂。试样的峰值应变在 0.26～0.28 之间，峰值应力在 460～470 MPa 之间。经计算，6 mm 厚 2A12 铝合金板材的抗拉强度为 465 MPa，峰值应变为 0.272。

　　超声冲击处理前后 6 mm 和 4 mm 铝板焊接接头在与母材同一加载形式下的拉伸应力-应变曲线如图 1-7 所示。由图 1-7 可见，未处理焊接接头试样主要由弹性变形和断裂 2 个阶段组成，断裂前塑性变形程度很小，属于脆性断裂，断裂前没有明显的征兆，此种情形危害性很大。经超声冲击处理的 4 mm 铝板焊接接头试样从变形开始到断裂的全过程是由弹性变形、塑性变形和断裂 3 个阶段组成，断裂前也出现了较为明显的塑性变形阶段，拉伸曲线上出现了锯齿（如图 1-7(d)中的 CD 段所示），但塑性变形阶段较短，属于韧性-脆性混合断裂。未经超声冲击处理的 6 mm 和 4 mm 试样的峰值应变在 0.07～0.09 之间，峰值应力在 190～210 MPa 之间；超声冲击处理后试样的峰值应变在 0.08～0.12 之间，峰值应力在 220～270 MPa 之间。计算结果表明，超声冲击处理后的 6 mm 和 4 mm 厚的 2A12 铝合金板材焊接接头的拉伸强度分别提高了 17.4% 和 23.7%，延伸率提高了 28% 和 44%。超声冲击处理同时提高了铝合金焊接接头的断裂强度及韧性，对于薄板焊接接头效果更为明显，可见该方法是一种较为理想的改善焊接接头力学性能的方法。

　　6 mm 厚铝合金母材经超声冲击处理前后焊接接头试样拉伸断裂宏观形貌如图 1-8 所示。从图 1-8 可以看出，母材试样拉伸断裂前都产生了明显的颈缩，断口呈现出剪切特征，剪切断裂面和拉伸载荷轴的夹角大约呈 45°；未处理试样在焊趾部位萌生裂纹并基本上沿熔合线断裂；经超声冲击处理过的试样均断裂在焊缝部位。熔合区存在严重的物理和化学不均匀性，使得该区域成

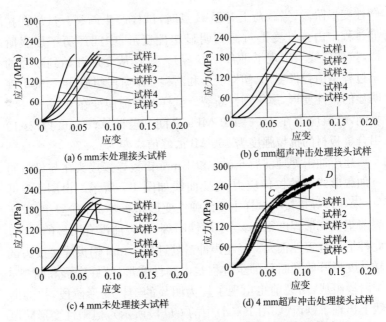

图 1-7 超声冲击处理前后 6 mm 和 4 mm 铝板焊接接头在与母材同一加载形式下的拉伸应力-应变曲线

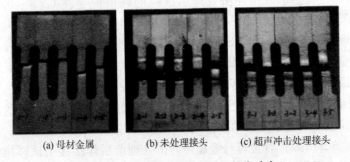

图 1-8 6 mm 厚铝合金母材经超声冲击处理前后焊接接头拉伸断裂宏观形貌

为焊接接头一个较薄弱的区域,所以未处理试样会在熔合区沿熔合线断裂,经超声冲击处理的试样断裂在焊缝区域。以上现象说明,超声冲击处理不但有效地强化了焊接接头薄弱的焊趾部位,而且还降低了焊趾部位的应力集中。但是,由于焊接接头余高的存在,使得焊缝中部断面较厚,超声冲击处理对焊缝芯部的作用就有所减弱,这也是造成有些焊接件超声冲击处理后在焊缝中部断裂的主要原因。

焊接接头拉伸试样宏观断口形貌如图 1-9 所示。从图 1-9 可以看出,未经处理试样裂纹源位于焊缝中心夹杂处(如图 1-9 中箭头处所示),由裂纹源向四周扩展,存在明显的放射状区域,断口表面粗糙,属于典型的脆性断裂;经超声冲击处理试样无明显的放射线区域,裂纹不连续,而且多是局部扩展,断口表面相对细腻,没有发现粗大的棱线。未经处理的焊接接头的熔合区由于存在较多的焊接缺陷密集,使这个区域晶界的键合力被严重削弱,从而发生沿晶断裂。全覆盖超声冲击处理后,整个焊接接头的表层晶粒细化,组织结构更加均匀一致,使裂纹扩展方式发生改变,多为局部扩展。

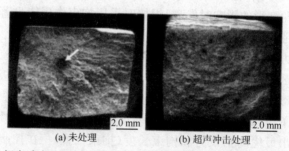

(a) 未处理　　　　(b) 超声冲击处理

图 1-9　超声冲击处理与未超声冲击处理焊接接头拉伸试样宏观断口形貌

以上结果也说明焊接中 2A12 铝合金板材焊接工艺参数的选择也比较合理,焊后焊接接头的超声冲击处理工艺完全可以用来提高铝合金焊接接头的抗拉伸性能。未经超声冲击处理的焊接接头拉伸试样断裂发生在焊趾和熔合区,处理后断口均在焊缝中部断面,表明超声冲击处理使焊接接头薄弱的焊趾部位得到了有效强化。其中,超声冲击处理后焊接接头晶粒大幅细化、缺陷减少和组织致密化是提高铝合金焊接接头抗拉伸性能的主要原因。

十一、如何控制铝合金薄板焊接过程中的变形？

通常情况下，铝合金焊接过程中会产生较大的焊接变形，因而对铝合金结构焊接变形的预测和控制是焊接结构亟待解决的重要问题之一。目前，生产中常用的控制铝合金薄板焊接变形的工艺措施主要有刚性固定法、反变形法、预拉伸法等。刚性固定法（拘束焊），即采用设计合理的夹具，将焊件固定起来进行焊接，增加其薄板的刚性，以达到减小薄板焊接变形的目的。从已有的研究结果来看，采用合理的夹具布置可以很好的控制焊接变形。分析引起薄板焊接变形的因素，外拘束是影响焊接应力和变形的重要因素，但掌握拘束对焊接应力和变形的影响规律以及如何对焊接件进行合理拘束对于操作者来讲仍然是一个比较难的问题。

目前，国内外许多学者在拘束与焊接变形的关系方面做了大量的研究工作，探讨了拘束对低碳钢薄板焊接变形的影响。研究结果表明，拘束增加，变形减小，但残余应力变大。考察拘束对埋弧焊接角变形的影响时发现，焊接时采用拘束作用能显著减少焊接角变形。

从力学（拘束力）角度出发，通过调整焊接温度场，控制焊缝及近缝区应力应变的发展进程，可以实现高强铝合金薄板的低应力小变形无热裂纹焊接。例如，有研究者利用有限元方法对拘束焊进行了模拟分析，通过对不同厚度钢板拘束焊问题的研究，可以计算出最优的拘束力和拘束长度（拘束位置）。在控制变形的研究中，有研究者利用焊接温度与变形测量系统，对 5A12 铝合金试板拘束焊接变形的行为进行系统试验研究，分析拘束焊接变形曲线的特点和不同拘束力下 5A12 铝合金板变形情况以及拘束力卸载对焊接残余变形的影响，这些研究结果对我们焊接铝合金薄板以及防止焊接过程中铝合金的变形提供了很好的参考和借鉴。

再如，有一些研究者采用 5A12 铝合金作为焊接材料，焊件尺寸为 220 mm×170 mm×5 mm 的板材，试验装置如图 1-10 所示，采用 1 号位移传感器和 2 号位移传感器对距焊缝中心 90 mm 处

C 点和 D 点的焊接面外变形进行测量。两个力传感器对称分布，拘束方式采用面压紧方式，压板距焊缝中心的距离为 45 mm。焊接方法选择为钨极氩弧焊，焊接方式为在试板中心沿图 1-10 所示的方向进行堆焊。焊接时，焊接规范选定为焊接电流 146 A，焊接速度 11 cm/min，氩气流量 10 L/min，电弧电压 14 V，焊接环境温度为室温(20 ℃)。为了更好的分析变形趋势，采用动态测量系统对焊接过程中的变形和拘束力进行实时检测和测量，其中变形和拘束力的测量选用体积较小的电感调频式 BWG3-20 mm 位移传感器和 H3 力传感器。拘束方式采用在试板上施加单端拘束，拘束力变化曲线如图 1-11 所示。另一端，即不施加拘束力的一端如图 1-10 所示的 C 点、D 点，C 点、D 点面外变形随时间变化趋势曲线如图 1-12 所示。

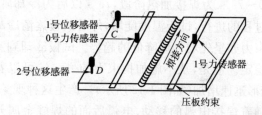

图 1-10　铝合金试验安排示意图

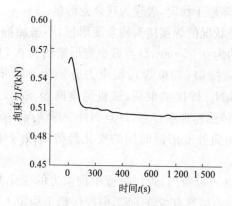

图 1-11　单端拘束力变化曲线

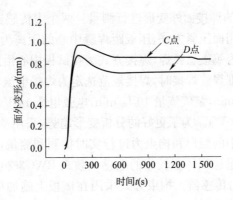

图 1-12 不施加拘束力的另一端 C 点、D 点面外变形曲线

由图 1-11 可以看出,焊接开始时通过 1 号传感器预加力 0.56 kN,0~75 s 为焊接加热阶段,75 s 以后为冷却阶段。随着焊接加热过程的进行,试板温度陡增,焊后试板逐渐冷却,热胀冷缩导致拘束力亦呈先增加后降低的趋势。试板冷却到室温后,拘束力趋于稳定。但是,从不施加拘束力的另一端可以看出,焊接开始后,变形迅速增加(如图 1-12 所示)。产生这种现象的主要原因是由于随着焊接电弧的移动,电弧后面的焊缝金属开始冷却,发生横向收缩,导致试板上翘。焊后,随着试板慢慢冷却,变形稍有减小,并逐渐趋于稳定,表现为残余变形量。

测量两种状况的焊接接头残余变形量,不施加拘束端的 C 点残余变形量约为 0.85 mm,D 点残余变形量约为 0.71 mm。试板施加双端对称拘束(拘束焊),拘束力分别为 0.1 kN、0.2 kN、0.5 kN、0.8 kN。焊接结束后,试板温度降至室温,左侧拘束卸载,通过位移传感器观察 C 点、D 点面外变形情况。拘束卸载后 C 点的拘束力和面外变形随时间的变化趋势曲线分别如图 1-13、图 1-14 所示。

由图 1-13 可以看出,焊接过程中拘束力的变化并不明显,在冷却阶段拘束力虽然有少许下降,但很快趋于稳定。由图 1-14 可以看出,在不同拘束力下试板面外变形曲线趋势大体相同。焊接开始后,变形迅速增加,但在不同拘束力下试板的最大变形量有所不同。焊接结束后,试板冷却,变形减小,试板达到平衡温度后,变形趋于稳定。薄板不施加拘束较之单端施加拘束相比,施加拘束试板变形较小,且不同拘束力对变形控制的效果不同。试板冷却到室温,左侧拘束卸载,由于弹性回复,变形迅速增加,表现为残余变形量。当施加的拘束力为 0.8 kN 时,试板的残余变形量最大,拘束力为 0.2 kN 的试板残余变形量最小。

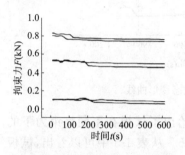 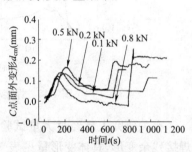

图 1-13 拘束卸载后 C 点的拘束力曲线

图 1-14 拘束卸载后 C 点面外变形随时间的变化趋势曲线

薄板试件单端拘束和双端拘束面外变形曲线对比如图 1-15 所示。由图 1-15 可知,薄板单端拘束和双端拘束面外变形存在明显的区别,薄板施加拘束焊接变形显著减小。薄板试件单端拘束和双端拘束面外变形的大体规律表现为:随着焊接加热过程的进行,单端拘束焊接变形量持续增加;随后,随着焊接过程和焊道前移,试板冷却变形有少许下降,但很快趋于稳定,冷却后薄板表现为留有残余变形。由此可断定单端拘束变形曲线可分为 3 个阶段:变形增加阶段、变形减少阶段及稳定阶段。双端拘束焊接在加热阶段同样表现为变形由小到大持续增加,但总体变形量较小;焊后随着试板冷却也留有残余变形,但是残余变形较小。当试板冷却到室温,拘束释放,由于弹性回复造成变形迅速增加,但残余变形量远远小于单端拘束。故双端拘束变形过程可分为 4 个阶段:变形增加阶段、变形减少阶段、稳定阶段及弹性回复阶段。

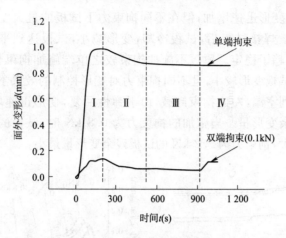

图 1-15 焊接动态变形曲线

有关研究人员经过大量试验给出了试板在不同拘束力下的焊接残余变形,具体变形量见表 1-5。从表 1-5 中可以看出,试板在不同拘束力下均发生了变形,但拘束力不同变形的程度也不同,不施加拘束时焊接件的变形现象较严重。

表 1-5 拘束力及其对应的焊接残余变形

拘束力 $F(kN)$	C 点残余变形 d_{CC} (mm)	D 点残余变形 d_{DC} (mm)
0	0.86	0.72
0.1	0.16	0.22
0.2	0.12	0.13
0.5	0.18	0.21
0.8	0.22	0.25

在不同拘束力下 C 点的残余变形情况如图 1-16 所示。由图 1-16 可知,不施加拘束焊接时,试板残余变形量达到试验中的最大值(0.86 mm)。施加双端对称拘束时,焊接件的拘束力为 0.1 kN 时,残余变形迅速减小;当拘束力为 0.2 kN 时,焊接件的残余变形大约为 0.18 mm(最小)。但是,随着拘束力的继续增加,残余变形又呈缓慢上升趋势,在 0.8 kN 拘束力下,其残余变

形达到0.25 mm。产生这种现象的主要原因大概是由于焊接过程中产生的应力和不均匀塑性变形。

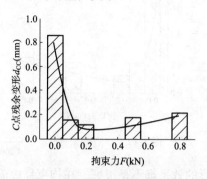

图1-16 C点残余变形

不施加拘束情况下,试板焊接变形量明显增加。施加拘束,控制了焊接变形,但增大了试板内部应力,尤其是施加拘束部位应力增加更多。由此可知,拘束过大,应力增加。过大的拘束应力即使卸除后,焊接变形较适当拘束情况下也会稍有增加,这点是操作者在采取防止变形的措施时应该注意的问题。

2号位移传感器所测D点在不同拘束力下的残余变形情况如图1-17所示。由图1-17可见,其残余变形趋势与图1-16大致相同。由此可以推断,施加适当的拘束可以有效的控制焊接变形。对于5 mm厚5A12铝合金板,采用对称面压紧的拘束方式控制焊接变形,拘束位置布置在距焊缝中心大约45 mm位置处,最优化的拘束力可以控制在0.2 kN左右。

焊接后,薄板所加的拘束释放后,对于拘束控制的薄板从变形量来看,有一定程度的反弹变形,且薄板所施加的拘束力不同,焊接变形在拘束释放后的反弹也不同。图1-18及图1-19展现了在不同大小初始拘束力作用下,在距焊缝相同位置条件下拘束卸载前后的变形情况以及卸载拘束前后的变形差值(焊接件拘束释放后的弹性回复为图中阴影部分)。由图1-18和图1-19可见,当拘束力为0.2 kN左右时,焊接件残余变形最小,拘束力过小或过

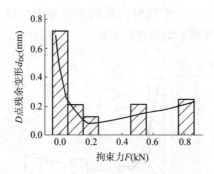

图 1-17 D 点残余变形

大对于控制变形的效果都不是很好。在拘束释放前,0.2 kN 左右拘束力下的焊接变形并非最小,但拘束释放后,0.2 kN 左右拘束力下焊接件的弹性回复最小,因而对残余变形的控制效果最好。由此可知,造成拘束焊残余变形的主要因素是拘束力卸除后的弹性回复,适当的拘束可以减小弹性回复,进而可以实现控制焊接变形的目的。

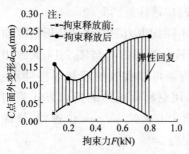

图 1-18　C 点拘束卸载前后面外变形及弹性回复比较

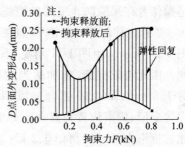

图 1-19　D 点拘束卸载前后面外变形及弹性回复比较

由此可见,在焊接过程中,单端拘束和双端拘束在控制焊接变形中存在明显的差异,特别是双端拘束在控制焊接变形时要考虑到薄板存在弹性回复阶段过程。

以上几个例证证明,在焊接过程中施加拘束是一种有效的主动控制焊接变形的方式,但对于不同厚度的板材,焊接变形控制存在最优拘束值和最佳拘束力。控制焊接变形除了要考虑不同拘束力卸力后的残余变形和变形的大小,还要考虑拘束卸除后的弹性回复,进而实现更好地控制焊接变形的目的。

十二、如何进行铝合金角接结构的搅拌摩擦焊?

搅拌摩擦焊多用于平板对接结构。目前,对于 0.8~75 mm 厚的铝合金都可以采用搅拌摩擦焊接。但实际工程应用中大多数工程焊接结构是采用型材或板材以角接方式构成的,由于搅拌摩擦焊主要是由轴肩与被焊接面摩擦产生热量,因此搅拌摩擦焊在角接结构中的应用受限制,甚至根本就不能直接进行角接结构的搅拌摩擦焊接。

为扩大搅拌摩擦焊的应用,美国 Trapp 等人发明了一项 L 形和 T 形角接焊接时的专利;日本 Katsuaki 等人为了解决用搅拌摩擦焊焊接工字型材料的问题,采用了辅助的三角垫块来填充焊接部位;日本有一项发明专利提出了一种从角接缝内侧(夹角<180°一侧)设一具有三角形断面的工艺垫块,填平焊接内夹角,焊接时搅棒穿过工艺垫块进入焊件接缝,台肩则与垫块表面摩擦,从而实现角接搅拌摩擦焊接。在国内,许多院校、研究机构也开展了搅拌摩擦焊焊接不同结构的研究。其中,中南大学采用一种新型的外侧角接焊接的方法,对 2519 铝合金进行了搅拌摩擦焊角接结构的焊接。实践证明,此方法可以对任意角度的焊件进行搅拌摩擦焊焊接,在工程中具有很高的实际应用价值。

利用搅拌摩擦焊焊接角焊缝一般需要在待焊接件角部外侧镶拼辅助工艺垫块,使之在待焊部位构成任意角度的角接焊缝,顶部形成平面结构,以此来满足搅拌摩擦焊工艺对焊接部位的特殊要求。该角接焊接法能从封闭或半封闭角接构件外侧焊接,工作原理如图 1-20 所示。

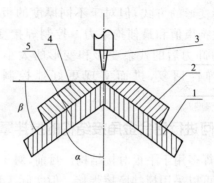

图 1-20 搅拌摩擦焊角接外侧焊工作原理图
1,5—待焊工件;2,4—工艺辅助垫块;3—搅拌头

图 1-20 中,假如待焊的焊件 1、5 的角接半角为 α,则实际焊接的夹角就为 2α。焊接后,把待焊工件 1 和 5 焊接起来,然后将形成平面结构的工艺辅助垫块 2、4 加工成角度为 β 的坡口,并使 $\alpha + \beta = 90°$。

焊接中,采用辅助垫块的主要作用是通过角度的拼接,形成搅拌摩擦焊所需的台肩摩擦平面,把成角度的搅拌摩擦焊转化为平板对接焊,通过搅拌头 3 与垫块 2、4 组成的表面摩擦,把产生的热传递给实际待焊件。搅拌头 3 通过与垫块 2、4 组成的平面摩擦产生热量传递到焊接板上,使焊接板在一定的区域金属塑化达到可以搅拌的状况,然后在其搅棒的搅拌作用下完成搅拌摩擦焊。焊完后去除工艺垫块 2 和 4,即可得到搅拌摩擦焊角接头。

以 22 mm 厚的 2519 高强度铝合金为例,采取以上方法进行搅拌摩擦焊。2519 铝合金的主要成分及力学性能见表 1-6 与表 1-7。焊接时的焊接角度采用 120°,如图 1-21 所示,焊缝深约为 25 mm。搅拌头参数为轴肩 35 mm,搅拌针直径 12 mm,底部直径调整变化,长度 23 mm,夹具采用自制专用角接焊接夹具。焊接中在不同形状搅拌针与旋转频率和进给量之间进行组合匹配。

表1-6 2519铝合金的化学成分

化学成分	Cu	Mg	Mn	Zr	Al
质量分数(%)	5.80	0.22	0.28	0.21	余量

表1-7 2519铝合金的力学性能

参数	抗拉强度 R_m(MPa)	屈服强度 R_{eL}(MPa)	断后伸长率 A(%)
取值	460	398	12.0

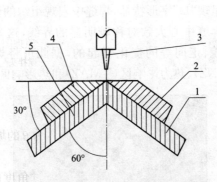

图1-21 2519高强度铝合金120°角焊缝的搅拌摩擦焊示意图
1—待焊工件;2—工艺辅助垫块;3—搅拌头;4—工艺辅助垫块;5—待焊工件

在焊接过程中,不同的搅拌摩擦焊工艺参数得到的焊接接头质量有很大差异,尤其是在厚板焊接时工艺参数的影响尤为明显。在工艺参数中,影响搅拌摩擦焊接头质量的主要参数有轴肩直径大小、搅拌针形状、旋转频率及焊接速度。实践证明,搅拌头参数为轴肩35 mm、搅拌针直径12 mm、底部直径3.5 mm、长度23 mm、旋转频率为30~40 r/s,焊接速度在90~120 mm/min的范围内都可以获得良好的接头外观。

焊接过程中,不同形状的搅拌针对能否获得良好的焊缝质量至关重要。搅拌针底部直径过小时,如果焊接工艺不当,靠近搅拌针底部因为搅拌针直径过细经常会发生剪切断裂;搅拌针底部直径过大或者旋转频率过低时,焊缝区域材料流动不充分,所受阻力过大,搅拌针会被从靠近轴肩的地方剪断。

经反复试验证实,焊接时底部采用直径 3.5 mm 的搅拌针焊接效果比较好。由于是厚板角接焊缝的焊接,所以当旋转频率低于 20 r/s 时,焊接时温度过低,轴肩温度低于 220℃,材料黏度过大,流动不充分,所受阻力较大,底部容易出现空洞,同时搅拌针也容易断裂。

搅拌摩擦焊角接焊接 2519 高强铝合金的宏观组织如图 1-22 所示。从图 1-22 中可以看到,试样截面搅拌摩擦焊接区与母材区的明显交界,呈现"U"字形特征,焊缝中宏观组织的光泽存在明暗差异,存在以焊缝中心大致对称较明显的界线,这是由焊缝中组织的构成、形貌、走向等的变化引起的,据此可将焊缝分为三个区:焊核区(WNZ)、热力影响区(TMAZ)和热影响区(HAZ)。

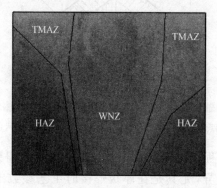

图 1-22　2519 铝合金厚板角接焊接焊缝宏观横截面形貌

图 1-23～图 1-26 分别是某研究单位给出的母材区、焊核区、热力影响区、热影响区四个区的金相微观组织。焊核区位于焊缝的中间部位,底部形状大小与搅拌头实际尺寸比较接近,上部靠近轴肩部分由于受轴肩和搅拌针的机械搅拌以及剧烈摩擦产生的局部高温,组织发生了动态再结晶,变成了比母材组织更为细小的等轴晶组织,如图 1-24 所示。

焊接后,2519 铝合金接头的硬度分布如图 1-27 所示。图中,A 区为焊核区,B 区为热力影响区与热影响区,C 区为母材区。由图 1-27 可见,2519 铝合金搅拌摩擦焊接头接头的断面硬度呈 U 形

图 1-23 母材金相微观组织

图 1-24 焊核区金相微观组织

图 1-25 热力影响区金相微观组织

图 1-26 热影响区金相微观组织

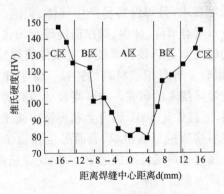
图 1-27 焊接接头硬度分布

分布,从热影响区到焊核区硬度值都出现不同程度的降低,焊核区力学性能下降最大,硬度下降了大约40%。产生这种现象的主要原因是由于焊核区距离搅拌头较近,焊核区硬度下降与焊接过程中受搅拌头高速旋转的搅拌作用有关。即焊接时,由于搅拌头在焊核区高速旋转的搅拌作用比较强烈,因此焊核区的局部温度比较高,基材组织完全被破坏,高温下此区的组织发生了完全的动态再结晶,因此该区的组织细小、硬度下降最多。

采取以上措施进行角接结构的焊接结果表明,采用外侧加辅助垫块的方法进行角接辅助焊接,能够变角接结构为平焊位置的焊接,能有效的对角接结构进行搅拌摩擦焊焊接。在焊接过程中,选择合理的焊接工艺和搅拌针形状决定着焊接的成败和接头的性能。一般情况下,旋转频率在 30~40 rad/s、焊接速度在 90~120 mm/min 范围内都可以获得良好的角焊缝的搅拌摩擦焊接接头。

十三、如何进行 6061 铝合金薄板的超声波点焊?

6061 铝合金具有中等强度、耐腐蚀、加工性能好、可焊接性强等优点,已广泛用于功能材料和结构材料。国内外常采用传统的焊接方法(如 MIG、TIG 等)对此类合金进行焊接,但所焊接的接头强度不能满足要求,且焊缝容易产生气体、夹渣、裂纹等缺陷。超声波焊接技术具有节能、环保、操作简便等突出优点,引起了各国学者极大的研究兴趣。该技术能够实现传统焊接方法难以焊接的镁合金、铝合金等低熔点材料的连接。鉴于此,国内也广泛开展了超声波焊接技术的研究。如某高校的研究者以 6061 铝合金为试验材料,通过优化 6061 铝合金超声波焊接工艺参数,研究了超声波焊接后接头的显微组织、表面形貌和力学性能,并分析铝合金表面处理对其焊接性能的影响,以期促进超声波焊接技术在轻质合金连接方面的应用。

研究者试验选用 0.3 mm 厚的 6061 铝合金,试件尺寸为 160 mm×18 mm×0.3 mm,采用超声波金属点焊机对裁剪好的两片铝薄片进行焊接,如图 1-28 所示。选用的超声波工作频率为 20 kHz,振幅为 35 μm,焊头尺寸为 8 mm×8 mm,焊接时间为

40~140 ms,气缸压强为 0.1~0.6 MPa,焊接压力和焊接时间均可调。气缸压强与焊接压力的关系为:焊接压力=(气缸面积/焊点面积)×气缸压强。试验设备中,焊点面积为 88 mm^2,气缸直径为 53 mm,经换算得到焊接压力为气缸压强的 35 倍,所以焊接压力在 3.5~21 MPa 之间变化。焊接试样剥离测试如图 1-29 所示。

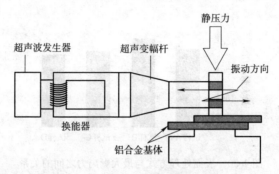

图 1-28 超声波金属点焊装置示意图

为考察表面处理状态对金属材料焊接性能的影响,研究者焊前对试件表面分别采取了四种处理方式,以分析不同表面处理状态对超声波焊接铝合金的最大剥离力的影响。四种表面处理方式为:

(1)试样 A:表面无任何处理;
(2)试样 B:在试件表面上滴加乙醇;
(3)试样 C:用细砂纸打磨;
(4)试样 D:将试件表面制备成与焊头一样的纹理。

在相同的焊接压力和焊接时间下,不同表面处理方式与最大剥离力的关系,如图 1-30 所示。由图可见,试样 B 的剥离强度最大,试样 D 的剥离强度最小,而试样 C 的剥离强度与试样 A 相当。试样 B 的剥离强度最大而试样 D 的

图 1-29 焊接试样剥离测试示意图

剥离强度最小的原因是由于滴加乙醇会减小焊接区域的软化效应。同时,焊接面的接触点多了,即焊接面积增大了,这无疑提高了铝合金的剥离强度。表面成纹理状态的试件因为试件在焊接时表面的凸凹位置不一致,导致接触点不均匀,这无疑会对剥离强度产生一定的影响。

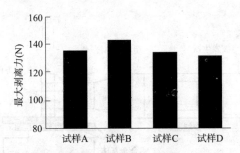

图 1-30　表面处理方式与最大剥离力之间的关系
（焊接压力为 17.5 MPa,焊接时间为 120 ms）

试样 B 在焊接压力分别为 12.25 MPa、17.5 MPa 和 21 MPa 下的最大剥离力与焊接时间的关系如图 1-31 所示。由图可看出,三个不同焊接压力下的最大剥离力随着焊接时间的增大而增大；但当焊接时间为 120 ms 时,最大剥离力均达到最大值,焊接时间继续增大时,最大剥离力反而下降；焊接时间为 20 ms 时,剥离力为零。这是因为焊接时间太短,焊头对材料表面的摩擦以及超声振动不足,以至于没有足够的热量和超声能量使材料发生塑性变形而彼此结合在一起；但焊接时间过长,焊头对材料表面进行过长时间的摩擦而产生较高的热量,导致材料变形量过大,所以最大剥离力反而下降。

试样 B 在焊接时间为 120 ms 条件下的最大剥离力与焊接压力的关系如图 1-32 所示。由图可见,最大剥离力随着焊接压力的增大而增大,但当焊接压力达到 17.5 MPa 时,最大剥离力达到最大值,为 136.478 N；随着焊接压力的继续增大,最大剥离力反而下降。在试验中发现,当焊接压力为 3.5 MPa 时焊接效果很差,

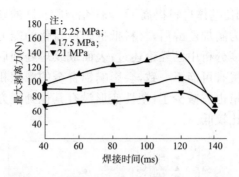

图 1-31 焊接时间与最大剥离力之间的关系

几乎用手都能撕裂开。这主要是因为焊接压力过小时,焊头施加在材料上的成型力不够,许多振动能量都损失在材料与上声级之间的表面摩擦上,这严重影响了焊接的质量,甚至还会造成焊接不上的结果。当焊接压力过大时,焊头施加在材料上的成型力太大,使得两铝薄片之间的相对滑动和焊头对铝薄片的表面摩擦受到抑制,严重的会造成焊头微齿压溃铝薄片,使得焊头和底座上的铁砧上粘上铝金属,从而降低焊点的强度,故最大剥离力也会随之下降。

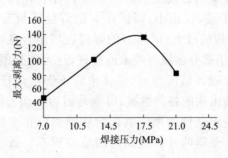

图 1-32 焊接时间 120 ms 条件下焊接压力与最大剥离力之间关系

焊接时间 120 ms、焊接压力 17.5 MPa 条件下,不同试样焊接后的接头硬度分布如图 1-33 所示。由图可看出,焊接接头的硬度从表面到焊缝位置处依次增大,其中试样 B 的硬度值最大为

53.9 HV,相比基体材料提高了 1.31 倍,试样 D 的硬度值最小。这可能是因为滴加乙醇后,材料抵抗超声软化的能力增强,这点在上述的强度分析中已经论述过;表面成纹理处理后,铝合金表面的凸凹位置有可能不一致,会影响铝合金的摩擦相对滑动,摩擦产生的热量也就减少了,塑性变形没有其他处理方式的剧烈,所以硬度会比较低。

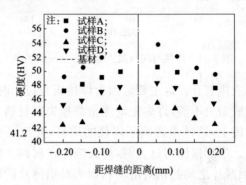

图 1-33 不同表面处理方式对焊接接头硬度的影响

焊接时间 120 ms,焊接压力 17.5 MPa 条件下,不同试样的超声波焊接接头的显微组织如图 1-34 所示。由图可以看出,试样 A 焊缝较平整,较狭小;而试样 C 的焊缝区域有些结合的不好;试样 D 的焊缝较大;试样 B 的焊缝区域结合良好,并且平整规则,只有一小部分区域有些未连接好,这可能是因为破碎的氧化物分散在焊缝区域所致,但总体来看不影响焊接质量。对于以上焊缝区域出现的各种情况,可能是因为表面无任何处理时,超声波焊接使得试件表面的氧化物破碎而分布于焊缝周围,表面打磨粗糙后使得两片铝之间的凹痕位置不一致,那么当焊头在试件表面做纵向摩擦时,可能就会出现有些地方结合得很好,有些地方结合得不好。由于焊头的纹理凹痕较深且密集,所以试样 D 与试样 C 相比,焊缝较大且焊接效果差,这一点通过力学性能测试也得到证实。试样 B 的焊缝界面结合很好,是因为加乙醇处理后使材料焊接区域的温度和超声软化效应都高于其他两种表面处理方式,导致结合面上的塑性变形增大,从而焊缝面结合良好。

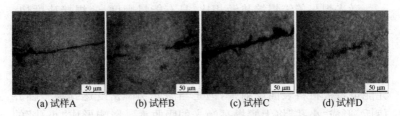

(a) 试样A　　(b) 试样B　　(c) 试样C　　(d) 试样D

图1-34　不同试样超声波焊接接头的显微组织

焊接时间为120 ms、焊接压力为17.5 MPa条件下,不同试样的焊接接头的SEM照片如图1-35所示。由图可见,试样A焊缝结合面较宽且焊缝中间夹杂着白色的物体,这是因为超声波焊接后试件表面破碎的氧化物分散在焊缝周围;试样B焊缝平整规则,界面结合很紧密,焊缝处只有小部分氧化物,这说明表面加乙醇处理的试样发生了剧烈的塑性变形。

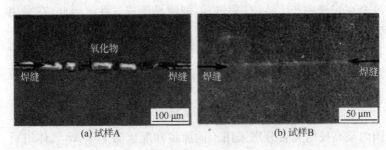

(a) 试样A　　　　　　　(b) 试样B

图1-35　不同试样超声波焊接接头的SEM照片

由研究者的研究与分析可见,超声波焊接0.3 mm的6061铝合金的最佳工艺参数为:焊接时间120 ms,焊接压力17.5 MPa。焊接前,对焊接接头表面加乙醇处理,焊接接头的力学性能可以达到较优水平。所以,建议操作者焊接前最好将试件进行超声波处理,以达到最好的接头力学性能。

十四、激光-MIG 复合焊接铝合金时如何选择保护气体？

激光焊与传统焊接热源相比，具有能量密度高、焊接速度快、焊缝组织优良、焊接变形小等许多优点，并且随着激光器价格的下降，激光焊接已在许多行业的焊接制造中得到广泛应用。

据有关研究，室温下 CO_2 激光焊接铝合金时，90%～98%的激光能量将被材料表面反射掉，但是当激光功率密度达到某一临界值后，形成"小孔"将大幅提高激光的吸收率。影响形成"小孔"的能量临界值除了材料表面状态、激光功率等外，保护气体也是一个相当重要的因素。在形成"小孔"后，保护气体不仅通过与激光作用区的金属反应改变材料的表面状态，而且影响光致等离子体的形成，而光致等离子体又将极大地改变激光与材料的相互作用。那么，激光焊接铝合金究竟应该如何选择保护气体呢？

铝合金激光焊接传统上采用的保护气体有 Ar、He 和 N_2，理论上 He 气最轻且电离能最高，在抑制等离子体方面能力最强，但使用成本较高。在相同条件下，采用 N_2 气更容易诱导小孔，但纯 N 会在焊缝中产生 Al-N 脆性相，同时易形成气孔。因此，在采用 CO_2 激光焊接铝合金时很少采用 N_2 气作为保护气体。Ar 气由于具有低导热性和低电离能，使得等离子体易于扩展，从而不能实现等离子体的有效控制，但由于其成本较低，对焊缝保护效果较好，也经常单独或与 He 气混合使用。

为研究保护气体流量和配比对焊缝成型和成本控制的影响，国内某高校研究者分别采用不同流量和配比的 He、Ar 气体进行铝合金 CO_2 激光-MIG 焊接工艺试验。试验采用的母材为 5052 轧制铝合金板材，H32 热处理状态，焊板尺寸为 300 mm×300 mm×10 mm，焊丝采用 1.2 mm 的 5356 铝合金焊丝，板材及焊丝的化学成分见表 1-8。板材通过酸碱清洗去除表面的油污，焊前利用烘干炉干燥板材及焊丝。保护气体为 He 气和 Ar 气，He 气的质量分数为 0.995，Ar 气的质量分数为 0.999 9，利用气阀控制两种气体的流量获得氦氩混合气体，并利用 MIG 焊枪送保护气体。

表 1-8 5052 铝合金板材及 5356 铝合金焊丝化学成分的质量分数

化学成分 材料	Mg	Zn	Mn	Cr	Ti	Si	Al
5052 铝合金板材	0.026 6	0.001 5	0.001 0	0.002 0	0.001 5	0.001 1	余量
5356 铝合金焊丝	0.050 0	≤0.002 0	0.001 5	0.001 5	≤0.005 0	0.002 0	余量

焊接用 ROFIN-DC050 板条式激光器的最大焊接功率为 5 kW，激光头光路经平面反射镜后反射聚焦，焦距为 300 mm，光斑直径为 0.45 mm。MIG 焊采用松下 INVISION456MP 焊机，激光-MIG 按图 1-36 所示方式复合，焊接时激光在前，MIG 电弧在后，MIG 焊枪与铝合金焊板呈 60°夹角。复合焊试验采用激光功率为 4 kW，热源间距为 2～3 mm，焊接速率为 1 500 mm/s，焊丝伸出长度为 14～16 mm，激光焦点作用于焊板表面，MIG 焊接送丝速率为 4.3 m/min。

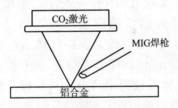

图 1-36 复合焊接复合方式示意图

不同 He 气流量对复合焊接时 MIG 焊机电弧电压的影响曲线如图 1-37 所示。由图可见，随着保护气体 He 气流量的增加，MIG 焊机的电弧电压逐渐增高。由理论研究知，He 和 Ar 都可完全隔离空气，起到完全保护熔池的作用。那么，为什么 He 的隔离效果看起来更好呢？究其原因，研究者认为是由于 He 的电离能力比 Ar 的低，在复合焊接过程中焊丝的干伸长一定时，为了维持相同的电弧高度，焊接电压会适当提高。电弧电压增高，产生的热量也更多，MIG 焊形成的等离子体密度会相应增加，这种等离子体密度会影响激光作用到熔池的特性，从而对焊缝成型和焊缝熔池产生影响。

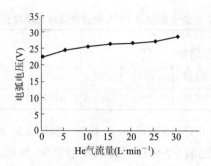

图 1-37　不同 He 气流量对复合焊接时 MIG 焊机电弧电压影响曲线

　　气体成分对激光-MIG 复合焊焊缝表面形貌的影响如图 1-38 所示。其中,图 1-38(a)为采用纯 Ar 气时的激光-MIG 复合焊焊缝表面成型形貌。由图可知,采用纯 Ar 气作为复合焊保护气体,焊缝表面成型美观,虽然焊接速率为 1.5 m/min,但焊缝表面纹理均匀、表面光滑,未见咬边和气孔等表面缺陷,激光作用到 MIG 焊的熔池上,有利于焊缝熔池成型。图 1-38(b)、图 1-38(c)和图 1-38(d)为采用纯 He 气作为保护气体的焊缝形貌。可见,当 He 气流量为 10 L/min 时,焊缝成型差,表面氧化严重,有明显的咬边和飞溅;当气体流量为 15 L/min 时,焊缝基本上能成型,焊缝氧化和大颗粒飞溅等问题得到控制,但咬边相当严重;当气体流量为 30 L/min 时,焊缝成型变得均匀,咬边现象也得到明显缓解,但焊缝表面成型远差于采用纯 Ar 气体的焊缝成型形貌。当采用纯 He 作为保护气体时,MIG 焊接电弧稳定性变差,并且容易产生飞溅,另外由于氦气密度较小,当气体流量较小时,气体易上浮,影响保护效果,因此当保护气体为 10 L/min 时,焊缝表面氧化相当严重,影响焊接过程的稳定性,易产生飞溅,但随着保护气体流量的增加,表面氧化、咬边和飞溅等问题逐渐得到改善,但由于 He 气特性和纯度造成其表面成型差于 Ar 气的保护效果。图 1-38(e)、图 1-38(f)为在保护气体中配上适当 Ar 气后的焊缝成型形貌。在 15 L/min 的 He 气中加入 5 L/min 的 Ar 时,焊缝表面成型和咬边问题得到明显的改善,当加入的 Ar 气量越大,表面成型就越美观,当加入到 10 L/min 的 Ar 气量时,焊缝表面成型与采用纯 Ar 成型基本一致,但焊缝宽度比采用纯 Ar 时的焊缝宽度大。焊缝宽度增加的原因主要是当采用纯 Ar 气作为保护气体时,激光在焊接铝合金时形成的光致等离子体不能得到抑制,以激光支持燃烧波的形式消耗掉激光的能量,而对 MIG 焊熔池作用能量较小,而 He 气的加入可有效地抑制一定量的等离子体,虽然不能达到完全抑制的效果,但可控制复合焊接的金属蒸气中的自由电子,使周围气体发生雪崩式电离,从而抑制了激光维持吸收波的形成,使激光能量作用到焊缝,增加了熔池的热输入量,从而使焊缝熔宽增加。

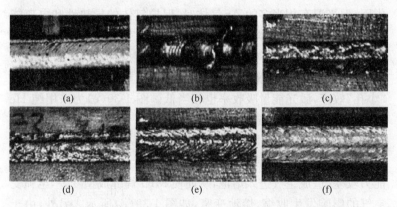

图 1-38 气体成分对激光-MIG 复合焊焊缝表面成型形貌

不同保护气体条件下焊接所得的焊缝截面形貌如图 1-39 所示。图中,浅色区域为焊缝,(a)~(d)为 Ar 气保护焊接焊缝形貌,(e)~(h)为 He 气保护焊接焊缝形貌。由图可知,当完全采用 Ar 作为保护气体时,焊缝截面形貌主要表现为单 MIG 焊的焊缝形貌,如图 1-39(a)所示。当增大 Ar 气流量时,焊缝截面尺寸有轻微的增加,但形貌基本一致,如图 1-39(b)所示。当采用纯 Ar 气作为保护气体时,由于氩气的电离能相当低,会在熔池的上方诱导等离子体产生,并且等离子体密度越集越高,这种高密度等离子体引起气体击穿形成激光支持的燃烧波,由于等离子体对激光的吸收和折射,使得作用在铝板表面的激光功率和功率密度降低,但当 Ar 气流量增大时,会在一定程度上降低等离子体的密度,使激光达到铝板表面的能量增加,从而出现图 1-39(b)中所示的熔池增大现象。由于 Ar 气的电离能相当低,依靠增大气体流量来吹散激光等离子体的效果不是很明显。图 1-39(c)为采用 He、Ar 气体流量为 5 L/min 时的焊缝截面形貌图。由图可知,当少量的 He 气加入可抑制高密度等离子体,形成了激光焊小孔,使深熔焊得到继续。当 He 气流量不变、Ar 气流量增加到 30 L/min 时,焊缝截面形貌又基本上与采用纯 Ar 类似。当混合气体中有少量的 Ar 气时,He 气可起到抑制激光焊产生的高密度等离子体作用,但当混有相当多的 Ar 气体时,保护气体的导热性和电离能都较低,使得等离子体易于扩展,从而不能实现对等离子体的有效控制。由于高密度等离子体对激光的散射和吸收作用,使激光作用到铝板上的功率密度大幅减小,以致难形成大功率激光焊的"小孔"效应,激光能量吸收率也相当低。图 1-39(e)为采用纯 He 气作为保护气体的焊缝截面形貌图,相比纯 Ar 气焊缝更窄,焊缝中有气孔和夹渣。而由图 1-39(c)可知,10 L/min 的 He 气流量可以抑制激光产生的高密度等离子体,但由于该流量的 He 气保护能力较差,造成空气进入熔池,从而使 MIG 焊缝成型变差,电弧受空气的影响发生收缩,熔池变窄,如图 1-39(d)所示。另外,由于氧等气体的进入造成 MIG 焊接产生飞溅和电弧不稳定,这一过程影响了 He 气对激光等离子体的抑制作用,使得激光能量密度减小,达不到形成"小孔"效应的能量密度。但当 He 气流量增加到 15 L/min 时,保护气体能起到保护熔池效果,整个焊接也相对稳定了,He 气对激光的抑制效果也得到明显的体现,也实现了激光的深熔焊接,如图 1-39(f)所示。由于 He 气量的增加,等离子体得到一定的抑制,激光作用焊缝的能量也得到提高,从而焊缝的熔宽也明显增加,焊缝形貌为明显的复合焊接特征,但由于 He 气具有导热性好、电离能高的特点,使得焊趾处易出现咬边现象。

当在 He 气中加入少量的 Ar 气体,焊缝表面为光滑的圆弧过度,未出现任何咬边。这主要是因为少量的 Ar 气加入中和了 He 气的高导热性、高电离能特点,从而改善了整个焊接过程的稳定性。但当过量的 Ar 气加入,焊缝上侧电弧和激光共同作用区域增大,而下侧单激光作用区减小,如图 1-39(h)所示。当大量 Ar 气加入,对激光等离子体的抑制效果变差,由于等离子体对激光会产生折射,使作用于焊缝的光斑变大,造成激光能量密度减小,并且这时激光能量更多的是作用于上侧电弧区,从而造成两热源共同作用区域增大。

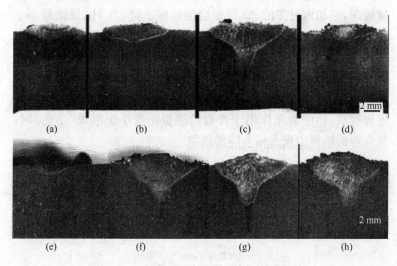

图 1-39　不同保护气体下的焊缝截面形貌

不同配比、不同 He 和 Ar 混合气体流量下,激光-MIG 复合焊的熔深曲线如图 1-40 所示。由图可见,当 $V(Ar):V(He) = 5:25$ 时,熔深最大,全采用 Ar 气或流量小于 5 L/min 的 He 气时,熔深最小。当不加入 He 气时,单纯增加 Ar 气流量对提高复合焊接熔深没有明显的效果。由于单纯依靠 Ar 气没法吹散激光焊形成的等离子体,并会行成激光支持的燃烧波,这会严重消耗激光能量,使作用到铝板上的激光能量密度降低,达不到形成高激光吸收率

"小孔"的能量密度,而铝合金对激光的反射率很高,使得激光能量很难被焊缝吸收,虽然增加了 Ar 气流量可吹散少量的等离子体,但由于 Ar 气很容易电离,因而效果不明显,最终大部分激光能量都被反散掉了,形成的熔深主要依靠 MIG 焊的电弧作用。由图 1-40 可知,当 Ar 气流量为 0、He 气流量小于 10 L/min 时,焊缝熔深都很小,这主要是因为 He 气密度小,对焊缝的保护效果差,造成整个复合焊接过程稳定性变差,不稳定的焊接对激光等离子体的抑制能力也会减弱,从而作用到焊缝上的通量密度过小,不能形成"小孔"。在 He 气中加入少量的 Ar 气有利于提高焊接熔深,但加入过多的 Ar 气也会使熔深下降,当 He 气流量小于 10 L/min 时,过大的 Ar 气流量会造成焊缝熔深大幅下降。He 气中加入 Ar 气可提高电弧的稳定性,从而利于提高复合焊的激光熔深,但随着 Ar 气量的增加,保护气体中 He 的比例会下降,从而会减小保护气体对激光等离子体的抑制效果,当 Ar 气量大到一定程度后,会使激光作用于焊板的能量密度小于形成"小孔"时,复合焊的熔深出现大幅下降的现象。

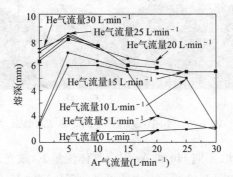

图 1-40 不同配比、不同 He 和 Ar 混合气体
流量下激光-MIG 复合焊的熔深曲线

由以上研究者的试验可见,采用 CO_2 激光-MIG 电弧复合焊接铝合金时,随着保护气体 He 的增大,MIG 焊的电弧电压会增大,焊接过程的电弧弧长也会增大。作为保护气体的 He 气,由于

密度小、对电弧的稳定较差,在进行铝合金激光-MIG 复合焊时,相比 Ar 气需要更大的气流量才能获得较稳定的焊缝成型。但在 He 气中加入 Ar 气可以明显改善焊缝表面相貌,避免产生焊缝咬边等缺陷,并且加入的 Ar 气量越大,效果越明显。在 He 气中加入少量的 Ar 气还有利于提高焊缝熔深,但加入量应该适中。否则,加入过量的 Ar 气反而会降低焊缝熔深。

第二章 镁合金焊接

镁及镁合金具有密度小、比强度及比刚度高、阻尼性好、传热快、导电性强、电磁屏蔽性好等特点,在汽车、通讯及航空航天等领域具有广阔的应用前景。镁合金作为一种结构材料,在工程实际应用中要考虑其连接的问题,焊接是最常用的连接方法。镁合金自身特性决定了其焊接性能较差,难以实现可靠焊接。目前镁合金焊接技术已成为了一个世界性的技术问题,各国都在这一领域投入了大量的人力、财力、物力。我国作为镁资源最丰富的国家之一,总储量是世界总储量的 22.5%,因此,镁合金焊接研究已成为我国镁合金深加工的重要方向之一。为解决镁合金焊接中实际存在的氧化、氮化、蒸发、裂纹、气孔、烧穿和热影响区晶粒粗大等问题,本章根据国内外研究现状,针对典型镁合金材料焊接中存在的一些问题,介绍其焊接方法和焊接工艺措施,以期焊接工作者能够实现镁合金的高质量焊接。

一、如何采用钨极氩弧焊焊接挤压的 AZ31 镁合金板材?

目前,镁合金结构件,尤其是型材、板材应用需求不断增加,镁合金连接工艺成为必须解决的问题,而焊接是金属材料连接工艺中最简单普遍的连接方式。相对于钢铁材料及铝合金,镁合金焊接性能较差,焊接问题成为制约其广泛应用的首要问题。因此,镁合金焊接技术的开发和应用对镁合金产业化具有重要的现实意义。在镁合金焊接中,钨极氩弧焊(TIG)因简单实用成为镁合金焊接中最常用的一种焊接方法。那么,如何采用钨极氩弧焊(TIG)对 AZ31 镁合金进行焊接呢?

例如,对经常应用的 6 mm 厚 AZ31 镁合金挤压板,有关研究者选择与母材相同化学成分的直径为 3 mm 的 AZ31 镁合金挤压焊丝(化学成分见表 2-1),使用 WSME-315 型氩弧焊直流焊机,保护气体为纯度 99.99% 的氩气,焊接参数见表 2-2,顺利地实现了 6 mm 厚 AZ31 镁合金挤压板材的平板对接。

表 2-1 AZ31 镁合金挤压板材和焊丝的化学成分

成分	Al	Zn	Mn	Si	Cu	Fe	Ni	Mg
质量分数(%)	3.1	0.7	0.2	0.01	≤0.05	≤0.05	≤0.05	余量

表 2-2 AZ31 镁合金板材直流焊接工艺参数

参数	钨丝直径 (mm)	焊丝直径 (mm)	焊接电流 (A)	焊接速度 (mm·s^{-1})	氩气流量 (L·min^{-1})
取值	2	3	80	3~4	14

焊接前母材开 60°的 V 型坡口,对接平板组口方向沿板材挤压方向。焊前先用丙酮清除板材表面油污,然后再用砂纸正反面打磨去除表面氧化膜。焊接过程采用双面填丝焊接工艺。焊后沿焊缝垂直方向取样,并制备不同参数下的焊接接头拉伸试样。

焊接件外观形貌如图 2-1 所示,焊接接头的焊缝成型美观,鱼鳞状波纹重叠均匀,焊缝无明显的下塌。AZ31 镁合金板材双面焊接接头组织如图 2-2 所示。由图 2-2 可见,经双面焊接后的镁合金接头组织致密,母材与填充焊丝完全熔合,焊缝中未见气孔、裂纹、未熔合等焊接缺陷。AZ31 镁合金 TIG 焊接头由母材、热影响区、焊缝区组成。AZ31 板材母材组织为具有一定取向的等轴晶组织,晶粒尺寸约为 10 μm,如图 2-3(a)所示。热影响区由于离焊缝较近,受焊接热输入影响发生了再结晶,形成了等轴晶。相对于母材组织,晶粒有所长大,大约为 20 μm,如图 2-3(b)所示。在焊接过程中,V 型坡口内填入了 AZ31 焊丝,焊丝熔化凝固后形成了焊缝,由于焊接定向散热作用,焊缝组织呈现铸态组织特征,晶粒尺寸较大,晶粒约为 46 μm,如图 2-3(c)所示。在焊接过程中,坡口附近母材发生重熔,与熔化的焊丝充分熔合,凝固后形成熔合区,熔合区方向沿坡口方向形成,如图 2-4 所示,晶粒尺寸比热影响区与焊缝区的晶粒尺寸细小。

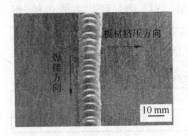

图 2-1 AZ31 镁合金板材焊接方式

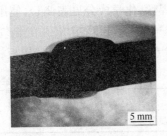

图 2-2 AZ31 镁合金板材焊接接头组织

(a)母材

(b)热影响区

(c)焊缝组织

图 2-3 AZ31 镁合金板材焊接接头组织

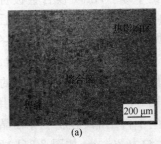
(a)

(b)

图 2-4 AZ31 镁合金板材焊接接头母材与热影响区过渡区组织

AZ31 镁合金母材与焊接接头拉伸试验结果见表 2-3,母材抗拉强度平均值为 280 MPa,延伸率平均值为 21.7%,焊接接头平均强度为 241 MPa,延伸率平均值为 13.8%,抗拉强度与延伸率分别达到了母材的86%和63.6%。拉伸试验时,所有试样的断裂都在热影响区,且焊接接头的拉伸断口呈现韧性-脆性混合断裂的形貌特征,如图2-5所示。

表2-3 AZ31镁合金板材母材与焊接接头力学性能

序号	材料牌号	抗拉强度(MPa)	断后伸长率(%)
1	母材-1	278	20.6
2	母材-2	283	21.4
3	母材-3	279	23.1
4	焊接-1	245	13.8
5	焊接-2	237	14.1
6	焊接-3	241	13.5

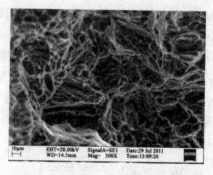

图2-5 焊接接头拉伸断口微观形貌

由试验可见,采用直流氩弧双面焊接方法,选择合适的焊接工艺完全可以成功地焊接AZ31镁合金挤压板材,且其焊接接头的外观成型美观,力学性能基本满足结构需要。

二、如何提高AZ31B镁合金TIG焊接头的力学性能?

镁合金适合于用TIG焊、激光焊、搅拌摩擦焊来进行焊接加工,其中以TIG焊最为简便、实用。但由于金属镁在晶体结构及热物理性能方面的一些本征特性,如具有滑移系相对较少的密排六方晶体结构,且热导率高、熔点低、线膨胀系数大等,因而熔焊形成的铸态焊缝性能较差。通常镁合金焊接接头的强度及塑性与母材金属相比更为低下,尤其是对于变形镁合金,焊接接头与母材力学性能很难匹配。

从理论角度分析,如果对密排六方结构的金属镁在再结晶温度以上实施一定的塑性变形,使其发生动态回复与再结晶,在细化晶粒的同时还可开通新的滑移系,甚至诱发超塑性机制。

根据 Hall-Petch 公式,屈服强度与晶粒尺寸的关系见式(2-1):

$$R_{eL}=R_o+Kd^{-1/2} \qquad (2-1)$$

式中,R_o、K 都是常数,R_o 表示晶粒对变形的阻力,相当于单晶的屈服强度值,与成分、温度有关;K 为晶界对变形的影响,随泰勒系数的增加而增加,泰勒系数取决于晶体滑移系的多少,与温度关系不大;d 表示晶粒尺寸。

从式(2-1)可以看出,晶粒越细小,屈服强度越高。Mg 是密排六方结构,与常见的面心立方或体心立方的 Fe 相比,其泰勒系数更大,故其 K 值高,所以镁合金的晶粒大小对屈服强度的影响很大。另外据屈服应力公式(如式(2-2))可以看出,在一定范围内,屈服应力与晶粒直径的平方根成反比。

$$\Delta R_{CTE}=\alpha Gb\left(\frac{12\Delta T\Delta cf_v}{bd_p}\right)^{1/2} \qquad (2-2)$$

式中 α——常数;

ΔT——温度变化;

Δc——基体和增强颗粒的热膨胀系数差;

f_v——增强颗粒的体积分数;

G——剪切模量;

b——柏氏矢量;

d_p——晶粒尺寸。

虽然上述两公式的机理不同,但是它们都能说明——随着晶粒尺寸的增大,焊缝金属的屈服强度是降低的。

为探索提高镁合金焊缝金属力学性能的方法，国内外进行了大量研究。其中，国内某高校科研人员针对 Mg-Al-Zn 系的 AZ31B 变形镁合金，用钨极氩弧焊获得焊接接头，然后对接头区域进行局部热碾压力学改性试验，探索出改善镁合金 TIG 焊接头强度及塑性的有效方法。

试验以 Mg-Al-Zn 系 AZ31B 变形镁合金为材料，其化学成分见表 2-4。用 2 块尺寸为 200 mm×60 mm×4.6 mm 板材组成 1 幅对接焊试板，焊前将板材加工成 60°的 V 型坡口，对口焊缝根部间隙控制在 3～4 mm 范围内。采用交流钨极氩弧焊机进行焊接，以同质 AZ31B 镁合金经轧制、拉拔成 3 mm 的丝材作为焊接填充材料。焊接前将焊接区域及焊丝经脱脂处理后用砂纸打磨，坡口面经刮削清除氧化膜，正面施焊 2 层，背面施焊 1 层，形成具有一定余高的双面焊缝。焊接电流 I 为 110～120 A，焊接电压 U 为 21～23 V，焊接速度 V 为 8～11 mm/s。

表 2-4　AZ31B 镁合金的化学成分

化学成分	Al	Zn	Mn	Ca	Si	Fe	Mg
质量分数(%)	2.5～3.5	0.5～1.5	0.2～0.5	0.04	0.10	0.005	余量

焊接后，采用线切割方法将试板从焊缝中心沿垂直焊缝横向截取 120 mm×24 mm 尺寸的试验用长条毛坯试样。截取出的试样一部分用作热碾压试验，另一部分将试样焊缝余高打磨至与母材齐平后加工成拉伸试样。

热碾压试验采用专门制作的陶瓷电加热装置，将试样两端插入加热箱中，中间露出焊缝区域待热碾压变形（如图 2-6 所示），加热箱用石棉保温以保持温度恒定。试验时通电加热直至热电偶测得的焊缝温度升至碾压温度后，进行恒温控制。在恒定温度下用 CMT-5105 型电子万能试验机对焊缝余高处进行热碾压至与母材平整，热碾压工艺参数见表 2-5，并经 20 min 保压以继续发生蠕变变形，冷却后再将试样加工成拉伸试样进行拉伸试验和金相分析试验。

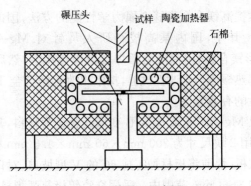

图 2-6 热碾压示意图

表 2-5 热碾压工艺参数

热碾压工艺参数	数值
碾压时间(min)	4
碾压温度(℃)	350
碾压压力(kN)	80
压缩焊缝两边宽度(mm)	3
变形速率(mm·min^{-1})	0.5

加工成拉伸试样后,直接在 CMT-5105 型试验机上进行常温拉伸试验和金相分析试验。拉伸试样断口在 JSM-6360LV 扫描电镜上作形貌观察,配合附带能谱仪进行微区成分分析。AZ31B 镁合金 TIG 焊接头的拉伸试验表明(试验结果见表 2-6),无论是焊态试样还是经热碾压试样,拉伸试样均断裂于焊缝边缘靠近熔合区处,如图 2-7 所示。

表 2-6 力学性能试验结果

试样号码	焊接状态试样		热碾压试样		AZ31B 母材	
	抗拉强度(MPa)	延伸率(%)	抗拉强度(MPa)	延伸率(%)	抗拉强度(MPa)	延伸率(%)
1-1	158	6	218	10	226	22
1-2	175	4	211	11	230	21
1-3	180	7	225	9	237	18

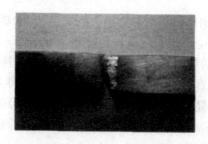

图 2-7 焊接接头断裂照片

研究者对试验用 AZ31B 母材进行了实测,其抗拉强度在 230~240 MPa 范围内,延伸率在 18%~22%之间。经热碾压的 TIG 焊接头抗拉强度可达 220 MPa 左右,而未经热碾压的焊接头的抗拉强度通常在 150~180 MPa 之间。可见,经热碾压后焊接接头的抗拉强度已达到母材金属的 90%。而焊态下接头的抗拉强度只能达到母材的 60%~75%。由此可见,经焊后热碾压 TIG 焊接头的强度已基本接近于母材金属的强度水平,热碾压对 AZ31B 镁合金 TIG 焊接头强度具有明显的改善作用。

从拉伸试验的延伸率数据来看,经热碾压后的拉伸试样延伸率通常在 9%~11%之间,而焊态下的拉伸试样仅为 4%~7%,热碾压后的拉伸试样的延伸率尽管与母材金属的 18%~22%相比还有一些差距,但热碾压还是可以改善 TIG 焊接头塑性的。

图 2-8(a)、(d)为铸态焊接接头靠近熔合区的金相组织,金相分析显示焊缝为铸态等轴晶组织,与母材组织具有很大的不同。断裂部位的金相组织为 Al 在 Mg 中形成的固溶体 α-Mg 基体,同时伴随有 Mg 与 Al 形成的金属间化合物析出相 $β-Mg_{17}Al_{12}$。基体组织的晶粒直径约为 30~50 μm,$β-Mg_{17}Al_{12}$ 相几乎全部分布在 α 相晶界呈网状连续分布态,如图 2-8(d)所示,而母材中的析出相仍以质点态分布。图 2-8(b)、(e)为经 350℃ 热碾压后熔合区附近的金相组织,从图中可以看出,碾压后焊缝组织已明显得到细化,$β-Mg_{17}Al_{12}$ 析出相此时主要以弥散质点分布态析出,与母材中的质点分布较为相似。图 2-8(e)的高倍照片更为清楚地显示出断裂

部位晶界的析出相已基本得到消失,晶界完全沟划出 α 基体晶粒形状,β-$Mg_{17}Al_{12}$ 析出相在晶内呈弥散点状分布。此时熔合区基体 α-Mg 晶粒的最大直径约为 20~30 μm,焊接接头组织比焊态下组织的晶粒直径明显减小。因此,经 350℃ 热碾压可以改变 TIG 焊接头焊缝组织中 β-$Mg_{17}Al_{12}$ 相在晶界呈网状连续分布状态,促使其固溶后重新在晶内以弥散质点析出,同时还有细化基体组织晶粒的作用。

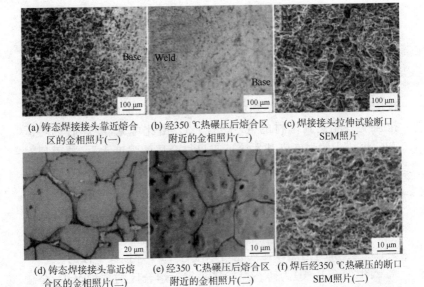

(a) 铸态焊接接头靠近熔合区的金相照片(一)

(b) 经350℃热碾压后熔合区附近的金相照片(一)

(c) 焊接接头拉伸试验断口 SEM 照片

(d) 铸态焊接接头靠近熔合区的金相照片(二)

(e) 经350℃热碾压后熔合区附近的金相照片(二)

(f) 焊后经350℃热碾压的断口 SEM 照片(二)

图 2-8　焊态与热碾压态焊接接头金相组织及拉伸断口 SEM 形貌对比

观察其拉伸断口形貌,发现 AZ31B 镁合金 TIG 焊缝断口由形如脚印状的小平台和韧窝混合组成,呈脆性和韧性混合型断裂特征。在小平台内分布有大致平行的断裂裂纹走向沟槽,而沟槽内壁为光凸的表面,表明裂纹扩展较为通畅,为典型的脆性断裂。而韧窝则无规则地分布在小平台以外的其余部位。对比焊态(如图 2-8(c)所示)和焊后经热碾压态(如图 2-8(f)所示)的断口 SEM 照片可以看出,经热碾压后断口韧窝所占的比例明显增大,且韧窝大小趋于均匀、密集。而小平台形貌所占的比例大为减小,有相当部分的小平台已被韧窝取代。进一步的微区能谱分析表明,脆性断口区域成分中的 Al 含量高达 6%~8%(如图 2-9(a)、(c)所示),高出 AZ31B 材质的 3.1%平均 Al 含量,而韧窝断裂微区成分中的 Al 含量仅为 2.4%(如图 2-9(b)、(d)所示),低于 AZ31B 材质的 3.1%平均 Al 含量。这说明 Al 的存在形态及其分布对断裂机制存在很大的影响。

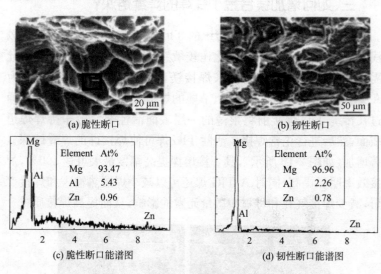

图 2-9　脆断与韧窝微区能谱图比较

理论上,从塑性变形方面分析,金属 Mg 常温下仅有{0001}基面沿<1120>方向一个滑移系。同时其位错层错能低,扩展位错宽度大,难以发生滑移,发生塑性变形时多是在孪晶变形协调下进行单滑移。这就使得常温断口在某些小平面内形成一组平行线,此即上述断口形貌观察到的脚印状小平台形成原因,也是造成断裂强度及塑性低的重要原因。焊后对焊缝实施动态热碾压过程中,由于焊缝余高被压缩,势必引起焊缝两侧同时受到挤压变形而处于三向受力状态,此时利用镁合金低层错能及位错宽度大特性,可诱发接头局部区域发生动态再结晶。加上 225 ℃以上加热又可开通{1010}<1010>棱柱面上的新滑移系,在热-力机械作用下,塑性变形使基体组织晶粒发生重结晶重组。而固溶后的 β-$Mg_{17}Al_{12}$ 相在随后的近平衡冷却条件下将主要在晶内重新析出。由此可见,对焊接后的焊接接头进行热碾压,通过细化晶粒、诱发晶内弥散强化效应,可以使 AZ31B 镁合金 TIG 焊接接头强度显著提高,塑性也在一定程度上得到改善。

三、如何增加镁合金 TIG 焊的焊缝熔深?

镁合金热导率高,采用传统的 TIG 焊会出现焊缝单道熔深较浅、焊接参数对材料成分变化比较敏感、焊接效率低等缺点,因此需要一种高效的焊接方法来焊接镁合金。活性 TIG 焊也称为 A-TIG 焊,是一种简单、高效、节能的焊接方法。活性 TIG 焊是通过在传统 TIG 焊接前将很薄的一层表面活性剂涂敷于待焊焊道表面,然后进行正常焊接。活性 TIG 焊可使焊接件的焊缝熔深显著增加(如图 2-10 所示),其焊接熔深提高幅度最大可达 300%,焊接效率明显提高;同时 A-TIG 焊还可以减小焊接热输入和焊接变形,减少焊接气孔和母材中微量元素的影响,从而提高焊接质量。

(a) TIG 焊熔深　　　　(b) A-TIG 焊熔深

图 2-10　TIG 焊与 A-TIG 焊的熔深对比

要实现活性 TIG 焊,首先应该掌握焊剂的正确涂覆方式和使用有效的活性焊剂。

1. 镁合金 A-TIG 焊剂涂覆方式

为了使镁合金 A-TIG 焊的活性剂效果更好的发挥出来,一般将一定形态(如粉末或液态)的活性剂涂覆在母材或焊材表面。

目前常见的涂覆方式有坡口单侧涂覆、双侧涂覆、分区涂覆(FZ-TIG)和焊丝涂覆等,如图 2-11 所示。

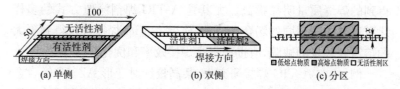

图 2-11 A-TIG 焊活性剂涂覆方式示意图

2. 镁合金的 A-TIG 焊剂

用于镁合金 A-TIG 焊的活性剂种类较多,比如单一组分的氧化物、卤化物、氟化物和金属单质等,以及以上多种组分构成的混合活性剂等都可作为镁合金 A-TIG 焊剂使用。例如,有人将单组分的活性剂涂敷于与母材同质的焊丝表面形成活性焊丝,进行 TIG 填丝试验,结果表明氯化物活性剂对熔深的增加效果最为明显,熔深较普通焊丝增加最大可达 3 倍以上,但熔滴与熔池金属的融合能力减弱,焊缝表面成型质量变差。

研究表明,活性剂对熔池的影响由活性剂本身的物理化学性质决定。一般情况下,氧化物活性剂(TiO_2、SiO_2、Cr_2O_3)可小幅增加焊缝深宽比,氟化物活性剂($CaCl_2$)没有效果,氯化物活性剂($CdCl_2$)可有效增加焊缝深宽比。TiO_2 和 CaF_2 涂覆量增加,在一定程度上都可以加大焊接熔深,但 TiO_2 和 CaF_2 涂覆量有一定的范围。研究还表明,焊接前,涂覆复合活性剂比不涂覆活性剂的常规 TIG 焊焊缝熔深增加约 2.5 倍,得到的焊缝组织也比使用单一 TiO_2 活性剂得到的焊缝组织更细小,抗拉强度更高。

单质金属镉、锌、钛和铬也可作为镁合金 A-TIG 焊的活性剂,但不同单质金属活性剂对焊缝形貌、电弧形态及电弧电压的影响不同。镉和锌活性剂可增加焊接熔深,钛活性剂对焊接熔深不起作用,铬活性剂反而减少了焊接熔深。

目前来看,尽管氧化物、卤化物、氟化物和金属单质等不同类型的焊剂在增加熔深机理上有所不同,但焊接时加活性剂与不加活性剂相比,加活性剂的 A-TIG 焊接方法与传统 TIG 焊接相比,得到的焊缝质量明显提高。尤其是 A-TIG 焊剂涂覆方式的多样化可以适用于不同的场合和要求,使得 A-TIG 焊接可以得到更大的熔深和较少的缺陷,有助于提高焊接效率和优化焊接工艺。

例如,在 A-TIG 焊接研究中,某高校针对变形 AZ31B 镁合金板材(其化学成分见表 2-7),选取 TiO_2 作为活性剂,研究了涂敷活性剂 TiO_2 对镁合金焊接后接头的微观组织形态、元素分布的影响。

表 2-7　AZ31B 变形镁合金板材的化学成分

化学成分	Al	Zn	Mn	Si	Mg
质量分数(%)	3.00	0.90	0.31	0.02	余量

试验时,首先将 TiO_2 粉末经过烘干、研磨、过筛到 200 目,然后与丙酮混合成溶液作为活性剂备用,通过调节丙酮的质量分数来调节浓度。焊接前将镁合金板材的表面仔细清理、清洗后将活性剂均匀地涂敷到材料表面,为了便于和未涂敷活性剂时相比较,焊道只涂刷一半,涂刷示意图如图 2-12 所示。涂敷宽度为 40 mm 左右,待丙酮完全挥发后,将涂敷区和未涂敷区一次焊接完成。采用交流氩弧焊焊接,所用的焊接规范见表 2-8。焊接装置采用自动氩弧焊机,工作时将氩弧焊枪固定,工件置于可以水平移动的工作平台上,以保证在焊接过程中弧长不发生变化。为保证焊接工艺过程的稳定性,整个焊接过程保持焊接速度稳定不变。

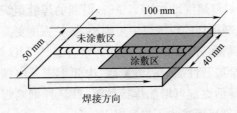

图2-12　TIG/A-TIG 焊接试样的涂敷示意图

表 2-8 焊接采用的焊接规范

参数	电流 $I(A)$	焊接速度 $v_W(mm \cdot min^{-1})$	弧长 $L(mm)$	电极直径 $D(mm)$
取值	120	500	2	1.6

根据焊接后试件的正反面检查与分析,通过比较涂敷区与未涂敷区可见,在涂敷区焊道稍稍变窄并出现轻微的咬边现象,正面焊道凹陷存在黑色的点状熔渣。单一活性剂 TiO_2 涂敷焊接后的焊缝背面清晰地观察到涂敷区试样熔透均匀;而在未涂敷区,试样没有焊透,背面焊道可以成型,余高在 2 mm 左右。在相同的焊接规范下,未涂敷活性剂的焊缝熔深为 3 mm 左右,涂敷活性剂的焊缝熔深为 6 mm 左右,涂敷活性剂的焊缝熔宽比未涂敷活性剂的焊缝熔宽略有减小。涂敷活性剂和未涂敷活性剂焊道的熔池截面形状如图 2-13 所示。

 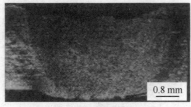

(a) 未涂覆活性剂　　　　　　　(b) 涂覆活性剂

图 2-13　焊缝熔深的金相组织

为进一步研究活性剂增加熔深的机理,有关技术人员采用能谱(EDX)分析了涂敷活性剂的焊缝纵截面上部和中部的元素种类,其结果如图 2-14 所示。从图 2-14(a) 的 EDX 分析结果可见,在焊缝纵截面上部(表面)存在 Ti 元素,而在焊缝纵截面中部没有 Ti 元素的存在,说明活性剂对焊缝与焊缝表面熔池发生了作用,并使得熔深增加。

焊接时添加活性剂可以提高熔池的熔深,这对提高焊接生产率无疑是有利的。那么,氩弧焊过程中添加活性剂是否会影响焊接接头的组织与焊接接头的性能呢?下面让我们来观察有关研究者的试验照片,如图 2-15 和图 2-16 所示。

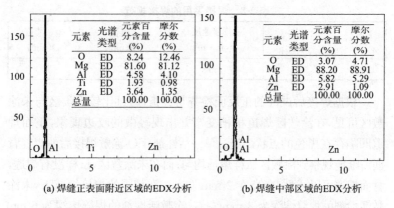

图 2-14 涂敷活性剂时焊缝的 EDX 分析

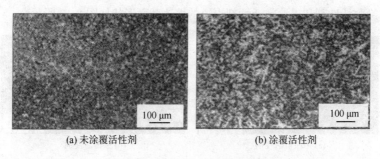

图 2-15 焊缝的金相显微组织照片

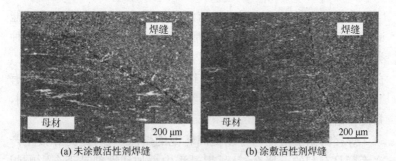

图 2-16 熔合线附近的扫描电镜照片

图 2-15 中,(a)为未涂覆活性剂焊缝的金相显微组织照片,(b)为涂覆活性剂焊缝的金相组织照片。从图中可以看出,涂敷活性剂焊缝的组织与未涂敷活性剂的焊缝组织并没有明显的区别,只是略有粗化。

图 2-16 是焊接后熔合线附近的扫描电镜照片。其中,(a)为未涂敷活性剂焊缝,(b)为涂敷活性剂焊缝,图中虚线所指即为熔合线。从图 2-16 中可以看出,这两种焊缝的熔合线两侧结合良好,没有裂纹、气孔、夹渣等焊接缺陷。

由图 2-15 与图 2-16 可见,涂敷活性剂后对焊缝组织的影响不大。涂敷活性剂后并没有引起焊缝结合的劣化。根据有关研究,图 2-15(b)中组织的粗化可能是由于活性剂的存在吸收了部分热量使得焊缝熔池冷却速度降低引起,或者是由于活性剂中 Ti 元素的加入引起焊缝组织的微小变化。所以,通过添加活性剂来增加镁合金 TIG 焊的焊缝熔深是一种可行的方法与手段。

四、焊接中如何通过改变工艺参数调节镁合金焊接接头的力学性能?

镁合金的导热系数及线膨胀系数大,热强度低,在焊接过程中易出现热裂纹、气孔及接头软化等现象。这些缺陷的出现大都与焊接工艺有关,因此通过研究焊接工艺,确定合适的工艺参数,对镁合金焊接技术的推广和应用有很大的实际意义。

在通过焊接工艺参数调节镁合金接头力学性能方面,有研究者采用挤压成型的 5 mm 厚 AZ31 镁板作为母材,采用钨极氩弧焊进行焊接,焊机型号为 WSE-500,手动送丝。所用焊丝与母材同一材质,即从母材上通过机械加工而得,焊丝规格为 150 mm×80 mm×5 mm。焊接工艺参数见表 2-9。

为了使我们了解如何通过调整焊接工艺参数达到调整焊缝力学性能的目的,首先让我们通过研究者的试验考察一下焊接电流对接头成型系数有哪些影响。焊缝成型系数(B)是指在单道焊缝横截面上焊缝宽度(C)与焊缝计算厚度(S)的比值。焊缝成型系数是焊接接头的一个基本参数,通过对其大小的分析可以了解焊接接头性能的变化情况,也就是说可以通过变化焊缝成型系数来改变焊接接头的力学性能。

表 2-9 焊接工艺参数(一)

参数	钨极直径 (mm)	钨极距工件的高度 (mm)	喷嘴直径 (mm)	氩气流量 (L·min^{-1})	电弧电压 (V)	焊接速度 (mm·min^{-1})	焊接电流 (A)
取值	2.0	1.5~3	1.5~3.0	6~9	22	70	60~100

不同焊接电流下焊接接头的成型系数变化曲线如图 2-17 所示。由图可看出,随着焊接电流的增大,焊缝的熔宽、熔深大体上都呈现出上升的趋势,这与传统焊接理论相吻合,因为随着焊接电流的增大,焊接接头所吸收的热量增加,使得焊缝的熔宽、熔深都有所增大,但是两者之间变化的步伐并不一致,这点从成型系数的曲线可以发现。在图 2-17 中,成型系数曲线并不与焊接电流呈现单值关系,虽然成型系数总体上是随着焊接电流的增大而减小,但是在焊接电流为 90 A 时出现了奇异点,这些现象与基本理论相吻合。

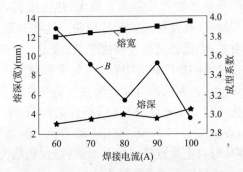

图 2-17 焊缝的熔深、熔宽及成型系数随焊接电流的变化曲线

其次,让我们再来分析焊接电流对接头拉伸性能有哪些影响。焊接接头拉伸性能随焊接电流的变化曲线如图 2-18 所示。由图可看出,随着焊接电流的增加,焊接接头的抗拉强度也在增

加,并在焊接电流为70 A时达到最大值,随后焊接电流进一步增大,则接头的抗拉强度反而减小。相似的规律在焊接接头的伸长率和断面收缩率上也出现了,只是其最大值并没有出现在70 A处,而是出现在80 A处。此外,拉伸试件的断裂位置也有一定的变化,当电流较小(<70 A)时,焊接接头大多断裂于热影响区(HAZ),但当电流较大(>90 A)时,断裂则出现在焊缝,这主要与焊接接头的组织有关。

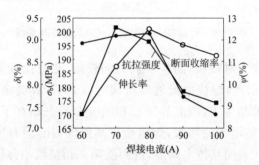

图2-18 拉伸性能随焊接电流的变化曲线

第三,考察焊接电流对接头硬度的影响可看出,随着焊接电流的增大,焊缝和HAZ的硬度都发生了一定的变化,但是两者的变化规律不尽相同,如图2-19所示。焊缝硬度随着焊接电流的增大是先增大后减小,在焊接电流为70 A时达到最大值;而HAZ的硬度虽然也是随着焊接电流的增大先增大后减小,但其变化的幅度明显没有焊缝硬度大。这是因为HAZ在焊接过程中基本都处于固相状态,不发生相应的相变,所以对热量的敏感性没有液态熔池大,进而硬度的变化幅度也没有焊缝大。

显微组织是材料宏观力学性能的微观表征。因此,要研究不同焊接电流下镁合金焊接接头拉伸性能和硬度性能的差别,必须对不同焊接电流下焊接接头的显微组织进行分析。图2-20为研究者提供的不同焊接电流下镁合金焊接接头的显微组织。当焊接电流较小时(60 A),焊缝金属所吸收的热量较小,这样焊

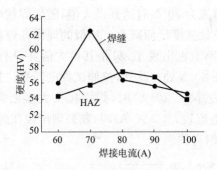

图 2-19 焊接接头硬度随焊接电流的变化曲线

缝冷却速度相对较快,晶粒长大时间较短,相对比较细小,如图 2-20(a)所示;当焊接电流适当增加时(70 A),焊缝金属组织仍以细小等轴晶为主,但晶界第二相的分布形态却有了明显的变化,由于焊接电流的增大,焊缝金属高温停留时间有所延长,促进了合金元素向基体中固溶,进而使第二相呈细小弥散分布,如图 2-20(b)所示;但当焊接电流继续增大时,焊接接头的显微组织却呈现出增大的趋势,而且焊接电流越大,增大的趋势越明显,如图 2-20(c)、(d)所示;当焊接电流达到 100 A 时,镁合金焊接接头的组织已经很粗大,如图 2-20(e)所示。产生这种现象的原因是:随着焊接电流的增大,镁合金焊接接头吸收的热量增多,这些热量将使液态熔池金属处于高温的时间延长,进而增大了晶粒生长时间;而且由镁合金相图可知,镁合金在高温情况下没有相变发生,这就更加加剧了镁合金焊接接头的晶粒长大的趋势,产生了粗晶区,进而使材料的力学性能下降。微观组织变化及力学性能发生变化也可从上面对抗力强度和硬度的分析中得到印证。

不同焊接电流的焊缝外观相貌如图 2-21 所示。由图 2-21 可见,合适的焊接电流焊缝外观美观整齐(如图 2-21(b)所示),电流过小或过大都致使焊缝成型不好(如图 2-21(a)、(c)、(d)所示),影响焊接接头质量。

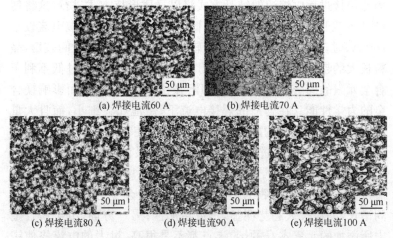

(a) 焊接电流60 A　　(b) 焊接电流70 A
(c) 焊接电流80 A　　(d) 焊接电流90 A　　(e) 焊接电流100 A

图 2-20　不同焊接电流下镁合金焊接接头的显微组织

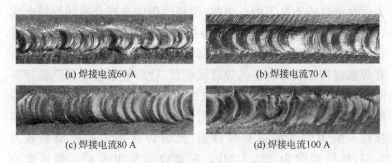

(a) 焊接电流60 A　　(b) 焊接电流70 A
(c) 焊接电流80 A　　(d) 焊接电流100 A

图 2-21　不同焊接电流下的焊缝形状

从焊接工艺参数对焊接接头性能的作用机理方面分析,在电弧电压、焊接速度保持不变的情况下,焊接电流是决定焊接线能量的主要因素。镁合金接头熔池金属的结晶、形核主要取决于线能量。根据金属学理论,金属的结晶形核方法分为均质形核和异质形核两种方式,但无论哪种形核方式,金属在结晶形核的过程中都需要一定的成分起伏、结构起伏、能量起伏和过冷度。对于本试验所采用的挤压成型 5 mm 厚的 AZ31 镁合金板而言,它是在 Mg 中加入一定量的固溶强化元素 Al、Zn 等经过冶炼而成的,因此焊接过程中熔池的结晶方式将以异质形核方式进行,这将使结晶所需形核能大大降低,明显低于均质形核。当焊接电流较小(60 A)时,焊接接头吸收的热量较小,熔池高温停留时间较短,晶粒长大的趋势较弱,进而晶粒尺寸相比较小,但温度过低不利于合金元素的固溶,使镁合金的固溶强化效果减弱,进而影响镁合金的力学性能。在合适的焊接电流下,熔池晶粒细小,而且大量固溶强化元素充分的融入 Mg 基体内部,使得晶界强化和固溶强化得到良好的匹配,进而使力学性能达到最佳。但是焊接电流过大时,焊接接头的力学性能反而变差,其原因是:一方面,焊接电流过大,焊接接头吸收的热量增多,使得镁合金熔池高温停留时间增长,晶粒长大趋势明显,形成粗晶区;另一方面,由于镁合金中所添加的元素本身的熔、沸点都不是很高,过大的电流将使镁合金熔池金属中大量合金元素产生烧损现象,这也对焊接接头的力学性能造成不良影响。因此,焊接过程中选择合适的焊接电流(如本例的焊接电流 70 A)时,焊接接头的力学性能才能达到最佳值。所以,焊接镁合金可以通过调整合适的焊接电流使焊接接头在焊接过程中获得合适的焊接线能量,使焊缝液态金属高温停留时间改变,进而影响焊缝金属的结晶过程,使焊接接头的力学性能得到改善。上例中研究者采用 70 A 焊接电流焊接时,镁合金焊接接头的力学性能达到最佳值,此时焊接接头的成型系数为 3.51,抗拉强度为 201.7 MPa,断面收缩率为 8.4%,伸长率为 12.18%,硬度为 62.3 HV。

五、采用 CO_2 激光焊焊接 AZ61 和 AZ31 镁合金各有什么特点?

激光焊接是一种比较先进的焊接镁合金的方法,具有速度快、热输入量低、焊接变形小、容易实现自动化生产等优点,比传统的弧焊方法更加适合于镁合金结构件的焊接生产。目前应用较多的两种镁合金是 AZ61 和 AZ31,那么 CO_2 激光焊接 AZ61 和 AZ31 这两种镁合金各有什么工艺特点呢?在不同厚度的镁合金板材激光焊接中,某院校的科研人员研究了焊接工艺参数对焊缝正面和背面熔宽以及焊缝成型的影响,并对获得的典型焊接接头性能进行了分析。

试验材料为 AZ61 和 AZ31 两种镁合金板材,板材厚度分别为 1.5 mm、2.0 mm 和 2.6 mm,两种材料的成分见表 2-10。首先将板材切成 80 mm×245 mm 的试件,激光焊接前要将样品用丙酮清洗干净,以去除材料表面的油脂和污物。试验在 CO_2 激光焊接试验系统上进行,如图 2-22 所示,此试验系统包括一个最大输出功率为 2.0 kW 的 CO_2 激光器、具有特殊保护功能的焊枪、特制的焊接夹具和机械自动行走机构等。焊接过程中,为了保护焊接区域正反面的熔池,氩气从焊枪和焊接夹具两面同时加入。正面的氩气从焊枪两侧加入,以旁轴形式吹出;背面的氩气从夹具背面加入到焊接夹具的气室中,可直接保护焊缝背面。

表 2-10 AZ61 和 AZ31 镁合金的化学成分

材料	质量分数(%)						
	Al	Zn	Mn	Fe	Si	Ni	Mg
AZ61	5.5~7.5	0.5~1.5	0.15~0.4	≤0.01	≤0.10	≤0.005	余量
AZ31	2.5~3.5	0.7~1.2	≤0.004	≤0.007	≤0.02	≤0.002	余量

图 2-22 CO_2 激光焊接试验系统

焊接形式采用平板对接,焊接过程不填充金属。试验过程中研究了激光功率、焊接速度、正面和背面的保护气流量等四个工艺参数变化对镁合金焊接效果的影响。

虽然激光的聚焦点也是比较重要的参数,但试验发现,当激光的聚焦点聚焦到工件表面时,镁合金才能获得较高的熔化效率。因此,焊接时始终将激光的聚焦点固定在工件表面。试验工艺条件根据不同的板材厚度进行了相应的调整,激光功率在 0.8~1.5 kW 之间变化,采用连续方式输出。焊接速度变化范围为 400~1 000 mm/min,正反面保护气流量在 5~25 L/min 之间变化。

根据研究者的试验,首先让我们观察不同激光功率情况下焊缝熔宽的变化情况。焊接时,研究者采用的激光功率从 0.8 kW 增加到 1.5 kW,测量了焊缝正面和背面的熔化宽度。对于不同厚度的 AZ61 和 AZ31 镁合金薄板,采用不同的焊接速度。三种厚度(1.5 mm、2.0 mm 和 2.6 mm)的镁合金板采用的焊接速度分别为 1 400 mm/min、1 000 mm/min 和 600 mm/min,其主要目的是为了在所研究的激光功率范围内能获得较好的焊缝成型,防止出现烧穿或焊不透的情况。试验过程中正面和背面的保护气流量保持不变,分别为 25 L/min 和 20 L/min,以保证熔池正面和背面获得良好的保护。图 2-23 给出了试验获得的焊缝正面熔宽随激光功率的变化关系。从图中可见,对不同厚度和不同材料的镁合金,随着激光功率的增加,正面熔宽都增大。这是因为激光功率增大,热输入增加,使得熔化的金属量增加,正面熔宽也就相应增大。不同厚度的镁合金薄板所获得的正面熔宽变化规律基本相同。

对比相同厚度的两种镁合金材料获得的正面熔宽发现,在相同的焊接条件下,对 1.5 mm 的厚度,AZ61 和 AZ31 获得的正面熔宽相差不大;但对 2.0 mm、2.6 mm 的板厚,AZ61 获得的正面熔宽明显大于 AZ31。这可能与两种镁合金的合金成分不同有关,AZ61 的合金成分(主要是 Al)明显高于 AZ31。对镁合金来

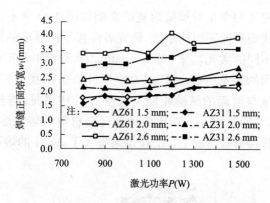

图 2-23 焊缝正面熔宽随激光功率的变化曲线

说,随着合金成分的增加,镁合金的熔点降低,焊接过程熔化的金属量和范围增加,从而使熔化宽度增加。对 1.5 mm 的厚度,由于焊接时用的焊接速度很快,单位长度的热输入本身较小,所以对两种不同镁合金材料表现不明显,熔宽相差不大。由于所有试验的焊缝都完全熔透,所以焊后从测量的焊缝背面熔化区的宽度(如图 2-24 所示)可见,背面熔宽随激光功率的变化规律与正面熔宽的规律基本相同,随着功率的增大,背面熔宽增大。因此,激光功率的变化可以明显改变焊缝的尺寸。

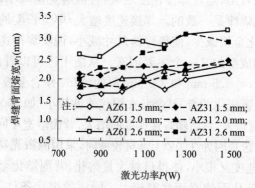

图 2-24 焊缝背面熔宽随激光功率的变化曲线

焊接速度的变化对焊缝熔宽的影响如图 2-25 所示。为获得好的焊缝成型和保证焊接熔透,研究者焊接不同厚度的镁合金板时采用了不同的激光功率,对 1.5 mm、2.0 mm 和 2.6 mm 的镁合金板采用的激光功率分别为 1 000 W、1 200 W 和 1 400 W。保护气体流量与前面的试验相同。从图 2-25 中可见,焊接速度增大,正面熔宽明显减小。对比两种镁合金材料的熔池熔宽发现:在相同的焊接参数情况下,AZ61 的熔宽大于 AZ31 的熔宽。

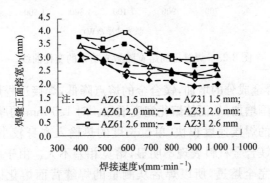

图 2-25 焊缝正面熔宽随焊接速度的变化曲线

不同焊接速度情况下获得的焊缝背面熔宽如图 2-26 所示。从图中可以看出,随着焊接速度增大,背面熔宽也减小,这与正面熔宽的变化规律是一致的。焊接速度增大,单位长度的热输入减小,导致熔化金属减少,使得焊缝尺寸减小,说明焊接速度是影响焊缝尺寸和成型的又一个主要因素。从图中还可以看出,在焊接速度较低时,对 1.5 mm 和 2.0 mm 厚的 AZ61 镁合金板,存在一个背面熔宽显著变化的奇异区间;在焊接速度较小(如 400 mm/min)时,背面熔宽很大,然后随焊接速度的增大,背面熔宽才回到正常的曲线范围。这是因为在 AZ61 母材较薄时,采用的激光功率相对较大,而焊接速度又很小,使得母材大量熔化,背面熔化金属和熔池下塌都较多,从而使背面熔宽较大。同样的焊接条件下,在材料 AZ31 上未发现背面熔宽增大现象,这也与两者的合金成分相差较大有关。

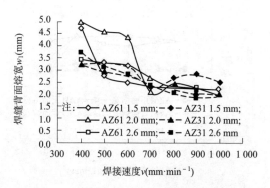

图 2-26　焊缝背面熔宽随焊接速度的变化曲线

　　焊接中,保护气体的加入是为了保护焊缝的正面和背面防止其氧化。焊接 2.6 mm 厚镁合金板时,采用激光功率和焊接速度分别为 1 200 W 和 800 mm/min,背面保护气流量固定在 20 L/min,试验结果如图 2-27 所示。从图中可见,正面气体流量对正面和背面的焊缝熔宽影响都比较小。对 AZ61 材料而言,在气体流量较小时,随气体流量增大,正面焊缝宽度略有增加;但气体流量增加较大时,正面熔宽略有减小。对 AZ31 材料,情况则有所不同,特别是气体流量较大时,正面熔宽下降较多,这可能是因为气体流量太大时,气体带走的热量增加,使得散热明显加快,致使熔宽下降。正面气体流量对背面熔宽影响不大,随气流增大,背面熔宽略有增大。此外,还试验了背面保护气体流量(从夹具加入)大小对焊接质量的影响,采用气流量也在 5~30 L/min 之间变化。此试验用的镁合金板厚度为 2.0 mm,激光功率和焊接速度分别为 1 200 W 和 800 mm/min,正面保护气流量固定在 25 L/min,试验结果如图 2-28 所示。从图 2-28 中可见,背面保护气体流量对焊缝正面和背面熔宽的大小基本没有影响。

　　对比图 2-27 和图 2-28 可以发现,图 2-27 中正面和背面熔宽相差较大,而图 2-28 中正面和背面熔宽相差很小。这主要是因为两个试验采用了相同的激光功率和焊接速度,但板材厚度不同,板材越厚,穿透到背面越少,形成的背面熔宽越小,这样造成了正

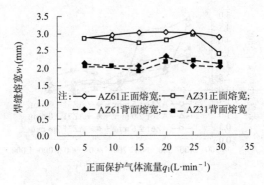

图 2-27 正面保护气体流量对焊缝熔宽的影响

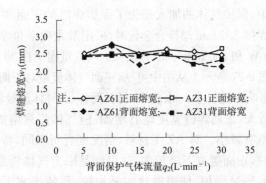

图 2-28 背面保护气体流量对焊缝熔宽的影响

面和背面的熔宽相差更大。虽然正面和背面保护气体流量对熔宽影响不大,但它们主要影响到正面和背面焊缝的保护效果。如果流量太小,则熔化金属表面不能获得很好的保护,表面氧化严重,呈现黑色的外观。试验发现,正面和背面的保护气体流量都应当大于 20 L/min 才能获得好的保护效果。

后来,研究者又选择了两个典型的镁合金焊缝进行分析,典型焊缝的焊接试验条件以及正面和背面熔宽见表 2-11。试样 A 和 B 分别是不同材料的 2.6 mm 镁合金薄板对接焊缝,其焊缝正面外观形貌如图 2-29 所示。从图中可见,激光焊接的焊缝表观连续均匀、成型美观、无表面缺陷、焊缝狭窄、热影响区较小。两个典型焊缝的横断面形貌如图2-30所示。从图中可见,在不填充金属的情况下焊缝有一定的下塌量。同样的参数情况下,AZ61获得的熔化区面积比AZ31稍大。

表2-11 典型焊缝的工艺条件和熔宽

试样编号	材料	激光功率 $P(W)$	焊接速度 $v(mm \cdot min^{-1})$	正面气流量 $q_1(L \cdot min^{-1})$	背面气流量 $q_2(L \cdot min^{-1})$	正面熔宽 $w_1(mm)$	背面熔宽 $w_2(mm)$
A	AZ61	1 400	1 000	25	20	3.23	2.24
B	AZ31	1 400	1 000	25	20	2.68	2.02

(a) 试样A焊缝正面

(b) 试样B焊缝正面

图2-29 典型镁合金激光焊接焊缝的表面形貌

(a) 试样A焊缝截面

(b) 试样B焊缝截面

图2-30 典型镁合金激光焊接焊缝的横断面形貌

两个典型焊缝的显微硬度测试结果见表2-12。从表中可见,熔合区和热影响区的硬度均高于母材,说明焊缝区域的硬度优于母材。拉伸试验结果发现,AZ61接头试样是在约3.18 kN的拉力情况下,在母材金属区域被拉断,计算出的抗拉强度约为265 MPa;而AZ31试样是在约3.03 kN的拉力情况下,也是在母材金属区域被拉断,其抗拉强度约为250 MPa。这表明AZ61和AZ31焊接接头的抗拉强度均高于母材的抗拉强度。因此,采用激光焊接方法焊接镁合金获得的焊接接头具有很好的力学性能。

表 2-12 镁合金焊缝的显微硬度测试结果(单位：HRS)

试样编号	母材金属区硬度	热影响区硬度	熔合区硬度
A	45.5	55.7	53.2
B	41.2	58.6	52.5

六、如何解决 AZ31 镁合金 CO_2 激光焊焊缝下塌问题？

目前的镁合金激光焊接中，大部分研究和应用集中在无填丝的薄板焊接上，即通过母材的自熔化将两块金属连接在一起。焊接过程中，由于镁的表面张力较小(比铝还小)，焊件受热时很容易使焊缝金属产生下塌现象，特别是焊接功率越大，工件的热输入量大越大，下塌现象越严重。为解决焊缝下塌问题，拓宽激光焊接的应用领域和提高焊缝的质量，一些科研工作者在激光填丝焊方面进行了较多的研究，提出了激光填丝焊接的新方法。激光填丝焊接与自熔焊接相比，具有很多优点：第一，激光填丝焊接对母材的加工和装配精度要求降低，可以降低加工成本；第二，激光填丝焊接过程中可以通过填加有用的合金成分方便改变和控制焊缝的组分，提高焊接接头质量；第三，激光填丝焊接可以焊接更厚的材料，而且容易实现多层焊。

例如，某院校的研究人员采用 CO_2 激光焊接方法研究了 AZ31 镁合金的填丝焊接工艺，实现了镁合金的激光填丝焊接。试验选取的 AZ31 镁合金板材化学成分见表 2-13，板材厚度为 2.6 mm。板材首先被加工成了 80 mm×245 mm 的试件，焊接前样品用丙酮清洗以去除表面的油脂。试验是在如图 2-31 所示的具有自动填丝功能的 CO_2 激光焊接试验系统上进行的，该系统由一个最大输出功率为 2.0 kW 的 CO_2 激光器、具有特殊保护功能的焊枪、特制的焊接夹具、自动送丝机构和数控工作台等组成。焊接过程中，氩气从焊枪轴向、侧向和焊接夹具三路同时加入，如

图 2-31 所示。轴向气体沿激光束轴线加入,用于保护激光的聚焦镜头不受熔滴的沾污;第二路气从焊枪侧面加入,以旁轴形式吹出,用于保护熔池表面和压缩由于激光激励产生的等离子体;第三路气从夹具背面加入到焊接夹具的气室中,可直接保护焊缝背面。

表 2-13　AZ31 镁合金的化学成分(一)

化学成分	Al	Zn	Mn	Fe	Si	Ni	Mg
质量分数(%)	2.5~3.5	0.7~1.2	≤0.004	≤0.007	≤0.02	≤0.002	余量

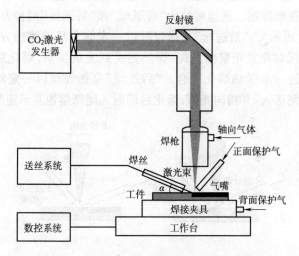

图 2-31　CO_2 激光填丝焊接试验系统示意图

焊接采用平板对接方式,焊接过程中选取 ERAZ31 焊丝作为填充金属,焊丝直径为 2.0 mm,焊丝材料的组分与 AZ31 镁合金母材基本相同,焊丝由自动送丝机构通过送丝嘴送入到激光束中,焊丝与激光焦斑相交于工件的表面。焊接过程中,送丝角度(填充焊丝与工件表面之间的夹角,如图 2-31 中的 α 角)是影响焊接质量的一个重要参数。如果角度较小,送丝嘴靠近工件,则焊丝必须伸出较长的一段,导致焊丝的指向性下降,严重时焊丝会偏离光束,从而影响到激光对焊丝的加热效果。

实践证明,焊丝伸出送丝嘴的长度以不大于 8 mm 为宜。反之,如果角度加大,就给调整填充焊丝带来问题,因为很小的位置偏差就会使光束与焊丝的接触点在垂直方向上发生很大的变化。送丝角度的大小还会影响到填充焊丝对激光的反射,送丝角度越大,焊丝对激光的反射越弱。通过工艺试验得到最佳送丝角度范围为 20°～35°。研究者在工艺试验中都采用 28°的送丝角度,获得的效果较好。

由于激光光束焦斑直径只有 $\phi 0.3$ mm,焊丝的直径为 $\phi 2$ mm,所以焊丝进入熔池较困难,选择合理的送丝方式对焊缝成型起着重要作用。送丝可分为"前送丝"和"后送丝"两种方式(如图 2-32 所示)。"前送丝"是指焊丝以一定倾角从熔池前方送入,焊丝端部对准激光聚焦光斑,焊丝先受到光斑加热,熔化后进入熔池并进一步受热熔化混合。"后送丝"是指焊丝以一定倾角从熔池后侧送入,并指向光斑,熔化后即混入尾部熔池并迅速凝固。

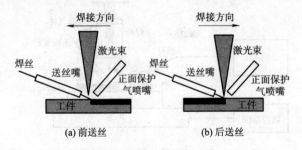

(a) 前送丝   (b) 后送丝

图 2-32 两种送丝方式示意图

在相同焊接条件下,采用不同送丝方式得到的焊缝表面成型如图 2-33 所示。由图可见,采用"后送丝"方式填充的焊丝熔化但未与母材金属熔合,而采用"前送丝"方式填充的焊丝得到的焊缝成型较好。"后送丝"与"前送丝"方式得到的焊缝表面成型不同是因为不同的送丝方式对焊丝的加热机制不同,前者焊丝通过等离子体和熔池热辐射及热传导加热,这部分能量不足以使焊丝与母材金属完全熔合;而后者焊丝是激光直接照射和等离子体加热,使得焊丝熔化更充分。因此焊接时建议选择"前送丝"方式。

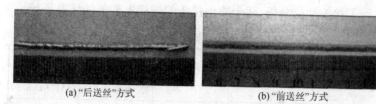

(a) "后送丝"方式　　　　　(b) "前送丝"方式

图 2-33　不同送丝方式的焊缝表面成型

获得好的焊接质量除与送丝角度和送丝方式有关外,还与激光功率参数有关。激光工艺参数包括激光功率、焊接速度和送丝速度。根据有关镁合金 CO_2 激光焊接经验,要获得较好的焊缝表面保护效果,正面和背面保护气体的流量需要达到 20 L/min 以上。因此试验过程中,轴向气体压力保持为 0.2 MPa,正面和背面的保护气体流量都固定在 20 L/min。研究者试验中选择了 $L_{25}(5^3)$ 正交试验,焊接试验参数水平见表 2-14。

表 2-14　焊接试验参数水平表

激光功率 $P(W)$	送丝速度 $v_f(mm \cdot min^{-1})$	焊接速度 $v_s(mm \cdot min^{-1})$
800	400	600
1 000	600	700
1 200	800	800
1 500	1 000	900
1 800	1 200	1 000

正交试验结果表明,激光功率要达到 1 200 W 以上,焊丝才能获得较好的加热并熔化,否则焊丝熔化较差,焊缝成型不好。同样,焊接速度不能太快,否则焊缝中焊丝和母材熔合不好,较好的焊接速度范围为 600～900 mm/min。而送丝速度亦不能太快,否则焊丝来不及熔化,可用的送丝速度范围为 400～800 mm/min。上述就是 2.6 mm 厚 AZ31 镁合金板材的激光填丝焊较优化的工

艺参数。

从大量工艺试验中,选取了两个典型工艺条件下获得的焊缝进行了接头性能分析,两个典型接头的焊接工艺条件见表 2-15。

表 2-15 A、B 两个典型焊缝的焊接工艺条件

试样编号	激光功率 $P(W)$	焊接速度 $v_f(mm \cdot min^{-1})$	送丝速度 $v_s(mm \cdot min^{-1})$	正面保护气体流量 $Q_1(L \cdot min^{-1})$	背面保护气体流量 $Q_2(L \cdot min^{-1})$
A	1 800	800	600	20	20
B	1 800	600	400	20	20

两个焊接接头的断面形貌如图 2-34 所示。从图中可见,两个焊缝都完全熔透,背面也形成了凸出的焊缝形貌,实现了单面焊双面成型。由于焊接过程中填充了焊丝,使得两条焊缝的上表面都有明显的凸起,这样就克服了原来的激光自熔焊(无填丝)存在的上表面下塌问题。两个不同工艺条件下获得的焊缝断面有较大差别,焊接速度较小的焊缝 B 背面熔宽较大,背面下塌也较多。

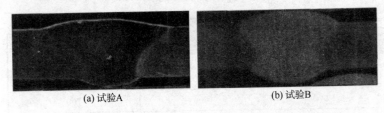

(a) 试验A　　　　　　(b) 试验B

图 2-34 典型镁合金激光填丝焊接焊缝的横断面形貌

两个典型焊缝在母材、热影响区和焊缝三个不同区域的显微硬度如图 2-35 所示。从图中可见,典型试样 A 和 B 的焊缝区域的显微硬度值都与母材区域差不多,只是在热影响区域稍微高一点,但三个区域的显微硬度值都处于同一水平。因此填丝后的焊缝区域的硬度值与母材相比并没有大的改变。

抗拉强度的测量结果如图 2-36 所示。从图中可见,典型试样 A 和 B 的焊接接头抗拉强度与母材的抗拉强度相差不大,说明 AZ31 镁合金激光填丝焊焊接接头的力学性能良好,达到了母材的水平。

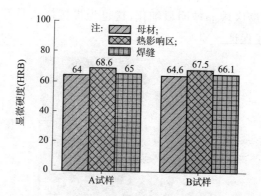

图 2-35 典型镁合金焊缝的显微硬度

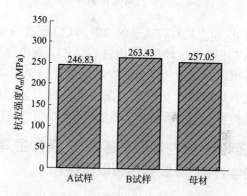

图 2-36 典型试件 A 和 B 焊接接头与母材的抗拉强度对比

试样 A 焊接接头熔合线附近的微观组织结构如图 2-37 所示。从图中可见,母材金属区域为典型的变形镁合金的粗大等轴晶组织。同时,在熔合线附近没有发现明显的粗大晶粒组织形成,热影响区不明显。当采用激光焊接方法时,激光束能量非常集中,焊后冷却速度又很快,所以形成的热影响区很小。在焊缝区域是明显的枝状晶结构,而且枝状晶的伸长方向是指向焊缝中心的,这主要是由于激光焊接的快速冷却造成的,而且焊缝中心位置通过母材的传热比焊缝边缘更慢,冷却和凝固也最慢,从而使得枝状晶的生长方向指向了焊缝的中心。从图中还可发现,与母材区域相比,焊缝区域晶粒明显细化,这也为焊接接头具有良好力学性能提供了保证。

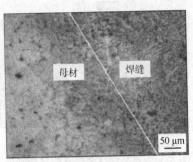

图2-37 试样A焊接接头的微观组织

由此可见,建立具有自动送丝功能的CO_2激光焊接试验系统,通过填加AZ31镁合金焊丝,可以进行AZ31镁合金板材的激光填丝焊接。用填丝焊工艺形成的焊缝成型更加美观,克服了不填丝焊接情况下焊缝的严重下塌问题。填丝焊工艺形成的焊缝显微硬度和抗拉强度都与母材相当,达到了母材的力学性能。

七、如何通过磁控焊接提高AZ31镁合金焊接接头的力学性能,降低其热裂敏感性?

镁合金作为一种新型高性能结构材料倍受关注,但镁合金由于自身具有的物理和化学特殊性能,给焊接带来了很大的难度。镁合金焊接性较差,焊接时容易产生气孔、晶粒粗大、热应力及焊接接头软化等问题。镁还易与一些合金元素(如Ni、Cu、Al等)形成低熔点的共晶体,所以脆性温度区间较宽,易形成热裂纹。因此,如何防止焊接缺陷,提高镁合金焊接接头的力学性能,降低AZ31镁合金焊接接头热裂纹敏感性进而抑制热裂纹产生成为焊接工作者研究的热点问题之一。磁控焊接技术是近年来发展完善起来的一种新型焊接技术,在低碳钢和铝合金焊接中应用较多,但将其引入镁合金的焊接过程中,还处于研究阶段。尤其是当磁场参数不匹配时,电磁搅拌效果变差,甚至还可能降低焊接接头的质量。

电磁搅拌原理就是在外加磁场作用下,使带电粒子在磁场力的作用下发生漂移旋转,表现为焊接电弧的旋转,带动熔池金属做复杂的循环运动从而改变了焊缝金属的结晶条件,细化了焊缝组织的晶粒,进而改善金属性能。

通常条件下,熔池金属连续冷却,结晶速度取决于焊接速度、焊接热输入等。如图 2-38 所示,在平衡温度 T_L 和实际温度分布 T_a 之间有一定的间隔,间隔越大,过冷度越大。其他条件一定时,焊缝金属结晶组织的横向尺寸主要取决于结晶线前的温度梯度、结晶速度和浓度密集的厚度,即与过冷度有关。在电磁搅拌作用下,电磁力促使熔池金属做复杂的循环运动,熔池前部高温液态金属被推向尾部,打断了先长大的枝晶,重新溶入熔池的枝晶成为异质形核源,进而增加了形核率;同时电磁搅拌作用改变了结晶前沿的温度及温度梯度,从而创造了细化结晶组织的条件。

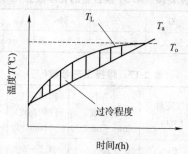

图 2-38 金属结晶示意图

T_o—纯金属的熔点;T_L—平衡状态相温度线;T_a—实际温度线

例如,某高校研究者采用外加脉冲纵向磁场,该磁场由安装在喷嘴上的激磁线圈产生,磁场的电流强度可以调节,产生纵向磁场为同轴磁场(磁力线方向与电弧轴线平行,并以电弧轴线为中心形成轴对称分布),如图 2-39 所示,采用非熔化极钨极氩弧焊对对 5 mm 厚的 AZ31 镁板进行了焊接。焊机型号为 NSA-500-1,

焊接过程为半自动焊接,采用手动送丝,所用的焊丝是从母材上经过机械加工处理得到的,即焊丝与母材同一材质,焊丝规格为 300 mm×5 mm×2 mm。合金成分见表 2-16。两种材料的供货状态均为挤压成型。焊枪由小车携带自动行走,速度可调。焊接工艺参数见表 2-17。

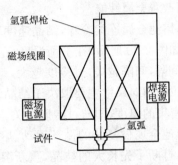

图 2-39 焊接装置示意图

表 2-16 AZ31 镁合金的化学成分(二)

化学成分	Al	Zn	Mn	Ca	Si	其他	Mg
质量分数(%)	2.5~3.5	0.5~1.5	0.2~0.5	0.04	0.10	0.15	余量

表 2-17 焊接工艺参数(二)

参数	焊接电流 $I(A)$	氩气流量 $Q(L \cdot min^{-1})$	小车行进速度 $v(mm \cdot min^{-1})$	钨极距工件的高度 $h(mm)$	喷嘴直径 $d_1(mm)$	钨极直径 $d_2(mm)$
取值	90	6	100	1.5~3	13	2.2

焊接完成后,研究者重点研究了磁场强度对焊接接头力学性能的影响。通过观察研究者的试验(如图 2-40、图 2-41 和图 2-42 所示)可见,外加磁场试样的抗拉强度要比没有施加磁场试样的抗拉强度大,而且随着磁场强度的增大试样的抗拉强度逐渐变大;伸长率的变化规律基本与抗拉强度一致(如图 2-41 所示),随着磁场电流的增大抗拉强度升高;硬度随磁场强度的变化规律与抗拉强度的变化规律相似(如图 2-42 所示),施加磁场时焊件的硬

度也比没有施加磁场时的硬度要大。随着磁场强度的不断增大，硬度在逐渐的变大。同时，从图2-42中还可以发现，母材的硬度最低，焊缝的硬度最高，热影响区的硬度居中。由研究者的试验可见，磁场的加入对试样的力学性能有明显的改善，这一变化范围尤其在磁场电流为0.5～1 A时最为明显，当磁场电流达到1 A时，焊缝的断后伸长率已经超过母材的断后伸长率，达到10.3%。

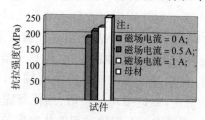

图2-40 抗拉强度随磁场电流的变化规律

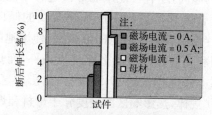

图2-41 断后伸长率随磁场电流的变化规律

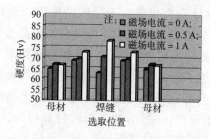

图2-42 硬度随磁场电流的变化规律

相关研究表明，磁控焊接使镁合金焊接接头力学性能提高的原因是由于在电磁力的作用下，氩弧中带电粒子的运动变成平行于磁力线方向的螺旋运动，促使电弧旋转。一定的磁场强度范围内,随着磁场电流的增加,磁场强度增强,做用于熔池的电磁力也随之增大;熔池中的液态金属受洛仑兹力的作用,绕焊接电弧中心轴旋转,做复杂的循环运动,磁场对熔池的搅拌作用也随之增强。由于离心力的作用,熔池前部高温液态金属被推向尾部,使刚形成的枝晶不能继续生长,被折断并重新溶入液体的熔池之中。这些重新溶入的枝晶成为异质形核的形核源,提高了形核率。与此同时,电弧的搅拌作用也改变了结晶前沿的温度及温度梯度,加速了液体的流动,使得结晶前沿存在着较强的液相流动;而且高温金属流对结晶前沿的冲刷作用,提高了熔池中熔融金属的平衡结晶温度,使结晶区域浓度过冷程度减少,从而使得结晶线前沿的稳定性提高,促进了均匀扩散、细化凝固组织的作用效果。另外,在外加磁场作用下焊接过程的热膨胀与金属的磁致收缩有相互抵消的倾向,还有可能减弱焊接过程中热膨胀引起的内应力,减少了镁合金焊接过程中产生热裂纹的倾向,提高性能。磁场的电磁搅拌作用提高了熔池的形核率,使熔池的晶粒得到了细化,为侵入型和反应型气泡的上浮提供条件,而母材由于处于固态,不能得到电磁搅拌作用,所以母材、热影响区、焊缝的性能呈现一定的变化规律,热影响区的硬度介于母材和焊缝之间。

由金属学理论可知,金属力学性能的变化是由微观组织的改变引起的。观察镁合金焊缝在不同磁场作用的金相组织可以看出(如图 2-43 所示),在电磁作用下焊缝组织的晶粒比没有施加磁场时要细化,当磁场电流 $I=1$ A 时,其焊缝组织晶粒最细。根据凝固理论,晶粒组织形态及尺寸受形核率和过冷度的影响。根据研究者的分析,当有磁场作用时,电磁搅拌细化晶粒主要是通过三个途径增加形核率:一是熔池尾部的枝晶碎片;二是熔池边缘半熔化晶粒的分离;三是异质形核粒子。形成晶核后在长大过程中,电磁搅拌作用改变了熔池形状,熔池液态金属随着电弧做旋转运动,使焊接熔池中温度变的相对均衡;同时随着熔池金属搅拌速度的增加,改变了传热方向,使扩散过程加快。这样,枝晶晶粒沿最大散热反方向生长的时间很短,从而减小晶粒尺寸。另外,在电磁力的作用下,由于电弧形态的改变使其温度分布趋向均匀,液态金属的流动增加,做复杂的循环运动,高温金属流不断的对熔池产生冲刷作用,使得焊缝中的 Mg 和第二相 $Al_{12}Mg_{17}$ 共晶组织更加细化,从而增加了晶界和亚晶界的比表面积,使位错数量增多。这就是磁场电流为 1 A 时焊缝的抗拉强度、硬度和断后伸长率达到最佳的原因。

(a)磁场电流I=0 A　　(b)磁场电流I=0.5 A　　(c)磁场电流I=1 A

图 2-43　不同磁场电流作用下的金相组织

镁合金在磁场作用下凝固产生的上述现象与合金元素在 Mg 中溶解度的变化有关。由于在低频磁场作用下,AZ31 镁合金中 Al、Zn 元素在镁基体中的溶解度显著增加,使得在凝固过程中大量的合金元素残留在岛状的析出物中,同时在凝固末期遗留下的共晶体组织数量明显减少,不能连续的分布于晶界,晶界厚度也显著减薄。另一方面,在凝固过程中,由于合金元素在 Mg 中溶解度的增加,使得残留液中合金元素的含量降低,这有利于后形核的晶粒有机会进一步长大,从而抑止初生晶粒的长大空间,同时也使得原来被厚厚的共晶组织包围的小晶粒得以长大,共晶组织的厚度也因小晶粒的长大而变薄。由于电磁作用使凝固过程中析出的低熔点共晶物宽度变窄、厚度变薄,呈不连续状态,这对防止热裂纹的产生有很大的作用。研究者在试验过程中发现,在外加磁场的作用下,即使焊接电流超过 140 A,焊后也很少有热裂纹的产生,这说明外加磁场对防止热裂纹的产生有很大的作用。

因此,将纵向变频脉冲磁场引入镁合金焊接,电磁搅拌可以有效地改善焊缝金属的结晶形态,细化晶粒,净化杂质,促使焊缝组织分布均匀化,减少焊接缺陷,防止焊接接头软化,抑制热裂纹的出现,可以有效地改善镁合金的焊接性,提高镁合金焊接接头的力学性能。

八、如何采用电磁搅拌技术实现 AZ61 镁合金的 TIG 焊接?

电磁搅拌焊接技术是近年来发展完善起来的一种新型焊接技术,采用外加磁场控制焊接质量,具有附加装置简单、投入成本低、效益高、耗能少等特点,应用日趋广泛。实践表明,利用外加磁场对焊接中熔滴的过渡、熔池金属的流动、熔池的结晶形核及结晶生长等过程进行有效地干预,可以使焊缝金属的一次结晶组织细化,减小化学不均匀性,提高焊缝金属的塑性和韧性,降低结晶裂纹和气孔的敏感性,从而提高焊缝金属的性能,全面改善焊接接头的质量。那么,如何采用电磁搅拌技术实现 AZ61 镁合金的 TIG 焊接呢?

某高校研究人员为了改善镁合金焊接接头的质量,采用电磁搅拌技术对 AZ61 镁合金的 TIG 焊接工艺进行了较系统研究。AZ61 镁合金的化学成分见表 2-18,焊接过程为半自动焊接,焊机型号为 NSA-500-1,采用手动送丝,磁场线圈安装在焊枪的喷嘴上,线圈匝数为 710 匝,磁场电源装置为自行研制的,其磁场电流、频率和占空比可调,并能提供不同的磁场参数,产生的纵向磁场为同轴磁场,如图 2-44 所示。试验过程中固定磁场电流为 1 A 和 2 A,然后分别改变磁场频率为 5 Hz、10 Hz 和 15 Hz,焊接工艺参数见表 2-19。

表 2-18 AZ61 镁合金的化学成分

化学成分	Al	Zn	Mn	Ca	Si	其他	Mg
质量分数(%)	6.29	0.95	0.25	0.04	0.10	0.15	其余

试件采用对接形式,开 X 型坡口,双面焊双面成型。焊前,先用丙酮清除材料表面的杂质和油污,再用砂轮将坡口处的氧化

膜清理干净,直至坡口两侧及周围露出金属光泽。接头下面加不锈钢垫板,并在垫板中间加工出一道 30 mm 宽、20 mm 深的 V 形凹槽,以便于试件在焊接时背面有足够的气体保护。

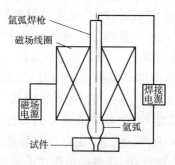

图 2-44　试验装置示意图

表 2-19　焊接工艺参数(三)

参数	焊接电流 (A)	焊接速度 (mm·min^{-1})	氩气流量 (L·min^{-1})	钨极直径 (mm)	电弧长度 (mm)
取值	110	1.08	12	2	1.5～3

由于镁合金的化学性能活泼,具有高热导率、膨胀系数大、熔点和沸点低等特性,使得在镁合金焊接过程中容易出现氧化、晶粒粗大、气孔、热裂纹、烧穿和塌陷、夹渣及热应力大等焊接缺陷,其中以气孔和裂纹最为敏感。氢是镁合金熔焊时产生气孔的主要原因。有关资料表明,镁合金在焊接加热条件下大量的溶解氢,随着温度的下降,其溶解度急剧减少,焊缝中的大量氢气来不及逸出,便形成氢气孔。

在自然条件下焊接时,熔池金属结晶过程中,当固液两相并存时,由于两相溶解度的差异,氢在结晶前沿会发生聚集,特别是相邻树枝晶之间凹谷部位,随液相的减少熔池底部的浓度不断增加,当浓度不能维持过饱和状态时,大量气泡就会萌生。但焊接中填加了电磁搅拌作用后,可以通过抑制气泡萌生和促进气泡上浮来减少焊缝中气孔的产生。

研究表明,在磁场作用期间,焊接熔池的强制搅拌导致结晶区域溶质偏析程度减弱,使熔池结晶线前沿溶质浓度降低。而焊接熔池中所含气体在结晶过程的行为类似于分布系数小于1的杂质,那么在杂质浓度降低时,结晶线前沿附近液态金属中气体浓度也降低。与此相应,也就降低了液态金属中气体的饱和度,生成气泡的可能性也就减小。同时由于结晶区域温度梯度的增大,使凸入到液体金属中的枝晶被重新熔化,会使凸出体的尺寸减小,并使已经形成的气泡核因枝晶重熔而消失。这些都有利于提高结晶线前沿的稳定性,降低结晶界面向前推移速度,从而有助于减少气泡核形成几率。另外,在脉冲磁场作用下,熔池中的液态金属受洛伦兹力的作用,绕焊接电弧中心旋转做复杂的循环运动,产生附加流体动压力,从而增加了抑制气泡萌生的外部压力,使焊缝形成气孔的几率下降。在磁场作用期间,液态金属的循环流动强度增加,使气泡之间相互碰撞的几率增加,它们的相互碰撞会使小气泡聚集成大气泡,有利于其上浮。此外,电磁搅拌作用使熔池以一定周期往复对两侧熔池壁进行冲刷,熔池的这种转动现象将延长液态的停留时间,同时在交变脉冲磁场作用下焊接电弧的形态发生了变化,使焊接熔池的熔宽增大,熔深减小,为熔池中的气泡上浮提供良好条件,进而减少气泡的数量,降低气孔产生的几率。

AZ61镁合金焊后在焊缝区产生的结晶裂纹如图2-45所示。该裂纹的形成原因是先结晶的金属比较纯,后结晶的金属杂质较多,而且这些杂质在晶界处含量较高,并且这些杂质所形成的低熔共晶物的熔点较低(如$Al_{12}Mg_{17}$熔点为430 ℃),在镁合金焊接时焊缝金属凝固结晶的后期,低熔点共晶体被排挤在晶体交遇的中心部位,形成一种所谓的"液态薄膜",此时由于镁合金在冷却时收缩量较大而得不到自由收缩,产生较大的拉伸应力,这时候镁合金中的液态薄膜就形成了较为薄弱的环节,在拉伸应力的作用下就可能开裂而形成结晶裂纹。

焊接过程中添加外加磁场,在磁场作用期间电磁促使焊接电

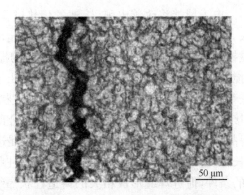

图 2-45　AZ61 镁合金在焊缝区的结晶裂纹

弧旋转,使焊接熔池形态发生改变,液态高温金属流间歇性向熔池尾部推移,结晶方向也发生周期性改变,使结晶区域浓度过冷度减小,结晶线前沿的稳定性提高,促进了均匀扩散,使熔池结晶速度大大降低。而在磁场休止期,电弧恢复到自然状态,在结晶前沿因枝晶重熔所形成的高熔点质点开始活化,形成新的结晶核;另外,电弧旋转造成的熔融金属流动的附加运动停止,结晶线与电弧之间的距离拉大,结晶线前沿的温度及温度梯度随之降低,浓度过冷度增大,瞬时结晶速度突然加快,使方向性很强的柱状晶被消除,即出现晶粒细小的等轴晶,并使低熔点共晶物及杂质趋于弥散、细小的球状分布,使热应力分散在晶粒中,使宏观应力减小,从而有效防止结晶裂纹的产生。另外,在外加磁场作用下,焊接过程的热膨胀与金属的磁致收缩有相互抵消的倾向,还有可能减弱焊接过程中热膨胀引起的内应力,减少镁合金焊接过程中产生裂纹的倾向。

　　由于镁合金的热导率很大,熔池底部的一些杂质可能在温度达到固相线时还没有扩散出去,被滞留在熔池内部,这些被滞留在熔池内部的杂质在电磁搅拌的前期一直随熔池一起进行运动,这将使杂质与熔池中先结晶的晶粒以及其他杂质进行相互摩擦和挤压,使杂质的尖角被磨平、体积被压缩,最终使未浮出的杂质被球化和净化,大大减小了对基体的割裂作用,使产生裂纹的倾向减小。此外,电磁搅拌将改善电弧、熔池的传热过程,使熔深减小、熔宽增大,提高了焊缝的形状系数,对能量有一定的"稀释"作用。因此,磁控焊接对镁合金的抗裂性能也有一定的提高。

从电磁搅拌对焊缝显微组织的影响方面分析,由于镁合金导热快、线膨胀系数大,普通焊缝组织通常为粗大的柱状晶组织,容易引起焊接接头软化。尤其是在焊缝与母材的结合部位温度梯度很大,使得晶粒形核具备了足够的动力学条件,促进晶核的形成并择向生长,焊缝凝固过程中外快内慢的特点为柱状晶的生长提供了很好的条件,促进焊缝形成粗大的铸造柱状晶组织。但加入磁场后的焊缝组织却发生了很大变化。

图 2-46 是无磁场和磁场频率 $f=10$ Hz 时,不同磁场电流作用下镁合金焊缝的金相显微组织。从图 2-46 中可以看到,焊缝组织由初生相 α-Mg(呈亮色)及第二相 $β-Al_{12}Mg_{17}$ 共晶体(呈黑色)组成,其中没有施加磁场时,焊缝晶粒组织粗大,共晶组织生成的数量很多且大部分在晶界聚集,呈条状或颗粒状分布,绝大部分还处于连续状态,如图 2-46(a)所示。在磁场电流为 1 A 时,镁合金的组织发生了变化,焊缝晶粒得到细化,同时原来晶界上连续的共晶组织被打碎,如图 2-46(b)所示。从图 2-46(c)中可以看到,当磁场电流增大到 2 A 时,焊缝晶粒尺寸进一步变细,在晶内和晶界附近存在大量细小而弥散的近似球状的共晶化合物质点。

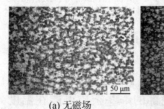  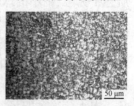

(a) 无磁场　　　　　(b) 1 A,10 Hz　　　　　(c) 2 A,10 Hz

图 2-46　无磁场和磁场频率 $f=10$ Hz 时不同磁场电流下镁合金焊缝显微组织

磁场电流 $I_C=1.5$ A 时不同磁场频率下镁合金焊缝显微组织如图 2-47 所示。从图中可以看到,在交流磁场作用下,镁合金的组织发生了显著变化。随着磁场频率的增大焊缝晶粒得到细化,当磁场频率为 15 Hz 时,与磁场频率为 10 Hz 的情况相比,焊缝晶粒尺寸变细,共晶组织生成的数量明显增多,呈岛状断续分布于晶界;当磁场频率为 20 Hz 时,焊缝晶粒尺寸进一步变细,共晶组织生成数量更多,呈颗粒状均匀弥散地分布于晶界。

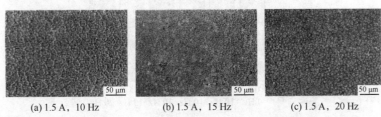

(a) 1.5 A,10 Hz   (b) 1.5 A,15 Hz   (c) 1.5 A,20 Hz

图 2-47   磁场电流 $I_C=1.5$ A 时不同磁场频率下镁合金焊缝显微组织

不同磁场参数下焊缝金属的抗拉强度如图 2-48 所示。从图 2-48 中可以看出,施加磁场的焊缝金属抗拉强度要比未施加磁场的抗拉强度高,并且在不同的磁场参数下,随着磁场电流和磁场频率的增加,焊缝金属的抗拉强度增加。这就说明,外加磁场产生的电磁搅拌作用可以有效改善焊缝的微观组织,提高焊缝的力学性能,研究者推断:随着磁场电流和磁场频率的相互匹配并逐渐增大,焊接接头的力学性能会得到很好的改善,可有效防止焊接接头的软化。

根据研究者的试验研究可知,在合理的焊接工艺参数下,采用外加间歇交变纵向磁场所产生的电磁搅拌可改变 AZ61 镁合金焊接接头熔池的形态,使气泡容易上浮,也可使熔池结晶前沿溶质浓度降低,同时也降低了液态金属中气体的饱和度,减小了气泡生成的可能性,有效抑制了焊接接头中气孔的产生。

焊接 AZ61 镁合金时采用外加间歇交变纵向磁场,间歇交变脉冲磁场所产生的电磁搅拌可以周期性地改变树枝晶的生长方向,即形成细小的等轴晶组织,同时打碎原来连续分布的低熔点共晶组织,使其球化、细化、弥散分布于晶界或晶内,防止结晶裂纹的产生。

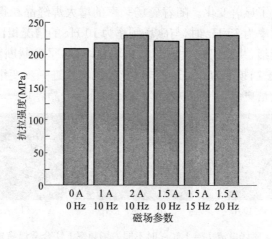

图 2-48　不同磁场参数下焊缝金属的抗拉强度

外加磁场产生的电磁搅拌可以有效地细化焊缝金属的结晶组织,减小焊缝金属的化学不均匀性,提高了焊接接头的力学性能,有效防止了焊接接头软化。在磁场电流 $I=2$ A,频率 $f=10$ Hz 时,AZ61 镁合金焊缝金属的抗拉强度可以达到 231 MPa。

九、如何采用 TIG 焊进行 AZ91 镁合金焊接?

AZ91 镁合金是商业应用最广泛的镁合金之一,其铸态组织由 α-Mg 基体和非平衡结晶导致的离异共晶 β-$Mg_{17}Al_{12}$ 相组成。目前,对于 AZ91 镁合金的研究大多集中在压铸工艺及随后的固溶和时效处理上,而关于 AZ91 镁合金板材焊接的研究非常少。为了研究 AZ91 镁合金焊接接头的组织及力学行为,某高校科研人员以供货状态轧制成型的 AZ91 板材作为母材,采用 TIG 焊接方法对其 5 mm×65 mm×100 mm 的试件进行了双面焊接。焊接前,试件开 V 型坡口,选用规格为 2.5 mm 的焊丝,焊丝化学成分与母材相同,具体成分见表 2-20。AZ91 板材抗拉强度为 280 MPa,断后伸长率为 8%。

表 2-20　AZ91 镁合金的化学成分

化学成分	Al	Zn	Mn	Si	Be	Cu	Mg
质量分数(%)	8.9	0.7	0.35	0.01	0.02	0.03	余量

在镁合金的 TIG 焊中采用交流电源,半自动焊接,手动送丝,以充分利用交流电源对氧化膜的"阴极破碎"作用。焊接功率的选择根据研究者先期焊接试验所得出的规律,试验过程中固定氩气流量为 12 L/min,钨极直径为 2 mm,喷嘴直径为 10 mm,焊接速度为 70 cm/min。为了保证焊接质量,焊前应仔细去除焊件表面氧化膜及杂质,以使焊接过程顺利进行,并使分离的母材形成完整的接头。

在焊接过程中,焊接电流是工艺参数中最重要的参数之一,焊接电流主要取决于钨极的种类和规格,还与被焊工件的厚度有关。其他工艺参数的不变情况下,不同焊接电流焊接的焊缝成型情况如图 2-49 所示。从图 2-49 中可以看出,当焊接电流为 90 A 时,焊缝表面成型不良,局部出现凸起现象;当焊接电流为 100 A 时,焊缝表面波纹整齐平直,形成鱼鳞状波纹连续且均匀,没有出现凸起与咬边等明显焊接缺陷;当焊接电流为 130 A 时,焊接接头出现轻微变形,焊道两侧出现咬边,局部表面焊缝区域出现下塌现象。以上现象的产生主要与焊接过程中采用的焊接电流大小有关。焊接电流大小不同,焊接接头获得的热能不同。焊接过程中,当焊接电流较小时,焊接设备提供给焊接过程的热量小,能量不集中,电弧发散,电弧对焊丝的熔化效果不好。焊接提供的热能小,焊丝以较大的熔滴形式向熔池过渡,造成焊丝的熔敷不连续,导致试件不容易被焊透,焊缝成型性较差。而当焊接电流增大后,焊丝熔化的熔滴可被钨极表面的高能量和较大的电弧力打散,以细小的熔滴向熔池过渡,焊缝表面成型会得到改善;随着焊接电流的继续增加,焊接热输入增大;当焊接电流过大时,焊接接头就会出现变形和焊缝下塌的现象。

(a) 焊接电流90 A　　　(b) 焊接电流100 A　　　(c) 焊接电流130 A

图 2-49　不同焊接电流下焊缝的成型

焊接电流与焊接接头显微组织形貌如图 2-50 所示。AZ91 镁合金焊缝在不同焊接电流作用下,焊缝组织由初生相 α-Mg 及第二相 α-Mg 与 β-$Al_{12}Mg_{17}$ 共晶体组成。焊接电流对焊缝组织具有明显的影响。当焊接电流较小时,焊接接头的组织较细小,如图 2-50(a)、(b)所示;当焊接电流增大时,焊接接头的显微组织呈现出粗化的趋势,而且焊接电流越大,焊接接头的显微组织粗化的趋势越明显,如图 2-50(c)、(d)所示。出现焊接接头显微组织粗化的原因是随着焊接电流的增大,镁合金焊接接头吸收的热量增多,这些热量将使液态熔池金属处于高温的时间延长,进而增大了晶粒生长时间,而且根据镁合金相图可知,镁合金在高温情况下没有相变发生,这就更加加剧了镁合金焊接接头晶粒的长大。

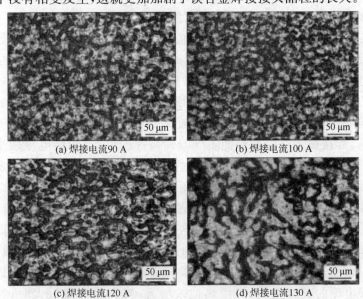

图 2-50　不同焊接电流焊缝的微观组织

焊接电流为 100 A 时,焊缝区 X 射线衍射谱如图 2-51 所示。从图 2-51 中可以看出,焊缝的相组成主要为 α-Mg 固溶体和 β-$Al_{12}Mg_{17}$ 金属间化合物,β-$Al_{12}Mg_{17}$ 金属间化合物衍射峰较弱,说明焊缝是由大量的 α-Mg 和少量的 β-$Al_{12}Mg_{17}$ 组成的。X 射线衍射分析与研究者实际焊接情况基本相符,AZ91 镁合金中 Al 元素的含量为 9%(质量分数)左右,大部分 Al 原子都溶入基体镁中形成 α-Mg 固溶体,只有随温度降低才有少量 β-$Al_{12}Mg_{17}$ 析出。

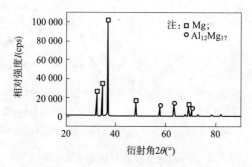

图 2-51 焊缝区 X 射线衍射谱(焊接电流 100 A)

抗拉强度作为材料的一个基本力学性能指标,可以衡量材料在使用过程中所能承受的外力情况。AZ91 镁合金焊接接头的拉伸性能随焊接电流的变化曲线如图 2-52 所示。从图 2-52(a)中可以看出,随着焊接电流的提高,接头处的抗拉强度也随之增大,并在焊接电流为 100 A 时达到最大值(252 MPa),但随着焊接电流的进一步增加,接头的抗拉强度反而减小。图 2-52(b)为焊接接头断后伸长率及断面收缩率随焊接电流的变化曲线,与抗拉强度的变化规律相似,都是随着焊接电流的增大呈现出先增大后减小的趋势。这是由于,当焊接电流较小(90 A)时,焊接接头吸收的热量较小,熔池高温停留时间较短,晶粒长大的趋势较弱,进而晶粒尺寸相比较小,但是温度过低不利于合金元素的固溶,使镁合金的固溶强化效果减弱,进而使镁合金焊接接头的抗拉强度降低。在合适的焊接电流下,熔池晶粒细小,而且大量固溶强化元素充分的溶入镁基体内部,使得晶界强化和固溶强化得到良好的匹配,进而抗拉强度达到最佳。但是焊接电流过大时,焊接接头的拉伸性能反而变差。其原因:一方面,焊接电流过大,热输入大,焊接接头吸收的热量增多,使得镁合金熔池高温停留时间增长,晶粒长大趋势明显,形成粗晶区;另一方面,由于镁合金中所添加的元素本身的熔、沸点都不是很高,过大的电流将使镁合金熔池金属中大量合金元素产生烧损现象,这也对焊接接头性能产生不良影响。

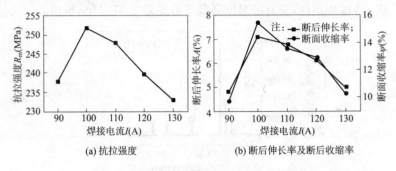

(a) 抗拉强度　　　　　　(b) 断后伸长率及断后收缩率

图 2-52　拉伸性能随焊接电流变化曲线

　　焊接电流为 130 A 时焊缝处裂纹断口形貌如图 2-53 所示。由图 2-53 可见,断口上密排着枝晶端头颗粒状凸起,表面上覆盖着很薄的连续分布的薄膜,液态薄膜沿晶界分布。根据有关研究,焊接电流对裂纹产生的影响主要是随着焊接电流的增加,焊接热输入增加,焊缝金属的冷却速度降低,α-Mg 晶粒粗化,促进了 Al、Zn、Mn 等元素在晶界处的偏析,进一步降低了晶间液态膜的熔点。研究者的 EDS 分析表明,金属桥上的小褶皱的 Al、Zn 和 Mn 元素含量分别为 8.74%、1.02% 和 0.89%,均高于焊缝金属平均的 Al、Zn 和 Mn 元素含量,见表 2-21。因此,过大的焊接电流增加了焊缝结晶裂纹的敏感性。

表 2-21　EDS 化学成分分析的结果

位置	Al	Zn	Mn	Mg
平均(%)	7.01	0.90	0.33	余量
小褶皱(%)	8.74	1.02	0.89	余量

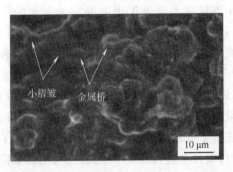

图 2-53 AZ91 镁合金焊缝裂纹的断口形貌(焊接电流 130 A)

理论分析与实践表明,对于 AZ91 镁合金的焊接,在确保焊缝成型良好的情况下,尽量选择小的焊接电流。否则,随着焊接电流的增加,焊缝的晶粒逐渐粗化,并且使接头合金元素烧损严重,导致接头的力学性能降低。同时焊接电流过大也会增加焊缝热裂纹的敏感性。

采用 TIG 焊进行 AZ91 镁合金焊接时,只要焊接电流合适(如本例中的 100 A),可以使焊缝成型好,可以使焊接接头的抗拉强度达到 252 MPa(约为母材抗拉强度的 85%),断后伸长率达到 6.9%,断面收缩率达到 15.2%,可以使焊接接头力学性能满足使用性能要求。

十、如何改善 AZ91 镁合金的焊接性,提高焊接接头的力学性能?

钨极氩弧焊(TIG)是目前广泛采用的镁合金焊接方法,氩弧焊本身具有焊缝成型良好、钨极电弧稳定、氩弧焊设备简单、价格便宜等优点。但钨极氩弧焊单道熔深较浅,生产效率低,而且镁合金热膨胀系数大,容易产生焊接裂纹、焊后变形等缺陷。另外,钨极氩弧焊的焊接参数对接头影响较大,电流太小或太大都会在焊缝处产生一定的缺陷。如果能找到一种方法改变镁合金在焊接过程中熔池的结晶特性,就可能使镁合金的焊接性得到改善,使其力学性能得到提高。

电磁作用焊接技术是近年来发展完善起来的一种新型焊接技术,应用也日趋广泛。实践表明:利用外加磁场可对熔滴过渡、熔池金属的流动、熔池的结晶形核及结晶生长等过程进行有效地干预,使焊缝金属的一次结晶组织细化,减小化学成分的不均匀性,从而提高焊缝金属的强度,降低裂纹和气孔的敏感性,改善焊接接头的质量。在采用磁控技术改善镁合金焊接接头性能方面,国内外学者进行了大量研究。其中,国内高校也做了不少研究工作。例如,在对镁合金进行 TIG 焊时加入与电弧轴向垂直的横向磁场,研究外加磁场对焊接接头组织及性能的影响中,研究者采用规格为 100 mm×65 mm×5 mm 的轧制态 AZ91 合金母材,化学成分 Al、Zn、Mn、Cu 的质量分数分别为 8.9%、0.77%、0.35%、0.03%,其余为 Mg。采用与母材化学成分相同的 350 mm×3 mm×2.5 mm 焊丝,焊接设备为 WSE-500 型交流脉冲氩弧焊机,焊接工艺参数为:焊接电流 I_c=80 A,氩气流量为 7~9 L/min,磁场频率为 10 Hz,钨极直径为 2 mm,喷嘴直径为 10 mm。外加横向磁场对其 AZ91 镁合金试件进行了焊接。

焊接时,该磁场由安装在工件下面的线圈产生,磁场的电流和频率可以调节,产生的磁力线与电弧轴线垂直。为了避免电流过大时导线绝缘层被击穿,线圈绕制过程中每绕一层就用绝缘纸隔开。

根据研究者试验,不同磁场电流 I_m 作用下焊缝的显微组织如图 2-54 所示。焊缝组织由细小的等轴晶 α-Mg 及 β-$Al_{12}Mg_{17}$ 共晶体组成,其中 β-$Al_{12}Mg_{17}$ 共晶体呈网状偏聚分布于晶界。当磁场电流 I_m 在 0.5~1.5 A 范围内逐渐增加时,焊缝晶粒尺寸逐渐变细,共晶组织生成的数量明显增多,呈条状断续分布于晶界;当磁场电流 I_m 为 1.5 A 时,焊缝晶粒尺寸最细小,如图 2-54(b)所示。在一定范围内的磁感应强度有助于晶粒细化,晶粒越细晶界的面积就越大,晶界对位错的阻碍作用也就越大,从而使强度提高;同时晶界面积增加使杂质浓度减少,避免产生延晶脆性断裂。晶粒越细,在一定体积内晶粒的数目越多,在同样的变形量下,变形量分散在更多的晶粒内进行。当磁场电流 I_m 大于 1.5 A 时,则随着磁场电流 I_m 的增大,晶粒变得粗大,接头的性能下降。磁场电流 $I_m=2.5$ A 时的焊缝组织如图 2-54(c)所示。

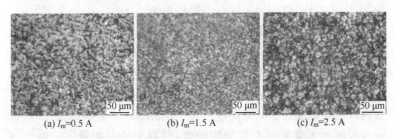

(a) $I_m=0.5$ A   (b) $I_m=1.5$ A   (c) $I_m=2.5$ A

图 2-54 不同磁场电流 I_m 作用下焊缝的显微组织

焊接接头的抗拉强度随磁场电流 I_m 的变化曲线如图 2-55 所示。由图可看出,磁场电流 I_m 在 0~1.5 A 之间时,抗拉强度随着磁场电流 I_m 的增加呈现上升趋势,当磁场电流 I_m 达到 1.5 A 时,抗拉强度达到最大值 325.2 MPa。磁场电流 I_m 大于 1.5 A 时,焊接接头的抗拉强度出现下降趋势,这是因为磁场电流 I_m 越大,电磁力越大,因而波动越激烈,晶粒细化效果越显著,组织越致密,抗拉强度越高;但是随着磁场电流 I_m 增加的同时,相应地会在熔池凝固体系内增大了热效应,磁场对金属流的滞止力增大,抗拉强度逐渐下降。此外,由图 2-55 还可看出,在有外加磁场作用下试件的抗拉强度整体上高于无磁场的情况,且在磁场电流 I_m 为 1.5 A 时最明显。

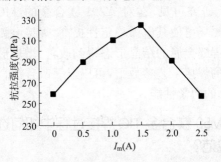

图 2-55 焊接接头的抗拉强度随磁场电流 I_m 的变化曲线

接头硬度随磁场电流 I_m 的变化如图 2-56 所示。由图可知,磁场作用下焊接接头中焊缝及热影响区的硬度要高于无磁场的情况;当磁场电流 I_m 达到 1.5 A 时,焊缝及热影响区的硬度分别达到最大值为 85.27 HV 和 94.13 HV;当磁场电流 I_m 在 0~1.5 A 之间时,焊缝和热影响区(HAZ)的硬度随着磁场电流 I_m 的增加而逐渐增大;当磁场电流 I_m 在 1.5~2.5 A 之间时,焊缝的硬度随着磁场电流 I_m 的增加而逐渐减小,HAZ 变化不明显;磁场电流 I_m 为 2.5 A 时,HAZ 硬度为 77.8 MPa,没有呈现规律性,这种情况也可能是由于试件内部的缺陷或是由试验误差引起。观察图 2-56 还可以发现,热影响区的硬度大多数低于焊缝的硬度,但高于母材的硬度。由此可见,焊接过程中施加磁场对母材的硬度基本没有影响。这主要是由于母材处于固态,焊接过程中施加磁场对其影响作用不大。

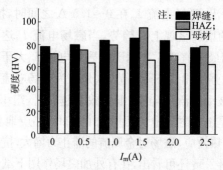

图 2-56　接头硬度随磁场电流 I_m 的变化

通过以上研究可见,在对 AZ91 镁合金的 TIG 焊焊接过程中,外加横向磁场可使其电弧稳定性提高,焊接电弧热量集中,熔池搅拌均匀,焊缝金属的结晶形态得到改善,增加形核率,细化晶粒,且在合适的焊接工艺参数下,可以显著改善镁合金的焊接性,提高焊接接头的力学性能。

十一、AM50 镁合金 TIG 焊接过程中如何选取焊接工艺规范?

焊接过程中,焊接工艺规范对焊接接头的外观成型和后续的接头显微组织特征及其对力学性能有显著影响。那么，AM50 镁合金 TIG 焊的焊接过程中，究竟如何选取焊接工艺规范才能确保焊缝成型良好，焊缝的微观组织和力学性能达到最佳效果呢？针对 AM50 镁合金 TIG 焊，在确保焊缝成型性良好，无宏观缺陷的基础上，有研究者通过试验研究制定出适当的工艺规范，得到了质量优质的焊缝，显著提高了焊接接头的力学性能。

焊接试验选用供货状态为挤压成型厚度为 6 mm 的 AM50 镁板作为母材，焊丝与母材同一材质，焊丝规格为 5 mm×3 mm×2 mm，合金成分见表 2-22。

表 2-22　AM50 镁合金的化学成分

化学成分	Al	Zn	Mn	Cu	Si	Re	Ni	Fe	Mg
质量分数(%)	4.5～5.3	0.20	0.28～0.50	0.008	0.05	—	—	—	余量

焊接用纯度为 99.9% 的氩气作保护气体，选用非熔化极铈钨极，直径为 2 mm。焊接设备采用交流钨极氩弧焊机，焊机型号为 NSA-500-1。焊炬装夹在小车上，通过小车的运动带动焊枪移动从而实现整个焊接。整个焊接过程为半自动化，手动送丝。为防止焊接过程中温度过高烧毁枪体，采用水冷系统，并用石棉包住焊炬下部以实现绝热。

为得到高质量的焊缝，避免将杂质带入焊缝，焊前应将镁合金表面的氧化膜和油污进行彻底清理，使母材坡口周围和焊丝露出白色金属光泽。为防止和减小焊接变形，试件两端用夹具固定，焊件下面放置冷却垫板。焊接采用对接方式对镁板实现 TIG 焊接，初选工艺参数见表 2-23。

表 2-23　初选焊接工艺参数

参数	焊接电流(A)	焊接速度(mm·s^{-1})	气流量(L·min^{-1})	喷嘴直径(mm)	钨极直径(mm)	电弧长度(mm)
取值	70～110	3～10	5～12	8～10	1.2	<3

焊接实践证明，当焊接电流过小时，由于能量不集中，电弧发

散,致使试件焊不透。电流小,液态熔池流动缓慢,焊缝成型性较差;同时,电流过小,热量小,如抬高焊炬得不到有效的焊接熔池;如降低焊炬,就势必会造成填丝困难;而且,焊炬与工件间的距离过小,焊接过程中还容易产生夹钨现象。随着电流逐渐增大,焊缝成型性变好,能量集中,试件熔化加快。由于镁合金焊接过程中看不到熔池的颜色变化,电流过大,焊接过程不好控制,容易烧穿,且热影响区宽度增加,易产生热裂纹等缺陷。图 2-57、图 2-58 是研究者选择的焊接速度为 6 mm/s、氩气流量为 7 L/min 条件下焊接电流对 AM50 与 AZ31 镁合金熔深、熔宽的影响。通过相同条件下 AM50 与 AZ31 镁合金熔深、熔宽的对比可以看出,随着焊接电流的增加,两种材料焊缝的熔宽、熔深均增大,而且 AM50 镁合金的熔宽、熔深增加的速度更快一些,这说明 AM50 镁合金对电流增减的敏感性更强一些,因此 AM50 镁合金焊接过程中更容易产生热裂纹。

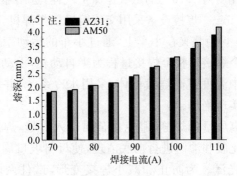

图 2-57 焊接电流对 AM50 与 AZ31 镁合金熔深、熔宽的影响

研究还表明,当焊接速度较小时,随着焊接电流的逐渐增大,由于没有显著的颜色变化,熔池在液态停留时间增长,导致焊接接头软化而产生下塌现象,所以应适当减小电流;当焊接速度很大时,焊接热源在试件同一位置停留时间变短,此时如果焊接电流不够大,试件无法充分吸收热量,熔池还没完全形成,热源已经被移走,试件出现未熔合现象。因此焊接速度与所选择的焊接电

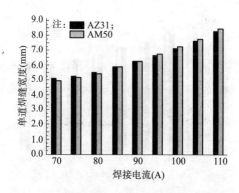

图 2-58 焊接电流与单道焊缝宽度的关系

流有交互作用,考虑到镁合金散热快的特点,必然有一部分能量要发生损耗,所以在焊接时要采用较大的焊接电流,并有较大的焊接速度与之相匹配。

图 2-59 和图 2-60 是研究者在采用焊接电流为 90 A、氩气流量为 6 L/min 条件下提供的焊接速度对 AM50 与 AZ31 镁合金熔宽及熔深的影响分析。

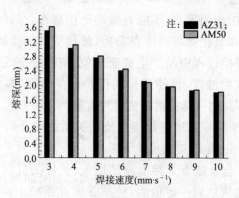

图 2-59 焊接速度与熔深的关系

由图 2-59 和图 2-60 可以看出,随着焊接速度的增大,焊缝的熔宽和熔深均有明显降低。这个结果与普通电弧焊接相类似,主要是因为在同一焊接电流下随着速度的增加,焊接热源在试件同

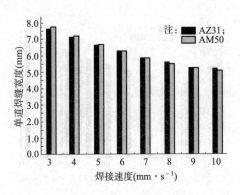

图 2-60　焊接速度与单道焊缝宽度的关系

一位置停留时间变短,试件无法充分吸收热量所致。同时,通过对比试验发现,当焊接速度大于 8 mm/s 时,两种合金的成型性与焊接速度的变化趋势基本处于重合;而焊接速度小于 8 mm/s 时,AM50 焊缝的熔宽和熔深变化的趋势要更大一些,这也说明 AM50 的成型性易受到焊接速度的影响,对热源敏感性大。

下面考察氩气流量对焊接质量的影响。当氩气流量很小时,对熔池的保护作用很小,不能有效的保护熔池,在焊接高温下易形成氧化镁和氧化氮等高熔点杂质,使接头性能变坏;当氩气流量很大时,焊接过程中易产生紊流现象,使部分空气被卷入氩气中,降低氩气的纯度,致使焊接的保护效果减弱,焊缝表面被氧化。因此,焊接时应选择适中的氩气流量。

焊接接头抗拉强度与焊接电流的关系如图 2-61 所示。从图 2-61 可以看出,在焊接速度为 6 mm/s、气流量为 7 L/min 条件下,AM50 镁合金随着焊接电流的增大,试件的抗拉强度明显增加,但是当电流达到一定值后,抗拉强度开始减小。这是因为增大电流可以提高熔池的冷却速度,增加过冷度,使接头组织得到细化,晶界增多,有效地抑制了位错,所以抗拉强度提高。但根据研究者试验,当电流超过 100 A 时,由于焊接接头产生过热,焊缝组织晶粒变得粗大,同时焊接熔池中的镁元素严重烧损,抗拉性能开始下降。

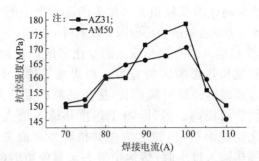

图 2-61　抗拉强度与焊接电流的关系

抗拉强度与焊接速度的关系如图 2-62 所示。从图中可以看出,在焊接电流为 90 A、氩气流量为 6 L/min 条件下,当焊接速度小于 7 mm/s 时,AM50 镁合金的抗拉强度随着焊接速度的增加而逐渐增加,但是焊接速度超过 7 mm/s 后,其焊接接头的抗拉强度明显下降。当焊接速度超过 8 mm/s 时,焊接接头的抗拉强度急剧下降。所以,焊接时选择适当的焊接速度对焊缝组织的细化可以起到促进作用。但是当焊接速度过大时,可使焊接接头处产生熔合不良,造成焊接接头力学性能严重下降。在研究者给出的试验条件下,AM50 镁合金母材的抗拉强度为 236 MPa,而焊接接头的抗拉强度稍低于母材,达到母材抗拉强度的 72.1%。

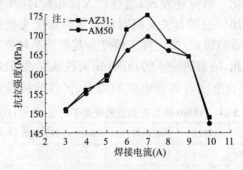

图 2-62　抗拉强度与焊接速度的关系

研究断裂试验发现,试样断裂多发生在热影响区附近,分析认为这与热影响区的晶粒粗大和接头的应力集中等因素有关。影响焊接接头力学性能的主要原因有以下两个方面:

(1)焊接热输入。焊接热输入的变化必然影响到焊接接头组织的晶粒度和热影响区的宽度。当焊接热输入较大时,熔池中液态金属高温停留时间延长,接头晶粒严重长大,不利于焊缝力学性能的提高。另外,由于焊接热输入增大可能造成镁合金强化相脱溶析出,使之失去共格联系从而失去了强化作用。焊接热输入过小时,熔池中液态金属停留时间过短,易造成未焊透、咬边等焊接缺陷,也降低了接头的机械力学性能。

(2)镁合金的物理性质。由于镁的沸点较低(1 100℃),随着热输入增加,液态金属在电弧高温停留时间长,镁元素的氧化、蒸发问题严重,因此影响焊接接头性能的提高。

因此,在焊接镁合金时,应注意选择合适的焊接规范,即保证在焊透的前提下,尽可能选择小的焊接热输入,提高焊接速度,改善焊接接头质量。

从研究者对焊接接头硬度的分析看(见表 2-24),AM50 镁合金焊接接头的最大硬度出现在母材上,焊缝和热影响区的硬度略低于母材。这种焊接接头的"不等强性",说明焊接接头发生了某种程度的软化。研究还发现,当热输入减小时,接头处各部位硬度均有所增加。根据有关文献对镁合金焊接接头硬度与平均晶粒直径的关系的研究,发现接头硬度与其平均晶粒直径的平方根成反比。因此,随着热输入的降低,接头各部位的晶粒变细,硬度增加。

表 2-24　AM50 接头各部位的硬度平均值(单位:HB)

序号	热输入	母材(左)	热影响区(左)	焊缝	热影响区(右)	母材(右)
1	151.11	70	68	62	66	72
2	167.90	70	65	60	62	71

综合焊接工艺参数对焊缝成型性和力学性能两方面的因素，研究者确定的最佳焊接规范见表 2-25。其中喷嘴直径、钨极直径由母材厚度决定。为了充分发挥交流 TIG 焊的阴极雾化作用，电弧长度应控制在 3 mm 以下。

表 2-25 最佳焊接工艺参数

参数	焊接电流(A)	焊接速度($mm \cdot s^{-1}$)	气流量($L \cdot min^{-1}$)	喷嘴直径(mm)	钨极直径(mm)	电弧长度(mm)
取值	80～100	6～8	6～9	8.5	2	1.5～3

十二、如何进行 AM60 变形镁合金薄板的激光焊接？

AM 系镁合金由于含铝量较低，使合金中含铝的二次化合物相的析出量减少，虽然强度有所降低，但具有优良的塑性和韧性。常用的合金有 AM50 和 AM60，代替 AZ91 合金用于要求较高塑性、韧性和耐蚀性的场合，制作经受冲击载荷、安全性能要求较高的零部件。目前，其应用主要集中在汽车仪表板、转向操纵系统部件、汽车座架等方面。随着 AM 系列镁合金在零部件中应用范围的扩大，解决其焊接问题变得日趋重要。那么，如何对 AM 系镁合金进行焊接才能获得其可靠的焊接接头呢？某高校研究者针对 AM60 变形镁合金，采用 CO_2 激光焊对其进行焊接，研究了 CO_2 激光焊接 AM60 变形镁合金的工艺特点，并对其焊接接头的微观组织及力学性能进行了分析。

焊接采用经挤压轧制加工而成的 AM60 镁合金 1.6 mm 薄板对接方式，AM60 镁合金的化学成分见表 2-26，该板的抗拉强度为 330 MPa。焊前采用线切割技术将板材加工成 50 mm×30 mm 的长方形片状试件，采用丙酮去除油脂，干燥后分别用砂纸和钢丝刷去除氧化膜，保护气体用纯度为 99.99% 的高纯氩气，焊接设备采用 GS-TFL-6 000 W 高功率横流 CO_2 激光器。焊接过程中不加填充焊丝，单面焊双面成型。为防止焊件变形，焊件两端采用夹具固定。

表 2-26 AM60 镁合金化学成分

化学成分	Al	Mn	Zn	Si	Cu	其他	Mg
质量分数(%)	5.6～6.4	0.26～0.50	0.26～0.50	0.05	0.008	0.01	余量

焊后 AM60 镁合金焊缝上、下表面的宏观形貌如图 2-63(a)所示。由图可见,AM60 镁合金焊缝平整,鱼鳞状波纹均匀,表面无气孔、裂纹等缺陷,接头变形小。接头横截面的宏观形貌如图 2-63(b)所示。由图可见,焊缝狭窄,深宽比大,顶部与根部成型良好,形状呈典型的"手指"状。"手指"状截面的出现是由于激光束能量密度高,焊接过程中热输入小,对材料的加热比较集中造成的。

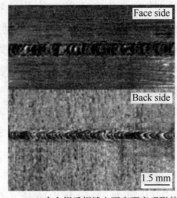
(a) AM60合金焊后焊缝上下表面宏观形貌

(b) 接上横截面宏观形貌

图 2-63 焊接接头的形貌

焊后接头各区域的显微组织如图 2-64 所示。由图 2-64(a)所见,母材为典型的轧制态组织,晶粒不均匀,在较大的条带状组织周围分布着细小的再结晶组织;图 2-64(b)的焊接接头中的热影响区不明显,几乎看不到近缝区组织的变化,这也是由于激光能量高度集中,焊接时所需要的热输入小,激光与材料的作用时间短所致;观察如图 2-64(c)所示的焊缝区,可见细小的等轴晶和晶界上均匀地分布着颗粒状的析出相,这也得益于激光焊接速度快,镁合金热导率大,熔化后的焊缝金属冷却速度快,使晶粒得到了细化,再加上晶粒细化元素铝等的存在也限制了晶粒的长大。因此,采用激光焊接 AM60 镁合金可以获得质量较高的焊接接头。

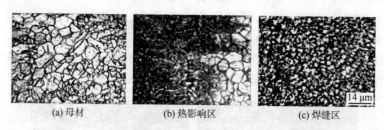

(a) 母材　　　　(b) 热影响区　　　　(c) 焊缝区

图 2-64　焊接接头的显微组织

但激光焊接 AM60 镁合金过程中也会产生焊接缺陷。如图 2-65 所示,金相试验中观察到气孔和焊缝结晶裂纹等缺陷。目前普遍认为焊缝中气孔的形成与焊缝中的氢有关。因为高温时氢在镁中的溶解度很高,镁熔液可以吸收大量的氢,在焊后的冷却过程中,随着温度的降低,氢在熔池中的溶解度急剧下降,并且镁的密度比铝小,析出的气体不易逸出,因而容易在焊缝中形成气孔。焊接中避免气孔的产生,焊接前主要应做好焊件的清理和烘干工作。

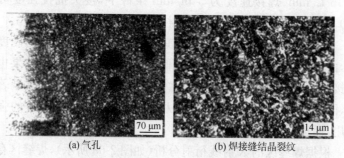

(a) 气孔　　　　　　(b) 焊接缝结晶裂纹

图 2-65　金相试验中观察到的焊缝缺陷

焊缝中结晶裂纹的产生,一方面与激光焊接速度快,焊缝内部的应力增加有关;另一方面也与合金的性质和激光焊焊接接头

· 119 ·

的微观结构有关。AM60属共晶型合金,在焊接条件下的非平衡凝固过程中晶界存在易熔共晶体。虽然焊缝区的晶粒得到了明显细化,但由于脆性相在晶界的析出,容易造成脆性相连续分布,同时焊缝中还常常存在如上所述的缺陷,而接头中不存在明显的晶粒粗化的热影响区,所以焊缝区成了接头强度的薄弱地带,拉伸断裂容易发生在此位置,且断口一般表现为混合断口形式(如图 2-66 所示),局部存在韧窝形貌。这主要与激光焊接头的微观结构有关。

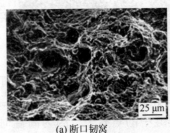 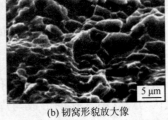

(a) 断口韧窝 　　　　　　　(b) 韧窝形貌放大像

图 2-66　断口表面的扫描电镜照片

将焊后的试样上、下表面磨平去除焊缝余高,进行常温拉伸试验。结果表明,在激光输出功率为 0.8 kW、保护气体氩气流量为 15 L/min、焊接速度为 3 m/min 条件下,接头抗拉强度可达 310 MPa,接头抗拉强度达到母材的 94%。

硬度试验表明,AM60变形镁合金焊接接头中焊缝的硬度较高,由焊缝到母材的硬度逐渐降低,如图 2-67 所示。此结果也与焊接接头的组织特征有关。焊缝与母材组织相比,晶粒显著细化,同时在晶界有颗粒状的析出相析出,从而起到了明显的强化作用,而近缝区组织无明显变化。

根据焊缝区的 X 射线衍射分析(如图 2-68 所示),焊缝区存在 α-Mg 和 $Mg_{17}Al_{12}$ 两种衍射峰,由于 AM60 合金中铝元素含量较少,相应生成的 $Mg_{17}Al_{12}$ 化合物较少,导致 $Mg_{17}Al_{12}$ 衍射峰较弱。从理论上来说,在平衡凝固过程中,温度为 710K 时铝在镁固溶体

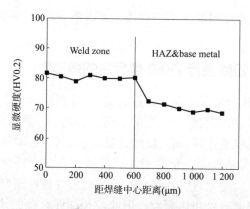

图 2-67 焊接接头显微硬度分布

中的最大固溶度为 12.6%,如铝含量较低则不会结晶出化合物相 $Mg_{17}Al_{12}$。但在焊接过程中,冷却速度快,呈现非平衡凝固,即使是少量的铝元素存在也会结晶出 $Mg_{17}Al_{12}$。由于 $Mg_{17}Al_{12}$ 熔点较低,在冷却过程中往往以颗粒状的形式偏析于晶界,其结果与图 2-64(c)所示得到的微观组织形貌相吻合。

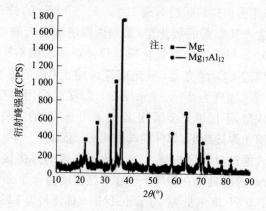

图 2-68 焊缝区的 X 射线衍射谱

由此可见,采用 CO_2 激光焊可以实现 AM60 镁合金的焊接,得到的焊接接头变形小,焊缝上、下表面平整,焊接波纹均匀美观。焊接过程中只要采用的焊接工艺参数合适,可获得高强度的焊接接头。

十三、如何进行 ZK60 镁合金的焊接?

ZK60 镁合金属于镁锌锆系合金,是变形镁合金中强度最高、综合性能最好、应用最为广泛的结构合金之一。其中锆是镁合金最有效的晶粒细化剂,加入质量分数为 0.2%～0.3%的锆能显著细化晶粒,明显改善合金的塑性。但随着合金中锌含量的增加,结晶温度区间变宽,热裂倾向增大,从而使焊接性能变差,熔焊时容易形成显微疏松和热裂纹。因此,ZK60 镁合金的 焊接是焊接中的难点。为探讨 ZK60 镁合金的焊接特性,有研究者采用 CO_2 激光焊对高强度 ZK60 镁合金进行了焊接,研究了焊接接头各区域的显微组织和焊缝的相组成与力学性能之间的关系。

试验材料采用经挤压、轧制加工而成的 ZK60 镁合金 2 mm 薄板,其名义化学成分:Zn 的质量分数为 5.5%,Zr 的质量分数为 0.45%,其余为 Mg,板材的抗拉强度为 355 MPa,伸长率为 9.6%。采用剪板机将板材剪成 120 mm×50 mm 的长方形试样,用钢丝刷去除其表面的氧化层;采用丙酮清洗表面的油脂,干燥后分别用砂布和钢刷去除氧化膜。焊接设备采用 GS-TFIJ-skw 型高功率横流 CO_2 激光器,激光束连续输出(激光功率为 80～1 200 W,焊接速度为 2～3.5 m/min),焊接时采用对接接头,单面焊双面成型,不加填充金属,正反面采用 9.9%的高纯氢气进行保护。为防止焊接变形,焊件两端采用夹具固定。

研究者通过对不同焊接工艺参数下形成的焊接接头进行拉伸试验发现,拉断处都在焊缝上。在焊接速度为 3.5 m/min、激光功率为 1 200 W,离焦量为 -1 mm、保护气体流量为 12～15 L/min 条件下,接头试样的最高抗拉强度达到了 315 MPa,抗拉强度为母材强度的 88.7%,试样的抗拉强度平均值最高达 81.1 MPa,抗拉强度为母材的 81.1%。另外,在此工艺参数下,焊缝区的平均硬度为 66 HV,稍低于母材的 72 HV。整体来说,当焊接线能量(即激光功率与焊接速度的比值)在 2.0～2.4 J/m 范围内变化时,接头的平均抗拉强度可达母材的 80%以上,可以成功地实现 ZK60 镁合金的激光焊接。

从焊接接头的宏观形貌看(如图 2-69 所示),焊缝正面由于没有加填充金属,出现了一定的凹陷,背面的鱼鳞状波纹连续均匀、成型美观,无气孔、裂纹、未熔合等表面缺陷存在。从焊缝界面看,其焊缝狭窄,深宽比较大(约为 2∶1),焊缝横截面的上部较宽,中部和下部宽度比较均匀,顶部与根部成型良好,但焊缝内部出现了气孔。较大的深宽比是由激光焊的模式决定的。当高能量密度的激光到达镁合金表面时,可使其温度迅速升高到气化温度以上,从而形成小孔,这样几乎所有的能量就可以传到工件上,使小孔逐步向下扩展,从而获得深宽比大的焊缝。气孔产生的原因主要与焊接材料和气氛中的氢有关,防止焊接中气孔的产生可以通过限制氢的来源进行控制。

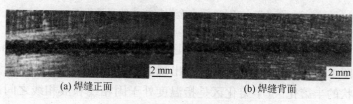

(a) 焊缝正面　　　　　　　(b) 焊缝背面

图 2-69　焊接接头的表面形貌

ZK60 镁合金 CO_2 激光焊的焊接接头明显分为母材、半熔化区和焊缝三个区域,如图 2-70 所示。其中,母材为典型的轧制态组织,晶粒大小不均匀,沿着轧制方向被拉长,在较大的条带状组织周围分布着细小的再结晶晶粒。条带状组织与再结晶晶粒的形成是因为镁合金是在加热的状态下进行轧制,且镁及其合金较易发生再结晶(纯镁的再结晶温度为 423 K)所致。而图 2-70 中左侧母材组织经历了焊接热循环,其区域相当于接近半熔化区的区域,所以晶粒变为了粗大的等轴晶。由有关文献可知,镁合金热轧薄板经退火后的组织为细小的等轴晶,原先热轧组织中的孪晶和畸变的晶粒完全消失,存在于热轧组织中处于畸变晶粒晶界间的微小晶粒长大,使得整个区域的晶粒尺寸趋于一致,因此其较热轧组织更为均匀。而焊接过程对近焊缝区固态金属的热循环作用与退火工艺类似,可以使材料的再结晶程度明显提高。因此,图 2-70 所见的母材等轴晶区实际为接头的热影响区,其宽度大约为 4~5 mm。

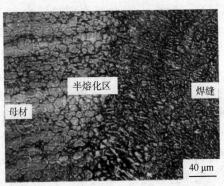

图 2-70　ZK60 镁合金焊接接头的显微组织

ZK60 镁合金焊接接头不同区域的显微组织如图 2-71 所示。由图可见,焊缝区与母材区之间出现了明显的部分晶粒熔化的窄条状的半熔化区(半熔化区是指温度处于固相线和液相线之间的区域),在此区域将会存在固液两相并存的现象。这是由于 ZK60 镁合金的固、液相线温度范围较宽(420 ℃~640 ℃),致使热影响区的金属在焊接热循环过程中有较宽的区域处于固、液相温度之间而出现半熔化状态,在图 2-71(b)上可以更清晰地看到半熔化区的晶界液化现象。另外,在靠近母材的焊缝一侧,晶粒明显的依附在固/液界面处的未熔化晶粒表面向焊缝中心呈现出外延生长。由图 2-71(C)可见,焊缝中心组织比较均匀,呈典型的等轴树枝晶,无气孔和裂纹等缺陷。ZK60 镁合金的导热系数大,散热快,激光焊能量高度集中,焊接热输入小,因此促进了焊缝区金属的快速凝固,使晶粒得到了细化。由图 2-71(d)还可以看到,在焊缝金属中出现了大量的母材中没有的白色析出相颗粒,均匀分布在焊缝金属熔化以后的重新结晶区域上。

图 2-71 ZK60 镁合金焊接接头不同区域的显微组织

理论上,根据镁-锌二元相图,平衡结晶(340 ℃)时发生共晶反应 L→α-Mg+Mg_7Zn_3,Mg_7Zn_3 属于亚稳相,在随后的冷却过程中会分解成 α-Mg 和 MgZn 相。另外,研究者在焊缝的 XRD 谱中还发现了较强的 $MgZn_2$ 峰(如图 2-72 所示)。根据相图与分析可知,只有当锌在镁中的质量分数达到 83.9% 时才会形成 $MgZn_2$,而 ZK60 镁合金的锌含量远远低于该水平,似乎不会形成 $MgZn_2$。但 $MgZn_2$ 是镁锌系中最稳定的化合物,同时在 $MgZn_2$ 相形成过程中,在凝固后期残余液相被周围的固相所封住,锌原子不断地被排入这部分液相中,锌原子的浓度不断升高,在升高过程中首先要达到共晶点的浓度,但可能此时温度还没有降到共晶温度,所以不发生共晶反应,最终使锌原子的浓度达到 $MgZn_2$ 的浓度,随后的冷却过程中会分解成 α-Mg 和 MgZn 相。另外,在温度降到 588℃ 时则可能形成 $MgZn_2$。

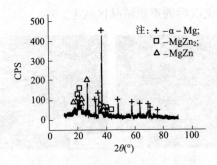

图 2-72 ZK60 镁合金焊缝的 XRD 谱

根据以上研究可见,利用 CO_2 激光焊可以成功实现 ZK60 镁合金薄板的焊接,焊接接头分为母材、半熔化区及焊缝。在焊缝的晶界和晶粒内部存在大量的母材中没有的颗粒状 MgZn 与 $MgZn_2$ 析出相。ZK60 镁合金激光焊接接头的焊缝成型良好,焊缝狭窄,焊缝区为细小的等轴晶组织,焊接接头的抗拉强度可达到母材强度的 81.1%,焊缝硬度略低于母材,为 66 HV。

十四、如何进行 ZK60-Gd 镁合金的搅拌摩擦焊?

在 Mg-Zn-Zr 系合金中,ZK60 镁合金因其综合性能较好成为当前研究的热点。ZK60-Gd 镁合金是一种添加了稀土元素 Gd 的镁合金。为改善 ZK60 镁合金的力学性能,扩展其应用领域,许多研究者针对 ZK60 镁合金进行不同焊接方法的研究。其中,搅拌摩擦焊(FSW)以其母材不熔化,接头区金属呈塑性状态,在压力作用下重新结合,所得到的组织相当于锻造组织,可得到与母材强度几乎相等的接头,不存在熔焊焊接的各种缺陷等优点备受注目。例如,某科研单位的研究者以挤压态 ZK60-Gd 镁合金为试验材料,通过改变搅拌头的转动速度和焊接速度,研究了搅拌摩擦焊接参数对接头的微观组织及力学性能的影响,以期进一步扩大 ZK60-Gd 镁合金在工程上的应用范围。

试验用 ZK60-Gd 镁合金的化学成分见表 2-27,搅拌摩擦焊试验在 FSW-3Lm-4012 研究型搅拌摩擦焊机上进行。焊接前用砂纸打磨试件表面以除去铣痕、氧化皮及油污等，并用丙酮对其进行清洗。将试件固定后，按照试验方案预先设定好旋转速度、焊接速度、轴肩下压量等工艺参数，然后运行程序进行焊接。

表 2-27   ZK60-Gd 镁合金的化学成分

元素	Al	Zn	Mn	Zr	Gd	Mg
含量 $w/\%$	0.05	6.0	0.10	0.87	0.95	余量

通过大量试验发现，ZK60-Gd 镁合金在焊接速度为 120～240 mm/min、搅拌头转速为 900～1 350 r/min 时，可得到表面比较平整光滑、无明显飞边、沟槽、未焊合等缺陷的焊接接头，焊缝背面焊合良好，没有出现凹陷、"吻接"等现象。当焊速为 120 mm/min 时，若搅拌头的转速低于 750 r/min，焊缝表面则会出现沟槽；若转速高于 1 400 r/min 时，焊缝局部会产生熔化现象。焊缝沟槽的出现主要是由于热输入量不够，焊缝区金属不能完全塑化，致使焊接过程类似于加工切削过程；焊缝局部产生熔化主要是由于热输入量过大而导致焊缝金属熔化。不同焊接参数下镁合金 ZK60-Gd 焊接接头的宏观形貌如图 2-73 所示。

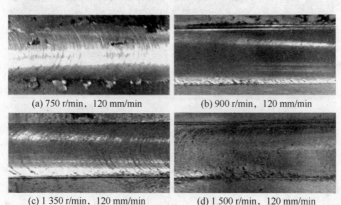

(a) 750 r/min，120 mm/min   (b) 900 r/min，120 mm/min

(c) 1 350 r/min，120 mm/min   (d) 1 500 r/min，120 mm/min

图 2-73   不同焊接参数下 ZK60-Gd 镁合金搅拌摩擦焊接接头的宏观形貌

旋转速度为 1 200 r/min、焊接速度为 240 mm/min 的焊接参数下试件各个区域的微观组织如图 2-74 所示。由图可见，母材区具有典型的挤压组织特征,而热影响区由于只受到热循环的影响而无机械力的作用,故晶粒未发生塑性变形,只是随温度的升高而略有增大,并且各部分形成的晶粒大小不一致,但基本保持了原始晶粒的挤压组织特征。但在热机械影响区中,新的再结晶晶粒在被拉长的原始晶粒的晶界处形核,并逐渐取代原始晶粒,过渡为焊核区的组织。由于搅拌头的搅拌作用,与热影响区和热机械影响区相比,焊核区组织中已看不到大颗粒的第二相粒子,第二相粒子呈弥散分布,晶粒极为细小均匀。

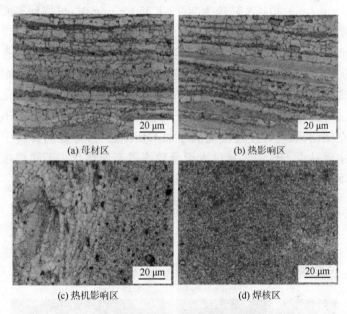

图 2-74 焊接头各区域的微观组织

搅拌摩擦焊接 ZK60-Gd 镁合金沿焊接接头横截面中线的显微硬度分布如图 2-75 所示。由图可见,各个焊接参数下接头的硬度值的变化趋势基本一致。在焊接接头中,焊核区的硬度最高,热影响区的硬度最低。从图 2-75 中还可以看出,以不同参数焊接时,焊核区的硬度比较接近,最高硬度区即焊核区的宽度略有不同,在旋转速度为 1 200 r/min 和焊接速度为 300 mm/min 时,焊核区的宽度最窄,这是由于在该焊接参数下热输入量较少的缘故。

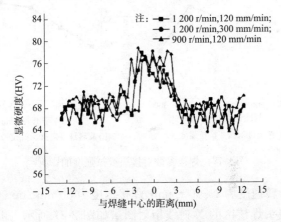

图 2-75　不同参数下焊缝的显微硬度分布

根据研究者在搅拌头旋转速度为 1 200 r/min 时的搅拌摩擦焊试验,焊接速度对接头抗拉强度影响如图 2-76 所示。在搅拌摩擦焊接过程中,由于接头的抗拉强度随着焊接速度的增大而减小。因此,焊接速度为 240 mm/min 的接头抗拉强度高于其他焊接速度的接头抗拉强度。当焊接速度达到 300 mm/min 后,接头由于存在孔洞型缺陷,导致在拉伸试验过程中出现应力集中,成为裂纹源,并使接头有效承载面积减小,因此其抗拉强度最低。当焊接速度一定时,接头处的热输入量会随搅拌头旋转速度的增大而增加,焊接接头的抗拉强度是随搅拌头旋转速度的增大而增大的。但搅拌头的旋转速度过高,所产生的热量会使焊接区内的温度在一定值保持较长的时间,使焊核区的晶粒有足够时间长大,形成粗大组织,这些粗大组织会导致接头的抗拉强度严重下降。

经过工艺优化,在旋转速度为 1 350 r/min、焊接速度为 240 mm/min 时,得到的焊接接头的抗拉强度较高(283 MPa),而挤压态 ZK60-Gd 镁合金的抗拉强度为 325 MPa。由此可见,焊接接头的抗拉强度可达母材的 87.08%。

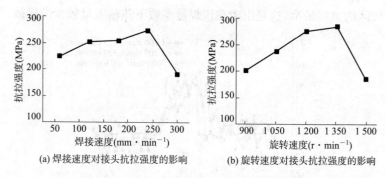

(a) 焊接速度对接头抗拉强度的影响　　(b) 旋转速度对接头抗拉强度的影响

图 2-76　焊接参数对接头抗拉强度的影响

在旋转速度为 1 200 r/min、焊接速度为 60 mm/min 焊接时，母材和接头焊核区的 X 射线衍射图谱如图 2-77 所示。由于母材为挤压组织，其相组成主要为 α-Mg 固溶体相、Mg-Zn-Gd 相以及 $MgZn_2$ 相，如图 2-77(a)所示；经过搅拌摩擦焊后，焊核区仍然存在 Mg-Zn-Gd 相的衍射峰，但 $MgZn_2$ 相的衍射峰完全消失，如图 2-77(b)所示。根据研究者分析，在热输入量较大的情况下，接头中的 $MgZn_2$ 可完全固溶进 α-Mg 固溶体而对 Mg-Zn-Gd 相没有影响，并且在焊接过程中也没有新的相形成，接头的相组成主要为 α-Mg 相固溶体和 Mg-Zn-Gd 相。

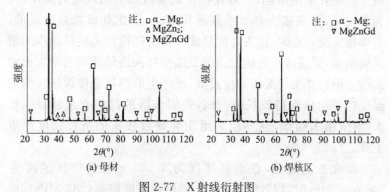

(a) 母材　　(b) 焊核区

图 2-77　X 射线衍射图

ZK60-Gd 镁合金在添加了 Gd 后，形成了一种由 Gd、Mg 和 Zn 组成的三元相(Mg-Zn-Gd)，受挤压时，由于 Mg-Zn-Gd 相的熔点较高(为 510.85 ℃),因此在热挤压过程中只会诱导母材发生动态再结晶形成细小晶粒并弥散地分布在基体中而不会发生溶解;但 $MgZn_2$ 相的熔点较低,在热挤压过程中会部分溶入基体,只剩下少量比较粗大的 $MgZn_2$ 相,如图 2-78(a)所示。当对 ZK60-Gd 镁合金进行搅拌摩擦焊接时,同样由于 Mg-Zn-Gd 相属于高温相,强烈的搅拌和热作用也只会使得 Mg-Zn-Gd 相被破碎,并呈弥散分布;而少量粗大熔点较低的 $MgZn_2$ 相已几乎完全消失,溶入固溶体中,如图 2-78(b)所示。

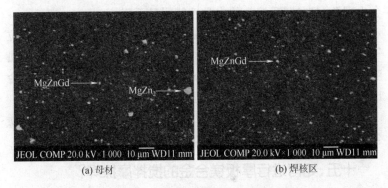

(a) 母材　　　　　　　　　(b) 焊核区

图 2-78　ZK60-Gd 镁合金微观组织

根据研究者的试验与分析,焊核区的硬度主要受两方面因素控制:一方面是颗粒弥散强化导致的硬度增加;另一方面是再结晶导致的软化作用。对于 ZK60-Gd 镁合金而言,颗粒弥散强化导致硬度增加的因素占主导地位。在搅拌摩擦焊接过程中,一方面发生动态再结晶;另一方面高温 Mg-Zn-Gd 相在焊接时并不会溶解而是更加弥散地分布在基体中,使其硬度增加,因而焊核区的硬度高于母材。细小的 Mg-Zn-Gd 相产生的弥散强化作用以及晶粒尺寸大小是影响其力学性能的主导因素。

在搅拌摩擦焊焊接过程中,焊核区 Mg-Zn-Gd 相的变化不明显,但是晶粒得到了明显细化;热影响区由于受到循环热的作用,晶粒较母材粗大,根据 Hall-Petch 关系,热影响区为焊接接头力学性能最薄弱的环节。根据研究者的焊接试验,接头的强度和延伸率与母材相比均有所降低；接头断裂的位置均出现在热影响区，并且最大剪切力是在与拉伸方向呈 45°角分布的基面处发生。但由于接头的热影响区在循环热的作用下晶粒有所长大，因此热影响区的抗拉强度及延伸率均较母材有所降低。

通过试验也可发现，改变焊接速度可改变热影响区的性能。例如，当焊接速度增大时，焊件得到的热输入量降低，热影响区受到循环热的影响也逐渐降低，晶粒长大的效应也降低，所以抗拉强度会有所提高。但当焊接速度过大时，焊缝由于熔合能力下降会出现孔洞型缺陷，接头的力学性能明显下降。

搅拌头转速增大时，虽热输入量增大，但搅拌头对第二相粒子的破坏效应明显增加，第二相粒子分布更加弥散，因此抗拉强度提高，但当搅拌头转速过大时，由于热输入量过大，焊缝组织会出现过烧现象，导致接头的抗拉强度明显降低。

由以上研究可见，采用搅拌摩擦焊可以成功地焊接 ZK60-Gd 镁合金，尤其是焊接工艺参数合适时，可以获得质量较高的焊接接头。

十五、如何进行厚板镁合金的搅拌摩擦焊？

搅拌摩擦焊（FSW）属于固相焊接，其接头不会产生裂纹、气孔及合金元素的烧损等与熔化有关的焊接缺陷，焊接过程中无需填充材料、保护气体，焊接前无需进行复杂的处理工作，焊接所需能量仅为传统焊接方法的 $1/15 \sim 1/5$，焊接过程中无弧光辐射、烟尘和飞溅，噪声低，是一种高质量、低成本的"绿色焊接方法"。

厚板镁合金由于其厚度大、线膨胀系数大、熔点低、导热率大等特点，在焊接过程中会出现氧化燃烧、气孔、裂纹、热影响区宽和焊后变形大等问题，难以获得与母材性能相匹配的焊接接头，因此焊接时宜优先选用 FSW 法。例如，某科研单位已就 20 mm 厚的 AZ31 及 AZ41 镁合金板成功利用 FSW 获得了优质接头，本节根据该研究单位的搅拌摩擦焊实例，介绍其焊接工艺技术及热处理对其接头组织性能的影响。

试验采用规格为 300 mm×150 mm×20 mm 的 H112 态

AZ31镁合金厚板,其化学成分见表2-28。搅拌头材料为H13钢,其硬度在45 HRC以上。其搅拌头的轴肩直径为30 mm,搅拌针直径为10 mm,针长度为19.8 mm。搅拌头的旋转速度为600 r/min,焊接速度为60 mm/min。焊后对焊接接头试样进行去应力退火处理,热处理制度为:分别在150 ℃、200 ℃、260 ℃、360 ℃的温度下保温1 h后,空冷。

表2-28　AZ31B(H112)镁合金板材的化学成分

化学成分	Al	Zn	Mn	Si	Fe	Ca	Cu	Ni	Mg
质量分数(%)	2.5~3.5	0.6~1.4	0.2~1.0	≤0.08	≤0.003	≤0.04	≤0.01	≤0.001	余量

焊后宏观形貌如图2-79所示,焊缝表面成型良好,焊接试样未见气孔、夹杂等低倍缺陷,焊缝根部未出现弱连接。焊缝晶粒度级别为7级,热机影响区(后退侧)晶粒度级别为7.5级,母材晶粒度级别为8级。

(a) 焊缝表面形貌　　　　　(b) 焊缝侧面形貌

图2-79　焊缝宏观形貌图

搅拌焊接头组织一般分为4个区域:Ⅰ区域为焊核区(SZ),Ⅱ区域为热机影响区(TMAZ),Ⅲ区域为热影响区(HAZ),Ⅳ区域为母材区(BZ),具体如图2-80所示。

图2-80　焊接接头宏观组织示意图

在 AZ31 镁合金厚板 FSW 焊接过程中，母材不但受到轴肩的下压力和移动摩擦力，而且还受到搅拌针的高速旋转摩擦力和剪切力，使母材组织原始粗大的吸热过程和散热过程都很快，晶粒来不及长大，于是在受力最为复杂、剧烈的 SZ 形成细小均匀的等轴晶。TMAZ 是在搅拌针和轴肩的同时作用下使母材不同程度的塑性变形，晶粒沿着搅拌针的旋转方向被拉长，TMAZ 虽然也受到了机械和热的相互作用产生塑性变形，但没有 SZ 剧烈，动态再结晶不够充分，晶粒相对较粗大、不均匀，应力集中严重，从而导致该区为焊接接头最薄弱的部分。HAZ 未受到搅拌针的机械搅拌作用和热塑性变形，只受到了焊接过程中的热循环作用，晶粒大小不一，AZ31 镁合金厚板 FSW 接头各区域微观组织如图 2-81 所示。

图 2-81

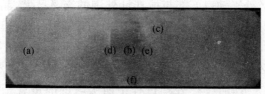

(g) 焊缝宏观形貌

图 2-81 AZ31B 搅拌摩擦焊接头组织

为了解 AZ31 镁合金厚板 FSW 焊接接头的硬度分布,从前进侧母材开始,贯穿整个焊缝,到后退侧母材为止,对试样进行了显微硬度测量。测量时,每隔 1 mm 测一点,共测 20 点,左侧端部和右侧端部母材各打 1 个点,硬度结果如图 2-82 所示。由图可见,焊缝截面上的硬度分布比较均匀。

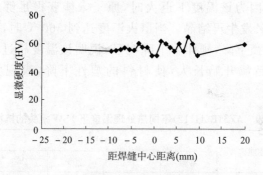

图 2-82 AZ31B 搅拌摩擦焊接头截面显微硬度(常温)

对其在不同退火温度下焊接接头的微观组织进行分析发现,热处理后 SZ 和 TMAZ 的晶粒尺寸相差较大,TMAZ 的晶粒明显要大于 SZ。随着退火温度的升高,SZ 区域晶粒开始逐渐增大,并且在局部出现了很多细小的晶粒,这说明该区域已经开始发生再结晶。但是由于温度较低,再结晶进行的比较缓慢。当退火温度为 260 ℃时,SZ 的晶粒迅速长大,整体基本趋于一致、均匀化,局部细小的晶粒已经长大,基本连成一片,这说明再结晶已基本完成。对于 TMAZ 区域组织晶粒增加相对焊核区较少,研究者认为:TMAZ处于轴肩下部与搅拌针外围的交叉区域,晶粒搅拌破碎不充分、组织不均匀,由此所产生的残余应力和加工硬化相对比较严重,因此热处理过程中消除这部分所消耗的能量要比 SZ 多;TMAZ虽然也受到了高温塑性变形,但没有 SZ 剧烈,动态再结晶不够充分,后续热处理过程中所吸收的能量有一部分先是用于再结晶,然后才是晶粒的长大。而 SZ 在焊接过程中经历了高温和大应变,发生了剧烈的塑性变形,金属塑性流动好,原始粗大的晶粒被显著破碎,动态再结晶充分,后续热处理过程中所吸收的能量主要用于晶粒的长大,因此 SZ 的晶粒相对较大。

不同退火温度下 FSW 接头的拉伸试验结果见表 2-29。当退火温度低于 260 ℃时,退火温度对接头抗拉强度影响不大,这主要是因为该温度下退火时,原子未能获得足够的活动能力,TMAZ 发生再结晶。当退火温度达到 360 ℃时,接头的力学性能略微下降,延伸率下降明显,说明该温度超过了再结晶温度,且晶粒开始长大,使材料的塑性下降,表现为延伸率下降。

表 2-29　AZ31B(H112)不同热处理温度下 FSW 接头的抗拉强度

接头性能	热处理温度(℃)				
	常温	150	200	260	360
抗拉强度(MPa)	218	215	216	213	201
延伸率(δ_{50})	8.5	8.0	8.0	7.5	5.0

由以上研究结果可见,采用搅拌摩擦焊焊接 20 mm 厚镁合金,焊缝成型良好,焊缝晶粒度级别为 7 级,热机影响区(后退侧)晶粒度级别为 7.5 级,母材晶粒度级别为 8 级。采取不同温度退火后,焊接接头不同区域晶粒的长大速度不同,焊核区晶粒的长大速度大于热机影响区。焊后去应力退火处理温度低于 260 ℃时,对焊接接头的力学性能影响不大。所以,有必要对焊接接头退火时,建议焊后去应力退火处理温度不高于 260 ℃。

十六、如何进行镁合金小孔变极性等离子弧焊接？

小孔变极性等离子弧焊具有很多其他焊接方法所不具有的特点，可有效利用等离子束流所具有的高能量密度、高射流速度、强电弧力的特性，在焊接过程中形成小孔熔池，实现镁、铝合金中厚板单面一次焊双面自由成型。缝焊具有生产效率高、自动化程度高、焊接变形小、质量稳定等优点，而且这种接头不需要开坡口，装配时没有严格的尺寸要求，焊前准备简单，且横向收缩量极小，适于大批量生产。将小孔变极性等离子弧缝焊应用到镁合金焊接中，结合了小孔变极性等离子弧焊和缝焊两种工艺的特点，适用于当前的密集型工业生产。探索镁合金小孔变极性等离子缝焊工艺的特点，分析其焊缝微观组织和力学性能，对镁合金在各行业中的应用以及进一步研究小孔变极性等离子弧焊的工艺特点有着重要的指导意义。例如，某高校研究者采用尺寸为300 mm×120 mm×2.5 mm 的 AZ31B 镁合金板材进行了小孔变极性等离子弧焊接，AZ31B 镁合金化学成分见表 2-30。

表 2-30 AZ31B 镁合金板材化学成分

化学成分	Al	Zn	Mn	Ca	Si	Cu	Ni	Fe	Mg
质量分数（%）	2.5～3.5	0.5～1.5	0.2～0.5	0.04	0.10	0.05	0.005	0.005	余量

所用焊机为双重逆变式变极性等离子焊机，离子气和保护气均为纯度 99.99％的氩气。焊接前应对试件进行充分清理与打磨，除去材料表面氧化膜。焊接接头形式如图 2-83 所示。

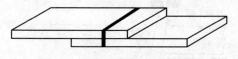

图 2-83 缝焊接头形式示意图

研究者采用表 2-31 所示的焊接工艺参数实现了镁合金板材缝焊的单面一次焊双面成型，良好的焊缝表面和背后成型如图 2-84 所示。

表 2-31 小孔变极性等离子焊接工艺参数

参数	焊接电流 $I(A)$	焊接速度 $v(mm \cdot min^{-1})$	离子气流量 $Q_1(L \cdot min^{-1})$	保护气流量 $Q_2(L \cdot min^{-1})$	喷嘴高度 $L(mm)$
取值	140～170	700～900	2～3	10～15	1～2

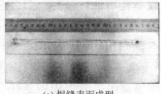
(a) 焊缝表面成型

(b) 焊缝背后成型

图 2-84 小孔变极性等离子弧焊表面和背后成型

从研究者的试验可见，在不填丝的条件下，获得的接头表面成型均匀、连续、狭长、变形小，背后完全熔透且均匀光滑，实现了在不开坡口、不需背面强制成型保护条件下的上下两层板的良好连接。

实质上，当等离子弧作用在焊件表面时，会首先使上层板材的母材熔化并形成熔池，然后在等离子弧吹力的强烈作用下熔化下层板材，并形成一个穿透两层板材的焊接小孔，如图 2-85 所示。焊接小孔吸收等离子弧的能量，热量从这个高温小孔空腔外壁传递出来，使包围着这个空腔的金属熔化，小孔和围着孔壁的熔融金属随着等离子弧的前进向前移动，熔融金属填充着小孔移开后留下的空隙并随之冷凝，形成焊缝。

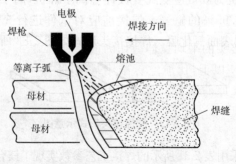

图 2-85 小孔变极性等离子弧缝焊试验示意图

等离子弧具有很高的能量密度,焊接熔深大,适于中厚板材的焊接,一次焊可以穿透上下两层板,使熔融的金属在等离子电弧的作用下经过充分的重熔,这样不仅可以大大降低焊缝中出现缺陷的概率,而且也有利于减小焊缝内的残余应力,改善接头的性能。

实践证明,采用以上工艺,电流等焊接参数的区间较大,避免了等离子弧焊焊接区间窄、不易施焊的缺点。其中,弧长的控制在各参数中对焊接质量的影响占主要地位。改变喷嘴到工件的距离,即改变电弧长度,对保持焊接小孔内部的压力,促使液态金属在电弧作用力、表面张力以及自身重力作用下的成型有较大的影响。当电弧长度较小时,电弧对液态金属熔池的作用力较大,熔池上部熔化的液态金属向焊件背面流动的趋势较大,向正面流动的趋势较小,所得焊缝较窄,但容易出现严重咬边、喷嘴沾黏飞溅物等问题。如果电弧长度较大,电弧作用力下降,穿透能力减弱,无法穿透下层镁板,同时焊缝不容易成型,造成焊缝表面粗糙或小孔不容易闭合等缺陷。通过研究者试验发现,最佳使用的电弧长度应为1～2 mm左右。

如图2-86所示,对镁合金小孔变极性等离子弧缝焊接头进行拉伸剪切力测试,测试结果见表2-32。试验结果表明,接头的断裂位置常发生在上层板的焊缝边缘处,沿母材与焊缝的结合面断裂,与电阻缝焊工艺的剪切试验断裂形式相似。接头的平均拉伸剪切力能达到7.34 kN以上,比航空标准中规定的2.5 mm厚的铝合金点焊的最小拉伸剪切力4.7 kN高出56%。可见,采用小孔变极性等离子弧缝焊工艺可得到高强度接头,这为镁合金构件的广泛应用奠定了基础。

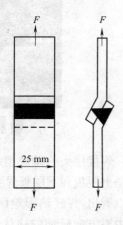

图2-86 拉剪试验示意图

表 2-32 小孔变极性等离子弧缝焊接头拉剪试验结果

试件	断面面积 $S(mm^2)$	断裂时受力 $F(kN)$	断裂位置
1	55	7.54	焊缝
	53	7.49	焊缝
	53	7.24	焊缝
2	58	7.28	焊缝
	55	7.34	焊缝
	50	7.15	焊缝

焊接接头的宏观组织形貌如图 2-87 所示。由图 2-87 可以看出,焊缝上宽下窄,熔合线清晰,表面凹陷较小,焊缝内部无气孔和裂纹等明显缺陷。焊缝上宽下窄的原因主要是因为上层板离热源较近,焊接过程中受等离子弧直接作用,致使熔化的金属量较大,焊缝横截面较宽;下层板是在上层板熔透的条件下受热,受等离子弧作用被穿透,形成的焊缝横截面较窄,略大于焊接小孔的直径。

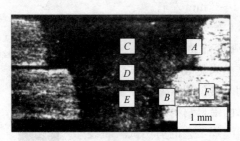

图 2-87 接头宏观组织形貌

焊接接头的微观组织形貌如图 2-88 所示。图中,(a)、(b)分别是上层板和下层板焊缝的过渡区组织,(f)是母材组织。从图中可以看出,焊缝热影响区不明显,在焊缝区边缘只存在少量向焊缝中心方向延伸的柱状晶组织,焊缝区由等轴晶组织组成。沿焊缝深度方向上变化的微观组织如图 2-88(c)～(e)所示。由图可见,焊缝区组织由等轴晶组成,晶粒细小,没有裂纹、气孔等明显缺陷。焊缝底部金属由于在焊接小孔闭合后还要受到等离子弧尾焰的加热(如图 2-85 所示),散热慢,导致晶粒长大,没有焊缝上部的晶粒细小。

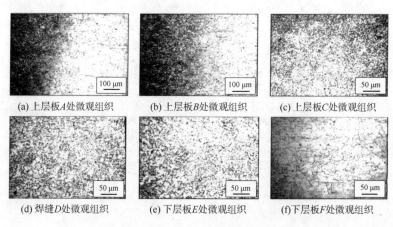

(a) 上层板A处微观组织　　(b) 上层板B处微观组织　　(c) 上层板C处微观组织

(d) 焊缝D处微观组织　　(e) 下层板E处微观组织　　(f) 下层板F处微观组织

图 2-88　小孔变极性等离子弧缝焊焊缝微观组织形貌

对接头的硬度测量可反映出硬度变化与微观组织细微变化之间的关系,如图 2-89 所示。由图 2-89 可见,焊缝的硬度值高于母材,上层板焊缝的硬度高于下层板焊缝的硬度。根据有关文献对镁合金焊接接头硬度与平均晶粒直径关系的研究,接头区的硬度与其平均晶粒直径的平方根成反比。焊缝区金属在等离子电弧的作用下重熔结晶,晶粒相对于母材金属得到了明显的细化,硬度值升高。下层板焊缝的晶粒由于焊接小孔尾焰的作用较上层板焊缝晶粒有一定的长大,导致硬度值略有下降。

由以上研究可见,采用小孔变极性等离子弧缝焊工艺可以实现在不开坡口、不需背面强制成型保护条件下 AZ31B 镁合金板材的良好连接,且接头熔透均匀,熔合线清晰,不存在明显的热影响区,焊缝区主要由细小的等轴晶组成,焊缝的硬度值高于母材,上层板焊缝的硬度高于下层板焊缝的硬度,接头的平均拉伸剪切力能达到 7.3 kN 以上,高于航空标准中常用铝合金电阻点焊的最小拉伸剪切力。

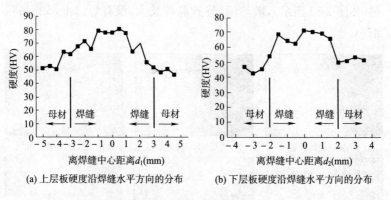

(a) 上层板硬度沿焊缝水平方向的分布　　(b) 下层板硬度沿焊缝水平方向的分布

图 2-89　接头区的硬度分布

第三章 钛合金焊接

钛及钛合金是一种优良的结构材料,具有密度小、比强度高、塑韧性好、耐热耐腐蚀性好、可加工性较好等特点,因此在各行业领域得到了广泛的应用。但钛及钛合金的焊接较难掌握,在工程实践中出现的问题较多,下面针对钛及钛合金的焊接技术进行探讨。

一、如何采用氩弧焊焊接纯钛?

钛是一种银白色的轻金属,无磁性,物理性质见表 3-1。钛在 882 ℃以下为密排六方晶格,称为 α 钛,在 882 ℃以上为体心立方晶格,称为 β 钛。当进行 β→α 相变时,其体积约减小 5.5%,在快速冷却时,会生成针状的 α 钛,称为钛马氏体($α'$),其硬度升高,而塑性降低。

表 3-1 钛与部分常用金属的物理性质

项目	工业纯钛	不锈钢	低碳钢	铝	铜
密度(20 ℃)(kg/m³)	$4.5×10^3$	$7.9×10^3$	$7.85×10^3$	$2.7×10^3$	$8.92×10^3$
熔点(℃)	1 680	1 420	1 530	660	1 083
导热系数(20 ℃)[W/(m·℃)]	15.06	16.32	25.10	200.83	384.10
比热[J/(kg·℃)]	544.28	904.47	920.47	895.78	380.90
电阻系数(Ω·cm)	$47.6×10^{-6}$	$73×10^{-6}$	$10×10^{-6}$	$2.83×10^{-6}$	$1.72×10^{-6}$
线膨胀系数(1/℃)	$8.4×10^{-6}$	$18.5×10^{-6}$	$12.0×10^{-6}$	$24.6×10^{-6}$	$16.6×10^{-6}$
弹性模量(MPa)	$1.085\ 0×10^5$	$2.06×10^5$	$2.1×10^5$	—	—

钛是化学性质活泼的元素之一,在大气及任何含氧气氛中,钛的表面会立即生成一层致密而牢固的氧化膜。因此,钛在许多腐蚀介质中具有良好的耐腐蚀性能。国产工业纯钛的牌号以TA1、TA2、TA3 表示。其中,TA1 的纯度最高。工业纯钛的化学成分和力学性能分别见表 3-2 和表 3-3,国产工业纯钛与部分国外牌号的对照见表 3-4。

表 3-2 工业纯钛的化学成分

牌号	基	杂质含量(%)					
		Fe	Si	C	N	H	O
TA1	Ti	≤0.15	≤0.10	≤0.05	≤0.03	≤0.015	≤0.10
TA2	Ti	≤0.30	≤0.15	≤0.10	≤0.04	≤0.015	≤0.15
TA3	Ti	≤0.30	≤0.15	≤0.10	≤0.04	≤0.015	≤0.15

表 3-3 工业纯钛的力学性能

牌号	20 ℃		300 ℃		400 ℃	
	σ_b(MPa)	δ(%)	σ_b(MPa)	δ(%)	σ_b(MPa)	δ(%)
TA1	300~500	35	200	32	150	25
TA2	450~600	25	230	30	170	22
TA3	550~700	20	320	28	250	18

表 3-4 国产工业纯钛与部分国外牌号对照表

国产纯钛	美国	日本	英国
TA1	Ti-35A ASTM Gr. 1	KS-50 ASTM Gr. 1	IMI115
TA2	Ti-50A ASTM Gr. 2	KS-60 ASTM Gr. 1	IMI125
TA3	Ti-65A ASTM Gr. 3	KS-85 ASTM Gr. 1	IMI135

工业纯钛一般以退火状态供货,其强度不高,不能热处理强化,但其耐腐蚀性能极好。因此,在石油化工、海洋工程及一些电子产品制造厂的耐腐蚀设备和管道中得到了广泛的应用。

由于钛的化学性质活泼,与氮、氢、氧的亲和力大。从理论上讲,一切能够对焊缝和热影响区进行有效保护的焊接方法都可以对其焊接，如氩弧焊、等离子弧焊、真空电子束焊、无氧焊剂埋弧自动焊及电渣焊等。但是，由于工厂主要用钛制作能够承受一定压力的耐腐蚀的石油化工设备，几何尺寸大。因此，目前焊接工业纯钛应用最多的焊接方法是钨极氩弧焊。

采用氩弧焊焊接工业纯钛时，钛在高温下吸收气体能引起焊接接头脆化。钛的化学性质活泼，比锰、铁要活泼得多。在室温下钛比较稳定，但随着温度的升高，钛的活性急剧增强。固态的钛从250 ℃开始即可强烈地吸收氢，从400 ℃开始吸收氧，从600 ℃开始吸收氮。这些气体溶入钛中，使其强度、硬度、脆性增加，而塑性、韧性下降。

焊接钛时，焊接区有害气体的来源主要有以下几种途径：氧气和氮气主要来自焊接区周围的空气；氢气主要是由于母材和焊接材料表面清理不净及保护气体不够纯所致。

一般来说，在焊接工业纯钛的过程不会产生热裂纹。这是因为工业纯钛中的硫、磷、碳、杂质含量少，很少有低熔点共晶在晶界处生成以及钛在凝固时收缩量小。但焊接工业纯钛时有可能产生冷裂纹。裂纹的形态多为横向，而且具有延迟现象。

冷裂纹产生主要有以下原因引起的：一是由于钛的导热性差，热量散失慢，易造成焊缝晶粒粗大，粗大的晶粒结合强度低，在应力作用下容易产生裂纹；二是气体杂质含量对裂纹的产生有很大影响，当气体杂质含量较高时，焊接接头的塑性下降，特别是当焊缝中溶解了较多的氢时，会形成氢脆，致使裂纹产生；三是当冷却速度较快时，焊接接头中的组织有可能产生钛马氏体，当焊接应力较大时，会产生裂纹。

焊接工业纯钛时，常常会在熔合线附近产生气孔。气孔的形成主要是由氢引起的。由于氢在钛中的溶解度随温度的升高而降低。焊接时，熔合线附近的温度高，必然引起氢脱溶而析出。如果焊接区周围气氛中的氢分压高，则熔融金属中的氢不易析出，于是便聚集形成气孔。

从表3-1可知，钛的线膨胀系数小，导热系数也较小，因此焊接钛时,变形并不大。但是一旦发生焊接变形(焊接变形总是不可避免的),采用机械方法校正比较困难。这主要是因为钛的回弹量大,弹性模量小,校正变形时的回弹量与材料的弹性模量成反比所致。

例如,焊接的压力容器钛衬层产生变形,会使衬层与承压壳体间,特别是与球形封头内壁间产生较大的间隙,若不能有效地消除这些间隙,当容器内的压力和温度升高时,有残余变形的部位就可能因变形过大而开裂。

在正常的焊接条件下,氩弧焊焊接钛不会导致其耐蚀性下降,但也有例外。如某单位在生产的尿素设备钛焊缝中,发现其腐蚀的形态多为针孔状。研究表明,此设备存在有焊接缺陷或受污染的部位,使其耐蚀性下降。此外,在钛材及焊缝表面粗糙度较大处,磨损腐蚀也会加剧。

防止焊接缺陷和耐蚀性下降的主要措施有:

(1)严格控制焊接材料的纯度

焊丝中的氧、氮、氢、碳含量要控制在技术条件范围内,最好经过真空退火处理。氩气纯度不得低于 99.99%。

(2)加强保护措施

焊接钛的关键是对加热到 500 ℃ 以上区域的保护问题。因此,不仅要保护焊缝区和电弧区,而且要加强对温度超过 500 ℃ 的焊缝正面和背面区域的保护。其保护效果可以从焊缝及其附近的母材表面的颜色来判断,见表 3-5。

表 3-5 不同温度下钛材表面的颜色及其焊缝质量

焊缝颜色	大约温度(℃)	保护效果	可冷弯角度	焊缝质量
银白色	<400	优	115°	优良
金黄色	400~500	良	71°~88°	优良
蓝色	500~600	尚可	21°~68°	焊缝表面塑性下降
青紫色	600~750	不允许	<20°	焊缝塑性下降,不合格
灰白色	750~900	不允许	0°	焊缝充分氧化,不合格

(3)焊接过程要保持清洁

焊前必须对焊丝和焊件表面认真清理,去除表面的氧化膜、油脂、污物等。清理的方法一般是先采用机械清理,再采用化学清理。机械清理一般可以采用细丝不锈钢刷,而且不要与打磨其他金属的混用,打磨时用力要轻,以免局部温度升高而使其表面氧化。化学清理一般采用丙酮擦拭焊丝和焊接区域的表面。另外,如需采用角向磨光机打磨焊缝,转速要快,砂轮片最好采用砂粒很细的氧化铝型砂轮片,而且不要与打磨其他金属的混用,打磨时用力要轻,以免局部温度升高而使其表面氧化。

(4)正确选择焊接规范

钛的比热和导热系数都较小,焊接时熔池积累的热量多,高温停留时间长,所以焊接接头容易产生过热组织,晶粒粗大,弯曲性能下降,脆性增大。因此,焊接钛时应选用较小的焊接线能量。

(5)焊后酸洗处理

焊后酸洗处理的目的是将焊缝及热影响区表面不同颜色的氧化层去除,使其重新建立完整致密的氧化膜,以保证内部金属不再被氧化。钛焊接后,若保护效果良好,焊缝及焊接热影响区正反表面的颜色应为银白色或金黄色。

对于焊后颜色正常的焊缝和焊接接头可不进行酸洗处理。焊后,若焊接接头有蓝色区域应进行酸洗处理,直到表面呈银白色为止,以保证其焊接接头具有良好的耐腐蚀性能。钛焊后酸洗液的配方及酸洗规范见表3-6。

表3-6 钛酸洗液配方及酸洗规范

序号	酸洗液配方	酸洗规范
1	盐酸25%,氟化钠5%	室温酸洗10~20 min
2	氢氟酸20%,硫酸30%	溶液温度10 ℃~25 ℃ 酸洗5~10 min

采用钨极氩弧焊手工操作,对于要求焊透的对接接头,焊接前一般采用钝边V型坡口,钝边厚度不大于1.5 mm,坡口角度为

70°,间隙 1～2 mm,单面焊双面成型;对于没有要求焊透的对接接头,焊接前一般采用钝边 V 型坡口,钝边厚度不小于 1.5 mm,坡口角度 70°～90°,间隙为零,单面焊,然后在其上加盖盖板焊接角焊缝,以保护要求不焊透的对接接头。

焊接钛时,必须对焊缝正反面的 100 mm 长度及两侧 50 mm 范围内施行有效的保护。为达到良好的保护作用,可以采取的主要措施有改进焊炬喷嘴结构,增加保护拖罩,使焊缝正面得到有效保护;焊缝背面通氩气保护,且要提前通气,滞后停气。

焊接钛选择焊接规范的原则是:尽可能采用小的焊接线能量,选用较小的焊接电流和较快的焊接速度,以避免过热和晶粒长大;为了加大保护范围,在不影响观察的前提下,可以适当加大喷嘴直径;每段焊缝不宜太长。

例如,焊接厚度为 7 mm 的钛平板或大直径钛管,可以采取对接开 V 型坡口,焊接规范见表 3-7。焊接管径为 $\phi 12$～$\phi 60$、厚度为 1～4 mm 的钛管,可以采取对接开 V 型坡口,焊接规范见表 3-8。

表 3-7　钛平板或大直径钛管对接焊接规范

参数	焊接电流 (A)	电弧电压 (V)	钨极直径 (mm)	焊丝直径 (mm)	氩气流量(L/min)		
					焊枪	拖罩	背保护罩
取值	80～120	14～18	2.5	2.5	8～12	20～25	50～80

表 3-8　小直径对接钛管焊接规范

参数	焊接电流 (A)	电弧电压 (V)	钨极直径 (mm)	焊丝直径 (mm)	氩气流量(L/min)	
					焊枪	管内
取值	50～90	14～18	2.5	2～2.5	8～12	20～25

钛焊接后的接头检验也是非常重要的环节。对于压力容器衬里和压力管道的钛焊缝,一般应进行以下焊后检验:焊缝外观检验;焊缝表面颜色检验;渗透着色检验;对全焊透的焊缝进行射线探伤检验;氨渗漏检验。

采取以上各项措施,某集团公司采用氩弧焊成功地焊接了内径为 2 120 mm、基体壁厚为 144 mm、设计压力为 28 MPa、设计温度为 320℃的钛质合成塔和纯钛覆板的回收塔。

二、如何进行工业纯钛 TA2 阀门构件的焊接？

水上排气外舌阀是控制其主机废气排出的单向阀门和通道,舌阀工作环境为热废气和海水的混合介质。在我国同类产品主要采用钢质舌阀,在海水和废气等工件介质影响下存在着较严重的腐蚀现象,影响其使用寿命。考虑钛具有优良的防腐性能,若用来制作舌阀,可以延长舌阀的使用寿命和安全性。因此,研究钛的焊接技术具有十分重要的意义。

1. 钛及其合金焊接特点分析

根据有关资料,钛是较难焊接的金属,其难焊接的原因主要是:

(1)氧、氮、氢、碳等杂质会严重影响钛的力学和耐蚀性能,其生成的化合物严重影响焊接接头的力学性能和耐腐蚀性能。因此,焊接时需对熔池、焊缝及温度超过 300℃ 的热影响区妥善保护。

(2)焊接时,高温区域大、滞留时间长、冷却速度慢,焊缝区易产生粗大晶粒,形成过热组织而使塑性下降;冷却速度较快时,易产生不稳定的脆性 α' 钛（钛马氏体）,同样使焊接接头的塑性下降。因此,在焊接施工中,要严格控制线能量和冷却速度。

(3)在氢饱和残余应力的作用下,可导致焊接接头延迟裂纹的产生,因此钛合金焊接中要采取有效工艺措施防止含氢物质的混入,设法降低焊接残余应力。

(4)钛的弹性模量小,约为低碳钢的一半,焊接变形大;冷变形的回弹能力强,约为不锈钢的 2～3 倍,故使校形困难。因此,焊接钛及钛合金的过程中要采取有效预防焊接变形的措施。

(5)铁的含量对钛的耐腐蚀性能影响很大。铁的存在会在富铁相区与 α 相区建立起自发电池,产生电偶腐蚀,特别是在焊缝和热影响区会产生"优先腐蚀";同时铁污染会导致钛加速吸氢,形成氢致裂纹,造成氢脆破坏。因此,在焊接过程中,要避免铁的污染。

由于钛的可焊性不好,所以在焊接过程中,必须采取有效的技术措施,制定合理的焊接工艺,确保钛合金的焊接质量。

2. 试验用材及性能

例如某产品的水上排气外舌阀采用工业纯钛 TA2 制造,某研究者采用 TA2 板材(8 mm×100 mm×300 mm)按照 GB/T 3621—2007 标准,采用氩弧焊对其进行了焊接。填充材料执行 GB/T 3623—2007 标准,选用 TA2ϕ2 mm 焊丝,保护气体选用纯度不小于 99.999%的高纯 Ar 气,TA2 试板及焊丝的化学成分及性能见表3-9。枪体、跟踪保护拖罩、背面保护装置均采用高纯氩气,各气体气源彼此独立。

表3-9　TA2 板和 TA2 丝的化学成分及力学性能

材料		化学成分中杂质(%)					抗拉强度 σ_b (N/mm^2)
		Fe	C	N	H	O	
试板厚 $t=8$ mm	标准值	≤0.30	≤0.10	≤0.05	≤0.015	≤0.25	440~620
	材质	0.12	0.01	0.019	0.002	0.14	
焊丝直径 $\phi=2$ mm	标准值	≤0.25	≤0.05	≤0.05	≤0.012	≤0.20	—
	材质	0.02	0.010	0.017	0.002	0.13	

3. 气体保护

(1)焊枪

由于钛是一种活性金属,高温下与氧、氮、氢反应速度较快,导热性差,冷却速度慢,高温停留时间长,工业生产中常用的手工 TIG 焊枪枪体本身的气体稳定性较差和喷嘴口径较小,很难保证钛的焊接接头质量。所以,焊接钛必须采用有分子气筛(气体透镜)的专用焊枪。

(2)跟踪保护拖罩

据有关试验,钛在空气中加热后,其氧化物和相应的色彩表示如图3-1所示。

| 银白色 | 金黄色 | 普鲁士蓝 | 蔚蓝色 | 紫色 | 灰白色 | 灰色 |
100 —— 200 —— 300 —— 400 —— 500 —— 600 —— 700 —— 800 —— 900 (℃)
Ti | TiO~TiO₁₉ | TiO₂(金红石型)

图 3-1 钛加热后氧化物和相应色彩

钛及钛合金焊接时,必须使熔融金属及热影响区得到良好的保护,温度控制在 300 ℃以下。由于普通焊枪焊接钛,喷嘴已不足以保护焊缝区高温金属。因此,焊接时需要在焊炬的后面附加拖罩,以保护焊缝及热影响区。但附加拖罩时要注意使其具有独立的气源,附加拖罩的曲率形状要与焊缝相同,其长度和宽度取决于焊件的散热程度和焊接速度。研究者自行设计与制作的附加拖罩如图 3-2 所示,将 1 mm 紫铜板制成长 105 mm、宽 45 mm、高 35 mm、$R=45$ mm 的近半圆柱体外壳,前端与焊枪外径 $\phi 30$ mm 的气体保护喷嘴相吻合,在使用中与喷嘴紧密软连接。罩内装三根 $\phi 8 \times 1$ mm 紫铜管,其下部均匀排列 $\phi 1.0$ mm、间距 5 mm 的出气孔;拖罩底板上均匀钻 $\phi 1.2$ mm 小孔,上、下、左、右间距均为 10 mm。保护气体经过进气导管进入气体分配管,由管中小孔排出得到缓冲和均布,经过拖罩弧壁到底部板再次分布,形成更加均匀稳定的层流,对焊接接头起到良好的保护作用。

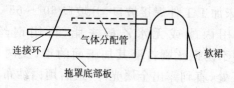

图 3-2 跟踪保护拖罩

(3)背面保护装置

由于钛的弹性模量小,焊接变形大,冷变形的回弹能力强,所以研究者又对其焊缝的背面设置了保护装置,如图 3-3 所示。

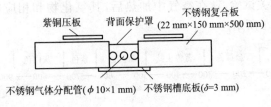

图 3-3　背面保护装置

为了防止焊接过程中构件变形和使焊件有良好的散热条件,在对焊接区域设置保护装置的同时,研究者还采用厚不锈钢垫板和紫铜板对焊接接头采取压紧和散热等措施。保护气体通过放置在槽内中央的三根 $\phi 10 \times 1$ mm 不锈钢管中对称朝上的直径为 $\phi 1$ mm、纵向间距为 10 mm 的小孔,均匀分布到工件背面。同时,焊接过程中还注意减少焊接接头的高温停留时间和减小过热区宽度。

4. 焊接工艺要求

(1) 焊前准备

钛焊前准备工作很重要,对其焊接质量有显著影响。焊前准备包括:

1) 焊丝先用合适的金刚砂纸将钛材表面抛光,然后用白纱布沾丙酮或无水乙醇擦拭干净;

2) 用刨床加工工件焊接坡口,开坡口 $60°\sim65°$,留根 $1.0\sim1.5$ mm,先用丙酮或无水乙醇去脂,再用钢丝直径小于 0.15 mm 的不锈钢丝刷打磨其加工面的正、反两表面离焊接边缘 30 mm 处,直到露出金属光泽,最后用白纱布沾丙酮或无水乙醇擦拭待焊接表面,且擦拭的程度以白纱布不再发黑为佳;

3) 焊接工作场地应干净,焊接平台、设备及工装等应清洁,必要时,应用丙酮擦拭拖罩及背面保护装置、压板等,装配工及焊接操作者应戴洁净的纱布手套；

4)适时安装好供气系统及辅助设备,具体如图 3-4 所示,装配时应保证对接接头的错位量不超过板厚的 10%,预留装配间隙 1~2 mm。

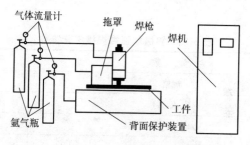

图 3-4 焊接实施示意图

(2)工艺要求

焊接钛的工艺措施主要包括以下几个方面：

1)焊接时采用直流正接电源；

2)为防止保护气体流失,导致焊接开始段保护效果差,起弧处应加引弧板(钛板或不锈钢板均可作为引弧板)；

3)焊接前,要提前 10 s 送保护气以确保将管道、各种装置及工件焊接处的空气、尘埃等排出；

4)采用左向焊法,焊炬与工件尽可能垂直,研究者试验采用的焊炬与工件的夹角约为 80°；

5)焊接时保持电弧长度恒定,焊炬做平稳的直线移动,焊丝送至熔池边缘与焊件一起熔化进入熔池。在整个焊接过程中,焊丝头部不能离开焊嘴氩气流保护区。不锈钢气体分配管($\phi 10 \times 1$ mm)、不锈钢槽底板($\delta = 3$ mm)与正面保护拖罩要紧紧跟在焊枪的后面；

6)焊接熄弧后,要延时保护通气 15~30 s,确保工件冷至 250℃以下再移走保护气体；

7)焊后,接头反面用不锈钢专用砂轮片打磨清根,再用丙酮或无水乙醇擦拭干净。

（3）工艺参数

研究者焊接 2 mm TA2 所用工艺参数为：钨极直径为 3.0 mm，头部磨成圆锥形；干伸长为 5 mm；钨极端部与焊接工件间的距离在便于操作的情况下，尽可能的接近。焊接工艺参数详见表 3-10。

表 3-10 钨极氩弧焊焊接工艺参数

参 数		取 值
规格		$t=8$ mm
电流(A)		130～150
电压(V)		16～18
焊速(mm·min^{-1})		110
保护气体流量(L·min^{-1})	枪体	13～14
	拖罩	19～21
	背面保护装置	17～18

5. 焊接工艺试验结果

按照以上工艺措施与工艺参数焊接后，焊缝宽度均匀一致，焊缝表面光洁并圆滑过渡到母材，焊缝微观组织如图 3-5、图 3-6 和图 3-7 所示。经检验，质量和尺寸符合设计标准。焊缝及热影响区均为银白色和少量金黄色，焊接接头经 100% X 光拍片检查，未发现任何内部缺陷。力学性能试验表明，焊接接头抗拉强度为 570～580 MPa（断在母材）。正、反弯试验（$D=10t$、180°）完好，断面宏观检查未发现任何焊接缺陷。

6. 小结

总结试验成果，研究者认为在工业纯钛 TA2 焊接过程中，焊件的焊前表面清理很重要。焊接件的坡口最好采用机械切削，切削表面要达到一定的光洁度，并使其无毛刺、凹坑及小裂缝等。

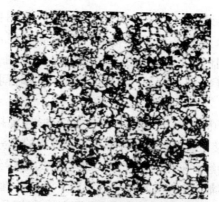

图 3-5　基材区母材为均匀的等轴 α 晶粒(100×)

图 3-6　热影响区(HAZ)及熔合线热影响区为锯齿形 α＋板条 α(100×)

图 3-7　焊缝区为粗大锯齿形 α＋针状 α(100×)

焊接前要设置结构合理的焊接夹具(只能用铜、铝及不锈钢材料制作),这些夹具要具有某些重要的功能,它们能保持被焊部件之间的对正,压板要有足够的厚度控制工件的变形,又能加快焊缝冷却速度,以将高温下的停留时间缩短到最低限度。

焊接过程中,只要气体保护是全方位的,在焊接工艺正确情况下,任何焊接位置及接头型式都会得到理想的接头。

对于焊接经常采用的两种焊接加丝方法,如焊丝送到电弧下方熔化滴入熔池,得到较大的熔深和利于气体的逸出,缺点是焊缝成型差;如将焊丝送到熔池边缘与焊件一起熔化进入熔池,得到光滑均匀的焊缝,并易控制烧漏,缺点是熔深浅。试验表明,采用氩弧焊接纯钛 TA2 时,焊接过程中宜采用偏小的线能量和偏快的冷却速度。

三、如何进行小直径 TA2 钛管的氩弧焊?

由于 Ti 的活泼性和对加热的敏感性,在焊接 Ti 及其合金时,常常会因焊接接头塑性下降而变脆,有时出现气孔,有时出现冷裂纹现象,甚至焊后经过几个月的时间在焊缝上仍然会出现横向裂纹,严重影响了焊接接头使用的安全性。

Ti 是化学活性较强的元素,不论是在熔化状态下,还是在 600 ℃ 以上的固态下,极易吸收 O_2、N 和 H_2 等气体,形成 TiO_2、TiH_2 和 Ti_2N_2 等,从而降低了焊接接头的塑性。另外,在高温下 Ti 对 C 有特别的亲和力,生成 TiC,也会促成接头塑性的下降。而引起钛材焊接裂纹的因素相当复杂且涉及面广,但最主要的是 H、O 和 N 等杂质的污染。当焊缝吸氢量超过室温下的固溶度,同时又受 O 和 N 等污染严重时,就会出现氢脆断裂。这种断裂有时是在运输或使用过程中出现,有时是在焊后放置一段时间后出现。H 溶于 Ti 中,不仅导致塑性下降,而且冷却时析出的钛氢化合物显著降低了材料的韧性,在组织应力作用下还会产生裂缝。在钛材的焊接过程中,由于电弧的高温作用,使焊缝的钛金属极

易与 O_2 和 N_2 等气体反应。因此,对于钛材的焊接来说,良好的焊道保护、合理的焊接工艺是保证焊缝焊接质量的关键,特别是在小直径钛管的焊接中显得尤为重要。

为了实现小直径 TA2 钛管氩弧焊,某企业的研究者根据所掌握的氩弧焊钛工艺技术和实际经验,制定了一套特殊的工艺措施,取得了良好的效果。

通常在焊接钛板和大直径钛管时,一般采用正面 Ar 气拖罩,焊缝背部普遍采用带有小孔的紫铜垫板进行背面保护。若焊接后的焊缝表面呈紫色则表明塑性下降;若表面呈土灰色,则表明焊缝变脆,应报废。而焊接小直径钛管时,由于管径小,无法采用 Ar 气拖罩保护。如果单靠氩弧焊枪的 Ar 气保护,由于枪嘴吹出的 Ar 气只对熔池部分保护,而对刚刚凝固的焊道和周围的热影响区的保护极差,保护效果很不理想,难以得到银白或金黄色的焊道。可见,在小直径钛管的焊接中,影响焊接质量的因素除了焊工焊接水平以外,焊接时能否对高温下的焊道采取有效保护是焊接成败的关键。

另外,小直径钛管焊接难度较大,通常管壁较薄,焊接时升温较快,由于 Ti 的熔点高、导热性差且质量热容小,焊接过热区的塑性比焊接接头其他区域差。因此,随着焊接线能量的增大,过热区高温停留时间长,冷却速度缓慢,其结果使过热区出现显著的粗大晶粒,导致过热区的塑性下降。如果进行快速冷却,会形成更多更细的过饱和固溶体,这种过饱和固溶体会降低焊缝的塑性及韧性。所以,过快的冷却速度和过慢的冷却速度都会使焊接处塑性下降。由此看出,为了使焊接接头具有良好的力学性能,还必须选择合适的焊接规范,控制合适的冷却速度,以便使过热倾向和淬硬倾向都相对减小。

根据焊接者的实际经验,小直径钛管焊接的焊前准备工作主要包括:

(1)母材选用 $\phi 25$ mm×2 mm TA2 钛管试件,进行机械清理或化学清理,清除水分、油垢、灰尘和氧化物等,再用白纱布擦拭干净,然后烘干待用,烘干温度为 150 ℃~200 ℃。

(2)采用一级纯 Ar 气,纯度为 99.99%。

(3)坡口形式为 I 型,对口间隙 0.5 mm。

(4)制备 Ar 气保护罩。Ar 气保护罩的结构如图 3-8 所示。保护罩是圆柱型结构,采用不锈钢管材,不能用铁管。焊接前根据要施焊钛管的直径,选用管径约 4 倍于钛管直径的不锈钢管,长 200 mm,不锈钢管沿轴线割开成两半,两个堵头用不锈钢板焊制并根据焊接钛管直径大小钻通孔。上下两半用 4 个螺栓连接,结合处垫上橡胶垫。在上半部分开焊接口,开口宽度略大于氩弧焊枪喷嘴直径。开口长度尽量小,以焊枪和焊丝能深入到焊道可以焊接操作为宜。在保护罩下半部分开 Ar 气进气口,于保护罩内部和进 Ar 气口一侧铺约 100 目的不锈钢过滤网,过滤网到焊件的距离不小于 10 mm。施焊时 Ar 气从焊件下方通入,将保护罩内的空气挤出,从而保护焊道。

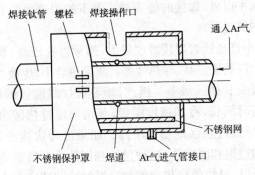

图 3-8 自制 Ar 气保护罩结构示意图

焊接时,采用单层单道焊接,焊接工艺参数见表 3-11。焊接时要求周围环境清洁,焊工操作时要戴清洁的手套,以保持焊件和焊丝的清洁。先将保护罩罩在焊道处并通入 Ar 气,钛管内部也要充入 Ar 气进行背面保护。通入保护罩的 Ar 气流量要大一些,但枪嘴的气体流量不宜太大。否则,会将部分空气带入保护罩内,影响保护效果。

表 3-11 焊接工艺参数(一)

参数	预热温度	电流种类、极性	焊接电流 (A)	电弧电压 (V)	焊接速度 (mm/min)	喷嘴直径 (mm)	气体流量(L/min)			钨极直径 (mm)
							正面	背面	保护罩	
取值	室温	DCEN	40~60	20~30	70	14~16	8~10	4~6	16~18	2

施焊时,焊枪喷嘴和焊丝由焊接操作口伸入保护罩内,采用分段间歇焊接方法,尽量采用较小的焊接线能量。每小段焊缝从引弧至熄弧时间约 1~2 s,焊接长度 5~10 mm。焊接时要控制熔池不能过大,处理好段与段之间的接续,避免产生脱节现象。每次断弧要用 Ar 气进行延时保护。焊道焊完后,要继续向保护罩内通入 Ar 气,等待焊件温度降低后关闭 Ar 气,再打开保护罩。

焊后,目视检查焊缝外观,焊缝的表面颜色为淡黄色,无氧化色。焊缝余高 0.3 mm,焊缝余高差 0.3 mm,焊缝宽度差不大于 2 mm,焊缝直线度不大于 1.5 mm,焊缝表面无裂纹、未熔合、夹渣、气孔、焊瘤、咬边和未焊透等缺陷,内径 75% 通球检验合格。按照《钛制焊接容器》(JB/T 4745—2002)标准中的规定,其外观检验指标均在合格范围以内。

按照《承压设备无损检测》(JB/T4730—2005)标准探伤。透照方式为双壁双影,检测比例为 100%,照相质量等级为 AB 级,探伤片数 1 张,等级Ⅰ级(Ⅱ级及Ⅱ级以上为合格),检测结果合格。

弯曲检验按《钛制焊接容器》(JB/T 4745—2002)附录 B 中焊接工艺评定规定,将试件沿垂直焊道方向制取宽度 10 mm、厚度 2 mm 的试样 4 块,分别进行面弯和背弯,试验参数及结果见表 3-12。弯曲试件弯曲到 180°后,4 个试样的被拉伸表面均无裂纹,弯曲试验结果合格。

拉伸试验亦按《钛制焊接容器》(JB/T 4745—2002)附录 B 中焊接工艺评定规定,制取宽度 12 mm、厚度 2 mm 的试样 2 件,进行拉伸试验。常温下试验参数及结果见表 3-13。由表 3-13 可见,被拉伸试样断裂于母材,焊道的拉伸强度大于等于母材强度,拉伸试验结果合格。

表 3-12 180°弯曲试验参数及结果

试样编号	试验类型	试样厚度(mm)	压头直径(mm)	弯曲结果
L1-1	面弯	2	20	合格
L1-2	面弯	2	20	合格
L2-1	背弯	2	20	合格
L2-2	背弯	2	20	合格

表 3-13 常温拉伸试验参数及结果

试样编号	试样厚度(mm)	试样宽度(mm)	σ_b(MPa)	断裂特点
L1	2	12	500	断于母材
L2	2	12	510	断于母材

由焊后检验结果看,试件各项外观指标均合格;经探伤检验,内部质量合格;通过弯曲和拉伸检验,试样的力学性能合格。由此可见,小直径钛管 $\phi 25 \ mm \times 2 \ mm$ 焊接过程中,采用的 Ar 气保护罩与相应的焊接工艺相结合,能够焊出合格的焊道,得到较为理想的焊接质量,很好地解决了小直径钛管焊接时 Ar 气保护困难的难题。

四、如何进行钛合金的焊接?

钛合金是一种优良的结构材料,具有密度小、比强度高、塑韧性好、耐热耐腐蚀性好、可加工性较好等特点,因此,在各个行业和领域得到了广泛的应用。但钛合金是较难掌握的一种焊接材料,在工程实践中出现的问题也较多,下面针对钛合金的焊接技术进行探讨,期望对焊接工作者实现钛合金的有效焊接和获得优异的焊接接头有所帮助。

通过前面的讨论,我们知道工业纯钛的性质与其纯度有关,纯度越高,强度和硬度越低,塑性越高,越容易加工成型。工业纯钛中的主要杂质有氢、氧、铁、硅、碳、氮等。其中氧、碳、氮与钛形成间隙固溶体,铁、硅等元素与钛形成置换固溶体,起固溶强化作用,显著提高钛的强度和硬度,降低其塑性和韧性。氢以置换方式固溶于钛中,微量的氢即能够使钛的冲击韧性急剧降低,并引起氢脆。工业纯钛根据其杂质(主要是氧和铁)的含量以及强度差别分为 TA1、TA2、TA3 三个牌号。随着工业纯钛牌号的顺序数字增大,其杂质含量增加,强度增加,塑性降低。

1. 钛合金的分类

由于工业纯钛的强度还不高,于是人们在其中加入合金元素后便得到钛合金。钛合金的强度、塑性、抗疲劳等性能等显著优于纯钛,并使钛合金的相变温度和结晶组织发生相应的变化。钛合金根据其退火组织可分为三大类:α 钛合金、β 钛合金和 α+β 钛合金,其牌号分别以 T 加 A、B、C 和顺序数字表示。TA4～TA10 表示 α 钛合金,TB2～TB4 表示 β 钛合金,TC1～TC12 表示 α+β 钛合金。

(1) α 钛合金

α 钛合金主要是通过加入 α 稳定元素 Al 和中性元素 Sn、Zr 等进行固溶强化而形成的。铝是 α 钛合金中的主要合金元素,铝熔入钛中形成 α 固溶体,从而提高再结晶温度。含铝 5% 的钛合金,其再结晶温度从 600 ℃ 提高到 800 ℃。此外耐热性和力学性能也有所提高。铝还能够扩大氢在钛中的溶解度,减少形成氢脆的敏感性。

α 钛合金具有高温强度高、韧性好、抗氧化能力强、焊接性优良、组织稳定等特点,其强度比工业纯钛高,但是加工性能较 β 钛合金和 α+β 钛合金差。α 钛合金不能进行热处理强化,但是通过 600 ℃～700 ℃ 的退火处理消除加工硬化,或通过不完全退火(550 ℃～650 ℃)处理消除焊接时产生的应力。

(2) β 钛合金

β 钛合金退火组织完全由 β 相构成。β 钛合金含有很高比例的 β 稳定化元素,使马氏体转变 β→α 进行得很缓慢,在一般工艺条件下,其组织几乎全部为 β 相。通过时效热处理,β 钛合金的强度可以得到提高,其强化机理是 α 相或化合物的析出。β 钛合金在单一 β 相条件下的加工性能良好,并具有优良的加工硬化性能,但其室温和高温的性能差,脆性大,焊接性能较差,容易形成冷裂纹,在焊接结构中应用较少。

(3) α+β 钛合金

α+β 钛合金由 α 相和 β 相两相组织构成。α+β 钛合金中含有 α 稳定元素 Al,同时为了进一步强化合金,添加了 Sn、Zr 等中性元素和 β 稳定元素,其中 β 稳定元素的加入量通常不超过 6%。α+β 钛合金兼有 α 钛合金和 β 钛合金的优点,即具有良好高温变形能力和热加工性,可通过热处理强化得到高强度。但是,随着 α 相比例的增加,其加工性能变差;随着 β 相比例的增加,其焊接性能变差。α+β 钛合金退火状态时断裂韧性高,热处理状态时比强度大,硬化倾向较 α 钛合金和 β 钛合金大。α+β 钛合金的室温、中温强度比 α 钛合金高,并且由于 β 相溶解氢等杂质的能力较 α 相大,因此,氢对 α+β 钛合金的危害较 α 钛合金小。由于 α+β 钛合金力学性能可以在较宽的范围内变化,从而可以使其适应不同的用途。

2. 钛合金的焊接性

由于钛及钛合金具有特定的物理、化学性质和热处理性能,为掌握钛及钛合金的焊接工艺,提高焊接质量,必须深入了解钛及钛合金的焊接性,针对钛合金焊接性容易产生的问题,采取措施制定焊接工艺,才能得到优质的钛合金焊接接头。

(1) 焊接接头的脆化

钛合金很容易受到气体等杂质的污染而产生脆化,造成焊接接头脆化的主要元素有氧、氮、氢、碳等。在常温下,由于表面氧化膜的作用,钛能保持高的稳定性和耐腐蚀性。但钛在高温下,特别是在熔融状态时,对于气体有很大的化学活泼性,而且在 540 ℃以上钛表面生成的氧化膜较疏松,随着温度的升高,容易被空气、水分、油脂等污染,使钛与氧、氮、氢的反应速度加快,降低焊接接头的塑性和韧性。无保护的钛在 300 ℃以上吸氢,600 ℃以上吸氧,700 ℃以上吸氮。工业纯钛薄板在空气中加热到 650 ℃~1 000 ℃时,不同保温时间对焊接接头弯曲塑性的影响不同,加热温度越高,保温时间越长,则焊接接头的塑性下降的越多。焊接接头在凝固、结晶过程中,焊缝热影响区的金属在正、反面得不到有效保护的情况下,很容易吸收氮、氢。焊接时对于熔池及温度超过 400 ℃的焊缝和热影响区(包括焊缝背面)都要加以妥善保护。在钛及钛合金焊接时,为保护焊缝及热影响区免受空气的污染,通常采用高纯度的惰性气体或无氧氟-氯化物焊剂。

(2)焊接接头的裂纹

由于钛合金中含硫、磷、碳等杂质较少,很少有低熔点共晶在晶界处生成,而且其结晶温度区间很窄,焊缝凝固时收缩量小。因此,钛合金的热裂纹敏感性低。但当母材和焊丝质量不合格,特别是当焊丝有裂纹、夹层等缺陷时,会在夹层和裂纹处积聚大量有害杂质而使焊缝产生热裂纹。

当焊缝中含氧、氢、氮量较多时,焊缝和热影响区的性能变脆,在较大的焊接应力作用下容易出现裂纹。这种裂纹是在较低温度下形成的。在焊接钛合金时,热影响区有时也会出现延迟裂纹,这是由于熔池中的氢和母材金属低温区中的氢向热影响区扩散,引起氢在热影响区的含量增加并析出 TiH_2,使热影响区脆性增大。此外,氢化物析出时的体积膨胀会引起较大的组织应力,再加上氢原子的扩散与聚集,最终使得接头形成裂纹。防止这种延迟裂纹的方法,主要是减少焊接接头氢的来源,必要时也可对其焊接件进行真空退火处理,以减少焊接接头的含氢量。

(3)焊缝气孔

气孔是钛合金焊接中较常见的缺陷,O_2、N_2、H_2、CO_2、H_2O 都可能在钛合金焊接中引起气孔的形成。钛合金焊缝形成气孔的影响因素较多,如焊接区气氛、焊丝、焊件、焊接条件、坡口形式等,但氢是钛合金焊接中形成气孔的主要气体。氢气孔多数产生在焊缝中部和熔合线。氢气孔形成的原因主是氢在高温时溶入熔池,冷却结晶时过饱和的氢来不及从熔池逸出,便在焊缝中集聚形成气孔。氢在钛中的溶解度随着液体温度的升高反而下降,并在凝固温度时发生溶解度突变。焊接时熔池中部比熔池边缘的温度高,使溶池中部的氢除向气泡核扩散外,同时也向熔合线扩散。因此,在熔合线边缘容易使氢过饱和而生成熔合线气孔。

焊接接头中的气孔不仅造成应力集中,而且使气孔周围金属的塑性降低,从而使整个焊接接头的力学性能下降,甚至导致接头的断裂破坏。因此,必须严格控制气孔的生成。防止气孔产生的关键是杜绝气体的来源,防止焊接区域被污染。

(4)焊接变形

钛的弹性模量比不锈钢小,在同样的焊接应力条件下,钛及钛合金的焊接变形大。通常,钛合金焊接变形是不锈钢的1倍,因此焊接时必须采取适当的工艺措施。

3. 改善钛合金焊接性的措施

(1)焊前仔细清除焊丝、母材表面上的氧化膜等有机物质;严格限制原材料中氢、氧、氮等杂质气体的含量;焊前对焊丝进行真空去氢处理以改善焊丝的含氢量和表面状态。

(2)尽量缩短焊件清理后到焊接的时间间隔,一般不要超过2 h,否则要妥善保存,以防吸潮;采用机械方法加工坡口端面,并除去剪切痕迹。

(3)正确选择焊接工艺参数,延长熔池停留时间,以便于气泡的逸出;控制氩气的流量,防止紊流现象。

(4)可以采用低露点氩气,其纯度大于99.99%;焊炬上通氩气的管道不宜采用橡胶管,以尼龙软管为好。

(5)采用垫板和压板将待焊工件压紧,以减小焊接变形。此外,垫板和压板还可以传导焊接区的热量,缩短焊接区的高温停留时间,减小焊缝的氧化。

4. 钛合金的焊接工艺

钛及钛合金的性质非常活泼,溶解氮、氢、氧的能力很强,故普通的焊条手弧焊、气焊、CO_2气体保护焊均不适用于钛合金的焊接。钛合金的主要焊接方法有钨极氩弧焊、熔化极氩弧焊、等离子弧焊、电子束焊、激光焊、扩散焊等。目前,应用较多的有钨极氩弧焊和熔化极氩弧焊。当采用钨极氩弧焊焊接钛合金时,焊接设备应使用性能稳定的直流氩弧焊机,采用正接法,并应附有高频引弧和电源衰减装置及满足工艺条件的要求。下面根据钛合金的特点以常用的钨极氩弧焊为主介绍钛合金的焊接工艺。

(1) 焊前准备

钛合金的焊前清理工作非常重要,钛合金焊接接头的质量在很大程度上取决于焊件和焊丝的焊前清理。当工件表面清理的不彻底时,会在焊件和焊丝表面形成吸气层,并导致焊接接头形成裂纹和气孔。因此,焊接前应对钛合金坡口及其附近区域进行认真的清理。清理通常采用机械清理和化学清理。

1) 机械清理

材料切割和坡口加工易采用机械切割方法,采用机械切割下料的工件均需要焊前对其接头边缘进行机械清理。对于焊接质量要求不高或酸洗有困难的焊件,可以用细纱布或不锈钢钢丝刷擦拭,也可以用硬质合金刮刀刮削待焊边缘去除表面氧化膜。采用硬质合金刮刀刮削氧化膜时,其刮深 0.025 mm 即可。而对于采用等离子弧切割下料的工件,必须去除污染层,机械加工的切削层的厚度应不小于 1~2 mm。然后用丙酮或乙醇、四氯化碳或甲醇等溶剂去除坡口两侧的手印、有机物质及焊丝表面的油污等。在除油时需要使用厚棉布、毛刷或人造纤维刷刷洗。对于焊前经过热加工或在无保护气体的情况下热处理的工件,则需要进行综合清理。通常采用喷丸或喷砂清理表面,然后进行化学清理。

2) 化学清理

如果钛板热轧后已经酸洗,但由于存放较久又生成新的氧化膜时,可室温条件下将钛板浸泡在 $2\%\sim4\%$ HF + $30\%\sim40\%$ HNO_3 + H_2O(余量)的溶液中 15~20 min,然后用清水冲洗干净并烘干。对于热轧后未经酸洗的钛板,由于其氧化膜较厚,应先进行碱洗。碱洗时,将钛板浸泡在含烧碱 80%、碳酸氢钠 20% 的浓碱水溶液中10～15 min,溶液的温度保持为40℃～50℃。碱洗后取出冲洗,再进行酸洗。酸洗液的配方为:每升溶液中,硝酸55～60 mL,盐酸340～350 mL,氢氟酸5 mL。酸洗时间为10～15 min(室温下浸泡)。取出后分别用热水、冷水冲洗,并用白布擦拭、晾干。经酸洗的焊件、焊丝应在4 h内焊完,否则要重新酸洗。焊丝可放在温度为150℃～200℃的烘箱内保存,随取随用,取焊丝应戴洁净的白手套,以免污染焊丝。对焊件应采取塑料布掩盖防止沾污,对已沾污的可用丙酮或酒精擦洗。

(2)坡口的加工与焊口的组对

为减少焊缝累积吸气量,在选择坡口形式及尺寸时,应尽量减少焊接层数和填充金属量,以防止接头塑性的下降。钛合金坡口形式及加工尺寸见表3-14。

表 3-14　钛及钛合金钨极手工氩弧焊的坡口形式及尺寸

坡口形式	板厚 δ(mm)	坡口尺寸		
		间隙(mm)	钝边(mm)	角度 α(°)
I 型	0.25～2.3	0	—	—
	0.8～3.2	(0～0.1)δ	—	—
V 型	1.6～6.4			30～60
	3.0～13			30～90
X 型	6.4～38	(0～1.0)δ	(0.1～0.25)δ	30～90
U 型	6.4～25			15～30
双 U 型	19～51			15～30

由于其搭接接头背面保护困难,接头受力条件差,工程上尽可能少采用或不采用。焊接时,一般也不宜于采用永久性垫板进行对接。对于母材厚度小于2.5 mm的I型坡口对接接头,可以不添加填充焊丝进行焊接。对于厚度较大的母材,则需要开坡口并添加填充金属。一般应尽量采用平焊。

采用机械方法加工的坡口,由于接头内可能存留有空气。因而,对于接头组对的要求必须比焊接其他金属要高。

钛板的坡口加工以采用刨、铣等冷加工工艺为佳,以避免热加工坡口边缘出现硬度增高现象。

由于钛的一些特殊物理性质,如表面张力系数大、熔融态时黏度小等。因此,焊前必须对钛合金焊件进行仔细的组对。其中,对口点固焊是减少焊件变形的措施之一。一般点焊间距为100~150 mm,其长度约10~15 mm。点固焊所用的焊丝、焊接工艺参数及保护气体等条件与正式焊接时相同,在每一点固焊点停弧时,应延时关闭氩气。同时,组对焊口时应严禁使用铁器敲击或划伤待焊工件表面。

(3)焊接工艺

钨极氩弧焊是焊接钛及钛合金最常有的方法,钨极氩弧焊也通常用于焊接厚度在 3 mm 以下的钛合金。钨极氩弧焊可以分为敞开式焊接和箱内焊接两种类型,它们又各自分为手工焊和自动焊。敞开式焊接时,在大气环境中的普通钨极氩弧焊是利用焊枪喷嘴、拖罩和背面保护装置通以适当流量的氩气或氩氦混合气,把焊接高温区与空气隔开,以防止空气侵入而污染焊接区的金属,这是一种局部气体保护的焊接方法。当焊件结构复杂,难以实现拖罩或背面保护时,则应该采用箱内焊接。箱体在焊接前要先抽真空,然后充氩气或氩氦混合气,焊件在箱体内处于惰性气氛下施焊,是一种整体气体保护的焊接方法。

1)焊接材料的选择

①氩气选择。适用于钛合金焊接用的氩气为一级氩气,其纯度为 99.99%,露点在 -40 ℃ 以下,杂质总含量小于 0.02%,相对湿度小于 5%,水分小于 0.001 mg/L。焊接过程中如果氩气的压力降至 1 MPa 时应停止使用,以保证焊接接头的质量。

②焊丝选择。填充焊丝的成分一般应与母材金属成分相同。常用的牌号有 TA1、TA2、TA3、TA4、TA5、TA6、TC3 等。为提高焊缝金属的塑性,可选用强度比母材金属稍低的焊丝。如焊接 TA7 及 TC4 等钛合金时,为提高焊缝塑性,可选用纯钛焊丝,此时接头的效率低于 100%。焊丝中的杂质含量应比母材金属中的

杂质含量低,一般焊丝中的杂质含量为母材金属中的杂质含量一半左右,如氧不大于 0.12%、氮不大于 0.03%、氢不大于 0.006%、碳不大于 0.04%。焊丝均以真空退火状态供货,其表面不得有烧皮、裂纹、氧化色、金属或非金属夹杂等缺陷存在。同时注意焊丝在焊前必须进行彻底的清理,否则焊丝表面的油污等污染物可能成为焊缝金属的污染源。当采用无标准牌号的焊丝时,可以从基体金属裁切出狭条作焊丝,狭条宽度和厚度相同。

③氩气流量的选择。氩气流量的选择以达到良好的焊接表面色泽为准,过大的流量不易形成稳定的气流层,而且增大焊缝的冷却速度,容易在焊缝表面出现钛马氏体。拖罩中的氩气流量不足时,焊接接头表面呈现出不同的氧化色泽;而流量过大时,将对主喷嘴的气流产生干扰。焊缝背面的氩气流量过大也会影响正面第一层焊缝的气体保护效果。焊缝和热影响区的表面色泽是保护效果的标志,钛材在电弧作用后,表面形成一层薄的氧化膜,不同温度下所形成的氧化膜颜色是不同的。一般要求焊后表面最好为银白色,其次为金黄色。工业纯钛焊缝的表面颜色与焊接质量的关系见表 3-15。但多层、多道焊时,不能只凭盖面层焊缝的色泽来评价焊接接头的保护效果。因为若底层焊缝已被杂质污染,而焊缝盖面层时保护效果尚属良好,结果仍会由于底层的污染而使接头的塑性明显降低。

表 3-15　工业纯钛焊缝的表面颜色与焊接质量的关系

焊缝表面颜色	温度(℃)	保护效果	污染程度	焊接质量
银白色	350～400	良好	小 ↓ 大	良好
金黄色	500	尚好		合格
深黄色	—			
浅蓝色	—	较差		不合格
深蓝色	520～570	差		
暗灰色	≥600	极差		

2)气体保护

由于钛合金对空气中的氧、氮、氢等气体具有很强的亲和力,因此必须在焊接区采取良好的保护措施,以确保焊接熔池及温度超过350℃的热影响区的正反面与空气隔绝。焊缝的保护效果除了和氩气纯度、流量、喷嘴与焊件间距离、接头形式等因素有关外,还与焊炬、喷嘴的结构形式和尺寸有关。钛的导热系数小、焊接熔池尺寸大,如果喷嘴的结构不合理时,则会出现紊流和挺度不大的层流,两者都会使空气混入焊接区。因此,焊接钛合金焊枪的喷嘴的孔径也应相应增大,以扩大保护区的面积。钛合金常用的焊炬、喷嘴及拖罩如图3-9所示,该结构可以获得具有一定挺度的层流,保护区直径达30 mm左右。

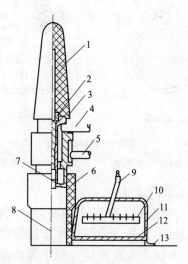

图3-9 焊接钛板用的氩弧焊焊炬及拖罩
1—绝缘帽;2—压紧螺母;3—钨极夹头;4—进气管;5—进水管;
6—喷嘴;7—气体透镜;8—钨极;9—进气管;10—气体分布管;
11—拖罩外壳;12—钢丝网;13—帽沿

对已脱离喷嘴保护区但温度仍在350 ℃以上的焊缝热影响区表面,仍需继续保护。继续保护焊缝热影响区的方法通常是采用通有氩气流的拖罩。拖罩的长度为 100～180 mm,宽度为 30～40 mm,具体长度可根据焊件形状、板厚、焊接工艺参数等条件确定,但应使温度处于 350 ℃以上的焊缝及热影响区金属得到充分的保护。拖罩外壳的四角应圆滑过渡,应尽量减少死角,同时拖罩应与焊件表面保持一定距离。

钛及钛合金板手工 TIG 焊用拖罩通常与焊炬连接为一体,并与焊炬同时移动。施焊件为管子对接时,为加强对管子正面后端焊缝及热影响区的保护,一般是根据管子的外径设计制造专用环形拖罩,如图 3-10 所示。

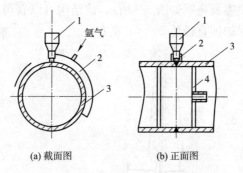

图 3-10 管子对接环缝焊时的拖罩
1—焊炬;2—环形拖罩;3—管子;4—金属或纸质挡板

3)焊接工艺参数的选择

选择钛合金的焊接工艺参数时,既要防止焊缝在电弧作用下出现晶粒粗化的倾向,又要避免焊后冷却过程中形成脆硬组织。根据有关研究,所有钛合金在焊接过程中晶粒都有长大的倾向,其中尤以 β 钛合金的晶粒长大倾向最显著,而长大的晶粒难以用热处理方法加以调整。所以钛合金焊接时应采用较小的焊接线能量,且使焊接温度刚高于形成焊缝所需要的最低温度为佳。如果线能量过大,则焊缝容易被污染而形成缺陷。根据有关研究者试验及相关资料介绍,钛合金手工钨极氩弧焊的工艺参数见表 3-16。

表 3-16　钛及钛合金手工钨极氩弧焊的工艺参数

板厚 (mm)	坡口形式	钨极直径 (mm)	钨极直径 (mm)	焊接层数	焊接电流 (A)	氩气流量 (L·min⁻¹) 主喷嘴	氩气流量 (L·min⁻¹) 拖罩	氩气流量 (L·min⁻¹) 背面	喷嘴孔径 (mm)	备注
0.5	I 型坡口对接	1.5	1.0	1	30~50	8~10	14~16	6~8	10	对接接头的间隙为 0.5 mm,不加钛丝时的间隙为 1.0 mm
1.0		2.0	1.0~2.0	1	40~60	8~10	14~16	6~8	10	
1.5		2.0	1.0~2.0	1	60~80	10~12	14~16	8~10	10~12	
2.0		2.0~3.0	1.0~2.0	1~2	80~110	12~14	16~20	10~12	12~14	
2.5		2.0~3.0	2.0	1~2	110~120	12~14	16~20	10~12	12~14	
3.0	V 型坡口对接	3.0	2.0~3.0	1~2	120~140	12~14	16~20	12~14	14~18	坡口间隙 2~3 mm,钝边 0.5 mm,焊缝反面加钢垫板,坡口角度 60°~65°
3.5		3.0~4.0	2.0~3.0	1~2	120~140	12~14	16~20	12~14	14~18	
4.0		3.0~4.0	2.0~3.0	2	130~150	14~16	20~25	12~14	18~20	
4.5		3.0~4.0	2.0~3.0	2	200	14~16	20~25	12~14	18~20	
5.0		4.0	3.0	2~3	130~150	14~16	20~25	12~14	18~20	
6.0		4.0	3.0~4.0	2~3	140~180	14~16	25~28	12~14	18~20	
7.0		4.0	3.0~4.0	2~3	140~180	14~16	25~28	12~14	20~22	
8.0		4.0	3.0~4.0	3~4	140~180	14~16	25~28	12~14	20~22	

钨极氩弧焊一般采用具有恒流特性的直流弧焊电源,并采用直流正接,以获得较大的熔深和较窄的熔宽。在多层焊时,第一层一般不加焊丝,从第二层再加焊丝。同时注意已加热的焊丝应处于气体的保护下。多层焊时,应保持层间温度尽可能的低,最好能够等到前一层冷却至室温后再焊下一层焊缝,以防止过热。

4)焊后热处理

钛合金在焊接后接头处存在着很大的残余应力。如果不消除,增大接头对应力腐蚀开裂的敏感性,将会引起冷裂纹,也会降低接头的疲劳强度。因此,钛合金焊接后必须进行消除应力处理。钛合金消除应力处理前,必须将焊件表面进行彻底的清理,然后在惰性气氛中进行处理。

实践证明,钛合金焊接过程中只要严格按照焊接工艺要求施焊,并采取有效的气体保护措施,即可获得高质量的焊接接头。

五、焊接前为防止 TC4 钛合金产生氢脆如何对其进行酸洗?

钛合金经热处理或线切割等高温加工后,表面会产生一层氧化皮,这层氧化皮既影响焊缝的表面质量,又影响与其他涂层的结合力,且表面产生氧化皮对后续的焊接质量具有非常明显的副作用。酸洗可较容易地去除钛合金表面的氧化皮。由于钛合金对氢比较敏感,酸洗时存在渗氢引起氢脆的危险。因此,对钛合金的酸洗工艺有一定的要求。为解决 TC4 钛合金焊接前的清洗问题,某研究单位的科技人员通过大量的试验,摸索出一种较为理想的酸洗工艺,应用效果甚好。

1. 酸洗前的处理

用纯铝丝或不锈钢丝装挂零件(不允许使用铁丝或铜丝装挂)→清洗剂除油(采用阳极除油:10 g/L 专用清洗剂;温度为 35 ℃~55 ℃,时间为 3~5 min)→电解除油[(80±10)g/L 氰化钠,(80±10)g/L 氢氧化钠;温度为 20 ℃~40 ℃,J_c 为 0.5~2 A/dm^2,除净为止]→水洗。

2. 酸洗

根据 TC4 钛合金的表面状况、酸洗速度和溶液维护等因素,可以选定如下工艺参数:HF:15～20 g/L;HNO_3:340～360 g/L;WJ 缓蚀剂:微量;温度:15 ℃～35 ℃;时间:1～2 min。其中,WJ 缓蚀剂的主要作用是防止零件在酸洗时产生腐蚀,延长氢的渗入时间。

在配置酸洗剂的过程中需要注意的问题是,配方中的硝酸与氢氟酸比例不能失调。否则,容易出现酸洗效果不佳或过腐蚀现象。

酸洗后的 TC4 钛合金表面有时会附着一些氧化物,对于 TC4 钛合金表面附着的氧化物可以采用如下工艺参数去除:HNO_3 50%(体积分数),清洗温度:15 ℃～35 ℃,清洗时间:5～10 min。此后,水洗后吹干即可。

3. 酸洗效果

按照以上配方,当酸洗速度为 3 $\mu m/min$ 时,清洗后 TC4 钛合金表面洁净,无氧化皮,无腐蚀痕迹,且经过对酸洗后的 TC4 钛合金进行测量(见表 3-17),未发现氢含量有明显的变化。因此,可以说按照以上工艺酸洗的 TC4 钛合金未引起氢脆。但需要注意的问题是,TC4 钛合金酸洗后最好 2 h 内进行焊接,以便获得较好的焊接质量。

表 3-17 TC4 钛合金酸洗前后的氢含量

试样号	t(酸洗)(min)	$w(H)$(%)	w(平均)(%)
1	0	0.007 6	0.007 5
2		0.007 6	
3		0.007 4	
1	15	0.007 0	0.007 6
2		0.008 1	
3		0.007 9	

六、如何进行 TC6 钛合金的焊接?

TC6 是一种新型两相热强钛合金,是目前应用最广泛的 Ti、Al、Mo、Cr、Fe、Si 系钛合金。TC6 钛合金除具有普通钛合金比强度高、抗腐蚀性好等优点外,还具有良好的塑性和冲击韧性,使用温度可高达 450℃,常被用于制造飞机的一些重要部件和零件。但对于钛合金的焊接件而言,常因为焊后残余应力大,增加了冷裂纹和应力腐蚀开裂敏感性,致使焊后 TC6 钛合金构件经常产生开裂。

为了提高 TC6 钛合金焊接接头使用性能,某高校和企业的研究者联合对其进行了系统研究,以期通过一些工艺措施和手段达到减少 TC6 钛合金焊接接头冷裂纹和应力腐蚀开裂敏感性,以及改善接头疲劳强度的目的。

试验材料采用板厚 1 mm 的 TC6 钛合金板,焊接方法采用半自动钨极氩弧焊,焊接时采用不添加焊丝自熔焊。焊前将试样在 $4\%HF+40\%HNO_3+H_2O$ 的溶液中浸泡 20 min,然后用清水冲洗干净并烘干。母材化学成分见表 3-18。试验采用焊接接头如图 3-11 所示。焊接工艺参数为:焊前将母材预热到 150 ℃并保温 1 h,焊接电流 (22 ± 1) A,焊接电压 16~20 V,保护气体流量 8 L/min,转速 3.4 r/mim,频率 40 Hz,焊后空冷。为消除焊接接头的残余应力,对试样进行了焊后真空去应力热处理。真空热处理工艺参数为:真空度:1×10^{-2} Pa;升温速度:30 min 升到 750 ℃;降温速度:采用充氩急冷,使试件 30 min 内降至 300 ℃,300 ℃后炉冷至室温出炉;热处理温度为 750 ℃,保温时间 2 h。

表 3-18 母材化学成分

化学成分	C	Al	Si	Cr	Mo	Fe	N	H	Ti
质量分数(%)	0.10	5.5~5.7	0.15~0.40	0.8~2.3	2.0~3.0	0.2~0.7	0.05	0.015	余量

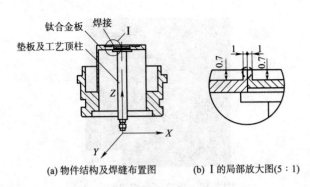

(a) 物件结构及焊缝布置图　　(b) Ⅰ的局部放大图(5∶1)

图 3-11　组合焊缝结构图(单位:mm)

焊缝区组织如图 3-12 所示。由图 3-12 可见,TC6 钛合金在焊接时,没有添加填充金属,焊缝金属由熔化后的母材形成。焊缝区金属显微组织为针状马氏体 α' 和 $\alpha+\beta$ 组织。针状 α' 是由较粗大的原始 β 相转变而成的过饱和马氏体,在焊缝区 α 片明显粗化,并形成编织状的 α 组织。在钨极氩弧焊焊接过程中,由于焊接温度高,保温时间相对较长,冷却速度相对较慢,焊缝中心最后结晶,而合金元素蒸发损失较其他地方严重,造成 β 稳定元素含量增加,特别是在焊缝中部最后结晶区域,晶界明显,针状 α' 明显减少,焊缝中心处的 β 相组织向针状的 α' 相组织转变相应减少。同时,由于研究者在焊接前采取了预热可以降低焊缝的冷却速度,并且焊后对焊接接头进行真空退火处理,使焊缝 α' 相转变为 $\alpha+\beta$ 相,从而使 α' 相组织进一步减少。

热影响区组织如图 3-13 所示。由图 3-13 可见,热影响区金属显微组织为 $\alpha+\beta$ 双相组织。可见 β 晶界和晶内 α 相不均匀析出,α 相的析出将有利于焊接接头性能的改善。热影响区晶粒由熔合线到母材逐渐细化,依次出现完全相变区、部分相变区和无相变区。完全相变区晶粒粗大,部分相变区保留有部分原始母材的晶粒和组织形貌。热峰值温度超过钛合金重结晶温度的热影响区产生 $\alpha \rightarrow \beta$ 相变,靠近熔合线的部位等轴晶粗大,晶内是 α' 钛马氏体,马氏体针轮廓比焊缝中马氏体针模糊,晶界有初生 α 相,

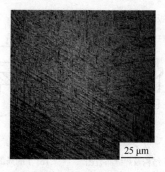

图 3-12 焊缝区金相组织(一)

由于研究者的焊前预热,有效地降低焊接接头的冷却速度,从而有利于形成室温塑性较好的针状 α+β 双相组织。

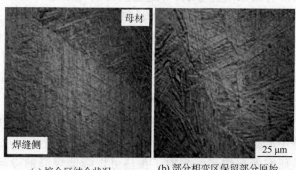

(a) 熔合区结合状况　　(b) 部分相变区保留部分原始
　　　　　　　　　　　　　母材的晶粒和组织形貌

图 3-13 热影响区金相组织

图 3-14 为 X 射线衍射试验结果。从图中可以看出,除了 Ti 以外,在焊接接头中出现了少量的 Al_3Ti 金属间化合物新相,室温脆性严重,裂纹很容易在任何组织结构不均匀处形成。这是因为在氩弧焊焊接过程中,由于焊接温度高,焊前对试样进行了预热,因此使冷却速度相对降低,有利于焊缝中的 Al 与 Ti 充分结合,形成 Al_3Ti 金属间化合物,从而使焊接接头的脆性增加,韧性相对降低。

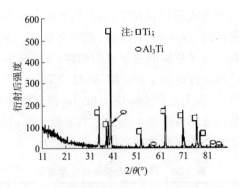

图 3-14 焊接接头 XRD 图谱

采用试验条件为沿 X、Y、Z 三轴振动,加速度 100 mm/s²,振动频率范围 10~500 Hz,交越频率 57.5 Hz,对其焊后试件进行了性能试验,试验持续时间为 9 h。试验后无损检测焊缝及热影响区无裂纹、气孔。

通过氦质谱检漏仪对其焊件进行气密性检查,在泄漏量不大于 1×10^{-6} Pa·m³/s 条件下全部合格。

分别对焊接后试样进行了冲击试验,试验条件见表 3-19。对进行冲击后的试样在工作温度为 $-45\ ℃ \sim 85\ ℃$ 环境下运行,其工作寿命 1 000 h 后未见裂纹,结构正常运转。可见,采用焊前预热和焊后进行真空热处理工艺得到的焊接接头符合使用性能的要求。

表 3-19 冲击试验条件

参数	峰值加速度 (mm·s⁻²)	脉冲持续时间 (ms)	波阵面 (个)	速度变化 (mm·s⁻¹)	冲击时间 (X 轴)(s)
取值	500	11	5.5~5.7	3.44	30

七、如何降低 TC6 钛合金热影响区脆性?

TC6 是一种综合性能良好的马氏体型 α+β 两相钛合金,具有良好的高温变形能力和热加工性能,变形抗力小,塑性高,可以进行焊接和各种方式的机械加工。但 TC6 钛合金焊接后在焊缝区容易出现脆性的 TiCs 和 AlTi 相，使接头变脆。为了消除 TC6 钛合金焊接后在焊缝热影响区呈现的脆性，某公司科技人员通过航空上某组件焊接件的加工和应用，研究了 TC6 钛合金的焊接性和相应的焊接工艺，为工程实际应用和理论研究提供了数据。

该研究所用母材为厚度 1 mm 的 TC6 钛合金，其主要化学成分见表 3-20。航空上某组件产品的技术要求为：

表 3-20　TC6 钛合金母材化学成分

化学成分	C	Al	Si	Cr	Mo	Fe	N	H	O	Ti
质量分数（%）	0.10	5.50~7.00	0.15~0.40	0.80~2.30	2.00~3.00	0.20~0.70	0.05	0.02	0.18	余量

一是，焊缝气密。漏率泄漏量不大于 1×10^{-6} Pa·m^3/s。

二是，焊缝强度可靠。x、y、z 三个方向振动，加速度 $15g$，持续时间 9 h，试验后焊缝气密，不产生泄漏。

分析 TC6 钛合金的焊接性可知，钛是一种活性金属，常温下就能与氧生成致密的氧化膜，高温下与氧、氮、氢的反应速度更快。因此，钛及钛合金在焊接时刚凝固的焊缝金属和高温近缝区容易受空气等杂质的污染，增加焊接接头脆性，容易产生焊接裂纹和气孔等缺陷。

根据有关资料，TC6 属于 α-β 双相钛合金，其基本组成为 α 相和 β 相，具有良好的高温变形能力和热加工性能，但是合金中随着 β 相的增多，其焊接性能变差。尤其是在焊接过程中，当焊接线能量增加时，液态熔池在高温停留的时间增长，冷却速度减慢，热影响区范围扩大，促使 β 晶粒严重过热长大。同时，焊缝中的氧、氮、氢、碳增加，则焊缝金属的硬度和强度提高、塑性下降。其中，氢是引起冷裂纹的主要原因之一。氢对焊缝的冲击韧性影响很大，焊后组织相变过程中易产生晶间裂纹。此时，如果焊接构件再受外力作用就会形成冷裂纹。在高温下，钛对氧和氮的亲和力远远超过铁对这些元素的亲和力。氮和氧在相当宽的浓度范围内与钛可以形成间隙固溶体。氧和氮的存在可以降低金属的塑性,提高金属的硬度。合金中的 Al 不仅能提高钛合金焊接接头的强度,还能提高焊缝的热强性、抗腐蚀性、抗蠕变和抗氧化性能力,但是也能使焊缝金属产生粗大的针状组织,从而降低焊缝金属的塑性。合金中 Mo 的质量分数为 2%～3% 时,具有良好的塑韧性;另外,Fe、Cr 对提高母材的抗拉强度也能起到很好的作用。由以上分析可见,TC6 的焊接性相对较好,焊接冷裂纹的倾向较小。

气孔是钛及钛合金焊接时最常见的缺陷之一,气孔不仅造成应力集中而且会使整个焊接接头塑性、寿命降低。钛合金焊接过程中易在其焊缝表面形成致密的氧化膜。钛在常温下非常稳定,但在高温下则有强烈的吸收氢、氧、氮的能力。空气中的钛在 250 ℃ 时开始吸氢,500 ℃ 开始吸氧,600 ℃ 开始吸氮,随着温度提高,钛吸收气体的能力更强。这些气体被吸收后,将会引起焊接接头脆化,这是导致钛及钛合金焊接缺陷的重要原因。

为防止以上焊接缺陷的产生,钛合金焊前要对焊接区域两侧和对接表面进行清理。按航空工业标准 HB 5376—1987,母材应在 4%HF+40%HNO$_3$+H$_2$O 的溶液中浸泡 20 min,然后用清水冲洗干净并烘干,接头型式如图 3-15 所示。

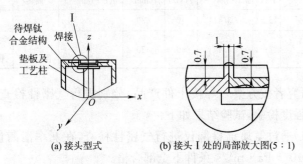

(a) 接头型式　　　(b) 接头 I 处的局部放大图(5∶1)

图 3-15　焊接接头型式(单位:mm)

为了成功地实现 TC6 钛合金的焊接,研究者采用了两种焊接方案:

方案一:采用钨极氩弧焊焊接 TC6 钛合金,焊前不预热,焊后不对构件进行热处理。

方案二:采用钨极氩弧焊焊接 TC6 钛合金,对母材进行焊前预热和焊后热处理,并增大焊接电流。

方案一设计的主导思想是:母材厚度只有 1 mm,属于薄壁焊接。在焊接过程中可采用不添加焊丝工艺,由于焊接热输入相对较小,熔池在高温停留的时间短,在焊接过程中不会产生焊接冷裂纹,焊接工艺参数见表 3-21。

方案二设计的主导思想是:母材厚度虽然只有 1 mm,且组件较小,但焊缝接头的力学性能要求却较高。适当增大焊接电流,可增加焊缝熔深,提高焊缝强度。但是,对于 TC6 双相合金而言,β 相稳定性较高,如果焊接热循环控制不当,焊接线能量相对过大,接头的塑性和韧性显著降低,脆性倾向相应增加。另外,如果冷却速度过快,则在冷却过程中会出现各种马氏体相,使塑韧性降低,裂纹倾向增大,故在方案二中采用了增大焊接电流、增加焊前预热、焊后热处理的工艺措施,焊接参数见表 3-21。

表 3-21　焊接工艺参数(二)

焊接参数 方案	电流 $I(A)$	转速 $\omega(r \cdot min^{-1})$	频率 $f(Hz)$	焊接长度 $l(mm)$	保护气流量 $q(L \cdot min^{-1})$	焊前 预热	焊后热 处理
方案一	18±1	3.4	40	430	8	无	无
方案二	22±1	3.4	40	430	8	150℃, 保温 1 h	750℃, 保温 2 h

研究者按方案一焊接十件产品,分别进行气密性检查、无损检测、强度检验,试验结果如下:

(1)通过氦质谱检漏仪进行气密性检查,在漏率泄漏量不大于 1×10^{-6} Pa·m³/s 条件下全部合格。

(2)采用荧光探伤,焊缝及热影响区均无裂纹、气孔。

(3)强度检验时,任意抽三件组件组装到下一个组件中,沿 x、y、z 三轴振动,加速度 $15g$,保持 9 h 过程中,三件中有一件在 z 轴振动时,零件在焊缝区断裂,如图 3-16 所示。

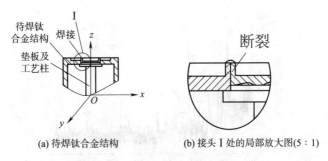

(a) 待焊钛合金结构　　　(b) 接头 I 处的局部放大图(5∶1)

图 3-16　焊缝断裂位置示意

(4)将焊缝断裂部位在 100× 显微镜下观察熔深,在距焊缝和热影响区熔合线 0.2 mm 焊缝区域发现裂纹;通过 400× 显微镜下观察焊缝区组织,观察到粗大的 β 晶粒。研究者认为粗大的 β 晶粒是导致接头塑性和韧性降低致使焊接接头在振动试验中产生裂纹的主要原因(焊缝金相组织如图 3-17 所示)。

图 3-17　焊缝金相组织(二)

(5)经过对焊接接头进行 XRD 测试,发现在焊接接头中出现了硬而脆的 TiC_8 相和少量的脆性 AlTi 相,如图 3-18 所示。

方案一所形成的焊接接头通过无损探伤和气密性检查,接头中没有出现气孔但发现微小裂纹。在对焊接接头的金相测试和 XRD 测试中,在焊缝区发现了许多粗大的 β 组织、硬而脆的 TiC_8 和少量的脆性 AlTi 相。正是 β 组织晶粒严重过热长大,从而导致

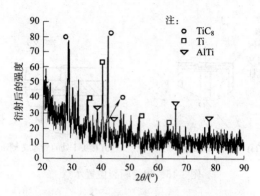

图 3-18 TC6 钛合金焊缝的 XRD 测试结果

接头塑性和韧性显著降低,导致焊缝区脆性、冷裂倾向增加。因此,当在振动和冲击试验等拘束度高的条件下使用时,焊缝和热影响区在高温工作状态下产生了裂纹。

按方案二焊接三件产品,研究者也分别进行了气密性检查、无损检测、强度检验和振动试验。结果表明,焊接接头没有产生气孔和裂纹等缺陷,焊接接头全部合格。对合格的焊接接头进行金相观察发现,焊缝区为 $\beta+\alpha$ 两相组织,如图 3-19 所示。

图 3-19 焊缝区金相组织(三)

由此可以看出,研究者采取的方案二虽然焊接时增加了焊接电流,焊接热循环过程中的热输入量增加,使产生粗大 β 组织的可能性增加,冷裂纹和脆性的倾向也增大。但是,研究者在焊前采用预热并在焊接后立即进行热处理,达到了消除应力、改变相稳定性和改变微观组织的目的,改善了合金的抗裂性。

因此,采用方案二的焊接工艺,通过焊前预热和焊后热处理等措施,可以使 TC6 钛合金组件在使用过程中的焊接接头保持完好,产品完全达到使用性能的要求。

八、如何进行钛合金的高效焊接?

近年来,舰船在设计时,在保证使用性能的同时也注重提高船舶运行的安全、环保、节能和舒适度等方面。因此,许多舰船开始大量使用钛合金材料。随着钛合金用量增多,一些船厂为提升焊接效率、稳定产品质量,开始研发一些钛合金的高效焊接方法和工艺。例如,某研究单位以实船建造中典型牌号的钛合金为例对其进行了的大量焊接研究,研究分别采用等离子弧焊(PAW)、激光焊(LW)和激光-MIG 复合焊进行工艺试验。结果表明,PAW、LW 及 LW-MIG 复合焊焊接效率较高,所焊制的焊接接头性能优异。下面,根据研究者所获得的成功经验,对其 3 种焊接方法及其工艺进行介绍。

研究者试验所用母材为 Ti70 和 TA5 钛合金。其中,Ti70 为 Ti-2.5Al-2Zr-1Fe 系近 α 钛合金,TA5 为 Ti-4Al-0.005B 系 α 钛合金。两种钛合金的机械性能见表 3-22。

表 3-22 焊接试验用钛合金机械性能

钛合金牌号	状态	规定非比例伸长应力 $\sigma_{0.2}(N \cdot mm^{-2})$	抗拉强度 $\sigma_b(N \cdot mm^{-2})$	伸长率 $\delta_5(\%)$
Ti70	M(退火状态)	≥600	≥700	≥20
TA5	M(退火状态)	≥585	≥685	≥12

试验焊接中,PAW 和 LW-MIG 复合焊两种焊接方法均使用直径为 1.2 mm 的 TA10 盘状焊丝,该焊丝的化学成分见表 3-23。

表 3-23 焊接试验用 TA10 焊丝化学成分

化学成分	Ti	Al	Zr	Mo	Ni	Fe	C	O	H	N	Si
质量分数(%)	基	—	—	0.2~0.4	0.6~0.9	≤0.30	≤0.08	≤0.25	≤0.015	≤0.03	—

等离子弧焊的离子气、喷嘴保护气、拖罩以及背面保护气体均采用一级纯氩(≥99.99％);激光焊接过程中侧吹气体采用纯氦(≥99.99％),拖罩及背面保护气体采用一级纯氩(≥99.99％);LW-MIG 复合焊时 MIG 焊枪采用 70％He＋30％Ar 混合气体。

研究者在试验中发现,PAW 非常适用于钛及钛合金的焊接,因为等离子弧焊具有能量集中、穿透力强、单面焊双面成型良好、无钨夹杂、气孔少等优点;LW 由于能量密度很高,可获得较大的熔深和极高的焊速,且由于激光束的直径极小,故焊缝和热影响区窄、焊接残余应力和变形很小;LW-MIG 复合焊能够降低对工件坡口加工精度的要求,改良 LW 焊时出现的焊缝余高不足的现象,且由于液态熔池对激光束的吸收率较高,相比 LW 可获得更大的熔深和更高的焊接速度。

通过多次试验,研究者认为上述 3 种自动焊接方法工艺重复性好,对焊工水平的要求较低,非常适合生产中大批量规则焊缝的焊接。根据实船建造需要,研究者还对其选用材料进行了工艺试验,试板的规格及坡口形式见表 3-24。

表 3-24 钛合金高效焊接工艺试验项目一览表

试验编号	试板材料及厚度	接头形式	坡口示意图	焊接方法	焊接位置
18	4(Ti70)＋4(Ti70)	对接	0~0.5, 4	PAW	平对接
19				LW	
20				LW-MIG	
21	16(TA5)＋4(Ti70)	T 型角接	4 mm, 16 mm	LW	钉状叠焊

1. 焊前准备

钛合金焊接的焊前准备工作非常重要,焊前准备工作主要包括:

(1)焊前清洁

焊前要用细丝的不锈钢钢丝刷对坡口及坡口两边 50 mm 范围内的钛合金表面进行打磨,直至露出钛合金本身的金属光泽为止。打磨后再用干净的白绸布加丙酮将坡口及其两侧擦拭干净,以彻底清除焊接区域的氧化膜、油脂、水、尘等杂物。

(2)调试设备

焊接前要仔细检查各气瓶压力,以确保各种气体压力充足。PAW 及 LW-MIG 复合焊前,要对焊机进行调节和检查,确保电源和送丝机正常工作。调节检查时,一般可将焊枪在焊缝全长上空走一遍,确保行走机构工作正常且焊枪与焊缝对中理想。LW 焊前,要校正焊缝轨迹,编写 NC 程序。

2. 焊接方法

(1)等离子弧焊

对厚度在 2.5~15 mm 之间的钛板,当坡口为 I 形时应用小孔法可一次焊透,为了保证小孔的稳定,本试验中背面充气沟槽的尺寸为 30 mm×30 mm。PAW 的工艺参数较多,当采用小孔法时主要涉及到喷嘴孔径、焊接电流、离子气流量、焊接速度、保护气流量等。本试验中所使用的喷嘴孔径为 2.5 mm,焊接时电流类型采用直流正接(DCEN),研究者在试板焊接过程中的具体焊接工艺参数见表 3-25。

表 3-25 钛合金等离子弧焊工艺试验焊接参数

试板编号	焊道布置	焊接电流(A)	焊接电压(V)	焊接速度(cm·min^{-1})	送丝速度(m·min^{-1})	氩气流量(L·min^{-1})			
						等离子气	焊枪	拖罩	背面
18#		135	21~22	30	1.0	0.6	10	25	20

(2) 激光焊

LW 焊接时的主要工艺参数有激光功率、焊接速度、离焦量、侧吹气体流量及保护气体流量等。由于 LW 焊速极高，一般不能在焊接过程中对工艺参数进行调节，故在正式焊接前需通过预试验确定最佳的参数组合。研究者对于试板 19# 及 21# 的具体焊接工艺参数见表 3-26，试板 21# 焊接时的层间温度不大于 100 ℃。

表 3-26 钛合金激光焊工艺试验焊接参数

试板编号	焊道布置	焊道顺序	激光功率(kW)	焊接速度($m \cdot min^{-1}$)	离焦量(mm)	气体流量($L \cdot min^{-1}$)		
						侧吹气体	正面拖罩	背面
19#		1	8	1.8	−2	30	45	15
21#		1	8	1.8	−4	30	45	15
		2	8	1.8	−4	30	45	15

(3) 激光-MIG 复合焊

LW-MIG 复合焊时，由于存在激光和电弧两个热源，且每个热源均有较多的工艺参数需调节，故要使激光与电弧谐同匹配需进行大量试验摸索。对于 4 mm 的 Ti70 板材对接接头，研究者使用了表 3-27 给出的工艺参数，得到了成型良好的单道全熔透焊缝。焊接时激光与电弧的相对位置如图 3-20 所示。

表 3-27 钛合金激光-MIG 复合焊工艺试验焊接参数

试板编号	焊道布置	激光功率(kW)	焊接速度($m \cdot min^{-1}$)	离焦量(mm)	送丝速度($m \cdot min^{-1}$)	电弧电压(V)	激光-电弧间距(mm)	气体流量($L \cdot min^{-1}$)			
								侧吹气体	焊枪喷嘴	正面拖罩	背面
20#		8	1.8	−2	10	30	6	25	30	45	15

3. 焊后检查

(1) 焊缝外观

焊接完成后，对其焊缝的外观进行检查和无损检测。钛合金

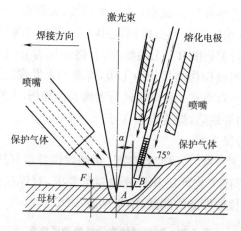

图 3-20 钛合金激光-MIG 复合焊激光与电弧相对位置示意图

焊缝的外观颜色可以表明焊缝产生污染的程度。一般银白色的保护优良,几乎不存在有害气体的污染;淡黄色、金黄色焊缝对力学性能影响不大;其他蓝、灰等颜色则不可接受。由于研究者高温区采取的保护充分,焊接后的焊缝外观颜色基本为银白色或金黄色。但由于在起弧段拖罩不能完全靠牢,所以在起弧处保护效果略差,部分焊缝的外观如图 3-21 所示。

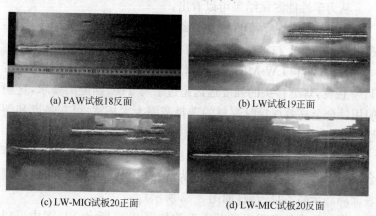

(a) PAW试板18反面　　　　　(b) LW试板19正面

(c) LW-MIG试板20正面　　　　(d) LW-MIC试板20反面

图 3-21 部分焊缝外观

焊后焊缝外观检查成型良好,无裂纹、未熔合、气孔、焊瘤等缺陷。按照《承压设备无损检测》(JB/T 4730—2005),研究者对焊缝先后进行 PT 和 RT 无损检测,合格指标为Ⅱ级。其中 3 块对接试板的射线探伤结果均为Ⅰ级,焊缝均未发现气孔、裂纹、未熔合等缺陷。对所有 4 块试板进行表面着色探伤,未发现裂纹、表面气孔、咬边等缺陷,焊缝成型良好。

(2) 焊接接头

无损检测合格后,研究者参照《钛制焊接容器》(JB/T 4745—2002)有关焊接工艺评定和焊缝检验的要求,对焊接接头进行了弯曲性能和拉伸性能的测试,结果见表 3-28。

表 3-28 对接试板力学性能测试结果

试板编号	抗拉强度 σ_b(MPa)	弯曲($D=10t, a=90°$)	
		正弯	反弯
18#	770(断焊缝)/775(断焊缝)	无裂	无裂
19#	678(断母材)/674(断母材)	无裂	无裂
20#	709(断焊缝)/706(断母材)	无裂	无裂

注:合格指标 $\sigma_b \geqslant 630$ MPa,弯至 90°无大于 3 mm 的外露缺陷。

从力学性能测试结果可以看出:

1) 对接接头的力学性能测试结果达到了标准要求,说明接头在强度和塑性上与母材 Ti70 可靠匹配;

2) PAW 和 LW-MIG 复合焊使用强度较低的 TA10 焊丝焊接 Ti70 板材,焊缝接头的强度远远超过了与 Ti70 匹配的要求,这使船用钛合金高效焊接时焊材的选择范围大大拓宽,可在强度和塑性、韧性之间寻求到更好的平衡点;

3) LW 所焊制接头的抗拉强度略低于 PAW 及 LW-MIG 复合焊所焊制的接头,这可能是因为焊接时不使用填充焊材,焊缝表面局部余高不足所致(如图 3-22 所示)。

焊接接头的宏观腐蚀截面形貌如图 3-22 所示。从图中可以看出:各个接头的焊缝及热影响区无裂纹及未熔合等缺陷;PAW

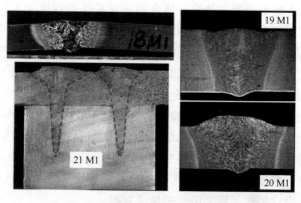

图 3-22　焊接接头宏观截面形貌

焊缝的小孔特征明显,焊缝成型良好;纯 LW 焊缝在正面靠近焊趾的区域存在余高不足的现象,容易在此处应力集中,使用 LW-MIG 复合焊可显著改善焊缝成型,但焊缝宽度明显增加;T 型接头使用 LW 钉型焊,在腹板上的熔深约为 5.4 mm,接头结合牢固。

研究者的焊接实践证明,钛合金等离子弧焊、激光焊及激光-MIG 复合焊所焊制的接头质量优良,工艺重现性好,焊接自动化程度高,生产效率高,适合大批量焊缝的焊接。

九、如何进行 TA15 钛合金的高压及中压电子束焊接?

TA15 钛合金属于高当量近 α 钛合金,具有与 α 钛合金相当的焊接性能和接近于 α+β 钛合金的工艺塑性,是我国重要工程结构焊接用钛合金的主要材料。目前,对于 TA15 钛合金焊接主要采用钨极氩弧焊(GTAW)和电子束(EBW)两种焊接方法。据有关资料显示,采用钨极氩弧焊(GTAW)和电子束(EBW)两种方法焊接 TA15 钛合金,其焊接接头的抗拉强度与母材基本相当,但是钨极氩弧焊(GTAW)焊接的 TA15 钛合金焊接接头的延伸率明显低于电子束(EBW)焊接的 TA15 钛合金焊接接头的延伸率。为此,对于重要结构的 TA15 钛合金结构,建议使用电子束(EBW)方法进行焊接。

电子束焊接技术是将高能量密度的电子束作为一种热源,通过聚焦系统加速轰击加热金属表面实现零件的焊接加工制造，是一种应用较为广泛的特种加工技术。电子束焊接因其能量密度高、热影响区小、变形小等优点，现在已广泛应用于一些重要结构的焊接。那么，实际工作中如何对 TA15 合金进行焊接呢？

为研究中、厚 TA15 合金板的焊接，某研究单位采用电子束焊接方法，分析了焊接过程中加速电压为高压及中压时，TA15 合金板电子束焊接接头的显微组织及力学性能，讨论了焊后热处理制度对两种焊接工艺下焊接接头组织及力学性能的影响，提出了优化的焊后热处理工艺，为 TA15 合金板电子束焊接工艺选择及相关构件设计提供了重要的试验参考数据。

试验过程为，首先将 TA15 棒料经改锻后在 810 ℃ 退火处理，而后经机加工成一定尺寸的试板。通过扫描电镜观察到的 TA15 钛合金试板的原始显微组织如图 3-23 所示。可见试板原始组织为晶粒均匀一致的双态组织。试板的宽度方向与锻造方向一致，焊接方向垂直于锻造方向，确保与锻件焊接时的取向情况一致。焊前采用钢丝刷蘸丙酮打磨试板及垫板各面，再用丝绸布蘸丙酮擦拭干净。试板两端对接接缝用氩弧焊连续定位。试板与垫板之间进行 3 处 30 mm 长焊缝定位。试验采用了高压及中压两种加速电压对 TA15 试板进行电子束焊接，焊接时采用的焊接工艺参数及试板厚度见表 3-29。

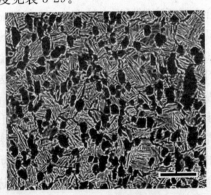

图 3-23　TA15 合金板材的原始显微组织形貌

表 3-29 试验采用的两种电子束焊接工艺参数

加速电压 (kV)	试板厚度 (mm)	聚焦电流 (A)	焊接电流 (mA)	焊速 (mm·s^{-1})
150	70	2.15	195	8
55	62	2.01	350	5

获得焊后接头最优退火热处理制度后,研究者对退火后的焊接接头进行了全面力学性能分析,所测试的项目包括拉伸性能、冲击性能、断裂性能和高周疲劳性能。

采用高压及中压两种焊接工艺获得的焊缝截面低倍形貌如图 3-24 所示。从图中可以看出,两种焊接工艺下电子束扫描搅拌焊接后所形成的焊缝截面形状大致相同,焊缝内柱状晶组织细小均匀。对图 3-24(a)焊接接头不同位置处的显微组织进行了观察,如图 3-25 所示。可以看出,母材(BM)为均匀的双态组织,初生 α 相含量大于 10%,条状 α 相长度未超过 0.25 mm。焊缝熔合区(FZ)处为具有原始 β 柱状晶的针状马氏体组织,且沿熔深方向马氏体 α′组织变化不大。焊接接头的热影响区(HAZ)为针状马氏体 α′和等轴(α+β)的混合组织。

(a)70 mm 厚试板高压电子束焊接

(b)62 mm 厚试板中压电子束焊接

图 3-24 TA15 合金两种焊接工艺下焊缝低倍形貌

研究者还考察了三种不同热处理制度对电子束焊接接头显微组织及力学性能的影响。三种焊后热处理制度分别为:640 ℃/1.5 h A.C.(空气冷却);750 ℃/2.5 h A.C.;800 ℃/2.5 h A.C.。处理后的焊缝显微组织形貌分别如图 3-26 及图 3-27 所示。

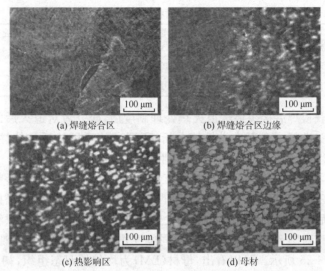

(a) 焊缝熔合区 (b) 焊缝熔合区边缘

(c) 热影响区 (d) 母材

图 3-25 焊缝高倍金相组织形貌

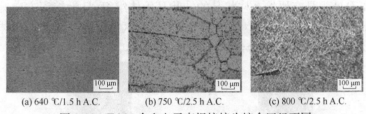

(a) 640 ℃/1.5 h A.C. (b) 750 ℃/2.5 h A.C. (c) 800 ℃/2.5 h A.C.

图 3-26 TA15 合金电子束焊接接头熔合区经不同
焊后热处理后光学显微组织形貌

(a) 640 ℃/1.5 h A.C. (b) 800 ℃/2.5 h A.C.

图 3-27 TA15 合金电子束焊接接头熔合区经不同
焊后热处理后 SEM 显微形貌

· 192 ·

由图 3-26 及图 3-27 可以看出,焊件经热处理与焊后不经热处理相比,640 ℃ 去应力退火对焊缝的过饱和状态影响较小,焊缝中 α 片状析出不明显。提高焊后热处理温度至 750 ℃ 时,α 片状析出增加,晶粒边界更加清晰。焊后采用 800 ℃ 空气炉退火,焊接造成的过饱和状态基本消除,焊缝片状 α 充分析出,且其长径比减小。可见,焊后采用 800 ℃/2 h A.C. 热处理能够保证焊接接头具有良好的强韧性匹配。

研究者还试验测试分析了在 800 ℃/2 h A.C. 焊后退火制度下,高压及中压电子束焊接接头的拉伸性能、室温冲击性能、断裂韧性和疲劳性能。表 3-30 为两种焊接工艺 TA15 合金电子束焊接试板的室温及 200 ℃ 高温拉伸性能,可以看出两种焊接工艺下焊接接头的抗拉强度 R_m 均达到设计使用要求(室温下 R_m 为 930~1 130 MPa)。

表 3-30　TA15 合金电子束焊接接头室温、高温(200 ℃)拉伸性能

状态	焊接方式	R_m(MPa)	$R_{p0.2}$(MPa)	$Z/\%$
室温	高压接头	957	901	45.1
	低压接头	976	901	44.8
200 ℃	高压接头	761	657	52.6
	低压接头	771	650	55.6

随后,研究者测试了两种焊接工艺下 TA15 合金电子束焊接接头的冲击韧性及断裂韧性。其中,断裂韧性测试采用紧凑拉伸试样,沿焊缝方向开槽,试验结果见表 3-31。试验结果表明 TA15 合金经电子束焊接后,其接头的冲击韧性虽然低于母材,但均达到了设计使用要求($a_{KU} \geqslant 35 \ J/cm^2$)。

两种焊接工艺下 TA15 合金电子束焊接接头的高周疲劳性能试验结果见表 3-32。其中应力集中系数 $K_t = 1、3$,应力比 $R = 0.06$,疲劳试验在室温大气环境中进行,加载波形为正弦波。

表 3-31 TA15 合金电子束焊接接头室温冲击韧性和断裂韧性

取样位置及测试项目	冲击吸收功 $KU_2(J)$	冲击韧性 $a_{KU}(J \cdot cm^{-2})$	断裂韧性 $K_{IC}(MPa \cdot m^{1/2})$
高压焊接接头	36.3	45.3	65.9
低压焊接接头	/	39.2	81
母材区	46.68	58.35	/

表 3-32 TA15 合金电子束焊接主导工艺接头高周疲劳性能

试验条件	K_1	$f(Hz)$	N(周)	$\sigma_D(MPa)$
高压	1	130	107	500
	3	125	107	230
中压	1	130	107	512
	3	125	107	372

由研究者的研究与分析可见,高压及中压两种工艺下 TA15 合金电子束焊接接头均可达到设计要求的显微组织及力学性能。尤其是通过 800 ℃/2 h A.C. 焊后热处理,能够明显提高焊接接头的韧性,使两种电子束焊接工艺下焊接接头具有最优的强韧性匹配。

十、如何进行 TC2 钛合金换热管与管板的焊接?

由于 TC2 钛合金具有合金密度小、比强度高、耐腐蚀性能好等优点,被广泛应用于航空压力输油管、耐蚀性换热器和压力容器结构中。该钛合金换热器主要应用于强酸性环境下,利用 TC2 钛合金的优良耐蚀性、比强度高、密度小的特点,可以增强换热器的耐腐蚀性能,减轻换热器的质量、减薄管壁厚度、增加换热效果。下面以某研究者对 TC2 钛合金换热管与管板的焊接工艺研究为例进行介绍。

换热管与管板的焊接如图 3-28 所示。钛合金换热管与管板焊接接头由 2 000 多根 TC2 换热管与管板组成,管与管板由于结构复杂、焊接间距小、焊接时易相互影响、焊接要求严格等特点,所以一般情况下都采用手工氩弧焊方法进行焊接。

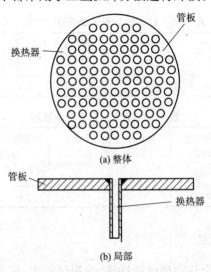

图 3-28 换热管与管板的焊接示意图

1. 焊接技术要求

钛合金换热管与管板一般的焊接技术要求是：

(1)焊缝进行 100％X 射线探伤，质量要符合《钛及钛合金钨极氩弧焊质量检验》(HB 5376—1987)标准(Ⅰ级)要求。

(2)焊缝的焊透深度不小于管壁厚的 70％，不允许出现凹陷、咬边、裂纹、焊漏等缺陷。

(3)焊缝表面应为银白色，热影响区为银白色或金黄色。

2. 焊接性能分析

金属钛质量轻，强度高，比强度大，有两种晶体结构，885 ℃以上为体心立方结构，称为 β 钛，低于此温度为密排六方结构，称为 α 钛。TC2 钛合金属于 α＋β 钛合金，焊接性能较差，焊接接头性能分布不均匀，焊缝强度略低于母材，硬度高于母材，但塑性较差，而热影响区强度与母材相当，硬度低于母材，但塑性较好。

TC2钛合金化学成分见表3-33,力学性能见表3-34。

表3-33 TC2钛合金化学成分(单位:%)

化学成分组	Ti	Fe	C	N	H	O	Mn	Al	其他杂质	
									单一	总和
Ti-4Al-1.5Mn	余量	≤0.30	≤0.10	≤0.05	≤0.012	≤0.15	0.8~2.0	3.5~5.0	≤0.1	≤0.4

表3-34 TC2钛合金力学性能

试验温度	抗拉强度 σ_b(MPa)	伸长率 δ_5(%)	收缩率 ψ(%)	冲击值 a_{KV} (J/cm²)	持久强度 σ_{100}(MPa)
室温	≥686	≥12	≥30	≥39.2	—
高温(350 ℃)	≥422	—	—	—	≥392

3. 焊接难点

由于钛合金热物理性能特殊,冷裂倾向大,化学活性高,焊接时会出现一系列的问题。

(1)焊接变形问题

焊接过程变形是不可避免的。钛的弹性模量仅为钢的一半,焊接残余变形较大,焊后尺寸精度不好保证。

(2)氩弧焊时的保护问题

钛合金的化学性质在高温下极为活泼,从250 ℃开始吸收氢,400 ℃吸收氧,600 ℃吸收氮。故焊接时钛最容易氧化,N、O和H的增加不但会引起焊缝气孔的增加,而且会使焊缝塑性下降变脆,导致焊接裂纹的产生。因此,焊接时超过250 ℃的区域都必须加以保护。

(3)氩弧焊时的焊缝气孔问题

钛合金质量较轻,密度为4.5 g/cm³,仅为钢材的57%,故焊接时对熔池中相同体积气泡的浮力仅为钢熔池的一半,气泡上浮速度较慢,来不及逸出而形成气孔。并且H在Ti中的溶解度随温度的降低而升高,在凝固温度时有跃变,先降低而后升高。另由于熔池中部比熔池边缘温度高,熔池中部的H易向熔池边缘扩散,因此熔池边缘比中部有更高的溶解度,故熔池边缘容易达到 H 饱和而生成气孔,这也是钛合金焊缝气孔大都存在于熔合线上的原因。

4. 焊接过程的质量控制

焊接中对焊接接头质量进行控制是完成优质焊接接头的关键。经过有关实践与分析,控制 TC2 钛合金焊接过程中质量的措施主要有以下几个方面:

(1)防止焊接变形的途径和措施

TC2 钛合金换热管与管板焊接变形的主要方式是下塌,因为管板上需要焊接的结点较多且均匀分布,变形较均匀。解决焊缝下塌的主要途径是调整焊接工艺参数,以适当的焊接热输入量保证小的焊接变形,防止晶粒粗大。同时,较小的焊接工艺参数还有利于气泡的逸出。

(2)防止焊缝气孔的途径和措施

焊缝气孔产生的原因主要是有害气体的侵入。其解决途径就是限制 H_2、O_2 和 N_2 等有害气体的来源,特别是限制氢的来源。防止焊缝气孔产生的解决措施就是对所有使用的焊接材料要严格限制含水量,焊前进行酸洗、打磨和清洗,并保持母材和焊接材料的干燥,焊接时进行较严密的保护及采用合理的焊接工艺参数。

(3)焊接时的保护

进行换热管与管板之间的焊接时,焊接正面保护采用大喷嘴慢速焊接,反面保护采用容器内充氩气的方式,焊缝正面进行焊后拖罩充氩保护,如图 3-29 所示。直至保护到焊缝冷却至 250 ℃以下方可撤离保护拖罩,保护气体要采用纯度为 99.99% 的高纯 Ar。

5. 焊前准备

焊接前要进行充分的准备,焊前准备主要包括:

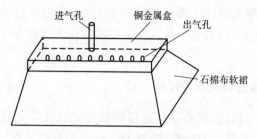

图 3-29 保护拖罩结构示意图

(1)焊接材料准备。TC2 钛合金焊接时主要满足的是其耐蚀性能,因此焊接时应满足等成分原则进行选材,填充材料一般都采用同质焊丝。本例中钛合金的焊接选择了 $\phi 1.2$ mm 的 TC2 焊丝。

(2)焊接方法选择。TC2 钛合金换热管与管板焊接一般都采用手工钨极氩弧焊,焊接设备为 MINI-TIG150 型手工直流钨极氩弧焊机,钨极材料为 $\phi 1.6$ mm 的铈钨极。

(3)坡口准备。焊接前,在管板上开 1.0 mm、45°的单面坡口,即单边 V 型坡口,如图 3-30 所示。

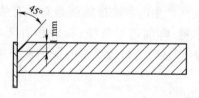

图 3-30 管板坡口形式

6. 焊接过程

(1)焊前酸洗、冲洗和吹干。换热管和管板装配前都需进行酸洗,酸洗时间为 1~2 min,之后进行水洗,然后进行吹干。

(2)打磨。用不锈钢丝刷打磨焊接区使之呈光亮状态,打磨时不允许用清理轮和砂纸打磨,因为磨料质点会造成焊缝生成气孔。

(3)刮削。用擦洗干净的锯条刮削接缝端面,防止端面处的表面杂质污染焊接接头,预防气孔形成。

(4)擦洗。焊前用绸布和无水酒精把焊接区擦洗干净。实践证明,无水酒精比丙酮防止气孔的效果好。

(5)焊接。按图纸和工艺要求,采用单层单道焊。焊接时,注意填满弧坑和气体保护效果。焊接时采用的工艺参数见表3-35。

表3-35 焊接工艺参数(三)

参数	坡口形式	焊接电流(A)	焊丝直径(mm)	保护气体纯度(%)	Ar流量(L/min)	
					正面	背面
取值	V型	25~40	1.2	99.99	15	5

7. 焊后检测

焊接完成后,先对焊缝进行着色渗透检测,检查焊缝外观质量时,渗透剂应选用 Cl^- 含量较低的着色渗透剂(B级)。渗透检测结果表明,在检测范围内焊缝没有外观质量缺陷,表面成型良好。焊缝内部质量X射线探伤结果表明,焊缝中不存在裂纹、未熔合、未焊透和夹渣等焊接缺陷,焊缝质量达到设计标准,且经以上工艺焊接的钛合金换热器已经应用于生产中。

实践证明,采用手工钨极氩弧焊焊接的换热器管与管板焊接质量稳定。

十一、如何利用超声冲击消除钛合金焊缝的残余应力?

由于钛合金高的比强度和热强度以及低密度等性能,许多重要结构已广泛采用该类合金制造。但钛合金焊接时高的热输入量导致其焊接结构存在着较大的焊接应力,并且绝大多数部件焊接后加工余量很少,使钛合金构件在大气中加热发生氢脆和氧化,导致产品不合格甚至报废。一般采用真空退火或气体保护退火可以消除焊接残余应力,但这些热处理方法费用较高且所需时间较长。超声冲击(UIT)是一种机械振动消除应力的方法,该法通过施加在焊缝和近焊缝区高频的冲击力,可以在冲击区域产生压应力,防止焊缝的开裂,提高焊缝的疲劳强度。但是如何使用超声波进行冲击,如何控制超声冲击产生的压应力达到消除焊接残余应力的目的呢?

为研究超声冲击处理对钛合金焊缝压应力的影响,某公司科技人员通过在不同工作电流、不同冲击头的工作条件下,对不同厚度的钛合金焊接试板进行了超声冲击处理。

试验所用焊接材料为 TA15 钛合金试板,规格为 80 mm×40 mm×δ(δ 为 0.8 mm、1.8 mm、2.5 mm),焊接方法采用对接钨极氩弧焊,焊接工艺参数见表 3-36,焊后对试片进行超声冲击试验。冲击试验设备为 HK2050 型手持式超声冲击机,冲击方式采用工具钢制造的针状和片状冲击头,冲击电流为 1~3.0 A,冲击时间为 5 min。超声冲击焊接接头的过程示意如图 3-31 所示。

表 3-36 TIG 焊工艺参数

δ(mm)	I(A)	U(A)	v(cm·min^{-1})
0.8	60~80	8	20
1.8	110~120	9~10	20
2.5	160~180	9~10	20

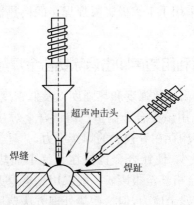

图 3-31 超声冲击示意图

冲击方法为:首先对垂直焊缝区域进行全覆盖冲击,反复冲击至少三次;然后针对焊趾部位倾斜一定的角度进行冲击,反复冲击至少三次,以产生均匀压痕为原则。

超声冲击后执行 GB/T 7704—2008 标准,采用 X 射线衍射法检测焊接试片超声冲击产生的压应力大小。

考虑到有关文献提及到通过对比不同厚度的钛合金钨极氩弧焊试板的残余应力发现,在相同的焊接工艺参数下,热影响区的残余应力要比焊缝区域的大,并且沿着纵向 σ_x 方向(平行于焊缝)的残余应力要比横向的大。因此,研究者针对热影响区的纵向应力进行消除应力分析与研究,不同厚度试板在不同的工作电流作用下热影响区压应力的大小见表 3-37。

表 3-37 工作电流对压应力的影响

δ(mm)	I(A)	焊接应力(MPa)	压应力(MPa)	
			针状冲击头	片状冲击头
0.8	1	196	−220	−126
	2	196	−333	−230
	3	196	−517	−368
1.8	1	210	−237	−160
	2	210	−358	−239
	3	210	−543	−345
2.5	1	230	−241.1	−166
	2	230	−376	−251
	3	230	−531.1	−363

由超声振动实测数据表 3-37,研究者总结出在同一厚度下焊后热影响区产生了约 200 MPa 的残余拉应力,而随着超声冲击工作电流的增加,产生的压应力逐渐增加,并且电流每增加 1 A,针状冲击头产生的压应力增加幅度为 150 MPa 左右,而片状冲击头的增幅较小,为 100 MPa 左右。这主要是由于针状冲击头与焊缝的接触面积小,因此在相同的工作电流下造成的压应力相对较

大。统计数据显示,压应力的变化与电流的变化呈线性正相关。因此,可以通过控制工作电流的大小来控制压应力。对于针状冲击头,1 A 电流的压应力的水平约为 200 MPa,2 A 约为 350 MPa,而 3 A 约为 500 MPa。对于片状冲击头,1 A 电流的压应力的水平约为 150 MPa,2 A 约为 250 MPa,3 A 约为 350 MPa。片状冲击头作用下的压应力水平不仅明显低于针状冲击头,而且随着电流的增加,压应力水平增加的幅度也比采用针状冲击头时小。同时,从数据中可以看出,试板的厚度对压应力的影响也是有规律的,在相同的工作电流下,不同厚度试板产生的压应力水平是近似相当的,压应力并不随试板厚度的变化而变化,说明试板厚度并不是影响压应力的因素。研究结果表明,采用超声冲击技术消除焊接残余应力过程中实现压应力的可控化是完全可行的,压应力的大小只与冲击头类型和工作电流的大小有关系,而与被焊接件的板厚没有直接关系。

对表 3-37 的数据采用最小二乘法进行线性拟合,研究者又分别得到了针状与片状冲击头在不同电流下压应力大小的拟合直线,如图 3-32 所示。

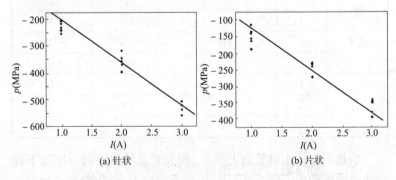

图 3-32 不同冲击头作用下电流与压应力的拟合直线

为了验证拟合直线的可靠性,也为了进一步验证超生冲击在其他形式的焊接结构上是否会产生与板状试样相同的应力水平,研究者针对筒形钛合金焊接件进行验证试验,在焊后进行超声冲击试验,同时测试其应力水平,并同用拟合后的直线计算出不同冲击电流下的应力值进行比较。比较结果见表 3-38。

表 3-38 筒形件实测与拟合压应力值比较

$I(A)$	压应力值(MPa)	拟合值(MPa)	偏差(MPa)
1	−213	−202	11.4
2	−358	−360	−2.1
3	−511	−519	−8.3

注:试验采用针状冲击头。

  从筒形试件超声冲击后的试验测试结果可以看出,筒形件超声冲击后的应力水平和试板冲击后的压应力数值基本在同一数量级上。由此可以断定,焊接结构形式对冲击产生的压应力基本没有影响。同时,从拟合的压应力数值来看,在不同的冲击电流下,拟合值与实测平均值的偏差量很小,并且都在测量误差范围内。从数值的比较来看,拟合的直线能够比较准确的反映各类钛合金焊接件进行超声冲击后的压应力水平。

  以上研究结果表明,超声冲击在钛合金焊缝区域产生的压应力大小与焊接件的尺寸和形式没有必然的联系,只与冲击头的类型和工作电流有关。在其他条件一致的情况下,针状冲击头产生的压应力要比片状冲击头的大。超声冲击产生的压应力大小与冲击头的工作电流呈线性正相关的关系。超声冲击不仅可以在焊缝及热影响区产生对工件有益的压应力,同时通过控制工艺参数,可以控制压应力的大小,通过超声波在冲击区域产生压应力,可以消除焊接残余应力,防止焊缝的开裂,提高焊缝的疲劳强度。

十二、如何进行钛合金厚板的窄间隙 TIG 焊?

  近些年来,厚板钛合金结构的应用越来越多,压力容器、化工等领域对于厚板钛合金焊接结构的需求也越来越多。常用于焊接钛合金的方法主要有氩弧焊、激光焊、电子束焊等。国内外一些学者针对上述方法焊接得到的钛合金接头组织、性能等都进行了深入的分析,但是这些研究大多仅限于厚度 10 mm 以下的钛合金薄板,对于厚板钛合金结构的焊接却少有研究。在焊接厚板钛合金时,由于电弧焊的能量没有电子束高,焊接时必须加工坡口,常采用的 V 型坡口需要填充大量的金属,不仅浪费焊接材料,而且因为热输入量过大而使得接头性能变差。鉴于此,有学者配合特殊的保护措施提出一种窄间隙 TIG 方法焊接钛合金厚板。

窄间隙焊接钛合金厚板不仅可大幅度的减少坡口焊缝金属的填敷量,而且在较小的焊接热输入量下,解决了开坡口困难、焊接速度缓慢和焊后板材应力与变形大等问题。在特殊的保护措施条件下焊接,钛合金焊缝也不会受到空气污染。

研究者试验所用母材为 TC4(Ti-6Al-4V),尺寸为 330 mm×285 mm×52 mm。焊丝选用直径 3 mm 的近 α 钛合金 Ti-4Al-2V,母材和焊丝的成分见表 3-39。

表 3-39 母材及焊丝化学成分(单位:%)

牌号	Ti	Al	V	Fe	C	N	H	O
TC4	基	6.06	3.92	0.30	0.013	0.014	0.001 4	0.15
Ti-4Al-2V	基	4.50	1.80	0.20	0.038	0.032	0.005	0.15

焊接试板开窄间隙坡口,坡口尺寸如图 3-33 所示。焊接前对钛合金试板、焊丝进行机械和化学清洗,除去试板表面的油污和氧化层。

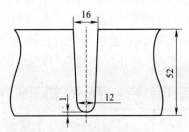

图 3-33 坡口尺寸图(单位:mm)

因为钛合金在焊接时需要严格的保护,即除保护焊接电弧区域外,还要对被焊件未冷却的焊缝区、试板背面及受到热辐射的区域进行全面保护。所以,研究者采用特殊的陶瓷喷嘴(如图 3-34 所示),深入到窄间隙坡口中进行焊接。焊接时利用一只通有氩气的铜管深入到窄间隙中,跟随焊枪保护焊接高温区(如图 3-35 所示)。由于采用单边 U 型坡口,为防止焊接回缩,研究者还利用了反变形法来控制焊件的角变形,反变形预变形量为 10°。根据研究者大量焊接试验,最后设定焊接电流为 200 A,焊接速度为 5 cm/min,层间温度控制在 100 ℃以下,焊枪及保护铜管中氩气流量为 10 L/min,焊接过程中不断摆动焊枪,以确保焊接电弧熔化坡口侧壁。

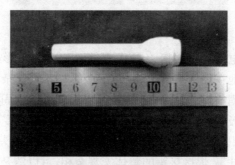

图 3-34 陶瓷喷嘴

图 3-35 窄间隙保护铜管

采用上述焊接工艺得到的焊缝如图 3-36 所示。由于焊接过程中保护效果良好,焊接接头的正面、背面以及焊道两侧的母材均呈银白色,检测无缺陷。

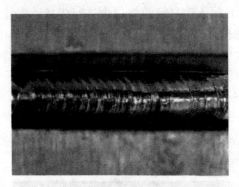

图 3-36　焊缝成型

熔化极电弧焊焊接区一般由焊缝、熔合区、热影响区三个部分组成。熔池在经历了熔化、化学冶金等一系列复杂过程后迅速凝固形成牢固的焊缝,并在随后的过程中继续发生固态相变。虽然窄间隙钨极氩弧焊的热影响区没有熔化,但也因受到高温影响而发生了组织转变。这一系列变化都会影响焊接接头的性能。

观察图 3-37 焊接接头的整体宏观金相,可以清楚地看到从母材到热影响区再到焊缝的过渡,还可清楚地看到焊接层数和热影响区的范围。焊缝宽度约 12 mm,热影响区宽度约 3 mm。可见,在窄间隙坡口下焊接的焊缝和热影响区的宽度十分狭小,减小了电弧不均匀热作用对于结构的不良影响。

图 3-38 为研究者提供的厚板钛合金焊接接头热影响区和焊缝显微组织图。由图可见,熔合线两侧的区域由于组织的差别,呈现不同的颜色。由图 3-38(b)、(c)可以看到,热影响区和焊缝区都有钛的马氏体组织生成,但热影响区的马氏体组织更为细小致密。

由相关研究知,对于双相钛合金,如果其含有较多的 β 相,冷却过程中易出现各种钛马氏体组织(如 α'、α'' 相),且冷却速度越快,越容易出现钛马氏体。研究者认为,试验中所用母材为 TC4,是典型的 $\alpha+\beta$ 双相组织材料,而且焊接热影响区冷却速度较快,

图 3-37 焊接接头宏观金相组织

所以在热影响区出现了大量的针状马氏体组织。而焊缝区针状组织较少,是因为所选的焊丝为近 α 钛合金 Ti-4Al-2V,所以焊缝中存在许多 β 相。

图 3-38 热影响区及焊缝组织

根据《焊接接头拉伸试验方法》(GB/T 2651—2008),研究者在接头上、中、下三个位置分别取样,加工成如图 3-39 所示的拉伸试件进行接头拉伸强度测试。表 3-40 为钛合金窄间隙焊接接头拉伸试验结果。拉伸试件断裂位置均在焊缝处,表明焊缝强度最低,是接头中的薄弱环节。焊接接头的平均拉伸强度为777 MPa,达到母材的90%以上。接头的强度虽然略低于母材,但却高于焊丝的强度,根据窄间隙焊接的啮合理论,焊接过程中产生的针状α'相随着被焊金属厚度的增加和线能量的减少而细化,厚板钛合金进行窄间隙手工 TIG 焊接时,焊缝冷却速度快,会形成细针状α'相,在外加载荷作用下,焊缝组织相互交错发生啮合,焊缝机械性能得到提高,这也是在窄间隙条件下特殊的焊缝强化现象。

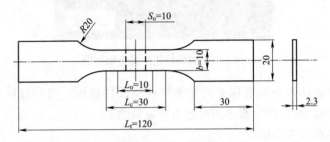

图 3-39　拉伸试件尺寸(单位:mm)

表 3-40　拉伸试验结果

试样＼参数	抗拉强度(MPa)	断后延伸率(%)	屈服强度 $R_{p0.2}$ (MPa)	断裂位置
拉伸试件1	783.81	4.78	647.94	焊缝
拉伸试件2	791.22	3.74	716.58	焊缝
拉伸试件3	756.27	1.95	717.67	焊缝
焊丝	710	—	—	—
母材	860	—	780	—

按照 GB/T 4340.1—2009,研究者还对焊接接头各区域进行了多次测量,绘制的硬度分布如图 3-40 所示。从图中可以看出,热影响区和熔合区硬度值较高,在 330 HV 以上,焊缝区域硬度最低。这主要是因为熔合区和热影响区产生大量针状钛马氏体组织,提高了材料的硬度,而焊缝区域由于是近 α 钛合金组织,虽然

焊接过程中混入了一些母材成分，但由于稀释了，硬度还是呈现较低值。

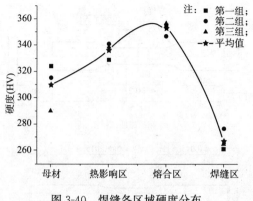

图 3-40　焊缝各区域硬度分布

由以上研究可见，采用窄间隙 TIG 焊接方法可以成功地焊接厚板钛合金，合理的焊接参数和特殊的保护措施确保了焊接接头的质量，使厚板钛合金各项焊后指标与性能满足设计与使用要求。

十三、采取哪种方法焊接可得到使用性能良好的 TC18 钛合金焊接接头？

TC18 钛合金可以采用氩弧焊、电子束焊和激光焊等多种焊接方法，其中最为常见的是氩弧焊和电子束焊。随着焊接工艺的不断发展，通过这两种方法均可获得理想的焊缝外形，但氩弧焊和电子束焊得到的焊接接头究竟有哪些差异呢？

根据某高校研究者的对比研究，提供了两种焊接方法及工艺对焊接接头力学性能的影响参数，研究结果可为使用者在工程中合理选用焊接方法提供参考。

试验材料选用 30 mm 厚 TC18 钛合金。一类构件采用氩弧焊焊接，得到 TC18 钛合金氩弧焊焊接接头；另一类采用电子束焊焊接，得到电子束焊焊接接头。根据《焊接接头拉伸试验方法》(GB/T 2651—2008)、《金属材料疲劳试验旋转弯曲方法》(GB/T

4337—2008)推荐的拉伸、疲劳试验标准试验件构型取材制样标准,研究者制备的试样尺寸如图 3-41 所示。

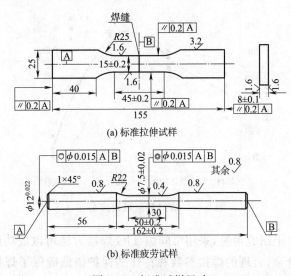

(a) 标准拉伸试样

(b) 标准疲劳试样

图 3-41 标准试样尺寸

试验设备采用 MTS-810 试验机,轴向加载,按照《金属材料拉伸试验 第 1 部分:室温试验方法》(GB/T 228.1—2010)在室温下进行测试。TC18 钛合金母材及两类焊接接头拉伸试验结果见表 3-41。表 3-41 中,每组试样的子样均值 $\bar{x}$ 和子样标准差 S 的计算方法如式(3-1)、式(3-2):

$$\bar{x} = \frac{1}{n}\sum_{i=1}^{n} x_i \tag{3-1}$$

$$S = \sqrt{\frac{1}{n-1}\sum_{i=1}^{n}(x_i - \bar{x})^2} \tag{3-2}$$

由研究者的试验结果可知,电子束焊焊缝室温下的抗拉强度与母材无太大差异,表明电子束焊工艺未显著改变材料的拉伸性能;而氩弧焊焊缝的抗拉强度与相对伸长率则下降明显,试验均值仅为母材的 73.07%、69.20%。试样拉伸破坏位置如图 3-42 所示。

表 3-41 母材及两类焊接接头拉伸试验结果

分类	母材	氩弧焊						电子束焊					
		测量值				均值	标准差	测量值				均值	标准差
σ_b (MPa)	1 151	851	848	837	837	834	841	7.57	1 101	1 100	1 105	1 116	1 095	1 103	7.89
δ_5 (%)	8.28	4.70	6.65	5.15	5.25	6.90	5.73	0.98	7.15	12.10	10.20	8.90	9.65	9.00	2.24

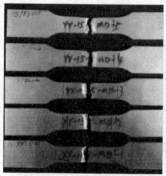

(a) 氩弧焊焊缝区断裂　　(b) 电子束焊焊缝区断裂

图 3-42　两类焊接接头拉伸断裂位置

通过电镜扫描焊缝区金相组织发现,氩弧焊焊缝区内晶粒粗化严重,正是这一变化导致其抗拉强度与相对伸长率的显著降低,如图 3-43 所示。

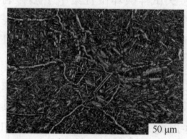
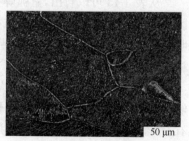

(a) 氩弧焊焊缝　　　　　　(b) 电子束焊焊缝

图 3-43　焊缝区金相电镜扫描照片

疲劳试验在 PQ-6 型旋转弯曲试验机上进行,试验机转速为 3 300 rpm,采用应力比 $R=-1$ 的恒幅弯矩加载。各取 4 级应力水平对两类焊接接头进行疲劳 S-N 曲线试验,试验结果见表 3-42、表 3-43。

表 3-42 两类焊接接头 S-N 曲线试验数据

焊接工艺	S_{max} (MPa)	循环次数(N)(10^5)							lg$N$ 均值	标准差
氩弧焊	600	0.375	0.192	0.191	0.225	0.246			4.372	0.111
	570	0.385	0.484	0.823	0.536	0.327			4.686	0.153
	500	7.57	3.91	1.1	0.815	1.89	2.424	1.975	5.340	0.325
	480	13.15	26.36	45.3	42.9				6.457	0.249
电子束焊	600	0.411	0.281	0.282	0.362	0.389			4.532	0.078
	575	0.359	0.396	0.597					4.643	0.117
	550	1.09	0.748	0.523	1.165	1.86	1.327		5.015	0.194
	520	66.4	18.2	50.3	37.9	100			6.672	0.278

表 3-43 两类焊接接头 S-N 曲线试验试样破坏位置分布

焊接工艺	母材	热影响区	焊缝	试样总数
氩弧焊	0	9	12	21
电子束焊	4	8	7	19

从表 3-43 可以看出,氩弧焊接头试样破坏位置集中于热影响区和焊缝处,而电子束焊接头试样破坏位置分布则相对均匀,表明氩弧焊焊缝及热影响区的疲劳强度要低于母材,电子束焊对母材的疲劳性能影响不大。

高可靠度的 S-N 曲线需要大量的试验数据,但实际试验中能够获得的试验数据总是有限的,较常用的处理方法是通过测定具有 50% 可靠度的中值疲劳寿命并以此来估算材料的疲劳强度和寿命。在置信度 $\gamma=90\%$、相对误差 $\delta_{max}=5\%$ 的情况下,单组疲劳试验样本观测值的个数应满足式(3-3):

$$\frac{\delta_{\max}\sqrt{n}}{t_r} \geqslant \frac{S}{\bar{x}} \tag{3-3}$$

在置信度给定的前提下,可通过查表获得 t_r,经检验表 3-42 中每级应力水平下样本观测个数均满足要求。将同一应力水平 $S_i(i=1,2,3,4)$ 下的一组 n 个疲劳寿命观测值记为 $N_{ij}(j=1,2,\cdots,n)$,令

$$x_i = \lg S_i \tag{3-4}$$

$$y_i = \frac{1}{n}\sum_{i=1}^{n}\lg N_{ij} \tag{3-5}$$

根据式(3-4)、式(3-5)对表 3-42 中试验数据进行变换后,采用最小二乘法对 x_i、$y_i(i=1,2,3,4)$ 进行拟合即可得到两类焊接接头的中值疲劳寿命 S-N 曲线。

氩弧焊接头如式(3-6):

$$\lg N = 56.404\ 4 - 18.760\ 7 \lg S \tag{3-6}$$

电子束焊接头如式(3-7):

$$\lg N = 98.698\ 4 - 34.011\ 4 \lg S \tag{3-7}$$

试验散点图及拟合曲线如图 3-44 所示。电子束焊接头的高周疲劳性能优于氩弧焊接头的高周疲劳性能,因为在焊缝和热影响区内电子束焊接头比氩弧焊接头具有更细小的晶粒(图 3-43),晶粒细化作用提高了接头抵抗滑移形变的能力,抑制了循环滑移带的形成和开裂,从而有效地提高了其疲劳性能。

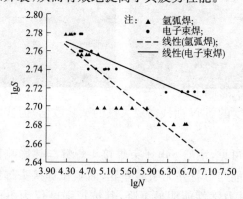

图 3-44 两类焊接接头的中值疲劳寿命 S-N 曲线

采用升降法研究者完成了两类焊接接头对应于疲劳寿命 $N_f=10^7$ 次、$R=-1$ 的旋转弯曲疲劳极限试验,结果见表 3-44。同时,表中列出了通过式(3-6)与式(3-7)计算得到的两类焊接接头疲劳极限。

表 3-44　两类焊接接头的疲劳极限

焊接工艺	疲劳极限试验值(MPa)	疲劳极限计算值(MPa)
氩弧焊	437.5	429.9
电子束焊	487.5	496.7

对比表 3-44 中两种不同方法获得的疲劳极限值发现,采用中值疲劳寿命 S-N 曲线外推得到的材料疲劳极限结果也是可信的。

对试验中同一应力水平下疲劳寿命明显低于其他试样的个别异常试样进行断口扫描,如图 3-45 所示,白色圆内为疲劳源区,发现表面缺陷对接头疲劳裂纹的产生显著的影响。因此,研究者认为有必要在工程应用前制定合理的缺陷探伤与机械加工质量控制标准。

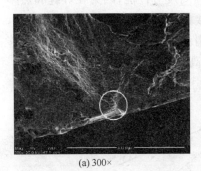

(a) 300×　　　　　　　(b) 1 000×

图 3-45　寿命异常试样断口疲劳源区

由研究可见,室温下电子束焊接头焊缝与热影响区的抗拉强度与疲劳性能与母材并无明显差异,而氩弧焊接头焊缝区内晶粒粗大,使得其力学性能明显下降,其抗拉强度仅为电子束焊接头的 76.25%,高周疲劳性能也不及电子束焊接头。因此,对于 TC18 钛合金的焊接,有条件时尽可能采用电子束焊进行焊接,以获得优质、高效和性能可靠的焊接接头。

十四、采取哪些措施可以控制或减少钛及钛合金的焊接缺陷?

钛合金的最大优点是比强度大,又具有较好的韧性和良好的耐腐蚀性能。因此,在航空工业、化学工业等方面有着重要用途。但钛及钛合金焊接时也容易产生一些缺陷,如气孔、裂纹、未焊透、夹钨等。为避免焊接钛及钛合金时产生焊接缺陷,其控制措施主要有以下几个方面:

(1)预防气孔的措施

气孔是钛及钛合金焊接时最常见的焊接缺陷。焊接钛合金过程中,气孔很难完全消除,一般条件下是根据工作需要对气孔尺寸、数量和分布等加以限制。预防气孔的措施主要有以下几种方法:

1)焊接材料选择及表面清理

①保护气一般使用一级氩气,纯度为 99.99% 以上。

②焊丝不允许有裂纹、夹层,临焊前焊丝最好进行酸洗,至少也要进行机械清理。

③焊件表面,特别是对接端面状态非常重要,对接端面如果不能进行铣刨、刮削等机械加工,最好临焊前进行酸洗。酸洗液一般采用 3%HF+35%HNO_3 水溶液,酸洗后用净水冲洗、烘干。酸洗到焊接的时间一般不应超过 2 h,否则需要放到洁净、干燥的环境中储存,储存时间不超过 120 h。

④横向刨、锤击和滚压端面,产生横向沟槽,可比不带沟槽的气孔减少 2 倍。

⑤焊前热清理可明显减少气孔,氩弧焊时可用电弧热清理。

2)选择合适的焊接工艺减少其气孔生成

①增加熔池停留时间便于气泡逸出,可有效地减少气孔。

②用冶金方法强化熔池去气可有效地减少气孔,即用 $AlCl_3$、$MnCl_2$ 或 CaF_2 等涂于焊接坡口上,熔剂数量一般为 1 mg/cm^2。

③对接坡口留间隙 0.2~0.5 mm,可明显减少气孔。

④在钨极氩弧焊填丝焊接时,采用焊丝距熔池一定高度导入,使焊丝熔化后不直接进入熔池,而是在电弧区下落,起到熔滴净化去气作用,可明显减少气孔。但要注意此法和坡口上涂熔剂法都影响焊缝成型。

(2)防止裂纹的措施

裂纹在焊接生产中并不多见,防止与控制裂纹的措施主要有:

1)加强焊接保护可消除由于焊接保护不良、焊缝变脆引起的焊接热应力裂纹。

2)使用的焊丝不得有裂纹、夹层等缺陷,防止有害杂质沾污焊缝可以减少焊接热裂纹。

3)采用焊前预热、焊后缓冷和适当的工艺措施可避免 TC10 类含 β 稳定元素较多的钛合金焊接时,因结构刚性较大、焊接工艺不当可能出现的延迟裂纹。

4)厚壁 α+β 或 β 钛合金焊接时不应使用工业纯钛焊丝,这样可避免焊缝中出现氢化钛引起的裂纹。

(3)防止未焊透的措施

未焊透是氩弧焊过程中较易出现的焊接缺陷。避免未焊透的措施是采用稍大焊接工艺参数进行焊接,焊接前背面加垫板的方法也可预防未焊透。

(4)防止钨夹杂的措施

手工氩弧焊时,由于操作不慎可能产生钨夹杂。避免焊缝钨夹杂可通过加强对焊工操作技能的培训,提高焊工技术水平和提高操作过程的稳定性来避免。

十五、如何利用助焊剂消减钛合金焊接气孔?

在各种焊接方法中,TIG 焊由于其焊接质量高、焊件的熔化量可以精确控制以及适合在施焊难度较大的场所使用等特点,在生产中得到了广泛的使用。但 TIG 焊熔深小,对材料的适应性差,生产效率低。增加电流输入,熔化宽度会变得很宽,而熔深增加不明显。20 世纪 60 年代中期,乌克兰巴顿焊接研究所最早开展了提高 TIG 焊效率的研究,逐步提出了活性化 TIG 焊接,即 A-TIG 焊的概念。活性化焊接就是实施焊接前在工件表面涂敷一层活性化物质,活性剂的加入可对电弧形态、熔池流动及冶金反应产生较大影响。与常规 TIG 焊方法相比,在相同的焊接规范时,A-TIG 焊能使熔深增加 1~2 倍,焊接时间减少 50%,焊接效率大幅提高,焊接成本也相应减少。另外,由于热输入减少,有利于减小焊接变形。

钛合金具有密度小、强度高、耐腐蚀性能好等特点,是航空航天、化学工业不可缺少的结构材料之一。钛的化学活性大,不仅在熔化状态即使在 400 ℃ 以上的高温固态下,也极易被空气、水分、油脂、氧化膜等污染,吸收氧、氮、氢、碳等杂质,使焊接接头的塑性和韧性显著降低,还容易引起气孔。

在 A-TIG 焊时,由于活性剂的加入使焊接熔深增加,同时相应的焊接规范降低。氟化物和氯化物的加入降低了熔池流动能力,这些冶金反应的复杂化对焊缝究竟有哪些影响是研究者和使用者极度关心的问题。为此,有某科研单位研究者在研究采用 A-TIG 焊进行钛合金焊接增加熔深的同时,研究了 A-TIG 焊在钛合金焊接过程中活性剂对各种缺陷消除的作用,以期得到具有良好综合性能的焊接接头。

试验用材为 TC4 合金,试件尺寸为 100 mm × 30 mm × 2 mm,试验系统组成如图 3-46 所示,A-TIG 焊接过程如图 3-47 所示。焊前用钢丝刷清除试件表面及端面的氧化膜,露出金属光泽。然后用无水乙醇擦拭,清除有机物并待其干燥后使用。焊接规范见表 3-45。

为了保证涂敷效果,研究者将选择的 NaF、CaF_2、MgF_2、YF_3 四种活性剂在使用之前均先用行星式齿轮球磨机研磨,然后再将其粉状活性剂用丙酮混合搅拌成悬浊液,用扁平毛刷将悬浊液均匀涂敷在试件表面(也可喷涂),但使用时应注意清除待焊表面外的所有残余活性剂。丙酮挥发性强,能在几分钟内完全挥发,使材料表面只剩下活性剂粉末。

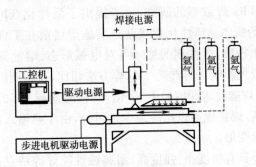

图 3-46　试验系统组成

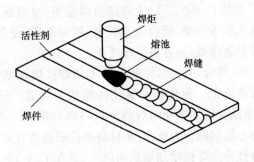

图 3-47　A-TIG 焊接过程示意图

表 3-45　A-TIG 焊接规范

参数	焊接电流 (A)	焊接速度 (mm·min)	弧长 (mm)	钨极直径 (mm)	钨极角度 (°)
取值	75	200	2.0	3.2	60

利用 X 射线检测宏观气孔,分辨率 0.2 mm。施焊前,焊接端面受到污染时,可以检测到宏观气孔。涂敷 4 种活性剂焊接时,均未发现宏观气孔,即在施加活性剂时,焊接结构中没有 0.2 mm 以上的气孔。

据相关研究,钛合金焊接时气孔主要出现在熔合线附近,故研究者注重利用光学显微镜检测了熔合线附近的气孔。为对比 4 种活性剂消减气孔的功效,研究者焊后沿着熔合线将试样剪开,在剪开的端面上截取面积 10 mm×2 mm 相等的 A、B 两部分制成金相试样,在光学显微镜下放大 100 倍,对可清晰分辨出来的气孔不论其大小全部计算,统计出试样 A、B 两部分表面上的气孔数量,结果见表 3-46。由表 3-46 可见,4 种活性剂对于消减钛合金焊接气孔均有效,但其效果不同,其中涂覆 NaF 时消除气孔效果最好,A、B 两个试样上几乎没有明显的气孔。涂覆 CaF_2、YF_3、MgF_2 消除气孔的效果次之,存在一些微观气孔。

表 3-46 气孔数量统计表(单位:个)

涂覆物	A 试样	B 试样	总计	平均值
未涂活性剂	24	17	41	20
MgF_2	9	5	14	7
CaF_2	6	4	10	5
YF_3	4	7	11	5
NaF	2	1	3	1

由研究知,在电弧中上述 4 种活性剂均可与氢及水的等离子体反应生成 HF,降低电弧中的氢分压,减小氢在熔池中的溶解度,消除气孔。活性剂降低氢分压的能力由强到弱依次为 NaF、MgF_2、CaF_2、YF_3。

CaF_2、MgF_2 不能减少熔池的初始含氢量,在形成熔池前只有 NaF 可以与水作用,并且 NaF 与熔融钛可以在较低的温度下剧烈反应,所以 NaF 消减气孔的效果最好。活性剂在熔池中不能与氢气反应,与钛反应生成的 TiF_4 才是熔池中消除氢气孔的真正物质。生成不溶于熔融钛、扩散系数低的 HF 消除氢气孔倾向是活性剂消除气孔的根本原因。生成的 HF 及金属蒸气大部分逸出熔池,不会形成新的气孔。微量元素 Y 可与焊缝中的氧氧化生成 Y_2O_3,净化焊接接头,消除 CO 气孔倾向。同时生成 YH_2 或

YH_3,降低氢气孔的倾向。生成的 Y_2O_3 和 YH_2 大量存在并溶解于焊接接头中。

由此可见,采用 A-TIG 焊焊接钛及钛合金,在适当焊接工艺参数下,所选 4 种活性剂对于消减钛合金焊接气孔都是有效的,消减效果优劣依次为 NaF、CaF_2、YF_3、MgF_2。

第四章 陶瓷的连接

陶瓷连接技术是近几年来迅速发展起来的一种颇具应用前景的陶瓷加工工艺，其优点在于能够降低复杂、大型陶瓷部件的制造成本，因而受到各国研究人员的高度重视。通过陶瓷的连接工艺可以制备出形状复杂、大尺寸的部件，极大的扩展了陶瓷的应用范围。但由于陶瓷材料本身特殊的物理化学性能，因而陶瓷的连接存在着不少的难点与特殊性。目前研究发展的各种连接技术有胶粘剂连接、机械连接、摩擦焊连接、超声波连接、活性金属钎焊、SHS 焊接、局部瞬间液相连接、固相扩散焊和热压反应烧结连接法等，其中钎焊和扩散焊较为成熟，但各种连接方法和接头都有其适用范围。本章在结合目前国内外对陶瓷连接研究现状及存在问题的基础上，介绍陶瓷材料连接方法，并对连接强度、界面结构等进行了分析和讨论。

一、如何连接 SiC 陶瓷件？

在现代高温结构材料中，碳化硅陶瓷由于具有高温强度高、抗氧化性强、密度低、耐磨损、耐腐蚀等一系列优良性能，因而在航空航天、汽车、化工及核能等领域有着广阔的应用前景。但由于碳化硅是以共价键结合为主的化合物，其固有的脆性使制备体积大而形状复杂的零件非常困难，因此通常需要通过陶瓷之间的连接技术来制取这些零部件。

陶瓷材料连接过程主要需要解决两方面的问题：一是连接界面的润湿性问题；二是接头的应力缓冲问题。目前，碳化硅（SiC）陶瓷的连接已经研制出很多工艺方法，如扩散连接、机械连接、物理与化学气相沉积连接和钎焊等。在上述连接方法中,钎焊具有工艺简单、设备投资低以及适合生产要求等优点。

SiC 陶瓷的钎焊连接主要采用 Ag-Cu、Cu-Au 或 Cu-基等中低温钎料。但是,钎焊 SiC 陶瓷接头使用温度较低(一般不超过 500 ℃),限制了 SiC 陶瓷优良的高温性能的发挥。关于 SiC 陶瓷的高温钎焊连接的研究较少,虽然有人做了一些工作,但是生产化焊接 SiC 陶瓷成为 SiC 陶瓷应用的瓶颈。在已有的研究中,有人研究了 Co-基钎料、Ni-基钎料等对 SiC 陶瓷的润湿和界面反应,并利用 Co-基钎料成功地连接了 SiC 陶瓷;有人利用制备的 Ti-Si 共晶钎料成功地连接了 SiC_f/SiC 复合材料,并使连接后的接头常温下的剪切强度达到 (71 ± 10) MPa;还有人利用非自耗电弧熔融技术制备 22Ti-78Si(w_t%)高温共晶钎料($T_s=1\ 342$ ℃,$T_L=1\ 376$ ℃),在该钎料对 SiC 陶瓷润湿和界面反应的基础上,对 SiC 陶瓷进行了钎焊连接。现以有关研究者利用非自耗电弧熔融技术制备的 22Ti-78Si(w_t%)高温共晶钎料连接 SiC 陶瓷为例,介绍连接 SiC 陶瓷的几个基本步骤:

(1) 用金刚石锯将 SiC 切割成所需尺寸,用线切割把非自耗电弧熔融技术所制备的 22Ti-78Si(w_t%)钎料切割成焊接 SiC 陶瓷所需合适大小的尺寸;

(2) 用机械方式把钎料减薄到所需的 50～200 μm 左右;

(3) 用 1 μm 左右的金刚石研磨膏对所要连接的 SiC 陶瓷和钎焊部位进行抛光处理;

(4) 在组装反应连接之前,再将 SiC 和钎料用 0.5 μm 的金刚石研磨膏进一步抛光;

(5) 将 SiC 和钎料放在丙酮溶液中用超声波清洗,清洗后再用去离子水漂洗;

(6) 在组装反应副时,待连接件上施加约为 150 Pa 的微压力;

(7) 将反应副在真空度优于 10^{-2} Pa 条件下,以 10 ℃/min 的升温速度升到钎焊温度(1 380 ℃～1 420 ℃)焊接;

(8) 焊接后,焊件保温 5～20 min 后随炉自然冷却。

按照以上工艺进行钎焊,在钎焊温度 1 380 ℃~1 420 ℃、保温时间 5~20 min、钎料厚度 50~200 μm 条件下,均能实现 SiC 陶瓷的连接;在钎焊温度在 1 400 ℃、保温时间 10 min 和钎料厚度 100 μm 的条件下钎焊,得到的 SiC/22Ti-78Si/SiC 钎焊接头的剪切强度最大值可达 125 MPa。采用此方法进行钎焊连接件的示意图如图 4-1 所示,钎焊温度 1 400 ℃、保温时间 10 min 后 SiC/22Ti-78Si/SiC 接头界面的扫描电镜(SEM)照片如图 4-2 所示。

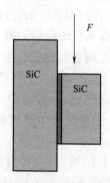

图 4-1　SiC/22Ti-78Si/SiC 连接件强度检测示意图

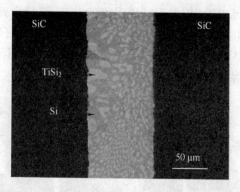

图 4-2　SiC/22Ti-78Si/SiC 钎焊接头的 SEM 照片($T=1\,400$ ℃,$t=10$ min)

从图 4-2 中可以看出,在钎焊温度 1 400 ℃、保温时间 10 min 后 22Ti-78Si 钎料和 SiC 之间连接良好,界面处没有发现开裂和

· 223 ·

空洞现象。图 4-2 中钎缝中的浅白色分散组织为 $TiSi_2$ 相,浅灰色连续组织为 Si 相。根据有关钎料对 SiC 陶瓷润湿研究的结果分析,22Ti-78Si 钎料和 SiC 之间可以发生有限的界面反应,反应后可以生成 TiC 和 Ti_5Si_3 界面反应物。另外,钎料与 SiC 的热膨胀系数($\alpha_{钎料}=6.5\times10^{-6}/℃$,温度范围大约 1 000 ℃)相近,焊接过程中可以有效地减小钎焊接头的热应力,从而可以实现 22Ti-78Si 钎料对 SiC 陶瓷的有效连接。

一些研究经验证明,在钎焊 SiC 陶瓷过程中,钎焊温度和保温时间是否合适是成功钎焊 SiC 陶瓷的关键。只有合适的钎焊温度和保温时间才能实现 SiC 陶瓷的焊接。否则,钎焊温度过高或保温时间过长,都会导致钎料的流失,使钎缝中出现空洞。随着钎焊温度的升高和保温时间的延长,钎缝中的物相组织形貌发生变化(如图 4-3 所示),相组织形貌发生的这些变化将对钎焊接头强度产生重要影响。

对比图 4-3(a)和 4-3(b)可以看出,当钎焊温度从 1 380 ℃升高到 1 400 ℃,钎缝中 $TiSi_2$ 相增大不明显,但当钎焊温度升高到 1 420 ℃时(如图 4-3(c)所示),钎缝中的 $TiSi_2$ 相明显增大。从图 4-3(c)中还可以看出,由于钎焊温度的升高,钎缝中钎料流失,致使钎缝中焊接后出现了空洞。产生上述钎料流失、钎缝中出现空洞现象的原因是由于随着钎焊温度的升高,$TiSi_2$ 相生长的驱动力增大和钎料黏度降低的结果。

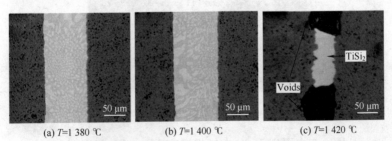

(a) T=1 380 ℃   (b) T=1 400 ℃   (c) T=1 420 ℃

图 4-3 不同温度钎焊 10 min SiC/22Ti-78Si/SiC 接头的 SEM 照片

图 4-4 所示为钎焊制度与构件接头强度之间的关系,其中钎焊温度与接头强度之间的关系(钎料厚度 100 μm,保温时间 10 min)如图 4-4(a)所示。由图可以看出,钎焊温度为 1 380 ℃左右时,接头强度为 73 MPa 左右,当钎焊温度升高到 1 405 ℃,接头强度达到最大值 125 MPa,再升高钎焊温度,接头强度减小。如钎焊温度为 1 420 ℃时,接头剪切强度减小到 54 MPa 左右,1 420 ℃时的强度值与 1 405 ℃时的钎焊缝最大强度值相比减小了约 55.4%。产生这种钎焊缝强度结果变化的原因是在钎焊温度较低的情况下,钎料不能充分润湿 SiC 陶瓷(如图 4-5 所示),使得钎料和 SiC 陶瓷之间结合不紧密,导致接头强度较低;而钎焊温度过高时,会导致钎缝中组织的长大和钎料大量流失,使钎缝中产生空洞,同样导致接头强度的降低。因此,在钎焊过程中只有选择了合适的钎焊温度,才能获得满意的钎焊缝和较高的接头强度。

保温时间对接头强度的影响如图 4-4(b)所示(钎焊温度 1 405 ℃,钎料厚度 100 μm)。从图 4-4(b)中可以看出,保温时间对接头强度的影响与钎焊温度的影响具有相同规律,即保温时间过短(如 5 min)或过长(如 20 min)均不利于接头强度的提高,只有在选择为合适的保温时间(如 10~12 min)条件下才能得到较高的接头强度。

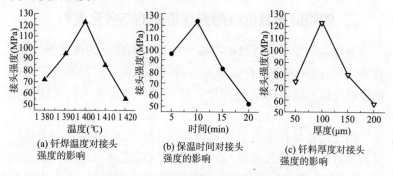

(a) 钎焊温度对接头强度的影响
(b) 保温时间对接头强度的影响
(c) 钎料厚度对接头强度的影响

图 4-4 钎焊温度、保温时间和钎料厚度对 SiC/22Ti-78Si/SiC 接头强度的影响

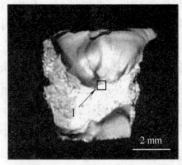 

(a) 断口　　　　　　　　(b) 断口 I 区域的放大像

图 4-5　在 1 380 ℃钎焊保温 10 min 条件下的
SiC/22Ti-78Si/SiC 接头断口形貌的 SEM 照片

钎料厚度对接头强度的影响(钎焊温度 1 405 ℃,保温时间 11 min如图 4-4(c)所示),从图中可以看出,钎料厚度从 50 μm 增加到 100 μm,接头强度从 73 MPa 增加到最大值 125 MPa,随后再增加钎料厚度,接头强度降低。这是由于当钎料厚度较薄时,不能很好地缓冲接头的残余热应力,而钎料厚度过大时,又会因为钎料和 SiC 陶瓷之间膨胀性能的差异而导致接头残余热应力的增加,所以只有合适厚度的钎料才有利于缓冲接头的残余热应力,才能获得较高的接头强度。

二、如何提高氮化硅陶瓷连接处的结合强度?

氮化硅陶瓷具有优良的高温力学性能和良好的耐腐蚀、磨损性能,是结构陶瓷中最有应用前景的材料之一。因而研究氮化硅陶瓷的连接和提高氮化硅陶瓷连接处的强度成为人们关注的焦点问题。

陶瓷的连接技术是工程陶瓷实用化的有效手段,它一方面使复杂部件的制备成为可能,另一方面可大幅度降低昂贵的加工费用;而且形状简单的部件容易进行缺陷检验和检测,可大大提高陶瓷部件的可靠性。

氮化硅陶瓷在烧结过程中往往需要添加一些烧结助剂以促进致密化,这些助剂的添加导致在氮化硅陶瓷结构中存有少量的晶界玻璃相。可以设想与晶界玻璃相(主要是氧氮玻璃)具有相同化学组成的氧氮玻璃能够作为焊料可以实现对氮化硅陶瓷的连接。由于焊料氧氮玻璃与被焊件氮化硅具有良好的化学相容性,另外氧氮玻璃的黏度、流动性以及熔点便于控制,而且氧氮玻璃的析晶可以提高结合层的力学性能和抗腐蚀性能。国外这方面的工作已经取得了一些进展(见表4-1),国内这方面也正在开展一些研究。

表 4-1 用玻璃焊料连接氮化硅陶瓷的结合强度

焊 料	连接条件(N_2)	最大结合强度(MPa)
$CaO-SiO_2-TiO_2$	1 500 ℃, pressureless	191
$La_2O_3-Y_2O_3-Al_2O_3-SiO_2$	1 450 ℃, 45 kPa	290
$Si_3N_4-SiO_2-MgO-CaO$	1 600 ℃, 15 MPa	360
$MgO-Al_2O_3-SiO_2$	1 580 ℃, pressureless	460
$Y_2O_3-La_2O_3-MgO-Si_3N_4$	1 600 ℃, pressureless	513

要提高氮化硅陶瓷连接处的结合强度,就要关注影响连接强度的有关因素。在氮化硅陶瓷连接中,连接条件(如预处理、焊料组分、温度、时间和压力等)对结合强度有很大的影响。

以中国科学院上海硅酸盐研究所有关焊接技术人员焊接的氮化硅陶瓷为例,焊接前需要将被焊接的构件结合面用280目左右的SiC细砂纸磨平后再放在无水酒精中超声清洗,再将被焊件面均匀涂抹焊料使之达到一定的厚度,将待焊接构件徒手压紧后装入石墨模具中。采用表4-2所示的焊料组成成分和表4-3所示的焊接工艺,使之在石墨炉内、在流通氮气中连接。连接时以$10\ ℃\cdot min^{-1}$的速度加热到预定温度,保温一定时间后关闭电源随炉冷却。

表 4-2　焊料的化学组成(摩尔比%)

焊料	Y_2O_3	Al_2O_3	SiO_2	$\alpha\text{-}Si_3N_4$	比例
A	20	20	60	0	0
B	20	20	56	4	0.10
C	31	12	34	23	0.53
D	25	15	32	28	0.70
E	22	17	16	45	1.15

注：比例$=n(Si_3N_4)/n(Y_2O_3+Al_2O_3)$。

表 4-3　氮化硅陶瓷连接工艺

组号	温度(℃)	压力(MPa)	持续时间(min)
1	1 450～1 650	5	30
2	1 600	0～5	30
3	1 600	0	10～120

1. 焊料组分的影响

陶瓷连接技术是结构陶瓷实用化的有效手段，焊料成分对连接体的性能具有决定性作用。理论上，最好的焊料成分是与母体材料的成分相近。但焊料成分与母体材料的成分相近由此会带来很多的问题。首先，焊料成分与母体材料成分相近的连接需要在与母体材料制备工艺相似的条件下进行，这种工艺带来的热处理过程持续时间长，能量消耗高。另外，随焊料中Si_3N_4含量的增加，连接温度下液相含量少、黏度大，对母体材料的润湿性下降，连接时需外加压力。

图 4-6 是在 1 600 ℃，保温 30 min 和 5 MPa 的外加压力的连接条件下焊料组分与结合强度的关系曲线。从图可以看出，随着焊料中$n(Si_3N_4)/n(Y_2O_3+Al_2O_3)$比值从 0 增加到 0.70，结合强度从 321 MPa 提高到 550 MPa；但是，过大的Si_3N_4的含量会影响结合强度。如本例中进一步提高焊料中Si_3N_4的含量，结合强度开始下降，当$n(Si_3N_4)/n(Y_2O_3+Al_2O_3)$比值为 1.15 时，结

合强度减小到 470 MPa。

随着焊料中 $n(Si_3N_4)/n(Y_2O_3+Al_2O_3)$ 比值增加,结合强度提高,但过大的 Si_3N_4 的含量会影响结合强度,或在合适的 Si_3N_4 含量的焊料中再进一步提高焊料中 Si_3N_4 的含量,结合强度开始下降的原因可以解释为:Y-Si-Al-O-N 系统的共晶温度约为 1 350 ℃,焊料中的氧化物组分大约在 1 450 ℃时开始反应,形成 Y-Si-Al-O 液相。当温度进一步升高,对于不含或含有较少 α-Si_3N_4 的焊料来说,液相中的 N 源仅来自于 β-Si_3N_4 和炉内 N_2 的溶解,含量十分有限。而对于含有较多 α-Si_3N_4 的焊料来说,α-Si_3N_4 大约在 1 500 ℃~1 550 ℃时参与反应,增加了液相中的 Si 的含量和 N 的含量,从而使液相组成偏向 Y-Si-Al-O-N。冷却时从液相结晶析出 β-Si_3N_4 晶粒,因而结合层内含有较高的 N 量,使氧化物玻璃转变成氧氮玻璃,提高了玻璃的力学性能、显微硬度和转变温度,同时降低了热膨胀系数,结合强度也因此而提高。但是,过多的 Si_3N_4 含量使焊料在连接温度下存在过多的固相,液相量减少。这对于焊料的致密化以及流动性不利,导致结合强度下降。

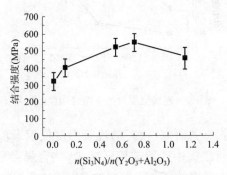

图 4-6 焊料组分对结合强度的影响

2. 连接温度的影响

连接温度是陶瓷连接过程中最重要的参数之一,受焊料组分的化学和动力学过程的共同制约。对于 Y-Si-Al-O-N 体系,低共熔温度约为 1 350 ℃,这也是连接温度的下限。对于高 α-Si_3N_4 含量的焊料,温度条件需满足 α-Si_3N_4 向 β-Si_3N_4 转变的要求,转变温度在 1 500 ℃~1 600 ℃之间。上限温度由体系的分解温度限定,对于该体系来说,温度约为 1 650 ℃。

钎料连接温度对接头强度的影响如图 4-7 所示。图中强度曲线出现 2 个不同的变化趋势。对于 B 焊料,加热温度在 1 450 ℃时的接合强度仅为 88 MPa,当加热温度达到 1 600 ℃时,接合强度达到 401 MPa,而温度升高到 1 650 ℃时,接合强度急剧下降到 238 MPa。加热温度低于 1 600 ℃,结合强度随温度的升高而增加,超过 1 600 ℃,结合强度下降,这主要是因为 B 焊料是纯玻璃焊料,玻璃与氮化硅热膨胀系数的差异以及冷却温差的增大,使结合界面处产生一定的残余应力。

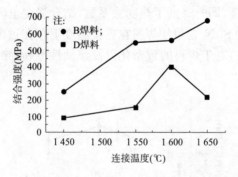

图 4-7 连接温度对接头结合强度的影响

另外,根据有关研究,较高的连接温度使液态玻璃更容易从接头处流失,使接头中残留玻璃量减少,结合强度下降。对于 D 焊料,由于含有较多的 Si_3N_4,较高的温度促进了焊料中 α-Si_3N_4 向 β-Si_3N_4 转变,以及 β-Si_3N_4 晶粒的发育生长,有利于焊料的致密化。这样,连接温度更接近基体氮化硅陶瓷的烧结温度,显然对结合强度有利,因此提高温度对 D 焊料连接陶瓷有利。但是,连接温度的上限与焊料的开始分解温度有关,连接温度控制在

1 600 ℃左右比较合适。

3. 压力的影响

用陶瓷/玻璃复合焊料连接陶瓷，外加压力是必需的条件之一。例如，在连接温度下，Si_3N_4 溶入 Y-Si-Al-O 液相中，形成 $\beta\text{-}Si_3N_4$ 并烧结致密化。外加压力有助于高黏度液相在母体材料表面的铺展并消除由于局部致密而产生的气孔。但是，在连接过程中，如果外加压力过高会使母体材料发生变形，特别是对于含有较多玻璃相的材料外加压力过高形变几乎不可避免。因此，应在保证结合强度的前提下尽可能降低连接压力。压力与抗弯强度和形变量的关系如图 4-8 所示。

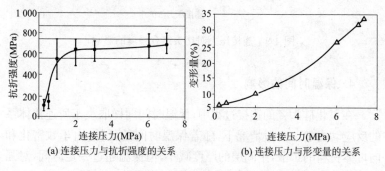

(a) 连接压力与抗折强度的关系　　(b) 连接压力与形变量的关系

图 4-8　连接压力与抗折强度和形变量的关系

采用表 4-2 所示的焊料成分进行焊接，焊接过程中外加压力与结合强度的关系如图 4-9 所示。通过图 4-9 可以看出，无论焊料中 Si_3N_4 含量多少，结合强度都随外加压力的增大而增加。采用金相显微镜观察采用焊料 D 连接氮化硅陶瓷的结合层可见，当没有外加压力时，界面接触不够紧密，结合层内焊料呈不连续分布，且存在空洞，致密性较差，不连续分布的焊料在焊接过程中严重影响了焊后氮化硅焊接接头的结合强度。

在同样的焊料分布情况下，当焊接中对接头施加一定的压力时，陶瓷与焊料接触紧密，界面扩散与反应也容易进行，而且大大减小了焊料高黏度对润湿性与流动性的不利影响，结合层比较致密,减少了结合层内的空洞,提高了结合强度。但是,焊接过程中所施加的压力不能过大,如果施加的压力过大,被连接件之间容易发生错位与变形,影响连接试样的最终尺寸,从而影响连接构件的装配质量。

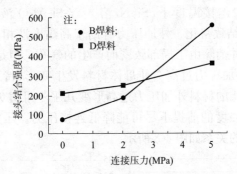

图 4-9　连接压力对接头结合强度的影响

4. 保温时间的影响

在氮化硅陶瓷的连接过程中,保温时间同样取决于所连接体系的反应动力学。一般情况下,随着保温时间的延长,由于致密化和向母体材料的扩散,中间层的厚度减小,但保温超过一定时间,对强度影响不大。保温时间与连接接头抗折强度的关系如图 4-10 所示。

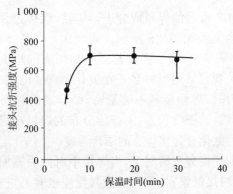

图 4-10　抗折强度与保温时间的关系

在 1 600 ℃ 下不同保温时间与结合强度的关系如图 4-11 所示,观察表 4-2 中 A 焊料连接试样的结合层厚度,可见结合层的厚度随保温时间增加而减小。这表明,延长保温时间可使结合层更加致密,液态焊料能够更充分地扩散到基体材料中。结合强度随保温时间的延长而增加,但是超过 30 min,强度增加幅度减小,一般在 1 600 ℃ 保温 30 min 就足以获得较高的结合强度。

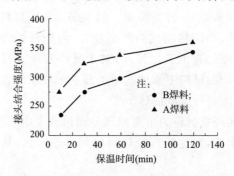

图 4-11 保温时间对接头结合强度的影响

通过以上分析可知,选择合适的焊料可以实现氮化硅陶瓷的连接(如 Y-Si-Al-O-N 系统玻璃焊料最优的组分是含量为 $n(\alpha\text{-}Si_3N_4)/n(Y_2O_3+Al_2O_3)=0.7$,焊接的氮化硅陶瓷的连接的结合强度可达到 550 MPa,约为母材氮化硅强度的 80%)。焊接过程中,结合层的致密程度是控制接头结合强度的关键因素。焊料中 $\alpha\text{-}Si_3N_4$ 的含量直接影响焊料在连接温度下的固液相的比例,从而对结合层的致密性产生影响。选择适当的压力、合适的连接温度和保温时间可以获得致密的结合层。

三、如何采用微波技术连接陶瓷材料?

陶瓷材料和陶瓷基复合材料在科学技术特别是高技术领域发挥着重要的作用,并具有广阔的应用前景。陶瓷的连接技术水平是这些材料能够广泛应用的关键,因此它已经成为材料领域的研究热点之一。与普通的陶瓷连接工艺相比较,微波连接陶瓷技术具有耗时短、节约能量、成本低、对母材热损伤小等特点,因而倍受研究者关注。

微波加热陶瓷材料是利用微波电磁场与陶瓷材料的相互作用实现陶瓷材料连接的。因此,陶瓷材料的微波加热与陶瓷材料本身的物化性能有很大的关系。

对于介电损耗高又不随温度剧烈变化的陶瓷材料,微波烧结的加热过程较为稳定,容易控制。但大多数陶瓷材料在室温时的介电损耗较低,当加热超过临界温度时,陶瓷材料的介电损耗急剧增加,使温度迅速上升。另外,对于某些对微波具有透过性的陶瓷材料,必须在材料中添加适量的具有吸收微波性能的添加剂或玻璃相,才能进行微波加热。

微波连接陶瓷材料的主要原理是通过改变电磁场的分布,实现微波能的聚焦,对连接部位进行局部迅速加热,从而实现陶瓷材料的连接。

微波连接陶瓷材料的特点有三个:第一,对于传统的陶瓷连接工艺,能量是从试样表面通过热传导的方式向内部传递,从而达到温度均匀,由于多数陶瓷的导热性差,因此传统陶瓷的连接需要很长时间,而采用微波加热连接时使陶瓷连接层处迅速升温,从而大大缩短了连接时间,节约了能量,使连接成本大幅度降低;第二,由于微波加热较为迅速,反应时间短,可以使连接部位的温度迅速升高,从而抑制了基体材料由于温度升高而导致的内部组织晶粒长大,因而使连接部位具有较好的力学性能;第三,鉴于微波局部加热的特性,使得微波主要加热在所需要加热的区域,对其他区域的加热并不明显,因此,使用微波连接陶瓷材料可以在一定程度上改善在传统焊接过程中由于两种母材热膨胀系数不匹配所造成的热错配问题。

微波应用于陶瓷材料的连接,根据陶瓷材料之间有无采用中间连接层可以分为两类:一类是采用中间介质作为连接层的间接连接方式;另一类是陶瓷材料的直接连接方式。例如,采用 Al 作为连接层连接 SiC 陶瓷与 SiC 陶瓷属于中间介质作为连接层的间接连接方式,而不采用连接层进行 SiC 陶瓷与 SiC 陶瓷的连接属于陶瓷材料的直接连接方式。

根据连接的陶瓷母材类型又可以分为同种陶瓷材料之间的微波连接和异种陶瓷材料之间的微波连接。

1. 同种陶瓷材料之间的微波连接

微波技术应用于同种陶瓷材料之间的连接主要有 Al_2O_3 陶瓷与 Al_2O_3 陶瓷的连接(用符号 Al_2O_3/Al_2O_3 表示,下同)、MgO/MgO 氧化性陶瓷的连接、$Al_2O_3 30\% ZrO_2/Al_2O_3$-$30\% ZrO_2$ 陶瓷的连接、ZrO_2-Al_2O_3-SiO_2/ZrO_2-Al_2O_3-SiO_2 陶瓷的连接、SiC/SiC 陶瓷的连接、Si_3N_4/Si_3N_4 陶瓷的连接、MgF_2/MgF_2 陶瓷的连接等。

(1)同种氧化物系陶瓷之间的微波连接

采用微波技术进行同种氧化物系陶瓷之间的连接于 1985 年由国外率先提出。最开始的同种氧化物系陶瓷之间的连接是采用家用 700 W 功率的微波炉进行的,当时的试验目的是想将两块分离的 Al_2O_3 薄片进行焊接后应用,微波连接时采用的焊接温度为 700 ℃~800 ℃,时间为 99 min。此后,对 Al_2O_3 陶瓷的微波连接研究就迅速发展起来。

同种氧化物系陶瓷之间的微波连接可以将 AlOOH 凝胶作为连接层,将 AlOOH 凝胶涂在需要连接的两块 Al_2O_3 陶瓷片的表面,然后在微波辐射下连接 Al_2O_3 陶瓷。试验表明,样品在微波中被加热到 1 500 ℃、时间为 10 min、且施加的压力为 0.6 MPa 时,可以容易的使陶瓷的连接获得成功。当连接温度达到 1 650 ℃时,微波连接的陶瓷接头抗弯强度可以达到母材抗弯强度的 93%。

在使用 AlOOH 凝胶连接陶瓷的过程中,接头抗弯强度的提高是由于作为连接层的 AlOOH 凝胶所起的作用。根据有关研究,当温度高于 1 300 ℃时,AlOOH 凝胶分解可以得到 Al_2O_3,由于分解产物 Al_2O_3 与焊接母材的成分一致,Al_2O_3 填充连接界面的空隙,使材料之间的相容性好,可以提高接头的力学性能。不仅如此,微波还可以将 Al_2O_3 陶瓷同时进行烧结和连接。例如,连接试样母材经 2 800 MPa 干压过的 Al_2O_3 片状压坯,而作为连接层的是在 150 MPa 压力下成型的 Al_2O_3 压坯薄片,整个试样在微波烧结和连接前在 600 ℃ 预热 2 h,然后在温度为 1 400 ℃、时间为 14 min、压力为 0.283 MPa 的条件下进行微波烧结和连接,结果非常成功。

Al_2O_3/Al_2O_3 还可以在微波气氛中进行陶瓷之间的直接连接。例如,将纯度为 90% 的 Al_2O_3 试样放在微波连接腔中,连接面位于连接腔中间位置以保证其位于温度的最高区域,微波源的工作频率为 2.5 GHz,试验的连接温度选择为 1 100 ℃~1 450 ℃、时间少于 20 min、压力为 0~2.5 MPa。研究表明,陶瓷间的接合强度与微波加热温度和所施加的轴向压力有关,当保温时间为 15 min、压力为 2 MPa、温度为 1 300 ℃ 时试样连接良好,且接合强度为 150 MPa,达到了母材的强度。对其连接接头的界面进行微观分析,未发现中间反应层及熔融特征,但低于上述条件时,无法获得成功的连接。

使用微波技术还可以在短时间内连接氧化性陶瓷。如 MgO/MgO 陶瓷的连接,且 MgO/MgO 陶瓷母材之间可以不使用其他连接层。MgO/MgO 氧化性陶瓷的微波连接研究表明,在试验范围之内微波焊接的温度和压力越高,接头的抗弯强度也越大,当微波连接时间为 4 min、温度为 1 867 ℃、压力为 0.5 MPa 时,接头的抗弯强度为 105 MPa,达到 MgO 母材抗弯强度最大值的 70%。

再如,有研究者将 Al_2O_3-ZrO_2 复合陶瓷样品(其中含 30% ZrO_2),采用 Na_2SiO_3 粉作为连接层材料进行复合陶瓷之间的连接焊接,将 Na_2SiO_3 玻璃粉与丙三醇混合成浆状物,然后将浆状物涂在 Al_2O_3-ZrO_2 复合陶瓷的接合表面,连接时的高温使得玻璃层熔化,熔化物扩散到 Al_2O_3-ZrO_2 复合陶瓷表面,强化了界面。研究中还发现,在微波连接过程中施加一定的压力或减少玻璃相的残留量均可提高 Al_2O_3-ZrO_2 复合陶瓷之间的连接强度。

微波连接陶瓷的微波功率对连接的强度影响很大。例如,有研究者采用微波连接 ZrO_2-Al_2O_3-SiO_2 陶瓷(ZAC),将直径为 6 mm 的 ZAC 陶瓷棒的受焊面先用砂纸磨光,再用 1 μm 的金刚石研磨膏对其进行抛光,然后放入微波设备的单模腔反应容器中的温度最高处。试验的微波功率有 1 kW、1.25 kW、1.5 kW,连接时载荷压力有 0.5 MPa、0.75 MPa、1.0 MPa,然后对连接试样进行四点抗弯强度测试。结果表明,最大连接强度为 107% 母材强度,最小连接强度为 69% 母材强度。当微波功率为 1 kW 或 1.25 kW 且载荷压力为 0.75 MPa 时,达到最大连接强度。当载荷压力达到 1 MPa 或微波功率达到 1.5 kW 时,连接处熔化的连接物会从 ZAC 陶瓷的连接面上溢出,形成一个凸起,从而降低了连接强度。当载荷压力小于 0.75 MPa 时,无法将两个陶瓷面连接在一起。因此,选择的最佳微波功率为 1 kW 或 1.25 kW,载荷压力为 0.75 MPa。

(2) 同种非氧化物系陶瓷之间的微波连接

同种非氧化物系陶瓷之间的微波连接主要有 SiC/SiC 系和 Si_3N_4/Si_3N_4 系等。由于 SiC 的高热导性、良好的耐热震性和耐蚀性,使其成为用途广泛的结构材料,主要应用于热引擎发动机、热交换器等。但由于其加工性差,需要的部件形状复杂,导致制造困难且成本较高,因此 SiC 的应用受到一定的限制。然而,如果应用微波连接技术,对于体积较大的复杂件可以先制成易于制造的体积较小、形状简单的部件,然后再对简单件进行连接。目前,微波连接在此方面的研究主要集中在 SiC 陶瓷的间接连接和直接连接上。

关于间接连接,有人进行了烧结 SiC 陶瓷的连接。烧结 SiC 陶瓷样品为圆柱体,中间连接层采用了两种不同方法来获得:一种采用 Si 粉或 Si 浆作为连接层;另一种通过 Si、C、Ti 粉混合燃烧合成,形成 SiC/TiC 复合材料作为连接层。然后,将 SiC 陶瓷样品与连接层置于微波设备的单模腔中,再施加 2~5 MPa 的压力进行微波连接。结果表明,采用 Si 粉作为连接层的试样,当连接温度接近 1 450 ℃、时间是 5～10 min、微波功率大约为 250 W 时，使得烧结的 SiC 陶瓷连接成功，且试样的表面连接处较均匀，但 Si 粉作为连接层的试样，连接后连接区存在一个相当厚的 Si 层（Si 层的厚度大约为 50 μm）。

采用燃烧合成 SiC/TiC 作为中间层连接烧结的 SiC 陶瓷也能获得成功，但中间层厚度需要更厚，有时中间层厚度甚至可达 300 μm 左右，但连接层中存在明显的孔洞。

连接烧结的 SiC 陶瓷效果最好的是在其中一个 SiC 陶瓷样品上采用等离子喷涂 Si 层，然后在多模腔中以 6 kW 的功率进行微波连接。在连接过程中，如不施加外力，得到的连接试样中间层厚度小于 5 μm。另外，SiC 的间接连接也有采用 Al 作为连接层的。将 Si-SiC 和 SiC 样品抛光后在超声波中清洗，将 Al 薄片分别置于 Si-SiC 和 SiC 样品之间，然后放入微波单模腔中，加热温度 1 250 ℃、施加 1.2 MPa 的压力、保温 1 min，可得到抗弯强度为 219.4 MPa 的 Si-SiC/Al/Si-SiC 连接样品和抗弯强度为 194.4 MPa 的 α-SiC/Al/α-SiC 连接样品。

关于直接连接，目前主要进行的是 SiC/SiC 系和 Si_3N_4/Si_3N_4 系陶瓷的连接。例如，连接烧结的 SiC 陶瓷，可先断面用金刚石砂轮磨成光滑的镜面，将两断面合在一起组成连接面，调整微波设备使得炉中最高温度位于连接面，再将要连接的构件上覆盖一定大小的耐火砖，在将要连接的构件两端面施加压力。为了防止连接过程中样品在高温下被氧化，连接时应采用高纯度的氩气（Ar）作为保护气氛。连接试验结果表明，连接后样品在连接处的维氏显微硬度最大。样品连接处的维氏硬度最大现象的原因可能是由于在连接过程中，加热和冷却时产生的内应力导致其连接处硬度高于母材所致。连接试验也证明，当连接温度为 2 050 ℃、压力为 8 MPa、连接时间为 5 min 时，得到的连接样品三点抗弯强度最大，可达 404 MPa，相当于被连接母材强度的 71%。

微波连接 Si_3N_4/Si_3N_4 陶瓷的方法与微波连接 SiC/SiC 陶瓷相似。例如，采用烧结的纯度为 92%（质量分数）左右的 Si_3N_4 陶瓷,连接过程中可采用高纯氮气(N_2)作为保护气氛。结果表明,在连接温度为 1 750 ℃、压力为 5 MPa、连接时间为 10 min 时得到的样品三点抗弯强度高达 560 MPa,为 Si_3N_4 母材强度的 83%。

另外,对于 SiC 纤维增强的 SiC 复合材料也可以进行相互连接。连接接头可分为两种形状,一种是对头连接,另一种是燕尾连接。在连接时还可将有机陶瓷先驱体 SR350 浆料涂在待连接的复合材料表面,然后进行微波连接。结果表明,对于对接连接的接头,其平均抗弯强度可达 31.9 MPa,而对于燕尾连接的接头,平均抗弯强度则达到了 39 MPa。其中,燕尾连接的接头的最大抗弯强度达到 48.1 MPa。

2. 异种陶瓷材料之间的微波连接

目前,异种陶瓷材料之间采用微波连接成功的例子主要有 ZrO_2 增韧的 Al_2O_3 陶瓷(ZTA)、Y_2O_3 稳定的四方相 ZrO_2 陶瓷(Y-TZP)、Al_2O_3/MgO 和 $Al_2O_3/Ca_{10}(PO_4)_6(OH)_2$ 等。如国内有学者研究了 ZrO_2 增韧的 Al_2O_3 陶瓷(ZTA)/Y_2O_3 稳定的四方相 ZrO_2 陶瓷(Y-TZP)的连接。首先将 ZrO_2 增韧的 Al_2O_3 陶瓷(ZTA)/Y_2O_3 稳定的四方相 ZrO_2 陶瓷(Y-TZP)粉体分别预压成型,然后在 50 MPa 单轴压力下使二者叠加为一个整体,经过 200 MPa 的等静压,得到尺寸大约为 10 mm×12 mm 的圆柱体生坯,其各层密度约为理论密度的 50%;然后将生坯放入圆柱型多模谐振腔微波加热系统中,微波源频率为 2 450 MHz。试验研究发现,微波连接时界面区两侧晶粒之间的连接较好,而常规加热连接时界面存在一些孔洞。另外由于 ZrO_2 增韧的 Al_2O_3 陶瓷(ZTA)/Y_2O_3 稳定的四方相 ZrO_2 陶瓷(Y-TZP)的热膨胀系数不同,采用常规加热连接时,在高温保温完成后的冷却至室温的过程中,产生的残余应力使得 Y_2O_3 稳定的四方相 ZrO_2 陶瓷(Y-TZP)侧易发生开裂,从而降低接合强度。采用微波连接时,ZTA 陶瓷/Y-TZP 陶瓷界面接合状态较好,而且 ZTA 陶瓷侧处于压应力状态,因而裂纹扩展至界面处停止。研究发现,当连接温度为 1 450 ℃、连接时间为 30 min 时,样品的剪切强度可达80 MPa,而采用常规加热方法,在相同的连接温度下,连接时间为 60 min 时,其剪切强度仅为 320 MPa。

也有研究者采用单模腔微波炉成功连接了 Al_2O_3 陶瓷和 MgO 陶瓷。选择的连接温度为 1 577 ℃～1 877 ℃、连接压力为 0.03～0.5 MPa、连接时间为 2～10 min 的试验条件,当连接温度为 1 877 ℃、压力为 0.5 MPa 时连接的样品抗弯强度达到 90 MPa,样品的抗弯强度是 MgO 陶瓷母材强度的 60%。研究分析还发现,在 Al_2O_3 陶瓷和 MgO 陶瓷母材之间形成了 $MgAl_2O_4$ 层。

近年来,随着 Al_2O_3 陶瓷与羟基磷灰石生物陶瓷的应用量的逐渐增加,这两种陶瓷的应用逐渐被大家所熟悉。由于 Al_2O_3 陶瓷与羟基磷灰石陶瓷的烧结温度相差很多,因而采用常规加热方法根本无法实现其连接。但采用微波连接技术,Al_2O_3 陶瓷与羟基磷灰石生物陶瓷的连接变为现实。实践证明,连接这两种陶瓷,其连接温度、保温时间、连接压力的选取应适当。为了探讨 Al_2O_3 陶瓷与羟基磷灰石生物陶瓷的微波连接制度,相关研究人员做了大量工作,发现当微波连接温度为 1 200 ℃、保温为 15～20 min、压力为 2.5 MPa 时,可以成功地连接纯度为 90% 的 Al_2O_3 陶瓷与抗弯强度为 65 MPa 左右的羟基磷灰石生物陶瓷,实现了 Al_2O_3 与羟基磷灰石生物陶瓷的有效连接,扩展了其连接件的应用领域。在微波连接 Al_2O_3 与羟基磷灰石生物陶瓷时,研究者们得出的经验是:Al_2O_3 与羟基磷灰石生物陶瓷的的表面处理很关键。为保证 Al_2O_3 与羟基磷灰石生物陶瓷的表面的结晶度与平整度,以利于连接,连接前,先用细砂纸磨 Al_2O_3 陶瓷和羟基磷灰石生物陶瓷的连接面,然后在酒精中清洗,放在微波炉中升温至 1 200 ℃、加压力 2.5 MPa、保温 15～20 min,即可成功连接,且连接后样品的抗弯强度可以达到 $(56±5)$ MPa,基本可以满足 Al_2O_3 与羟基磷灰石生物陶瓷连接件的应用性能。

四、如何采用聚硅氮烷连接剂和纳米铝粉连接无压烧结的 SiC 陶瓷？

采用陶瓷先驱体转化法连接陶瓷具有连接温度较低、操作过程简单、接头热应力小、连接件热稳定性好等特点，因此是陶瓷及其复合材料具有前途的连接方法。

目前可利用连接陶瓷的先驱体聚合物主要有聚碳硅烷（PCS）、聚硅氮烷（PSZ）、聚硅氧烷（PSO）等。其中 PSZ 的裂解产物为 $SiC-Si_3N_4$，具有优良的耐高温性能，因而格外引人注意。

采用陶瓷先驱体转化法连接陶瓷，如果先驱体裂解过程中的体积收缩率小，则连接接头的应力小，连接后的接头使用性能就好。经过试验，有关研究者发现，在连接陶瓷的先驱体中加入填料可以降低先驱体裂解过程中的体积收缩率，提高陶瓷产出率。例如，采用含乙烯基的 PSZ 为连接剂，并加入市场购置的平均粒径为 20 μm 的活性填料纳米铝粉，采用陶瓷先驱体转化法连接密度为 $3.00\sim3.02$ g/cm^3、气孔率为 6% 的无压烧结 SiC 陶瓷，连接后构件的微观结构及成分分析显示，连接层厚度达到 5 μm 左右，连接接头元素分布较为均匀，连接层与母材之间界面结合良好，连接件的抗弯强度达到了 146.8 MPa，获得了较为理想的连接接头。其中，连接中活性填料纳米铝粉的加入降低了连接温度，提高了连接强度。

为提高连接强度，在连接前应对连接件的端面先用金刚石磨盘抛光，并在酒精溶液中用超声波清洗 20 min。试验中使用的陶瓷先驱体为中国科学院化学所合成的含乙烯基的 PSZ，这种先驱体由甲基乙烯基二氯硅烷和甲基三氯硅烷氨解制得，摩尔质量为 $2\,500\sim3\,000$ g/mol，外观为无色黏稠液体，纳米铝粉是由市场购置的平均粒径为 20 nm 的纳米铝粉。

具体操作过程为：连接前，首先将纳米铝粉按照 5%（质量分数）的比例加入到 PSZ 溶液中，用超声波充分振荡混合，得到均匀的浆料；然后将浆料均匀地涂抹到被连接试样的端面，叠加后放入氮气炉中,进行低温交联固化;再以 5 ℃/min 的速率升温至连接温度,保温后以同样的速率缓慢冷却;连接完成后再将连接试样进行 2 次浸渍/裂解增强处理,以强化接头。

强化接头的具体处理的方法是:将连接试样的焊缝部位用 PSZ 溶液浸渍后,放入氮气炉中,采用与连接试验同样的升降温速率和裂解温度以及时间进行再次高温处理。

图 4-12 为试样接头抗弯强度与连接温度的关系曲线。由图中可以看出,在 1 000 ℃～1 300 ℃的温度范围内,采用单一 PSZ 连接无压烧结 SiC 陶瓷时试样的连接强度较低;在 1 300 ℃时,连接件的连接强度为 78.3 MPa,当连接材料中加入纳米铝粉后,连接强度有较大提高,同时获得最大连接强度所对应的温度值也明显降低;在 1 150 ℃时试样接头抗弯强度达最大值,将近 150 MPa。

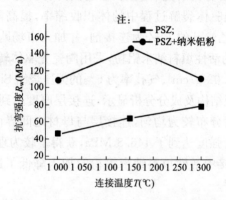

图 4-12 接头抗弯强度与连接温度的关系

连接试验证明,采用纯的聚硅氮烷 PSZ 连接无压烧结 SiC 陶瓷时,由于 PSZ 为液态物质,其黏度较小,而无压烧结 SiC 陶瓷表面的孔隙较多,在连接过程中液态 PSZ 会在固化前大量渗入 SiC 母材内部,使其得不到完整的连接层,因而连接强度较低。当连接材料中加入活性填料纳米铝粉,一定程度上提高了连接材料的黏度,首先在连接时避免了连接材料的大量流失;其次是在连接过程中纳米铝粉与 PSZ 裂解产生的自由碳及小分子气体如 NH_3

等发生反应,反应的产物是 AlN、Al_4C_3 等,生成的这些产物促进了 PSZ 的裂解,降低了连接温度。同时这些物质的产生可以减少连接中 PSZ 在裂解过程中的质量损失和体积收缩,增加连接层的致密度,使连接强度提高。连接件在 1 150 ℃时接头抗弯强度较高(最大值将近 150 MPa),其原因是材料经 1 150 ℃温度处理后,连接层材料中含有 Si_3N_4、SiC、AlN、Al_4C_3 以及残余的铝等相(如图 4-13 所示的 X 射线图谱),由于这些微粒弥散分布在陶瓷连接层中,因而使连接层得到了强化。

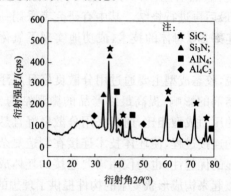

图 4-13 PSZ 与纳米铝粉混合物经 1 150 ℃处理后反应产物的 XRD 图谱

五、如何采用坯体连接技术连接先进陶瓷?

坯体技术连接先进陶瓷是一种新的陶瓷连接方法,该法工艺过程比较简单,连接前只需用陶瓷料浆敷于需要连接的陶瓷坯体表面,把它们像三明治那样连接在一起共同烧结就可以了(如图 4-14 所示)。如果采用坯体技术连接可以将异种陶瓷连接起来,那么不同的陶瓷部分的性能可以满足不同的使用要求,这对节省成本和制造极端条件下工作的陶瓷构件有着重大的意义。

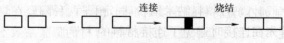

图 4-14 坯体技术连接的工艺流程

目前从研究结果来看,坯体连接技术在传统陶瓷工艺中占有重要的地位,可以用来制造复杂形状的陶瓷构件。其实,坯体连接技术是建立在分层的黏土结构中,利用其碱离子所带来的塑性使得坯体的连接变得相对容易。但连接过程中发现,多数的先进陶瓷料浆比较瘠性,若只用上述简单的方法连接先进陶瓷有一定的困难。通过大量的试验人们发现,制备过程中通过添加分散剂和黏结剂的方法可以得到均匀稳定的陶瓷料浆。运用注浆成型的方法形成坯体,然后用同种方法制得料浆作为黏结剂将两者"粘"在一起,最后再进行烧结。其中有研究者采用一种用含多碳硅烷的 SiC 连接 SiC 母体的技术,成功地实现了氧化铝坯体之间的连接。

一般来说,胶态成型主要通过用分散良好且悬浮稳定的浆料从而排除黏结剂的影响,提高最终产品的微观结构、强度和可靠性。和单纯的压力成型相比,通过采用分散良好且悬浮稳定浆料的胶态成型的连接过程,使坯体技术连接在制造复杂形状构件上显示出了明显的优越性,也为仅仅需要连接的坯体成型所用的浆料将坯体连接起来构成形状复杂的构件提供了理想的基础。

从目前已有的研究结果和应用过程来看,连接过程中材料的膨胀对连接过程的影响较大,材料不同的膨胀率会拉裂连接接头。因此,从材料的膨胀系数分析,同种材料之间的连接相对比较简单。

同种材料连接时,由于接头两边的母体坯体烧结特性和物理性质相同,无需考虑连接接头会在烧结过程中由于性质不同而造成的连接断裂,所以同种材料之间的连接主要考虑的问题是选择一种合适的中间层材料使其在烧结过程中能够和母体充分结合在一起即可,且由于连接时采用的中间层材料本身都非常薄,因此对中间层本身的膨胀系数不必要求太高。

而不同种陶瓷材料的连接则不同,由于两种陶瓷在烧结过程中的特性不同,除了要求被连接的两种母材的膨胀系数不能相差太大外,中间层材料的选用也要尽量能够吸收这种膨胀系数不同而带来的破坏作用才能使得连接成功。

例如,对于母体一侧为 ZrO_2、另一侧为 $25\%CePO_4/ZrO_2$ 陶瓷的连接,由于这两种陶瓷的膨胀系数不同,中间层浆料选择了不同比例的 $CePO_4/ZrO_2$ 进行连接,连接后的接头情况和连接件的抗弯强度见表 4-4。

表 4-4 不同中间层料浆连接 ZrO_2 和 $25\% CePO_4/ZrO_2$ 的情况及抗弯强度

中间层料浆	抗弯曲强度(MPa)	连接情况
ZrO_2	无	从连接点断裂
$20\% CePO_4/ZrO_2$	348	连接完好
$40\% CePO_4/ZrO_2$	310	连接完好
$60\% CePO_4/ZrO_2$	298	连接完好
$80\% CePO_4/ZrO_2$	308	连接完好
$CePO_4$	无	从连接点断裂

从表 4-4 中可以看出,陶瓷连接过程中,中间层对连接性能有很大的影响。采用纯的 $CePO_4$ 或 ZrO_2 作为中间层无法使 ZrO_2 和 $25\% CePO_4/ZrO_2$ 这两种陶瓷连接成功,而其他用任何一种混合料浆却都可以实现 ZrO_2 和 $25\% CePO_4/ZrO_2$ 这两种异种陶瓷构件的可靠连接。其中,采用质量分数为 20% 的 $CePO_4$ 或 ZrO_2 作为中间层所得到的抗弯强度最高。

一般来说,连接接头的抗弯强度取决于中间层与母体结合界面的强度和残余应力的大小。从扫描电镜中所观察到的中间层的微观结构和母体的交界处(如图 4-15 所示),我们可以看到,较大的 $CePO_4$ 颗粒与较小的 ZrO_2 颗粒之间相互渗入,犬牙交错在一起,双方相互扩散,紧紧连接在一起,形成了良好的结合界面。图 4-16 为某单位研究焊接后的复杂陶瓷构件,图 4-17 为某单位采用坯体连接法连接的陶瓷环。

由以上介绍可见,采用坯体连接法可以实现异种陶瓷之间的连接,且适合制造各种复杂形状、不同要求的陶瓷构件。其工艺过程简单、连接成本低,适合现场作业以及大规模生产。

图 4-15　中间层和母体之间的界面

图 4-16　坯体无压连接制得的复杂形状陶瓷构件

图 4-17　坯体无压连接制得的环状陶瓷构件

六、如何进行氧化锆陶瓷的润湿及钎焊？

氧化锆陶瓷因具有优良的力学性能和化学稳定性，以及高温离子导电和氧离子传导特性，目前已成为一种先进的结构和功能材料，其应用也涉及众多领域。氧化锆陶瓷的连接方法主要有钎焊、固相扩散焊以及介于钎焊和扩散焊之间的瞬间液相连接等。目前对于氧化锆陶瓷/金属的连接主要采用活性钎焊工艺。随着 ZrO_2 陶瓷产业在 20 世纪中后期世界范围内的蓬勃发展，对于 ZrO_2 陶瓷/金属的连接研究逐渐被重视和深入。对于 ZrO_2 陶瓷活性钎焊的研究，主要从 ZrO_2 陶瓷的润湿、钎焊工艺及其与钎料之间的界面结构、界面相组成、界面反应及其热力学、接头力学性能及其影响因素等方面进行。由于接头力学性能与具体连接工艺和被连接材料的物理性能密切相关，如被连接材料与 ZrO_2 陶瓷之间热膨胀系数的差异直接影响焊后接头残余热应力的大小，从而最终影响接头强度，所以不同工艺条件下不同接头的力学性能没有可比性。

氧化锆陶瓷的钎焊主要受液态金属钎料在陶瓷表面的润湿性影响。从热力学的角度来看，润湿就是液体与固体接触后造成体系自由能降低的过程。液态钎料在陶瓷基体表面的润湿为铺展润湿。对于液态钎料，对陶瓷的润湿行为主要采用平衡接触角（θ）或润湿系数（$\cos\theta$）、铺展面积和铺展动力学等来表征和分析。

有关研究表明，向金属钎料中添加 Ti 和 Zr 等活性元素可提高液态钎料在陶瓷表面的润湿性。但在实际钎焊过程中，温度和组成均可能发生变化，且在铺展过程中铺展面积不断扩大，没有达到平衡状态，其铺展过程是动态的。因此，分析时应该考虑其在不同条件下的变化过程。例如，有研究者分析 Ag-Cu-Ti 钎料对 ZrO_2 等陶瓷的润湿行为时发现，(60Ag40Cu)-5Ti 合金在 950℃时最快铺展速率约为 4 μm/s，并认为铺展速率只与瞬时接触角有关，与时间无关。活性钎料对 ZrO_2 陶瓷的润湿性见表 4-15。也有研究者对 ZrO_2 单晶进行了润湿性试验，试验表明，活性合金（Cu-Ga(Ge)-Zr(Ti)）对单晶 ZrO_2 的润湿效果比多晶 ZrO_2 要好，纯金属对非化学计量比的 ZrO_2 单晶的润湿效果在一定程度上比化学计量比的 ZrO_2 单晶要好。

表 4-5　活性钎料对 ZrO_2 陶瓷的润湿性

钎料组合物	最佳润湿性
Ag-Cu-Ti	~21°① (60Ag40Cu)-5Ti,at%,950 ℃
	4 μm② (60Ag40Cu)-5Ti,at%,950 ℃
Ag-Cu-Ti	~7.5 cm^2/g③ (15wt%Ti)
Ag-In-Ti	26°(65Ag35In)-4.7Ti,at%,1 150 K
Ag-Cu-Ti	34°(Ag27Cu3Ti,wt%,900 ℃)
Sn-Ag-Ti	44°(Sn10Ag4Ti,wt%,900 ℃)
Cu-Ga(Ge)-Ti	~30°(Cu-17.5Ga)-15Zr,at%,1 150 ℃
Cu-Ga(Ge)-Zr	~60°(Cu-17.5Ga)-15Ti,at%,1 150 ℃
Ag-Cu-TiH_2(空气钎焊)	<27.2°(Ag-8Cu-0.5Ti,mol%,1 050 ℃)

注：①接触角；
　　②涂布率；
　　③涂布面积。

氧化锆陶瓷的钎焊工艺一般包括钎焊温度、保温时间、加热和冷却速度、气氛、钎料组成以及活性元素的添加方式等。众所周之，对于普通钎焊来讲，钎焊的温度一般比钎料熔点高 30 ℃～50 ℃即可。但活性钎焊温度的差别比较大。例如，对于 Ag-Cu-Ti 体系钎料而言，钎焊与钎料的温度可相差 200 ℃。保温时间一般为 5～60 min。气氛通常采用真空或 Ar 气氛。

活性钎焊就是在钎料中添加了活性元素，常用的活性元素主要为ⅣB 和ⅤB 族金属，如 Ti、Zr、Hf、V 和 Nb 等。目前针对 ZrO_2 陶瓷钎焊研究用活性元素主要为 Ti、Zr 和 V 等。

对于其活性元素的添加方式主要可分为两大类：一是焊前将活性元素与其他金属材料熔炼成合金，如 Ag 基、Cu 基和 Au 基合金钎料；二是在钎焊过程中活性元素与其他材料熔合。由于第一种方式工艺简便，且多种含 Ti 的活性钎料已商业化，如 Incusil ABATM、Cusil ABA®和 Ticusil ABA®等，所以被 ZrO_2 陶瓷钎焊的绝大多数研究所采用。对于第二种方式，也有多种具体方法被采用。其中气相沉积镀膜工艺应用的较多，气相沉积镀膜工艺是

预先在 ZrO_2 陶瓷基体上镀上一层 0.3～10 μm 的 Ti 膜,然后采用 Ag-Cu-Sn 合金钎料实现 ZrO_2 陶瓷与球墨铸铁、Fe、Ti 和 ZrO_2 陶瓷的高强钎焊连接。采用 TiH_2 膏剂预涂层结合 Ag-Cu 合金钎料真空钎焊的方法也可实现 ZrO_2 陶瓷与 Cu 的连接。如有研究者先采用对 ZrO_2 陶瓷和可锻铸铁钎焊表面分别进行 TiH_2 粉末预涂层并结合 Cu-Ga 合金的钎焊工艺,即 TiH_2 活性金属法,制备 ZrO_2 陶瓷/铸铁接头;后又分别采用了 Cu、Ga 和 Zr 三种粉末和 Cu-Ga 合金钎料结合 Zr 粉末的钎焊工艺实现对 ZrO_2 陶瓷与金属的连接。另外,还有研究者采用 Ti 箔结合 Ag-Cu 合金钎料的钎焊工艺,即 Ti 箔活性金属法,在 Ar 气中对 ZrO_2 和不锈钢进行钎焊。近年来,采用 Ag、Cu 和 TiH_2 粉末先混合球磨,再制成膏剂对 ZrO_2 陶瓷进行涂敷,并在大气中对 ZrO_2 陶瓷进行钎焊也是连接陶瓷的一大亮点。

对于 ZrO_2 陶瓷/金属钎焊接头而言,陶瓷/钎焊中间层(焊料层)界面的好坏直接影响接头性能。图 4-18 为不同研究者采用不同钎焊或润湿工艺条件下 ZrO_2 陶瓷/钎焊中间层界面的显微结构。从图中可以看出,只有(a)中陶瓷与钎焊中间层中间为 2 层且界面层最薄,其余的为 3 层。显然,这是由于工艺条件的差异引起钎焊过程中界面附近钎料成分(特别是活性元素 Ti)与 ZrO_2 陶瓷基体之间的反应程度不同,从而导致其界面微结构的差异。

钎焊过程中,工艺条件的差异主要体现在两方面:其一是焊料层或靠近陶瓷基体区 Ti 的含量不同,图 4-18(b)～(d)中比(a)中高(其中 Cusil ABA 中含 Ti 约 3%);其二是图 4-18(b)～(d)中的钎焊环境条件也比(a)要苛刻,如温度更高,保温时间更长,真空度更高或氧分压更低。另外,虽然图 4-18(c)中钎焊温度比(a)稍低,但由于图 4-18(c)中采用的 TiH_2 活性金属法,一方面钎焊加热过程中 TiH_2 分解成更具活性的单质 Ti,另一方面在陶瓷钎焊表面 Ti 浓度更高,实际上图 4-18(c)中工艺条件使界面反应比(a)的界面反应更容易进行。

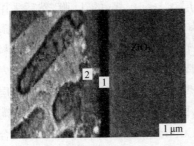

(a) 采用CusilABA钎料(63Ag-35.25Cu-1.75Ti)，温度870℃通氩气10 min焊接的ZrO_2

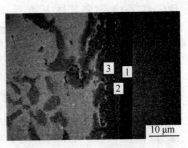

(b) 真空度高于10^{-5}Pa，温度950℃或稍高于950℃，采用(Ag-40Cu)-5Ti钎料焊接的ZrO_2(也可以在熔高纯Ar气氛中焊接ZrO_2)

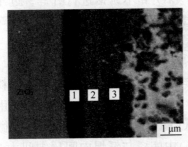

(c) 温度850℃，真空度大约$8×10^{-3}$Pa条件下保持30 min，采用Ag-Cu-Ti(TiH_2)钎料焊接的ZrO_2

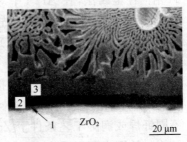

(d) 温度1 150℃，真空度在10^{-3}Pa条件下保持90 min，采用(Cu-17.5Ga)-10Ti钎料焊接的ZrO_2

图4-18 ZrO_2陶瓷/钎焊中间层界面的显微结构

通过比较图4-18(b)、(c)和(d)中界面的微结构，发现图4-18(b)中最靠近陶瓷基体的层(如图中1层)最厚(约4 μm)，图4-18(d)次之(约2 μm)，图4-18(c)最薄(约1 μm)；且3层总厚度，图4-18(d)最厚，图4-18(b)次之，图4-18(c)最薄。并且对各层的元素成分能谱(EDS)进行了分析，图4-18(b)中TiO_x中x的范围为$1 \leqslant x \leqslant 2$；4-18(c)(Ti,Zr)$O_x$中$x$的范围为$x \approx 2 \sim 3$，且该层内有非化学计量比的$ZrO_2$存在，所以实际上$TiO_x$中$x$的范围为$1<x<2$；而图4-18(d)中$TiO_x$中$x$的范围为$x=1$。因此结合各图中工艺参数，以及界面层内反应产物分析结果，可以认为：在一定条件下，真空度或氧分压对界面微结构的形成影响最大，温度次之，

其他有利于界面反应进行的工艺也对界面结构产生很大影响。

ZrO_2陶瓷与金属或陶瓷的钎焊连接是通过陶瓷与钎料之间的界面化学反应来实现的。钎焊工艺条件的差异直接体现在钎料成分与ZrO_2陶瓷基体之间化学反应的热力学和动力学条件上，从而决定界面反应能否发生以及反应的程度。由于针对ZrO_2陶瓷的钎焊用钎料绝大多数为含Ti基钎料，所以ZrO_2陶瓷与钎料之间的化学反应通常描述为ZrO_2与Ti之间的反应，其方程式可表示为：

$$ZrO_2 + xTi = ZrO_{2-xy} + xTiO_y(0 < xy \leqslant 2, 0 < y \leqslant 2)$$

其实陶瓷与钎料成分之间的化学反应不仅发生在陶瓷基体成分与活性元素之间，也会表现在陶瓷、活性元素和其他钎料成分三者之间。

另外，针对ZrO_2陶瓷润湿或钎焊的研究所用钎料主要含活性元素Ti、Zr或V，即界面可能发生ZrO_2分别与Ti、Zr和V之间的化学反应，所以其产物应该为Ti、Zr和V的氧化物（也包括非化学计量比的固溶体），其中Ti的氧化物主要包括TiO、Ti_2O_3、Ti_3O_5、Ti_4O_7和TiO_2，V的氧化物为V_2O_5和V_4O_7；而Zr的氧化物只有ZrO（除ZrO_2和非化学计量比的ZrO_{2-x}外）。根据有关研究，在通常的温度条件下只有Ti_3O_5、Ti_4O_7、V_2O_5和V_4O_7有比ZrO_2更低的自由能（ΔG^0），也就是说，从热力学上而言，Ti_3O_5、Ti_4O_7、V_2O_5和V_4O_7比ZrO_2更稳定。然而，ZrO_2与Ti或V化学反应生成以上所有氧化物的反应的$\Delta G^0 > 0$，即仅从热力学上考虑，ZrO_2与Ti和V之间的反应不能进行。但在实际润湿或钎焊过程中，ZrO_2与Ti之间的化学反应又实际发生了，显然是有外界因素充当了反应驱动力。其中最直接的外界因素就是很小的氧分压环境，主要通过真空或流动的惰性气氛（如Ar）环境来实现，然后这样的环境既非封闭又非敞开体系，采用经典的热力学计算方法无法对其进行有效分析，所以相关研究只能脱离真空条件来考察温度对界面反应的热力学的影响，或只对界面反应进行定性的讨论。

实际上，一个化学反应能否进行不仅与其热力学有关，还与其动力学有关。另外，在实际的润湿或钎焊过程中，界面产物（包括中间过程产物）的组成和状态（包括热力学状态和键合状态）很难确定，这更加增加了界面反应的热力学和动力学分析的难度，目前还没有非常有效的理论针对相关问题能进行定量分析。因此，对于陶瓷润湿和钎焊过程中界面反应的热力学和动力学问题也有待进一步研究，相关理论也有待发展。

七、如何用有机硅树脂连接结构陶瓷？

用以连接结构陶瓷的有机硅树脂应满足以下要求：

(1) 应具有高的分子量，结构略有支化，或含有笼状或环状结构；

(2) 有机硅树脂连接剂结构中含有潜在的化学反应活性基团，可以使其有机硅树脂连接与陶瓷在进行的反应中得到稳定的交联结构；

(3) 连接结构陶瓷所用的有机硅树脂是应使得目标陶瓷的产率高，产物纯，结构中非目标元素少，目标陶瓷组成和微观结构与陶瓷母材相近，以使它们在接头中的热力学性质相容和匹配；

(4) 使用的连接剂可溶或易溶，以便于连接前在陶瓷母材表面进行涂覆操作，连接剂又可作为浸渍剂，便于通过反复浸渍及裂解增强与提高连接层的强度；

(5) 连接剂应具有一定的黏度以避免连接前发生沉降，同时具有较高密度和高温稳定性以及抗氧化、抗水解性能等。

目前，已用于结构陶瓷连接的有机硅树脂的种类主要包括聚硅氧烷（polysioxane，PSO）、聚碳硅烷（polycarbosilane，PCS）和聚硅氮烷（polysilazane，PSN），聚硅烷（polysilane）和聚硼硅氮烷（polyborosilazane）也有少量的应用，而通过各种方法制备或合成的各类有机硅树脂目前开展得比较普遍。同时，选用各种有机硅树脂的商业定型产品进行结构陶瓷连接的研究也比较广泛。

目前已经应用到 SiC、Si_3N_4 等陶瓷及其复合材料连接中的聚硅氧烷类有机硅树脂主要包括：GE 的 SR350、SR355 和 YR3370，Wacker Chemie 的 H44、MTES、PTES、PMS（MK）和 PPS（H62C），Dow Corning 的 D4H、D4Vi 和 SR249，Lukosil 的 M130 和 901，Gelest 的 PHMS 以及 Fluorochemsilanes 的 PR6155。

聚碳硅烷类有机聚合物主要有 Dow Corning 的 X96348、Solvay 的 DPPC，以及 HPCS 和 AHPCS。

聚硅氮烷类有机聚合物主要有 University of Bayreuth 的 ABSE、Commodore Polymer Technologies 的 Ceraset SNTM 以及 Gelest 的 PSN-2M11。

以上商业定型产品的使用效果总体较好，但由于部分产品的分子结构暂时没有公开，从而给一些研究者分析连接机理带来一定困难。

在连接结构陶瓷的过程中，有机硅树脂顺序发生低温交联和高温裂解并形成目标陶瓷，目标陶瓷属于无机材料并且在更高的温度下发生结晶，有机硅树脂的结构组成可以直接决定目标陶瓷的组分。

用有机硅树脂连接结构陶瓷，首先要拟订合理的热处理工艺，其中包括温度制度、气氛制度和压力制度。热处理时，一般需要分别设立低温交联与高温裂解两个保温段，而引入惰性气体可以提高有机硅树脂目标陶瓷的产率。此外，连接工艺还应包括连接母材表面状态以及反复浸渍及增强的次数等。

有机硅树脂在热处理过程中一般要发生一定的收缩，并产生收缩应力。为抑制这种收缩，一般通过向有机硅树脂中加入填料来解决。在使用的添料中，惰性填料包括 SiC、Al_2O_3、B_4C、Si_3N_4 和 SiO_2；活性填料包括 Si、Ti、Nb、Cr、Mo、B、$MoSi_2$、Al 和 Cu_2O。此外，还包括 Al-Si 填料体系（如 88Al-12Si）以及 Al_2O_3-Si 填料体系（如 $50Al_2O_3$-50Si）。

关于有机硅树脂裂解过程中发生的反应，聚硅氧烷和聚硅氮烷在裂解过程中都存在依靠 SiO 与 CO 等气相产物促进目标陶瓷生成的过程。关于有机硅树脂裂解产物的作用，有研究者采用有机硅树脂 SR350 连接 RBSiC,观察到连接层是无定形 $Si_xO_yC_z$ 陶瓷,与 RBSiC 陶瓷基体之间有明显的界面而没有明显的反应层,由此认为无定形 $Si_xO_yC_z$ 陶瓷起到无机黏接作用。也有研究者采用有机硅树脂 YR3370(含 2.5% 硅烷偶联剂 Silquest A-1100,GE Toshiba Silicones)为连接剂,在 1 200 ℃温度下,在气体纯度为 99.99% N_2 的气流中分别制备了 RBSiC/RBSiC、SSiC/SSiC、RBSiC/graphite 以及 SSiC/graphite 的连接件,如图 4-19～图 4-22 所示。

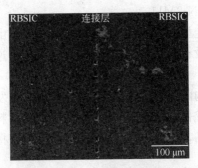

图 4-19　RBSiC/RBSiC 接头的显微结构(1 200 ℃)

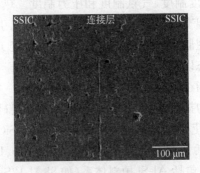

图 4-20　SSiC/SSiC 接头的显微结构(1 200 ℃)

由以上连接件的微观组织可见,连接层连续均匀致密,与母材结合紧密,其厚度为 2～5 μm,各种连接件的三点弯曲强度在弱端达到母材强度的 50% 以上。通过对连接剂在同等工艺条件下

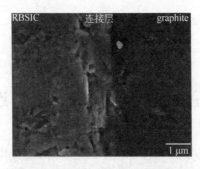

图 4-21 RBSiC/graphite 接头的显微结构(1 200 ℃)

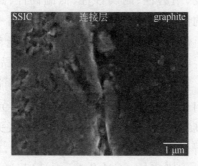

图 4-22 SSiC/graphite 接头的显微结构(1 200 ℃)

的表征与分析,可以认为连接的机理为有机硅树脂 YR3370 高温裂解产物,即无定形 $Si_xO_yC_z$ 陶瓷的无机黏接作用。以上结果也说明,用有机硅树脂 YR3370 连接 SiC 陶瓷以及连接 Cf/SiC 型陶瓷基复合材料是可行的。

第五章　异种材料焊接与连接

现代工业的发展和科学技术的进步,对焊接构件的性能提出了更高、更苛刻的要求,除要求满足通常的力学性能之外,还要求满足如高温强度、耐磨性、耐腐蚀性、低温韧性、磁性、导电性、导热性等多方面的性能要求。在这种情况下,任何一种金属材料都不可能完全满足焊接结构的使用要求,即使可能有某种金属材料相对比较理想一些,也常常由于十分稀缺、价格昂贵,而不能在工程中实际应用。而异种材料焊接构件的特点是能够最大限度地利用材料的各自优点发挥"物尽其用"的效果。异种材料可以作为母材、填充金属或焊缝金属。异种材料焊接接头能够充分利用各种材料的优异性能(如强度、塑韧性、耐磨性、耐蚀性、导热性等)在工程机械、交通运输、石油化工、电站锅炉、航空航天、电子等行业的设备制造和构件中得到广泛应用。本章根据国内外焊接技术人员对异种钢焊接性及接头性能进行的研究,介绍其焊接性、焊接方法和焊接工艺措施。

一、如何将 0Cr18Ni9 不锈钢与 16Mn 低合金钢焊接在一起?

0Cr18Ni9 不锈钢与 16Mn 钢是两种焊接性能截然不同的材料,两者在化学成分、热导率和比热容方面的差异很大。金属的热导率和比热容强烈地影响着被焊材料的熔化、熔池的形成,以及焊接区温度场和焊缝的凝固结晶。0Cr18Ni9 不锈钢热导率比 16Mn 低,两者的差异可使两者的熔化不同步,熔池形成和金属结合不良,导致焊缝结晶条件变坏,焊缝性能和成型不良。

0Cr18Ni9 不锈钢与 16Mn 钢的线膨胀系数存在很大的差异。由于 0Cr18Ni9 不锈钢的线膨胀系数比 16Mn 低合金钢大，造成它们在形成焊接连接之后的冷却过程中，焊缝两侧的收缩量不同，导致焊接接头出现复杂的高应力状态，进而加速裂纹的产生。当应力值超过焊缝金属的强度极限时，就会沿熔合线产生裂纹，最后导致焊缝金属剥离。

由于 0Cr18Ni9 不锈钢的导热性较 16Mn 钢差，焊接残余应力较大，从高温直接冷却到常温时很容易产生冷裂纹。又由于焊接过程中焊接热循环的作用，0Cr18Ni9 不锈钢在焊接工程中有较大的过热倾向，晶粒易粗化，热影响区会出现粗大的铁素体和碳化物组织，使塑性降低。因此，焊后在冷却过程中能引起脆化问题。加之焊接过程中氢的作用，使焊缝冷裂纹的倾向更加明显。

焊缝性能和成型不良、焊接残余应力较大以及裂纹的倾向明显等众多问题的存在，使得这两种材料在熔焊的条件下很难获得满意的焊接接头。为保证焊接质量，在 0Cr18Ni9 不锈钢与 16Mn 钢的焊接中，无论采用何种焊接方法，制定其合理的焊接工艺都是非常重要的。

焊接工艺措施的制定，首先要考虑的问题是防止裂纹产生。预防冷裂纹产生的主要措施除严格选择低氢型焊接材料、严格执行焊条的烘干制度外，还必须在施焊前对母材进行预热，施焊过程中保持焊缝有较高的层间温度，以及焊后立即进行消氢处理。0Cr18Ni9 与 16Mn 的力学性能对比见表 5-1。

表 5-1　0Cr18Ni9 与 16Mn 的力学性能比较

牌　号	力学性能		
	抗拉强度(MPa)	屈服点(MPa)	伸长率(%)
16Mn	490～670	320	≥21
0Cr18Ni9	≥520	205	≥40

对于预热温度和层间温度的选择问题，0Cr18Ni9 不锈钢的导热性比 16Mn 钢差，焊前预热和层间温度的控制对减少裂纹的形

成有一定影响。但预热温度要合适,预热温度过高,会导致焊缝的冷却速度变慢,有可能引起焊接接头晶粒边界碳化物的析出和形成铁素体组织,大大降低接头的冲击韧性,使焊接接头的使用性能下降。预热温度过低,则起不到预热的作用,无法防止裂纹的形成。

0Cr18Ni9 不锈钢与 16Mn 钢焊接的预热温度和层间温度应控制在 200 ℃~250 ℃ 范围内。局部预热应从焊缝边缘开始,如果不预热或预热不彻底,将会在焊点周围产生微裂纹,导致应力集中,促使裂纹扩展使焊接件造成破坏。

0Cr18Ni9 不锈钢与 16Mn 钢的焊接方法可以根据被焊接工件的大小选用手工电弧焊和埋弧焊。手工电弧焊方便、灵活,适用于焊接位置狭窄、工件焊接尺寸不大的焊缝。埋弧焊生产效率高,焊接质量高,劳动强度低,适合焊接厚大钢板和大直焊缝。

手工电弧焊焊接 0Cr18Ni9 不锈钢与 16Mn 钢时,焊接材料可按照化学成分与 0Cr18Ni9 不锈钢相近来选择,焊接工艺可按照焊接 16Mn 钢的工艺来选择,以防止焊接过程中焊接裂纹的产生。

埋弧自动焊焊接 0Cr18Ni9 不锈钢与 16Mn 钢时,最容易产生的缺陷就是裂纹。因此,焊接 0Cr18Ni9 不锈钢与 16Mn 钢时,主要解决的问题就是防止焊接裂纹的产生。为保证 0Cr18Ni9 不锈钢与 16Mn 钢的焊后结构满足使用性能的要求,焊缝金属的成分应接近于其中一种钢的成分。焊丝选用 H0Cr21Ni10(化学成分见表 5-2)。焊丝直径可选 $\phi 3.2$,焊剂为 HJ260,焊接材料烘干到 300 ℃ 左右。H0Cr21Ni10 焊丝的化学成分的铬镍含量较高,这对焊接 0Cr18Ni9 不锈钢与 16Mn 钢都很有利。

表 5-2 H0Cr21Ni10 焊丝的化学成分

化学成分	碳(C)	锰(Mn)	硅(Si)	铬(Cr)	镍(Ni)	磷(P)	硫(S)
质量分数(%)	≤0.06	1.00~2.50	≤0.60	19.50~22.00	9.00~11.00	≤0.030	≤0.020

焊接0Cr18Ni9不锈钢与16Mn钢前,要对两种工件的表面和焊口周围进行认真清理,消除可以引起焊接缺陷的各种杂质、油脂、水分及铁锈等。

焊接过程中,焊接工艺参数应该根据板厚和工件的大小来确定。有条件时,焊前最好进行焊接工艺试验和焊接工艺参数试焊。尤其是当两种材料的厚度不等时,为减小焊接应力,防止裂纹的产生,焊接件的坡口应作一定的处理,如容器的内外坡口处理与减缓应力处理(两种不同板厚的材料的缓坡处理如图5-1所示)。焊接过程中,要保证内外坡口焊透,每一层焊缝熔合良好,防止焊接应力过高引起裂纹。

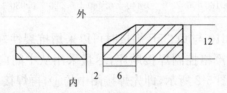

图5-1　不同板厚减缓应力的处理方法(单位:mm)

焊接完成后,要仔细检查焊缝和焊接热影响区,认真清除焊接残留物并打磨掉过高的焊缝使之圆滑过渡,进一步减小焊接应力和防止焊接裂纹的产生。

二、如何焊接06Cr19Ni10与Q235B钢才能使之避免焊接缺陷?

06Cr19Ni10不锈钢的化学成分见表5-3,Q235B钢的化学成分见表5-4。06Cr19Ni10属于奥氏体不锈钢,焊接时的主要问题是易出现晶间腐蚀、应力腐蚀、焊接裂纹等缺陷。焊缝及敏化区金属中的碳和铬在晶粒边界形成碳化铬($Cr_{23}C_6$),使晶界附近奥氏体贫铬,受介质腐蚀后将引起晶间腐蚀裂纹。进行06Cr19Ni10与Q235B相焊时,由于Q235B的碳含量较06Cr19Ni10高出两倍左右,因此Q235B中的碳对焊缝中的铬有稀释作用,铬稀释的结果无疑使腐蚀裂纹的倾向进一步增大。同时,06Cr19Ni10奥氏体钢的热导率小,线膨胀系数大,焊接时在热作用下可以产生较大的焊接应力。因此,焊接时应该采取减小和防止焊接应力的措施。

表 5-3　06Cr19Ni10 不锈钢的化学成分

化学成分	C	Si	Mn	P	S	Ni	Cr	Mo	Cu	N	其他
质量分数(%)	0.08	0.75	2.00	0.045	0.030	8.00~10.50	18.00~20.00	—	—	0.10	—

表 5-4　Q235B 钢的化学成分

化学成分	C	Si	Mn	P	S	Cr	Ni	Cu
质量分数(%)	0.160	0.200	0.440	0.440	0.020	0.030	0.010	0.010

06Cr19Ni10 与 Q235B 焊接时可以采用抗裂性好的碱性焊条 A302,焊接时严格控制焊接顺序,尽量采用从中间向两边分段退焊的方法,如图 5-2 所示,即先焊接图中的①,再焊接图中的②,然后焊接③,最后焊接④。焊接时尽量让 Q235B 侧的母材少熔化,以降低 Q235B 的熔合比,减少其对焊缝的稀释。如果焊接工艺措施得当,焊后 A302 的熔敷可以达到表 5-5 所示的金属的化学成分。焊后,为减小焊接应力和防止裂纹,应及时采用尖角锤锤击焊缝。

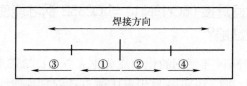

图 5-2　从中间向两边分段退焊法示意图

表 5-5　A302 焊条熔敷金属的化学成分

化学成分	C	Mn	Si	P	S	Cu	Ni	Cr	Mo
质量分数(%)	0.046	1.36	0.60	0.026	0.006	0.016	12.93	24.07	0.014

三、如何避免承重结构T型焊缝中18MnMoNb与Q345A钢焊后的层状撕裂?

T型结构是焊接中经常采用的接头形式(如图5-3所示),这种焊接结构在使用厚板焊接时,经常产生的层状撕裂是威胁焊接结构安全使用中的一个难题。而18MnMoNb与Q345A焊接属于异种钢焊接范畴,异种钢焊接解决焊接裂纹又是摆在焊接工作者面前的又一个难题。

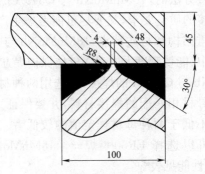

图5-3 重要焊接结构中经常采用的T型接头示意图(单位:mm)

18MnMoNb与Q345A都是珠光体钢,从化学成分来看(见表5-6),虽它们的合金含量比较多,具有较大的淬火倾向,且18MnMoNb淬硬倾向比Q345A还大,但它们的化学成分还是比较接近的,其中碳当量接近0.2%。从可焊性的角度分析,18MnMoNb与Q345A的焊接性良好,但焊接18MnMoNb与Q345A时具有冷裂倾向,焊接厚度较大的结构,特别是焊接厚大板材的T型结构时,18MnMoNb与Q345A的焊接接头还具有产生层状撕裂的可能性。因此,在焊接前应仔细检查18MnMoNb钢坡口和坡口周围材料的质量,严格控制和防止分层夹渣物的存在。同时,焊接时应采取预热、后热、焊后热处理等一系列措施,来预防延迟裂纹和层状撕裂等问题。

表 5-6 18MnMoNb 与 Q345A 的化学成分

牌号	质量分数(%)											
	C	Si	Mn	P	S	Nb	V	Ti	Cr	Ni	Cu	Mo
Q345A	≤0.20	≤0.50	≤1.70	≤0.035	≤0.035	≤0.07	≤0.15	≤0.20	≤0.30	≤0.50	≤0.30	≤0.10
18MnMoNb	0.16~0.23	0.17~0.27	1.20~1.50	≤0.035	≤0.035	0.02~0.045	—	—	≤0.30	≤0.30	≤0.20	0.45~0.60

在选择焊接方法时，18MnMoNb 与 Q345A 的焊接既要保证满足异种钢焊接的质量要求，又要尽可能考虑生产效率和经济效益。根据其承重结构和材质特点，18MnMoNb 与 Q345A 的焊接可采用热量集中、能量密度大的 CO_2 气体保护焊方法。

18MnMoNb 与 Q345A 的焊接，应选用两种材料中与合金含量较低一侧的母材相匹配的焊接材料，并要保证力学性能，使接头的抗拉强度不低于两种母材规定值的较低者。结合焊接方法和焊接工艺，可以选择 ER50-6 焊丝。18MnMoNb 与 Q345A、ER50-6 的力学性能见表 5-7。

表 5-7 焊材及焊丝的力学性能

牌号	R_{eL}(MPa)	R_m(MPa)	A(%)	A_{KV}(J)
Q345A	≥325	470~630	≥19	—
18MnMoNb	≥315	≥510	≥14	≥39
焊丝 ER50-6	≥420	≥500	≥22	≥27(−30 ℃)

对于重要的结构使用的 18MnMoNb 材料，焊接前应对钢板进行超声波检测，坡口进行渗透检测，检测确认无缺陷再焊接。焊接中使用的 CO_2 气体纯度应不低于 99.99%，焊丝直径可选为 ϕ1.2 mm，焊丝表面必须保持清洁。工件上要清除所焊表面及距焊缝 20 mm 内所有杂质及油污、残留物等，并在距焊缝 150 mm 范围内均匀预热，预热温度可控制在 160 ℃左右。

焊接电源种类可选择直流反接，焊接过程中要控制热输入量，可采用多层多道焊、双面焊，背面没有焊透的部分要采用机械方法将其打磨掉,保证两层金属充分地熔合。焊接工程中的气体流量可选择为 16 L/min,焊丝干伸长可选择为 14 mm。整个焊接过程中要注意保持预热温度、层间温度控制在 160 ℃左右,并一边焊接一边用圆角锤锤击焊缝。焊接参数见表 5-8。

表 5-8　焊接参数

焊缝层数		焊接电流(A)	电弧电压(V)	焊接速度(mm·min^{-1})
内侧	打底	180～200	22～24	140～180
	填充	200～220	24～26	160～200
	盖面	200～220	24～26	140～180
背面砂轮打磨				
外侧	打底	180～200	22～24	140～180
	填充	200～220	24～26	160～200
	盖面	200～220	24～26	140～180

18MnMoNb 与 Q345A 焊接后,应进行焊后热处理。后热处理应在焊接停弧后立即进行。后热温度可选择为 240 ℃～250 ℃,时间为 1 h。然后再进行 600 ℃～630 ℃的焊后热处理,热处理保温时间为 7 h。实践证明,焊接较厚承重结构的 18MnMoNb 与 Q345A,只要焊接材料、焊接工艺参数合理,预热、后热、焊后热处理时机与热处理参数设计与选择得当,就可以有效地防止冷裂纹的产生,实现这两种异种钢材的焊接,并获得优良的焊接接头。

四、如何焊接才能保证动载荷结构的 18CrMnMoB 与 Q345D 在使用中不产生裂纹?

18CrMnMoB 合金结构钢与 Q345D 碳素钢的焊接属于异种钢的焊接。由于 18CrMnMoB 合金结构钢与 Q345D 钢的化学成分差异较大(见表 5-9),导致两者的性能相差很多。化学成分的差异必然会给这两种材料的焊接带来一定的困难。若结构需要欲将两种钢组合焊接在一起,操作技术人员必须对其焊接工艺认真讨论与设计,这样才能保证其焊接后接头的可靠性。只有通过对这两种材料的化学成分和力学性能进行对比分析,找到合适的焊接方法和焊接工艺参数,才能保证焊接质量达到使用要求。

对 18CrMnMoB 合金结构钢与 Q345D 钢来讲,两种材料之间的熔点相差越多,成分差异越大,焊接就越困难,尤其是对于动载荷状态工作的构件,有些受到较大剪切应力,工作环境比较恶劣,要求焊缝具有较高的强韧性和一定的耐高温、耐蚀性。因此,焊接这类构件,焊接工艺参数的选择是保证焊接质量的关键。

表 5-9　18CrMnMoB 合金结构钢与 Q345D 两种材料化学成分的质量分数

(单位:%)

元素 名称	C	Si	Mn	Cr	Mo	B	P	S
18CrMnMoB	0.17 ~ 0.23	0.20 ~ 0.4	1.20 ~ 1.5	1.5 ~ 1.80	0.45 ~ 0.55	0.001 ~ 0.0035	≤0.03	≤0.03
Q345D	0.1~ 0.2	0.33	1.0~ 1.6	—	—	—	0.021	0.005

一般情况下,18CrMnMoB 的屈服强度不小于 785 MPa,抗拉强度不小于 588 MPa;Q345D 的屈服强度为 345 MPa,抗拉强度为 540 MPa。由此可见,18CrMnMoB 具有较高的强度和较好的冲击韧性,但其碳当量不小于 0.42%。因此,焊接时有较强的淬硬倾向,容易形成冷裂纹。冷裂纹的产生除了与材料的淬硬倾向有关外,还与扩散氢的含量和残余应力的大小有关。焊接这类钢材,为了防止冷裂纹的产生,在焊接前必须采取预热措施,焊后对焊件应立即进行热处理。同时,焊接工程中应严格控制焊缝中氢的含量,减少焊接应力,避免产生冷裂纹。

Q345D 的焊接性较好,其含碳量、合金元素的含量和强度都远低于 18CrMnMoB。由于两者在化学成分上存在巨大的差异,在焊接时必须采取合适的焊接工艺参数和焊接工艺措施才能保证其焊接质量。

焊接前,其焊接工艺措施的制定要考虑两种材料的碳当量,根据碳当量的计算值确定预热温度,18CrMnMoB 合金结构钢与

Q345D 钢焊接时的最小预热温度为 160 ℃～180 ℃。根据 18CrMnMoB 钢件加热的特点,加热后可能会出现热影响区成分偏析较严重的现象,也可能使焊接被加热区的组织粗大。因此,焊接后裂纹最易出现在热影响区。考虑环境因素和工作条件的影响,18CrMnMoB 合金结构钢与 Q345D 钢焊接时的最小预热温度可选择为 180 ℃。预热时可以采用加热带,也可以采用氧-乙炔火焰加热。如果采用氧-乙炔火焰加热,为保证加热过程中工件受热均匀,应由两个人采用两把加热工具同时对工件加热。为了保持加热温度均衡并使焊接过程中热量不流失,工件的上部应采用石棉毡等耐火材料覆盖。温度的测量可以用远红外测温仪或测温笔,当温度达到 180 ℃时可以开始焊接。

焊接材料的选择也要考虑碳当量,由于 18CrMnMoB 碳含量高,如果焊接过程中母材过多的熔入焊缝,焊缝的脆硬倾向增加,就会容易引起焊接裂纹。为了减少焊缝中的碳含量和合金元素的含量,减少淬硬倾向,必须减少母材在焊缝中的熔合比。因此,打底焊时宜于采用手工电弧焊(SMAW),同时严格控制焊接热输入,减少母材中碳元素及其他合金元素的熔入,中间层焊接时为提高生产效率,可采用其他机械化程度较高的焊接方法。

18CrMnMoB 合金结构钢与 Q345D 钢焊接时,根据焊材的选用原则,应按弱强匹配原则选用与较低强度 Q345D 母材相匹配的 J507 低氢型焊条进行打底焊接。这样,可避免选用其他焊接材料在焊接第一层打底焊时产生裂纹的弊端,充分利用低氢型焊条焊接焊缝具有较好的塑性和韧性的特点,赋予焊缝较高的抗裂性能。

采用焊条电弧焊打底,在保证气体能充分保护熔池的条件下,可利用氩气保护焊缝中熔化的金属和焊接热影响区。采用电弧焊充氩气保护进行焊接,既提高了效率又保证了焊接质量。

在使用 J507 低氢型焊条打底焊接前,为防止焊接过程中焊条内的水分子分解进入焊缝形成氢致冷裂纹,焊条必须按规定进行严格烘干,J507 低氢型焊条的烘干温度一般是 350 ℃/1 h。烘干后的焊条应随用随取,使用时放入保温桶中。

由于低氢型焊条对氢很敏感。因此，焊接前必须彻底清除母材坡口表面上的铁锈、油污、水分等影响焊接质量的杂质。

焊接过程中注意控制层间温度不低于预热温度，并注意采用短弧与窄焊道焊接。每焊完一层要用圆角小锤锤击焊道表面，使焊缝金属晶粒细化，防止形成粗大的马氏体组织，同时释放残余应力，防止各种裂纹的产生。

为防止产生延迟冷裂纹，使焊缝中扩散氢充分逸出，同时消除焊缝冷却过程中产生的收缩应力，避免在热影响区出现层状撕裂等焊接缺陷，18CrMnMoB 合金结构钢与 Q345D 钢焊后应立即进行热处理。有条件时热处理最好在炉中进行，热处理温度可选择为 620 ℃并保温 4 h 以上，然后缓冷至 250 ℃出炉空冷。

五、如何焊接 45 号钢与 12Cr18Ni9 不锈钢才能使焊接接头的性能达到设计指标？

45 号钢与 12Cr18Ni9（旧牌号为 1Cr18Ni9）不锈钢焊接时，在焊缝与 45 号钢母材间往往会存在一个马氏体组织的熔合区，该区韧性较低，硬度和脆性较高，机械性能达不到设计要求，经常是导致构件受力失效破坏的薄弱区域。马氏体组织的熔合区的存在，降低了焊接结构使用的可靠性。

表 5-10　45 号钢和 12Cr18Ni9 不锈钢的化学成分

母材	化学成分(%)							
	C	Si	Mn	Cr	Ni	S	P	Cu	N
45 号钢	0.42~0.50	0.17~0.37	0.5~0.8	≤0.25	≤0.25	≤0.035	≤0.035	≤0.25	/
12Cr18Ni9	≤0.15	≤1.0	≤2.0	17~19	8~10	≤0.030	≤0.045	/	≤0.10

45 号钢与 12Cr18Ni9 不锈钢的化学成分见表 5-10。由表 5-10 可以看出，45 号钢和 12Cr18Ni9 不锈钢的化学成分差别很大，45 号钢含碳量较高，钢材的淬硬倾向较大，12Cr18Ni9 不锈钢的合金成分含量较高。如果将这两种化学成分差别很大的钢材

焊接在一起时，焊缝金属一般是由两种不同类型的母材及填充金属材料熔合而成，焊缝的组织取决于焊缝的成分，而焊缝的成分取决于熔合比（母材向焊缝中的熔入量）。当熔合比发生变化时，焊缝的成分和组织相应发生变化。45号钢与12Cr18Ni9不锈钢焊接时，由于45号钢中不含合金元素，因此它对整个焊缝金属的合金元素有稀释作用，特别是焊缝靠近焊缝的熔合区部位，稀释作用比焊缝中心还要突出，铬、镍含量远低于焊缝的平均水平，致使焊缝金属的奥氏体形成元素含量减少，在45号钢一侧的熔合过渡区形成脆性的马氏体组织的过渡层，过渡层的厚度一般在0.2~0.6 mm之间，过渡层的存在造成焊缝接头质量恶化，过渡层过厚时容易引发裂纹。

虽然45号钢与12Cr18Ni9不锈钢焊接时的过渡层不可避免，但只要工艺措施得当，可以使过渡层的厚度减少。如在焊接过程中选用奥氏体化强的焊接材料就可以减少过渡层的厚度；提高焊接材料中Ni的含量可以防止熔合区碳的迁移。以上两种方法都可以较好地改善45号钢与12Cr18Ni9不锈钢焊接熔合区的焊接质量。

45号钢与12Cr18Ni9不锈钢焊接过程中的另一个问题是碳的迁移，由于焊接过程长时间的高温会使珠光体钢与奥氏体钢界面附近发生反应扩散使碳迁移，结果在45号钢一侧形成脱碳层，奥氏体一侧形成增碳层。由于同一焊接接头两侧性能相差悬殊，焊接结构在受力时就可能引起应力集中，降低接头的高温持久强度和塑性。

为解决碳的迁移问题，焊接时应尽量降低加热温度并缩短高温停留时间，在45号钢中增加Cr、Mo、V等碳化物形成元素，而在奥氏体钢中则减少这些Cr、Mo、V等碳化物形成元素，提高奥氏体焊缝的含镍量，以缩小扩散层。

45号钢与12Cr18Ni9不锈钢焊接时，焊接方法的选择除了考虑生产效率和具体的焊接条件外，还应考虑熔合比的影响。为减小焊接时的熔合比，降低对焊缝的稀释作用，选用手工电弧焊为宜。因为手工电弧焊的熔合比较小,而且方便灵活,不受焊件形状的限制。即使选用手工电弧焊,焊接时也要尽量采用小的线能量进行焊接,以利于降低焊接过程中的加热温度和缩短高温停留时间,以减少焊接过程中碳的迁移,并使焊缝熔合区附近马氏体组织过渡层的厚度尽可能的小。

为解决马氏体组织过渡层的厚度尽可能的小、合金材料被稀释和碳迁移等问题,焊接材料可以选择 A502 焊条作为焊接填充层材料,A502 焊条的化学成分见表 5-11。

表 5-11 A502 焊条化学成分(GB/T 5118—2012)

焊条	化学成分(%)								
	C	Cr	Ni	Mo	Mn	Si	P	S	Cu	N
A502	0.12	14.0~18.0	22.0~27.0	5.0~7.0	0.5~2.5	0.9	0.035	0.030	0.5	>0.1

采用手工电弧焊,A502(E16-25Mo6N-16)焊条焊接 45 号钢与 12Cr18Ni9 不锈钢时,焊条应该按规定进行烘干,工件焊前应预热 200 ℃~250 ℃,焊接后可进行不回火处理,具体焊接工艺参数见表 5-12。

表 5-12 焊接工艺参数(一)

焊道层数	焊接方法	焊条牌号	焊条直径(mm)	电源极性	焊接电流(A)	焊接电压(V)	焊接速度(cm/min)
第一层	手工电弧焊	A502	φ3.2	反极	100~115	23~25	10
第二层	手工电弧焊	A502	φ3.2	反极	115~125	24~27	10
第三层	手工电弧焊	A502	φ3.2	反极	115~125	24~27	10
第四层	手工电弧焊	A502	φ3.2	反极	115~125	24~27	10

为降低熔合比,减少焊缝金属被稀释的程度和减小碳的迁移和扩散等,焊接时最好采用大坡口(如图 5-4 所示)、细直径焊条、小电流、快速度、多层焊的小焊接线能量的焊接工艺,长焊缝应采取分段跳段焊接法。生产实践证明,只要焊接方法、焊接工艺措施和焊接工艺参数合理,45 号钢与 12Cr18Ni9 不锈钢焊接后的质

量还是可以达到使用要求的。采用表 5-12 中的焊接工艺参数进行焊接后焊接接头的力学性能指标见表 5-13，供操作者焊接时参考使用。

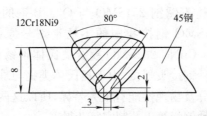

图 5-4　焊件坡口结构型式（单位：mm）

表 5-13　45 号钢与 12Cr18Ni9 不锈钢焊接接头部分力学性能

拉伸试验						
试样编号	试样宽度（mm）	试样厚度（mm）	横截面积（mm²）	断裂载荷（KN）	抗拉强度（MPa）	断裂部位特征
1	25	8	200	134	625	不锈钢
2	25	8	200	128	604	45 号钢母材
3	25	8	200	128	625	45 号钢母材
弯曲试验						
试样编号	试样类型	试样厚度（mm）	弯曲直径（mm）	弯曲角度（°）	试验结果	
1	面弯	8	48	180	合格	
2	背面	8	48	180	合格	
3	面弯	8	48	180	合格	
4	背面	8	48	180	合格	

六、如何进行 254SMO 超级奥氏体不锈钢与 Q235B 普通碳素结构钢焊接？

超级奥氏体不锈钢具有良好的耐蚀性，且奥氏体结构一般具有中等强度和较高可锻性。在加入一定量的氮之后，除提高了防腐能力外，在保持奥氏体不锈钢可锻性和韧性的同时，高氮超级奥氏体不锈钢还具有很高的强度。其屈服强度比普通奥氏体不锈钢的要高出 50%~100%。所以,这些钢种尤其适用于一些工况条件比较苛刻的行业,如石化、化工、造纸和海上作业等系统。

超级奥氏体不锈钢 254SMO 与 Q235B 钢的化学成分见表 5-14,其中 254SMO 钢按我国的不锈钢编号原则对应钢种为 00Cr20Ni18Mo6CuN。254SMO 超级奥氏体不锈钢与 Q235B 钢的焊接属于异种钢接头焊接,由于奥氏体类钢与珠光体类钢两种材料的化学成分及物理性能有很大差异,所以这两种钢的焊接工艺制定要比同种钢焊接工艺制定复杂得多。

表 5-14 254SMO 钢及 Q235B 钢板的化学成分

钢材	化学成分(%)								
	C	Si	Mn	S	P	Cr	Ni	Mo	Cu	N
254SMO	0.011	0.36	0.48	0.001	0.023	19.96	17.88	6.07	0.61	0.208
Q235B	0.12~0.20	≤0.30	0.30~0.67	≤0.045	≤0.045	—	—	—	—	—

手工钨极氩弧焊可使电弧稳定,热输入易于控制,可以防止材料的过热脆化和在空气中氧化。因此,焊接这两种钢时,焊接方法选择时可优先考虑采用手工钨极氩弧焊。焊接材料通常有三种镍基合金焊丝可供选择,即 ERNiCrMo-3 焊丝、ERNiCrMo-10 焊丝及 ERNiCrMo-14 焊丝,以上 3 种焊丝的主要化学成分见表 5-15。手工钨极氩弧焊焊接工艺参数可参考表 5-16 数值。焊丝直径可选择 1.2 mm 焊丝。

表 5-15 填充金属的化学成分及铬、镍当量

焊接材料	化学成分(%)						$w(Cr)_{eq}$	$w(Ni)_{eq}$
	C	Si	Mn	Cr	Mo	Ni		
ERNiCrMo-3	0.04	0.3	0.5	21.5	9.0	余量	32.75	65.51
ERNiCrMo-10	0.01	0.05	0.3	21.0	13.5	余量	34.58	58.59
ERNiCrMo-14	0.01	0.25	0.5	21.0	16.0	余量	37.38	54.09

表 5-16　焊接工艺参数(二)

参数	焊接电流 $I(A)$	电弧电压 $U(V)$	焊接速度 $v(cm \cdot min^{-1})$	钨极直径 $d(mm)$	热输入 $Q(kJ \cdot min^{-1})$	氩气流量 $q(L \cdot min^{-1})$
取值	148～155	10	20～22	3.0	4～5	14～15

焊接接头可根据板厚选择开与不开坡口的对接或不开坡口搭接接头,手工钨极氩弧焊(氩气(Ar)纯度应不小于 99.99%)电源采用直流正接。对于薄板,焊前不需预热,厚板的预热温度为 200 ℃,焊后空冷至室温,可不进行热处理。

超级奥氏体不锈钢 254SMO 与 Q235B 钢焊接时有热裂纹形成趋势。因此,焊接前应将待焊部位及附近区域的油污、铁锈等杂质清除干净,尤其是 Q235B 钢侧不能有任何夹杂、氧化物。

采用 ERNiCrMo-3 焊丝、ERNiCrMo-10 焊丝及 ERNiCrMo-14 焊丝焊接超级奥氏体不锈钢 254SMO 与 Q235B 钢时,焊缝金属过渡性能良好,焊缝及热影响区表面无裂纹、未熔合、夹渣等缺陷,均可达到使用要求。尤其是采用 ERNiCrMo-10 焊丝焊接的焊缝成型良好,未见任何焊接裂纹出现。因此,建议手工钨极氩弧焊焊接超级奥氏体不锈钢 254SMO 与 Q235B 钢时,最好考虑使用 ERNiCrMo-10 镍基合金焊丝进行焊接。

七、如何进行调质状态的 30CrMo 与 16Mn 钢的焊接?

调质状态的 30CrMo 钢的化学成分及力学性能见表 5-17,16Mn 钢的化学成分及力学性能见表 5-18。由表 5-17 计算得知,30CrMo 钢的碳当量为 0.624%,焊接性能差。30CrMo 钢属于中碳调质钢,中碳调质钢具有以下特点:材料的合金元素含量较高,液-固相区间较大,偏析严重,使其具有较大的热裂纹倾向。中碳调质钢一般淬硬倾向明显,使其冷裂纹倾向增加。由于这种钢的淬硬倾向很大,焊接时如果仅仅通过加大线能量往往还难以避免马氏体组织的形成,并且还会增大奥氏体组织的过热倾向,使过热区脆化更为严重。因此,在进行调质状态的 30CrMo 与 16Mn 钢焊接时,宜于采用较小的焊接线能量,焊接前工件要预热,控制层间温度,采取焊后缓冷和焊后热处理等工艺措施。

表 5-17 30CrMo 钢化学成分及力学性能

化学成分	C	Si	Mn	P	S	Ni	Cr	Mo
标准含量(%)	0.28~0.33	0.15~0.35	0.4~0.6	≤0.025	≤0.025	≤0.5	0.8~1.1	0.15~0.25
含量(%)	0.3	0.26	0.6	0.01	0.002	0.05	0.96	0.16
抗拉强度(MPa)	683							

表 5-18 16Mn 钢化学成分及力学性能

化学成分	C	Si	Mn	P	S	Ni	Cr	Mo
含量(%)	0.19	0.30	1.26	0.017	0.003	0.03	0.03	0.01
抗拉强度(MPa)	520							

焊接 30CrMo 与 16Mn 钢的预热温度一般应在 200 ℃~350 ℃范围内选择。如确因现场条件或加热设备所限,也可将预热温度降低,但最低预热温度不能低于 180 ℃,焊后应立即进行热处理。热处理工艺可参考以下工艺:热处理的初始炉温应不小于 150 ℃,150 ℃~400 ℃区间的升温速度控制在 150~200 ℃/h,400 ℃~730 ℃区间升温速度控制在 200~250 ℃/h;保温时,当炉内温度升至 730 ℃时,保温时间可控制在 45~60 min 之间;降温时,730 ℃~400 ℃区间,降温速度控制在 200~250 ℃/h,400 ℃以下可采取随炉冷却或空冷。

当焊接工件厚度大于 6 mm 时应选择开坡口,坡口的尺寸如图 5-5 所示。

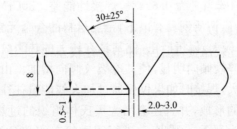

图 5-5 坡口尺寸与参数(单位:mm)

焊接材料可选用 R307 焊条,R307 焊条的化学成分及力学性能见表 5-19,焊接工艺参数见表 5-20。焊接后,其焊缝力学性能可达到使用要求。一般情况下,选用 R307 焊条和合适的焊接工艺措施后,其力学性能见表 5-21。

表 5-19 焊接材料化学成分及力学性能

化学成分	C	Si	Mn	P	S	Ni	Cr	Mo
含量(%)	0.067	0.37	0.7	0.015	0.011	~	1.14	0.51
抗拉强度(MPa)	610							

表 5-20 焊接工艺参数(三)

参数	预热温度(℃)	层间温度(℃)	焊条直径(mm)	焊接电流(A)	电弧电压(V)	焊接速度(mm/min)	线能量(kj/cm)
取值	200~350	200~350	φ2.5/φ3.2	55~90	22~26	7~12	10.3~11.7

表 5-21 调质状态的 30CrMo 与 16Mn 焊接接头力学性能

参数	抗拉强度(MPa)	弯曲试验	
		面弯	背弯
取值	570	180°	180°

八、如何进行硬质合金与 45 号钢的焊接?

硬质合金具有极高的硬度和耐磨损性能,特别是在高温下仍能保持其高硬度,是现代工业中十分重要的工具材料。硬质合金目前已广泛应用于制造各种金属切削刀具、矿山采掘、石油钻井、地质勘探工具,以及各种模具、量具和耐磨损机械零件。由于硬质合金价格比较昂贵,塑性和冲击韧性较差,因此,绝大多数硬质合金工具均采用将小块硬质合金作为镶嵌件,固定于用工具钢等制作的工作部位,由工具钢等高强钢来承受冲击载荷,并节省贵重的硬质合金,降低工具成本。

通常焊接条件下,硬质合金焊接过程中难以润湿界面,连接时如果焊接熔池控制不好就会导致其界面结合强度不高。而且,由于硬质合金与45号钢的热膨胀系数相差太大,导致焊接后的焊接接头产生较大的内应力而引起断裂。

扩散焊、TIG钨极氩弧焊、钎焊等是目前工业实际应用最广泛的焊接硬质合金与钢异种材料的方法,活性瞬间液相扩散焊则是最近一些年来由一些院校和研究单位提出的一种用于复合材料和异种材料焊接的新方法。

活性瞬间液相扩散焊充分结合了活性金属钎焊和液相扩散焊两者的优点,通过中间层叠加材料的低熔共晶实现在较低温度下完成高熔点中间层的熔化,进而实现较低温度下进行焊接的目的。同时,活性瞬间液相扩散焊焊接过程中借助活性中间层材料,实现与难润湿被焊母材的反应,使之润湿而达到结合的目的。

在进行活性瞬间液相扩散焊时,中间层材料的选择比较关键。常用的中间层材料有Ti、Cu及BNi_2镍基高温非晶钎料等(焊接硬质合金的常用钎料)。活性瞬间液相扩散焊时,材料叠加方式及中间层材料厚度也是影响焊接效果的关键因素。

在硬质合金与钢的焊接中,有关研究人员以YG6X硬质合金和45号钢异种材料的焊接作为研究对象进行了系统地研究与分析。在整个焊接过程中考虑到对于硬质合金材料难以润湿,选择了Ti作为活性元素,选择了Ti和Cu作为叠加的中间层组合,并根据Ti-Cu二元合金相图中(如图5-6所示)Ti-Cu在焊接温度1 050 ℃以下有两个共晶点(875 ℃和960 ℃)的特点,通过有关计算确定当Ti层取50 μm时Cu层可以完全熔化的厚度,见表5-22。通过理论分析与计算,当取Ti层厚度为50 μm时,Cu层厚度如果介于15.5~479.5 μm之间,采用Ti、Cu叠加时,焊接中Ti层和Cu层都能完全转化为液相,根据Cu层厚度的临界值89.5~479.5 μm,确定了活性瞬间液相扩散焊时接头的Cu层厚度,并分别选取Cu层厚度为50 μm、100 μm和500 μm进行了焊接。

由表5-22可见,Ti层取50 μm时,Cu层厚度如果介于15.5~479.5 μm,当Ti、Cu叠加时,Ti层和Cu层都能完全转化为液相。由于共晶点1(960 ℃)的温度较高,不利于液相的快速形成,而且从相图上看该区域的液相为富 Ti 相,对接头性能不利。所以焊接中 Cu 层厚度的选取主要集中在共晶点 2(875 ℃)附近。根据 Cu 层厚度临界值 89.5～479.5 μm 来确定的活性瞬间液相扩散焊时接头的 Cu 层厚度,即选取 Cu 层厚度为 50 μm、100 μm 和 500 μm 进行焊接是比较合适的。

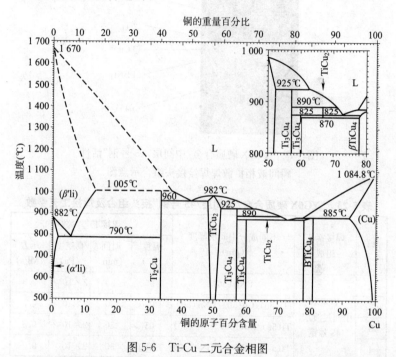

图 5-6　Ti-Cu 二元合金相图

表 5-22　根据 Ti-Cu 二元相图计算出的 Cu 层理论厚度

名　称	温度(℃)	铜钛的质量分数 Cu(%)	铜钛的质量分数 Ti(%)	Cu/Ti 厚度比率	可以熔化 Cu 的厚度(Ti 为 50 mm 时)
固液点	1 050	38	62	0.31	15.5
共晶点 1	960	50	50	0.50	25
共晶点 2	875	78	22	1.79	89.5
液固点	1 050	95	5	9.59	479.5

接头组合如图 5-7 所示,焊接工艺参数见表 5-23。其中 BNi₂ 镍基钎料钎焊接头是作为相同试验条件下的标准试样,即作为参照和比较的基准试样。

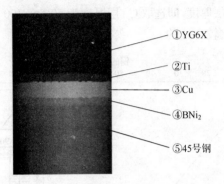

图 5-7 "YG6X 硬质合金/中间层/45 号钢"活性瞬间液相扩散焊焊接接头组合示意图

表 5-23 "YG6X 硬质合金/中间层/45 号钢"接头组合及焊接工艺参数

序号	焊接接头组成	不同成分中间层厚度(μm)	焊接工艺参数			
			温度(℃)	时间(min)	真空度(Pa)	压力(MPa)
1	YG6X/中间过渡层/45号钢	BNi₂(50)	1 050	30	2×10^{-2}	0.3
2		Ti(50)/Cu(50)/BNi₂(50)	1 050	30	2×10^{-2}	0.3
3		Ti(50)/Cu(100)/BNi₂(50)	1 050	30	2×10^{-2}	0.3
4		Ti(50)/Cu(500)/BNi₂(50)	1 050	30	2×10^{-2}	0.3

焊接前,对各个试样的母材及中间层材料进行了砂纸打磨及丙酮去油污清洗,然后按不同的接头组合进行试样的夹持固定,最后放在真空钎焊炉中进行了焊接。焊后接头的宏观形貌如图 5-8 所示。

从图 5-8 中各接头焊后中间层的熔化情况来看,实际情况和理论计算吻合良好,近共晶成分的 Ti-Cu 合金对 YG6X 硬质合金和 45 号钢都有较好的润湿性。如图 5-8(b)、图 5-8(c)所示,挤出的多余液相均能在母材表面进行较好的铺展。

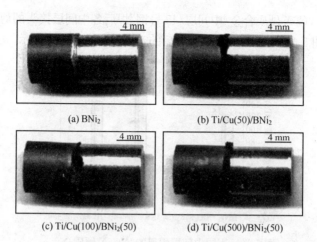

(a) BNi$_2$　　(b) Ti/Cu(50)/BNi$_2$

(c) Ti/Cu(100)/BNi$_2$(50)　　(d) Ti/Cu(500)/BNi$_2$(50)

图 5-8　不同中间层焊得的"YG6X 硬质合金/中间层/45 号钢"接头的宏观形貌

为了进一步了解"YG6X 硬质合金/中间层/45 号钢"焊后的组织形貌及性能,有关研究者设计了剪切夹具,如图 5-9 所示,并将焊好的每种组合试样进行剪切试验,连接接头的剪切强度通过 1195 型电子拉伸试验机进行测定。为了保证数值的准确性,采用 1 mm/min 的拉伸速度。另取出一组沿轴线切开,制作金相试样,对剪切后的断口及金相试样的焊缝及附近区域进行微观组织形貌及成分分析。

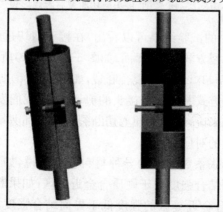

图 5-9　剪切夹具

"YG6X 硬质合金/中间层/45 号钢"焊后各中间层接头的剪切强度如图 5-10 所示,接头剪切断裂后的宏观形貌如图 5-11 所示。

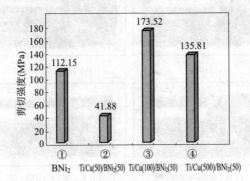

图 5-10　不同中间层焊得的"YG6X 硬质合金/中间层/45 号钢"接头的剪切强度对比

(a) BNi_2　　(b) $Ti/Cu(50)/BNi_2(50)$　　(c) $Ti/Cu(100)/BNi_2(50)$　　(d) $Ti/Cu(500)/BNi_2(50)$

图 5-11　不同中间层焊得的"YG6X 硬质合金/中间层/45 号钢"接头剪切断裂后宏观形貌

由图 5-11 的试验结果可以看出,在接头剪切过程中,四组接头共有三种断裂方式:断在界面,如图 5-11(a)、(c)所示;断在硬质合金上,如图 5-11(b)所示;混合断裂,如图 5-11(d)所示。

观察断裂方式并结合各接头的剪切强度,我们发现对于不同的中间层接头来说,各接头的剪切断裂方式与其剪切强度大小之间并没有必然的对应关系。

对于线膨胀系数不同的异种材料连接来说,如果断在界面,说明接头界面结合强度低于硬质合金近缝区;如果断在硬质合金上,说明硬质合金近缝区的强度低于界面结合强度;如果发生混合断裂,说明界面结合强度和硬质合金近缝区的强度比较接近。焊接接头最后究竟断在什么位置,一般情况下是界面结合强度和硬质合金近缝区强度综合作用的结果。如果界面结合强度和硬质合金近缝区的强度二者达到平衡时就会发生混合断裂。因此,要想提高"硬质合金/钢"接头的连接强度,就要综合考虑界面结合强度和硬质合金近缝区强度这两者的影响效果,同时提高两者的强度才行。

通过以上的焊接接头分析和金属学知识可知,接头界面结合强度的高低,主要取决于熔化后的液相中间层对母材基体的润湿及彼此间的相互扩散、反应情况的强弱,而硬质合金近缝区强度的高低,主要取决于连接过程中产生的连接应力的大小。要解决硬质合金近缝区强度和连接过程中产生的连接应力问题就需要我们在焊接工艺措施设计中加以解决。

根据 Ti-Cu 二元合金相图,"Ti/Cu(50)/BNi$_2$"中间层接头的成分 Ti-Cu 合金在凝固过程中有产生 TiCu、Ti$_2$Cu$_3$、Ti$_3$Cu$_4$ 等复杂组织的可能,TiCu、Ti$_2$Cu$_3$、Ti$_3$Cu$_4$ 等复杂组织会对接头的性能产生不利影响。通过图 5-12 所示电镜照片可以看出,该接头焊缝区组织极不均匀,出现了比较严重的偏聚现象。焊缝的组织或成分偏析会导致焊缝金属塑性与韧性降低,组织与成分偏析将引起性能不均,这些都将导致在焊接冷却过程中焊接接头无法很好的减小接头中的连接应力,其结果直接导致 YG6X 硬质合金近缝区强度偏低。因此,剪切中焊接接头就从硬质合金一侧的近缝区发生断裂,如图 5-11(b)所示。

根据 Ti-Cu 二元合金相图,"Ti/Cu(100)/BNi$_2$"中间层接头的成分 Ti-Cu 合金在凝固过程中主要生成 TiCu$_2$ 近共晶组织,组织比较均匀(如图 5-13 所示)。因此,"Ti/Cu(100)/BNi$_2$"焊缝组织的塑性、韧性就比较好,有利于降低接头中的连接热应力,YG6X 硬质合金近缝区强度较高。剪切试验中,接头的断裂发生在沿硬质合金与焊缝界面,如图 5-11(c)所示。

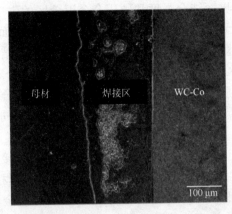

图 5-12 "YG6X/Ti/Cu(50)/BNi$_2$/钢"接头 SEM 照片(背散射像,200×)

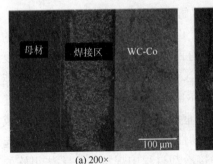
(a) 200×

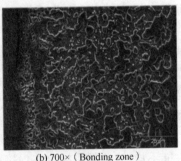
(b) 700×（Bonding zone）

图 5-13 "钢/Ti/Cu(100)/BNi$_2$/YG6X 硬质焊接"接头 SEM 背散射像照片

对于以"Ti/Cu(500)/BNi$_2$"作为中间层的接头来讲,由于该 Ti、Cu 比的中间层组合远偏离共晶点,焊接过程中会产生富 Cu 相甚至未熔化 Cu 层,因此与 Cu(100)的中间层相比,焊接强度明显降低。

焊接过程中,YG6X 硬质合金与中间层之间的元素扩散、反应情况见表 5-24 及如图 5-14 所示。从能谱点分析来看,焊缝区域含有一定量的 YG6X 硬质合金母材的元素(C、Co),这表明在连接过程中,母材元素和中间层中的元素的确发生了相互作用,并进入焊缝区域。

表 5-24 各点能谱分析结果

序号	质量分数(%)						原子分数(%)					
	C	Ti	Fe	Co	Ni	Cu	C	Ti	Fe	Co	Ni	Cu
1	2.58	57.27	3.46	1.76	7.97	26.96	10.40	57.99	3.01	1.45	6.58	20.57
2	1.29	52.93	3.47	2.19	28.68	11.44	5.42	55.81	3.14	1.87	24.67	9.09
3	0	29.35	0.61	0.65	41.35	28.05	0	34.41	0.62	0.62	39.56	24.79
4	1.26	17.96	0	1.06	26.25	53.48	5.85	20.99	0	1.01	25.03	47.12

图 5-14 "YG6X/中间层"界面附近区域能谱分析(背散射像,1000×)

通过对中间层元素(Ti)、两种 YG6X 硬质合金基体元素(W、Co)三种元素进行跟踪扫描发现,被跟踪元素在经过界面时,具有一定的斜率,而非陡降,说明元素在界面两侧的分布是梯度下降的,即元素发生了相互扩散渗透,尤其是 Ti 的谱线,斜率相对较大,如图 5-15(b)所示。

通过对接头中"YG6X/中间层"界面两侧区域进行的局部元素面分析可以看出(如图 5-16 所示),无论是 YG6X 硬质合金一侧还是焊缝一侧,均既含有 YG6X 硬质合金母材元素,又含有中间层元素,这进一步从微观方面验证了 YG6X 硬质合金基体和中间

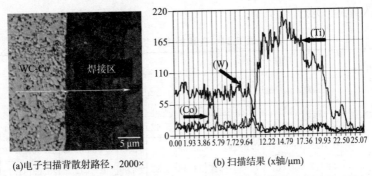

图 5-15 "YG6X 硬质合金/中间层"界面附近区域元素面扫描分析

层之间在连接过程中元素间发生了相互作用,这是保证焊接效果的关键所在。但另一方面也需要注意母材中碳元素进入焊缝对硬质合金的焊接是极其不利的。

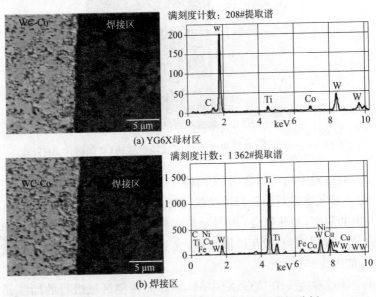

图 5-16 "YG6X/中间层"界面两侧区域元素面分析

实践证明,对于 YG6X 硬质合金和 45 号钢的焊接,采用活性瞬间液相扩散焊,焊接接头的(Ti、Cu 叠加中间层)剪切强度明显高于钎焊接头的剪切强度（BNi$_2$ 镍基高温钎料），而且 Ti、Cu 叠加的中间层方式可以简化中间层的设计，焊接时中间层元素和 YG6X 硬质合金之间可以发生明显的相互作用，焊接熔化后的中间层可以比较好地润湿 YG6X 硬质合金，保证接头的连接强度。

九、如何实现 TiAl 金属间化合物与 GH3536 镍基高温合金的焊接？

TiAl 金属间化合物具有密度低、弹性模量高、比强度高等优点，并且具备优异的抗氧化和阻燃性能，可在 760 ℃～800 ℃ 下长期工作，是非常具有发展前途的轻质耐高温结构材料。在航空、航天等高温条件下应用 TiAl 金属间化合物替代高温合金可以获得明显的减重效果。

目前看来，TiAl 基合金在工程中的应用离不开焊接等热加工制造技术。TiAl 基合金的焊接技术主要有氩弧焊、电子束焊、激光焊、摩擦焊、自蔓延高温反应合成焊接以及钎焊、扩散焊等焊接方法。一般认为，钎焊和扩散焊相对于 TiAl 基合金来讲是比较适合的焊接方法，而对 TiAl 与 GH3536 合金这种异种材料组合的焊接通常被认为是比较难的。

TiAl 合金名义成分为 Ti-46Al-6（Cr、Nb、Si、B）（原子分数，%）。GH3536 合金为镍基高温合金，其主要成分为 Cr 为 20.5～23.0、Mo 8.0～10.0、Fe 17.0～20.0（质量分数，%）。

将这两类合金焊接在一起，最好采用在 TiAl 金属间化合物和 GH3536 镍基高温合金中间加扩散层方法，并且要在真空炉中进行焊接。

中间过渡层材料可采用 Cu-Ti 合金。一般条件下，Cu-Ti 合金可采用约 20 μm 厚铜箔加 60 μm 左右的 Ti 层。焊接时，炉中的热态真空度不应低于 1.0×10^{-2} Pa，且炉中升温速度要缓慢，焊接温度均达到 935 ℃ 左右时再加压 10 MPa，在保温时间为 60 min 左右时即可实现异种材料的焊接，且焊后接头的室温抗剪强度可达 180 MPa 左右。

十、如何焊接 12Cr12Mo 珠光体耐热钢与 1Cr18Ni9Ti 奥氏体不锈钢才能使之不产生裂纹?

奥氏体不锈钢的线膨胀系数比珠光体耐热钢大 30%~50%,而热导率却只有珠光体耐热钢的 50% 左右,因此这种焊接接头在焊接过程中将会产生很大的热应力,尤其在冷却速度较快、热应力大于焊缝金属的抗拉强度时,焊缝在靠近珠光体钢一侧极易产生热裂纹。此外,这种珠光体耐热钢与奥氏体不锈钢焊接形成的焊接接头在较大温差或交变温度条件下工作时,由于珠光体钢一侧的抗氧化能力较弱,使用过程中容易被氧化并形成氧化缺口,在反复热应力的作用下,缺口沿着薄弱的脱碳层扩展,容易形成热疲劳裂纹。

除此之外,氢在不同的组织和不同温度中的溶解度不同。在 500 ℃时,氢在奥氏体钢中的溶解度为 4 mm/100 g,而在珠光体钢中的溶解度为 0.75 mm/100 g;在 100 ℃时,氢在奥氏体钢中的溶解度为 0.9 mm/100 g,而在珠光体钢中的溶解度为 0.2 mm/100 g。氢在奥氏体钢中的溶解度约为在珠光体钢中的溶解度的 4.5 倍。珠光体耐热钢与奥氏体不锈钢焊缝金属是由 98% 左右的奥氏体和少量的铁素体组成的,在结晶过程中,氢气可以扩散、聚集。高温下焊缝金属吸收的氢多,而在冷却过程中逸出的氢少,大部分氢残留在焊缝中,致使焊缝金属中形成氢白点和氢气孔。氢的存在使焊缝金属的塑性和韧性急剧下降,氢的存在也是焊接延迟裂纹形成的条件之一。

为防止焊接冷、热裂纹的产生,解决的方法是采用在珠光体耐热钢的坡口表面堆焊过渡层或在珠光体耐热钢与奥氏体不锈钢两种材料之间附加中间过渡段,如图 5-17 与图 5-18 所示。

在珠光体耐热钢坡口的表面上采用含钒、铌、钛等碳化物形成元素的珠光体耐热钢焊条(E5515-B2VNb)堆焊一层 5~6 mm 厚的过渡层,可以限制和减少珠光体耐热钢中的碳向奥氏体不锈钢焊缝中的扩散。焊接时采用奥氏体不锈钢焊条(E309-15)并应

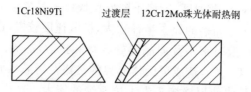

图 5-17 在珠光体耐热钢 12Cr12Mo 一侧的坡口表面堆焊过渡层

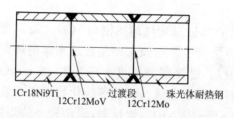

图 5-18 在珠光体耐热钢与奥氏体不锈钢之间增加过渡段

用较小的焊接电流和较快的焊接速度,多层多道焊完成两种金属的焊接,以减小过渡层金属的熔化量。只要焊接过程中注意控制焊接线能量,焊缝熔合区组织可以达到 90% 的奥氏体和 10% 铁素体的双相相组织,可以使焊缝不出现硬脆的马氏体组织,可以防止裂纹的产生。

十一、如何焊接避免 12Cr12Mo 珠光体耐热钢与 1Cr18Ni9Ti 奥氏体不锈钢接头产生晶间腐蚀?

12Cr12Mo 珠光体耐热钢与 1Cr18Ni9Ti 奥氏体不锈钢焊接后极易发生晶间腐蚀,该腐蚀的产生主要与熔合区碳的扩散有关。由于 12Cr12Mo 珠光体耐热钢中的含碳量较高,但含碳化物形成元素较少,而在熔合区另一侧 1Cr18Ni9Ti 奥氏体区的含碳量很低,这样,较窄的熔合区两侧的含碳量存在较大差异,当焊接接头在温度 500 ℃ 以上的温度区间工作时,熔合区将产生碳的扩散。即 12Cr12Mo 珠光体中的碳通过熔合区向奥氏体中扩散,结果使靠近熔合区中的珠光体母材形成脱碳软化层,而在靠近熔合区的奥氏体母材形成增碳硬化层。由于碳在 500 ℃ 以上的扩散速度远大于铬的扩散速度,碳将不断向奥氏体的晶界扩散并与铬化合形成 $Cr_{23}C_6$,而铬的原子半径较大,扩散速度较慢,铬的原子迁移速度慢,扩散时来不及向晶界处迁移和扩散,晶界附近的铬和碳就形成了 $Cr_{23}C_6$,造成奥氏体晶界的贫铬。当晶界处的含铬量低于 12% 时,将使焊接接头失去抗腐蚀的能力。这样,在高温腐蚀介质的作用下,接头焊缝组织晶界会产生局部腐蚀,即晶间腐蚀。

解决 12Cr12Mo 珠光体耐热钢与 1Cr18Ni9Ti 奥氏体不锈钢晶间腐蚀的方法及工艺措施主要是在珠光体耐热钢一侧的坡口表面堆焊过渡层,过渡层的厚度一般为 5~6 mm(如图 5-19 所示),焊接材料可选用含钒、铌、钛等碳化物形成元素的珠光体耐热钢焊条(E5515-B2VNb)。焊接时,采用较小的焊接规范,即小电流、低电弧电压、快速焊、多层多道焊接,减少母材的热输入可限制和减少珠光体耐热钢中的碳向奥氏体不锈钢焊缝中的扩散,有效地防止焊接接头发生晶间腐蚀。

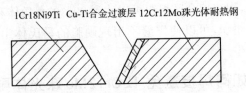

图 5-19 珠光体耐热钢 12Cr12Mo 一侧的坡口表面堆焊过渡层示意图

十二、如何焊接硬质合金 YT767 与 45 号钢钻削刀具才能满足其性能要求?

工厂使用的钻头刀片材料有很多是采用硬质合金 YT767 的,但刀杆材料是采用 45 号钢的。这种刀具在使用过程中,由于钻削力和钻削功率很大,继而产生很高的热量,加之有些被钻削的材料热导率小,使钻削处于半封闭环境,钻削过程中产生的热量不能被迅速传走,故钻削温度高,刀具磨损破损非常严重。

为了修复破损的钻削刀具,人们通常通过氧-乙炔火焰钎焊等方法将刀片焊接到刀杆上。但硬质合金 YT767 与 45 号钢钻削刀具经过氧-乙炔火焰钎焊焊接后经常出现裂纹,满足不了维修的要求,严重者甚至报废。氧-乙炔火焰钎焊焊接硬质合金 YT767 与 45 号钢钻削刀具致使报废的原因主要有两个:一是刀体与刀片焊接熔合处没有完全填满(如图 5-20 所示的焊接后的刀具截面图),熔合不良可严重降低钻头的强度,使钻头在机件加工过程中十分容易崩刃;二是焊接裂纹。

图 5-20　刀体与刀片焊接熔合不良和没有完全填满

据有关资料的不完全统计,很多钻头的早期破损直接与焊接有关。分析从工厂收集来的破损钻头可见,凡是出现焊接熔合不好或钎料填充不到位的地方,钻头的耐用程度都非常低。一般有这样一种规律:刀片哪一侧焊接熔合得不好或填充金属没有填充到位,哪一侧的切削刃就会出现崩刃现象(如图 5-20 所示)。产生这种现象的主要原因大多是由于硬质合金 YT767 的刀头与刀杆材料 45 号钢在焊接过程中熔合不好,刀片与刀体之间就存在很大的缝隙,在切削时刀体不能给予刀片很好的支撑作用,导致刀片强度下降,不能承受钻削力,致使切削刃出现损坏。随着加工继续,切削刃损坏加剧,最后导致切削刃碎裂。

刀体与刀片焊接熔合不良或没有填满焊缝的间隙是由于钎料充填量不够、焊接工艺措施不合理、装配问题或焊接工艺参数不当造成的。

要解决刀体与刀片焊接熔合不良问题,就要在焊前在待焊区放好充足的钎料,计算好熔化钎料的温度。焊接时,注意观察钎料的熔化和铺展情况,确保刀体与刀片焊接熔合良好。

焊接裂纹是在钎焊过程中,由于刀片、刀杆的线膨胀系数差别很大,热胀冷缩程度相差悬殊,焊接接头在冷却过程中刀片和刀杆自由收缩受到限制不能同步进行,焊接件的高温区域产生拉应力,远离焊缝的区域产生压应力,或刀片与刀杆截面突变处产生应力集中,在拉应力的作用下,刀片与刀体就会产生裂纹(被拉裂)。

焊接过程中会使刀片产生内应力,导致刀具强度降低或产生裂纹。但是一般情况下,刀具在焊接过程中或焊接后裂纹并不会马上出现,而是在刃磨或使用时出现裂纹。裂纹在加工初期多表现为微观裂纹,随着加工进行,钻削温度升高,刀片内部热应力增大,在拉应力、剪应力与热应力的共同作用下,微裂纹宽度加大,再加上硬质合金材料在剪应力作用下一些晶粒会产生相对滑移,这就使得微观裂纹扩展的速度加快,促使其微观裂纹向宏观裂纹转变。

(a) 裂纹产生在前刀面与后刀面

(b) 裂纹横贯后刀面

(c) 刃磨时产生的裂纹

图 5-21　焊接裂纹引起钻头破损的典型形态

由于焊接裂纹而引起钻头破损的典型形态如图 5-21 所示。其中,图 5-21(a)是裂纹产生在前刀面与后刀面,这种裂纹可导致主切削刃强度降低甚至崩刃;图 5-21(b)是裂纹横贯后刀面,由主切削刃延伸至横刃处,这种裂纹产生部位位于钻尖,由于钻尖本身就是钻头强度薄弱的地方,加上裂纹的存在削弱了钻尖的强度,因此可直接导致钻尖断裂与破碎;图 5-21(c)是刃磨时产生的裂纹。

针对以上刀头与刀杆的实际焊接问题,采用氧-乙炔火焰钎焊焊接硬质合金 YT767 与 45 号钢钻削刀具时,可以采取增加焊后保温步骤的方法,使焊件在焊接完成后放在保温箱内保温 4~8 h,以减少或消除热应力,防止裂纹的产生。

另外,也可以采取在焊缝中增加补偿垫片的方法以减小焊接应力。为避免刀具在装配过程中的错位,焊接前可采用机夹装配或定位,以保证提高焊接件精度。同时,保证钎焊时的钎料要填满刀头与刀杆的间隙,注意焊料的熔化温度,防止熔合不到位或熔合不良,以确保焊修质量。

十三、如何焊接 Q345 与 1Cr18Ni9Ti 不锈复合钢板并防止其出现焊接裂纹?

不锈复合钢板的焊接属于不同组织异种钢的焊接,焊接时如果焊接工艺不合理,在焊接应力作用下易产生结晶裂纹,在热影响区易产生液化裂纹。当用结构钢焊条焊接基层时,如果熔化到不锈钢复层,由于合金元素渗入焊缝,焊缝硬度增加,塑性降低,易导致板材产生裂纹;当用不锈钢焊条焊接复层时,如果熔化到结构钢基层,会使焊缝合金成分稀释而降低焊缝的塑性和耐腐蚀性。

在 Q345/1Cr18Ni9Ti 复合钢板的焊接过程中,为了确保焊接质量,采取基层和复层分开各自焊接的方法,焊接过程中还要考虑基层与复层交接处的过渡层焊接问题。焊接方法的选择要适合基层和复层,而且在接近复层的过渡区部分,必须注意基层的稀释作用与影响。为避免复层的稀释作用,最好选用 Cr、Ni 当量较高的奥氏体焊接材料作为填充金属来焊接过渡区部分,以避免出现马氏体脆硬组织而产生裂纹。焊接 Q345/1Cr18Ni9Ti 复合钢板时,焊接方法可选用手工电弧焊。

选择焊接材料时,基层焊接时的焊接材料可选用 E5015 型焊条,焊条在使用前应进行烘干,烘干温度一般为 150 ℃~200 ℃,达到烘干温度后保温 1 h;过渡层焊接时可选用 E309-16 型焊条(E1-23-13-16),焊条在焊接前进行 150 ℃烘干,达到烘干温度后保温1 h;复层焊接时可选用 E347-16 型焊条(E0-19-10Nb-16),焊条在焊接前进行 150 ℃烘干,达到烘干温度后保温 1 h。

在 Q345/1Cr18Ni9Ti 复合钢板的焊接前,工件应开坡口,坡口形式一般采取基层侧用"V"形坡口带钝边,复层侧采用"I"形坡口。焊接坡口形式如图 5-22 所示。

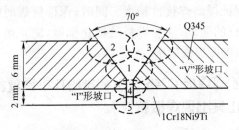

图 5-22　坡口形式及焊接顺序

焊接时,先在基层根部进行打底焊,再焊接基层全部,然后进行无损检测,检验合格后再焊接背面。背面焊接前,先用砂轮进行机械打磨焊缝根部,以利于焊缝各层间的结合,然后焊接过渡层,最后焊接复层。Q345 与 1Cr18Ni9Ti 复合钢板的焊接顺序如图 5-22 所示,焊接工艺参数见表 5-25。

表 5-25　Q345/1Cr18Ni9Ti 复合钢板的参考焊接工艺参数

焊接层次	顺序	焊条型号	焊条直径(mm)	焊接电流(A)	焊接电压(V)
基层	1	E5015	3.2	110~130	22
基层	2	E5015	3.2	140~160	24
基层	3	E5015	4	150~180	26
过渡层	4	E309-16	4	130~140	22
复层	5	E347-16	4	140~150	22

为保证 Q345 与 1Cr18Ni9Ti 复合钢板的焊接质量,焊前要严格控制其板材的装配质量。首先,板材装配的错边量不可过大。错边量过大,将产生附加应力,容易引起应力集中产生焊接裂纹。复合钢板筒体件装配时,要求纵缝错边量不大于 0.5 mm,

环缝错边量不大于 1.0 mm。

装配时的定位焊要在基层上进行,定位焊缝中不得有裂纹、气孔、夹渣等焊接缺陷,否则应铲去重焊。定位焊所用焊条及工艺参数应与基层焊接时所用的焊条与工艺相同。

焊接时,应先焊接基层,第一道基层焊缝的焊接不应熔透到复层金属,以防焊缝金属发生脆化或产生裂纹。基层焊完后,应用磨削或铲削的方法清理焊缝的根部,以保证焊缝的充分熔合。对于过渡层焊缝的焊接,为减少母材对焊缝的稀释率,在保证焊透的条件下,尽量采用小电流焊接。焊接过渡层焊缝时,不但要保证填满基层焊缝,而且焊肉要高出基层与复层交界线约 1 mm,且焊缝成型要平滑,切不可凸起,否则容易引起夹渣等焊接缺陷。对于焊缝已经凸起的部分,需用砂轮将凸起部分打磨平整。最后将复层焊满。

复层焊缝的作用除了保证焊缝的力学性能外,主要是保证焊接接头的抗腐蚀能力。因此,焊接时,应注意这一特点,控制好焊接线能量。复层焊缝焊接的层间温度一般控制在 60 ℃以下,并尽可能缩短接头的高温停留时间,以防止焊接接头产生过热,以保证焊缝的抗腐蚀能力。为减少焊缝的稀释率,焊接时尽量采用小直径焊条和窄焊道。

在进行 Q345/1Cr18Ni9Ti 不锈复合钢板的焊接时,如果有不合格焊缝需要补修,在焊接前首先应进行无损探伤检验,如发现缺陷,首先确定缺陷的性质、位置及面积范围,然后可采用塞焊的方法进行修复。返修时,应根据检测结果找出缺陷的位置,用手砂轮打磨,将裂纹或缺陷全部清除,再根据清除裂纹或缺陷后坡口的深浅,分别选用不同的相应焊条进行焊接。如果裂纹很浅,小于不锈钢复层厚度,只用 E347-16 补焊即可;如果裂纹很深,应先用 E5015 焊条薄薄地焊一层,再用 E309-16 焊条焊接过渡层,最后用 E347-16 焊满并盖面。全部焊接过程应采用小电流、窄焊道焊接,焊条严禁横向摆动,层间温度不宜超过 60 ℃。

在进行 Q345/1Cr18Ni9Ti 复合钢板的不合格焊缝处的返修

时,注意同一部位的焊缝返修次数不得超过两次。

十四、焊接中如何避免钛与钢的复合板焊缝产生气孔?

在进行钛-钢复合板的焊接时,由于钛的化学活性大,不仅在熔化状态,即使是在 400 ℃以上的高温固态下,也极易被空气、水分、油脂等污染,吸收氧、氮、氢、碳等杂质,使焊接接头的塑性和韧性显著降低,并易引起气孔。

钛-钢复合板钛复材焊接时,气孔是经常碰到的一个主要问题。一般从气孔产生的位置来讲,气孔大概可在两个部位产生,即焊缝中部产生气孔和熔合线附近产生气孔。这两种位置产生的气孔原因不同。一般情况下,当焊接热输入量较大时,气孔位于熔合线附近;当焊接热输入量较小时,气孔则位于焊缝中部。

影响钛-钢复合板焊接过程中产生气孔的因素主要有:氩气、母材或焊丝的纯净程度。如母材的表面不清洁或气体中含有其他气体(O_2、H_2、N_2、H_2O)对焊接过程影响很大。随着氩气、母材及焊丝中含 H_2、O_2 及 H_2O 量的提高,都会明显使焊缝气孔增加。因为钛焊丝具有较大的表面积/体积比,如果焊丝表面稍有沾污,焊缝则可能被严重污染。

要减少和防止气孔的产生,应主要从以下几方面入手:

(1)控制氩气纯度。钛焊接时使用一级氩气,纯度为 99.99%以上。

(2)加强清理。钛材料的焊前清理非常重要,钛-钢复合钢板中钛复材焊接时,焊前应对钛板及钛焊丝进行化学清洗。清洗溶液可选择 HNO_3、HF、H_2O 混合配制的酸溶液,清洗后必须用清水冲净,然后烘干。清洗的混合酸溶液最好现用现配置,若配置好暂时不用的部分酸溶液应妥善保管,以免造成新的污染。化学清洗溶液配制方式及清洗制度可参见表 5-26。如确因条件所限,对于达不到酸洗条件的钛-钢复合板工件,钛复材可以用机械磨光、刮削待焊表面代替酸洗处理,施焊前再用洁净白布蘸丙酮擦洗,但清理范围应距离焊缝边缘至少 50 mm,且焊件清理后要马上施焊。清理干净的焊丝和焊件不得用手触摸,焊前严禁沾污,否则应重新清理。

表 5-26 化学清洗溶液配制方式及清洗制度

溶液成分	每升所需量(%)	酸洗温度(℃)	酸洗时间(min)
HNO_3	0~30	室温	10~20
HF	2~5		
H_2O	余量		

(3)适当增加熔池的停留时间以利于气泡顺利逸出,可有效地减少气孔。

(4)采用焊丝距熔池一定距离的高度再导入,使熔化后的焊丝不直接进入熔池,而是使熔化后的焊丝在电弧区下落,让熔滴达到去除气体的作用。

(5)钛装焊时所用的工具都采用丙酮或酒精清除灰尘、油脂等污物,且这些工具不能与钢结构焊接所用的工具混用。

(6)钛焊丝严格按 JB/T 4745—2002 标准采购和选用。

(7)采用机械方法加工钛-钢复合板坡口时,注意不能采用油质润滑剂。若采用非机械方法(如气割、等离子弧切割等)加工坡口时,在焊接前应仔细清除待焊表面与切口表面的氧化膜。

按照以上措施和方法做好各项准备工作后,采用合适的焊接电流、电压、气体流量后,一般可使气孔大幅度减小或消失。

十五、如何避免钛-钢复合板焊接过程中产生热裂纹?

钛-钢复合板焊接时,由于钛中 S、P、C 等杂质很少,低熔点共晶很难在晶界出现,加上结晶温度区间窄,焊缝凝固时收缩量小,因此很少出现焊接冷裂纹。焊接时如果出现了热裂纹,一般情况下是母材或者焊丝质量不合格,特别是焊丝如果有裂纹、母材或焊丝夹层处存在有害杂质时,焊接时则有可能引发焊接热裂纹的产生。

焊接钛-钢复合板时,由于钛熔点高,导热性差,且比热小,如果在焊接时过热区高温停留时间较长或冷却速度过慢,都会使过热区出现明显的粗大晶粒。这些粗大晶粒的出现会导致过热区的塑性下降。随着焊接线能量增大,热影响区的高温停留时间增长,过热区面积增大,晶粒因过热而变粗大的现象更为严重。因此,钛-钢复合板焊接时,容易引发焊接热应力裂纹。

为避免钛-钢复合板焊接时热裂纹的产生,焊接时就应该尽量在使钛板的焊接热影响区获得良好的塑性,应防止焊缝变脆引起焊接热应力裂纹。为防止焊接应力热裂纹,焊接时应尽量减少焊接热输入。在保证焊透或熔合良好的前提下尽量采用小的焊接规范、采用不添加焊丝的方法进行焊接。钛-钢复合板与板或与构件之间连接的焊缝应平滑地向母材过渡(如图 5-23 所示的角焊缝的圆滑过渡形式),防止尖角和焊缝突变,减小焊接应力可有效的防止焊接热裂纹的产生。

图 5-23　钛-钢复合板与钛板之间的角接焊缝圆滑过渡

十六、如何焊接才能保证焊后的钛-钢复合板的钛焊缝和热影响区表面颜色一致?

钛-钢复合板焊接时,如果发现钛焊缝和热影响区表面颜色不一致,一般是由于焊接时惰性气体保护不好造成的。钛焊缝和热影响区表面颜色的规定见表 5-27。

表 5-27　钛焊缝和热影响区表面颜色的规定

焊缝和热影响区表面颜色	惰性气体保护状态	合格状态	处理方法
银黄色或浅黄色	良好	合格	不用处理
金黄色	尚好	合格	可不用处理

续上表

焊缝和热影响区表面颜色	惰性气体保护状态	合格状态	处理方法
蓝色	稍差	可用于非重要部位	去除氧化色
紫色	稍差	可用于非重要部位	去除紫色或返修
灰色	差	不合格	返修
黄色粉状物	极差	不合格	返修

如果钛焊缝和热影响区出现表面颜色不一致的现象时，表明此时的喷嘴已不足以保护焊缝和近缝区高温金属免遭氧化和氮化等。这时就要考虑添加一个附加拖罩，拖罩尺寸以能罩住焊缝和热影响区为好。

为了便于操作，喷嘴和拖罩也可做成一体。另外，在焊接过程中严禁将钛焊丝脱离气体保护区范围之外，以免钛焊丝被氧化。

总之，焊缝、热影响区及焊丝保护不良都可导致钛焊缝和热影响区表面颜色出现差异。为防止焊缝和热影响区出现颜色不一致现象，加强焊缝、热影响区和焊丝的惰性气体保护可解决这一问题。

十七、如何将铝合金与镀锌钢板焊接在一起？

汽车车身的轻量化是目前汽车制造的研究热点之一。铝合金作为相对成熟的轻质材料，可应用在汽车工业中。通常，铝合金与钢的连接主要采用铆接、螺栓连接等机械连接方法，但机械连接接头重量大，拉剪强度低，不利于汽车车身的减重设计。如果采用传统熔化焊方法连接铝合金与钢，常常在过渡区形成脆性的金属间化合物，严重降低接头强度。尤其是铝合金与镀锌钢板焊接时，由于铝与镀锌钢板各自的焊接特点，很难形成焊接接头。

铝合金与镀锌钢板焊接的难题是熔点不同，铝的熔点低，钢的熔点高，铝的高温支持强度低。焊接时，钢还远没有达到熔化温度，铝熔化的金属已经流动性相当好，加之铝合金极易氧化，铝合金表面氧化膜的存在，又阻止焊缝熔化的金属熔合。钢板表面由镀锌层覆盖,锌在加热后蒸发也致使焊接的难度加大。

尽管铝合金与镀锌钢板的焊接难度很大,但是采用一定的焊接方法和焊接工艺措施还是可以进行连接的。其中连接的方法有摩擦焊接、钎焊、爆炸焊、扩散焊接、电阻焊接、超声波焊接等。尽管固态连接方法可以得到性能良好的接头,但这些方法存在一定的局限性,只能针对特定的结构在一定条件下具有优势。因此找到或开发出一种高效的连接铝合金与钢结构的高效、低成本、优质的焊接或连接技术非常具有现实意义。

熔-钎焊焊接技术就是充分利用铝合金与钢的熔点的差异,通过准确控制焊接热输入使高熔点的钢不熔化而低熔点的铝合金熔化,填充的铝合金焊丝作为钎料与铝合金母材形成熔化金属并一起与钢形成钎焊接头,此焊接过程兼有熔化焊接和钎焊焊接的双重特性。铝合金与钢的熔-钎焊所用的热源可以选择熔化极氩弧焊(MIG)、钨极氩弧焊(TIG)、激光、电子束以及激光＋电弧复合热源等。在这些热源中,熔化极氩弧焊(MIG)和钨极氩弧焊(TIG)是目前应用最广泛、成本最低的熔-钎焊焊接用热源。在熔化极氩弧焊(MIG)和钨极氩弧焊(TIG)作为热源的比较中,常规的熔化极氩弧焊(MIG)电弧稳定性较差,能量输出波动不足,其应用于铝合金与镀锌钢板的焊接容易造成焊接过程及质量不稳定。尽管钨极氩弧焊(TIG)的能量输出较常规的熔化极氩弧焊(MIG)电弧稳定性好,但是需要额外填丝进行焊接,其焊接效率明显低于熔化极氩弧焊(MIG)电弧焊接。为了保证电弧的稳定性和提高焊接效率,有条件时可对其电源进行改进。改进的方法是进行数字化、协调控制,使控制系统根据送丝速度自动匹配电流和电压,实现一个脉冲过渡一个熔滴的稳定熔滴过渡模式。

某高校的研究人员就是利用自己改造的数字化脉冲熔化极氩弧焊(MIG)机,以 ER4043 焊丝为填充材料,实现了 6013-T4 铝合金薄板与镀锌钢板的熔-钎焊接。其中,焊接用铝合金材料为 6013-T4 铝合金,尺寸为 200 mm×50 mm×1 mm,钢板母材为 SGCC 热镀锌钢板,尺寸为 200 mm×50 mm×2 mm;填充材料直径为 1.2 mm 的 ER4043(ALSi5)铝合金焊丝,焊丝和铝合金薄板的化学成分见表 5-28。

表 5-28 试验用铝合金母材和焊丝的化学成分

材料	质量分数(%)								
	Cu	Si	Fe	Mg	Mn	Cr	Zn	Ti	Al
6013-T4	0.6~1.1	0.6~1.0	0.8	0.8~1.2	0.7~0.8	0.1	0.25	0.35	余量
ER4043	0.3	4.5~6.0	0.8	0.05	0.05	—	0.1	0.2	余量

焊接时采用数字化 MIG 焊机及送丝系统,焊接采用脉冲模式,熔滴过渡频率为每一个脉冲一滴。送丝速度、焊接电流和焊接电压协调控制,通过调节送丝速度来调节焊接电流,从而与调节焊接速度一起调节焊接热输入,保证铝合金熔化而钢板不熔化,使铝合金与镀锌钢板形成熔-钎焊接头。

焊接时为保证铝合金熔化而钢板不熔化,焊前一般需将铝合金放在上面,而将钢板放在下面,搭接长度选择为 10 mm,试验焊接用的工艺参数见表 5-29。铝合金-镀锌钢板焊接后的接头可分为两部分,即熔焊部分和钎焊部分,如图 5-24 所示。

表 5-29 MIG 电弧熔-钎焊工艺参数

试样编号	电弧电压(V)	焊接电流(A)	送丝速度(m/min)	焊接速度(m/min)	焊接热输入(J/cm)
1	16.5	40	2.0	0.6	660
2	16.6	45	2.2	0.6	747
3	16.5	40	2.0	0.5	792
4	17.4	57	2.7	0.7	850
5	16.5	40	2.0	0.4	990
6	16.5	40	2.0	0.3	1 320

铝合金薄板与镀锌钢板的熔-钎焊接过程中,富锌区的存在主要是由于电弧热流密度在垂直焊缝的横向上呈现高斯分布,电弧

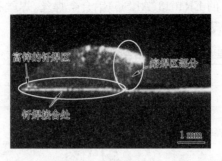

图 5-24 铝合金-镀锌钢板的熔-钎焊接头分区形貌

边缘温度相对较低,钢板上的镀锌层未能汽化而以液态薄膜的形式存在,在焊址处集聚形成了富锌区所致。

焊接时,焊接热输入对铝合金-镀锌钢板的抗拉强度有直接的影响,如图 5-25 所示。由图 5-25 可见,随着焊接热输入的增加,MIG 熔-钎焊接头的抗拉强度呈现先增加后减小的趋势,在 850 J/cm 热输入条件下接头的抗拉强度达到 229 MPa,相当于同条件下 6013-T4 铝合金溶解接头的强度。焊接过程中热输入过大或过小,铝合金-镀锌钢板的 MIG 熔-钎焊接头都达不到理想的强度水平。

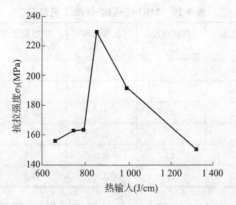

图 5-25 不同热输入对熔-钎焊接头抗拉强度的影响

某研究者亦采用电弧熔-钎焊焊接了铝合金与镀锌钢板,总结出结论为:在进行铝合金与镀锌钢板的连接时,应该严格控制热输入量,让热量集中在铝材一侧,使接头铝材的一侧熔化,通过润湿的作用实现铝材与另一侧镀锌钢板的连接。

在焊接方法上,实现铝合金与镀锌钢板熔-钎焊的热源可以采用钨极氩弧焊(TIG)和冷金属过渡焊(CMT)两种方法。比较两种方法在焊缝成型、接头拉剪强度和金属间化合物等方面的差异,两种方法均可实现铝钢异种材料的连接。焊接后焊缝的宏观形貌以及接头的截面如图5-26所示。

(a) TIG 接头焊缝及截面形貌

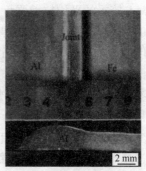
(b) CMT 接头焊缝及截面形貌

图 5-26 两种焊接方法焊缝成型差异

通过观察大量焊接后的试样可以看出两种焊接方法焊缝成型的差异,TIG接头焊缝的宽度明显要比CMT的宽,但焊缝高度相对较低;CMT方法焊接的焊缝镀锌钢板一侧有黑色物质附着。产生这些现象的主要原因是由于TIG焊接方法热输入较高,焊接熔池较宽,使得焊缝及热影响区范围宽大,接头变形较为严重,焊缝成型不够饱满;而CMT焊接方法可较为严格的控制热输入量,焊缝成型优异。冷金属过渡焊接方法焊接后,钢板上的镀锌层受热烧损,形成冷金属过渡焊CMT焊缝边缘的黑色锌化物附着,而钨极氩弧焊TIG焊接的热输入较大,镀锌层在高温作用下可直接挥发掉,故焊缝边缘无黑色锌化物。

冷金属过渡焊 CMT 相对于 TIG 而言，有较好的焊缝成型性，有足够的余高进行后续加工，且接头拉剪强度值一般可达到母材强度的 85% 左右，基本可以满足焊接接头的使用要求。

在相同搭接宽度的条件下，钨极氩弧焊 TIG 接头的拉剪强度要大于冷金属过渡焊 CMT 的接头拉剪强度。钨极氩弧焊 TIG 接头的拉伸试样断裂在钢母材上，而冷金属过渡焊 CMT 接头的拉伸试样断裂在焊缝上。产生这些现象的原因是由于钨极氩弧焊 TIG 接头焊缝较宽，熔合区域较大，即有效连接面积较大，所以接头的拉剪强度值较高，断裂发生在较薄的钢母材上。而冷金属过渡焊 CMT 接头的平均拉剪强度值是母材的 85%，最高值可达到母材强度的 93%，断裂发生在焊缝上（见表 5-30、图 5-27）。随着搭接宽度的增加，接头的拉剪强度增加的非常缓慢，即接头拉剪强度对搭接宽度的变化不敏感。对于不同搭接宽度的接头，相同的焊接参数使得热输入量相同，焊接熔池的宽度与深度也相对稳定，则得到的焊缝宽度以及熔合区域大小也相同，所以接头的拉剪强度变化不明显。与传统的自冲铆接相比，钨极氩弧焊 TIG 和冷金属过渡焊 CMT 熔-钎焊接接头均具有较高的拉剪强度。

表 5-30　不同搭接宽度钨极氩弧焊、冷金属过渡焊和自冲铆接的接头强度比较

焊接方法	不同搭接宽度 W(mm)下的接头强度值 F(kN/mm^2)			
	5	8	12	15
TIG	—	0.196 8	0.200 2	0.201 3
CMT	0.162 8	0.163 9	0.168 4	0.171 3
SPR	—	—	—	0.065 8

为帮助读者更好的进行铝合金与镀锌钢板的电弧熔钎焊接，现将有关焊接时的工艺参数提供给大家，供焊接时参考。

根据等强度匹配原则，如果焊接工件板材尺寸为 200 mm×150 mm，6061-T6 铝合金板材厚 2 mm，镀锌低碳钢钢板厚 0.8 mm，接头形式为搭接接头（铝板在上，钢板在下），采用钨极氩弧焊

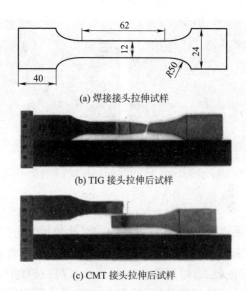

图 5-27 接头拉伸试验的断裂位置

(TIG)和冷金属过渡焊(CMT)两种方法进行熔钎焊接。焊接过程中,两种焊接方法的主要焊接参数见表 5-31,采用 ER4043 铝硅焊丝进行填缝焊接。

表 5-31 钨极氩弧焊(TIG)和冷金属过渡焊(CMT)焊接工艺参数

焊接方法	焊接电流 (A)	焊接速度 $(m \cdot min^{-1})$	焊丝直径 (mm)	送丝速度 $(m \cdot min^{-1})$
钨极氩弧焊 TIG	77	0.29	1.2	5.8
冷金属过渡焊 CMA	68	0.5	1.2	4.5

焊后用扫描电镜对接头界面区域进行显微结构观察,气孔及金属间化合物的差异如图 5-28 所示。观察分析多个接头的不同界面区域可以看出,两种焊接方法的焊缝中都存在大量气孔,钨极氩弧焊(TIG)焊缝中气孔的数量和尺寸均大于冷金属过渡焊(CMT)焊缝,且 TIG 焊缝的界面层厚度稍大于 CMT 焊缝的界面层厚度。

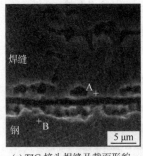
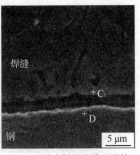

(a) TIG 接头焊缝及截面形貌　　(b) CMT 接头焊缝及截面形貌

图 5-28　接头横截面气孔及金属间化合物的差异的扫描电镜照片

钨极氩弧焊 TIG 焊接中焊缝内的气孔数量、尺寸和界面层厚度均大于冷金属过渡焊 CMT 焊缝的原因是，TIG 焊接热输入值较高，焊接熔池较大，熔池存在时间较长，焊接过程中大量氢气体吸入熔池时快而逸出熔池慢，使存在于液态金属铝中的大量氢气不能逸出，冷却后即在焊缝中形成数量较多尺寸较大的气孔。同样由于熔池存在时间较长，使得界面层生成比较厚且晶粒比较粗大的界面层。在冷金属过渡焊 CMT 焊缝中发现有夹杂物的出现，这是由于冷金属过渡焊 CMT 焊接热输入值较小，金属氧化物等杂质未能及时逸出焊接熔池，从而在焊缝中形成了夹杂。

钨极氩弧焊（TIG）接头中气孔较多并且界面层较厚，但拉剪强度反而比冷金属过渡焊 CMT 接头的拉剪强度稍高，这说明 TIG 接头的熔合区域较大，熔合程度的大小和好坏对接头拉剪强度的影响远比气孔显著。

为进一步了解钨极氩弧焊 TIG 与冷金属过渡焊 CMT 焊接接头的组织与性能，对图 5-28 的 A、B、C、D 有关区域进行了能谱分析，表 5-32 显示为钨极氩弧焊 TIG 与冷金属过渡焊 CMT 焊接接头某些区域的金属间化合物的成分比较。

能谱检测与分析结果表明，在焊接接头界面层靠近镀锌钢板一侧冷金属过渡焊 CMT 的金属间化合物（IMC）成分为 Al、Fe 化合物，由熔化的铝合金与固态钢反应生成，由于镀锌层受热挥发，故不含有 Zn 元素。而界面层靠近焊缝一侧的金属间化合物(IMC)成分为三元化合物，由扩散的 Fe 元素与焊缝金属反应生成。对于冷金属过渡焊 CMT 的焊缝而言，三元化合物为 Al、Fe、Zn 化合物，Zn 元素是由钢板的镀锌层扩散引入的；而对于钨极氩弧焊 TIG 焊缝而言，三元化合物为 Al、Fe、Si 化合物，Si 元素是由焊接使用的铝硅焊丝引入的，较高的热输入值使得 Zn 元素挥发至大气中。界面层的金属间化合物成分见表 5-32。

表 5-32　金属间化合物的成分比较

位置	IMC 成分	位置	IMC 成分
A	$Al_{22}Fe_2Si$	C	$Al_{25}Fe_2Zn_{12}$
B	Al_2Fe_3	D	Al_5Fe_{18}

十八、如何采用激光滚压焊技术连接异种金属？

近来铝合金与钢、铝合金与钛合金等异种金属的连接越来越受到重视，但是采用熔化焊来连接异种金属非常困难，同时扩散焊的效果也很不理想，主要是因为焊接过程中在界面处会产生较多的脆性金属间化合物。因此，急需一种高可靠性、高效率的新工艺对异种材料进行高质量的连接。激光滚压焊正是针对这一需求而开发的新型连接工艺。

激光滚压焊由激光焊与滚压焊两种焊接方法复合而成。众所周知，激光焊属于熔化焊，焊接异种材料时将在界面处发生液-液反应，形成较厚的反应层从而影响接头强度。滚压焊是一种固相焊，虽可抑制界面反应层的生成，但为了使材料达到热塑性状态需较大的压力和较高的温度，尤其在焊接高温塑性较低的材料时，焊接条件更为苛刻。在激光滚压焊中，采用高能密度激光束对材料进行加热，利用滚轮紧随其后对材料施加压力而形成接合。采用激光滚压焊焊接异种材料时，将被焊材料进行搭接，激光束照射在熔点较高的母材一侧加热至两母材熔点间某一温度，高熔点的母材在激光照射下并不发生熔化，在热传导作用下低熔点的母材却熔化,所以在接合界面发生的冶金反应属液-固反应。这种液固接合机理有益于抑制界面反应层生成,激光滚压焊适于异种材料焊接。

激光滚压焊焊接铝合金与钢的原理如图 5-29 所示。所用设备是 CO_2 激光器设备附加安装一平面反射镜和滚轮。其中,滚轮由不锈钢材料制作,并且装置标有刻度的压缩弹簧用以施加预定的滚轮压力。激光束以一定角度经镜面反射至滚轮前方进行加热。照射到材料表面上的激光束是散焦的,以增大加热面积和避免被照射材料熔化。为了防止激光束因折射而在材料内部聚焦并致使该处熔化,激光束焦点一般调至材料上方。加热温度可以通过调整输出功率、散焦距离(焦点到材料表面距离)以及焊接速度进行控制。

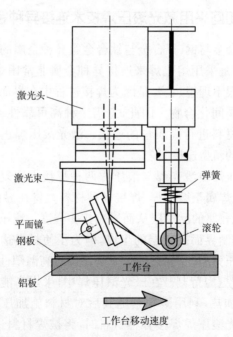

图 5-29 激光滚压焊焊接铝合金与钢的原理示意图

为了便于调节光斑,有研究者对激光滚压焊设备进行了改造,改造后的激光滚压焊原理如图 5-30 所示。采用柔性的光纤激光头以取代原来的平面反射系统,不仅简化了激光滚压焊设备,而且光斑调节更加快捷,极大地提高了效率;为了防止金属在焊接过程中发生氧化,还在改良的设备里增加了气体保护系统。

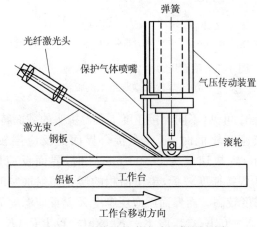

图 5-30　改造后的激光滚压焊原理图

下面,根据激光滚压焊技术,并将其运用到铝合金与低碳钢、铝合金与纯钛等异种材料连接上,对其应用进行分析和介绍。

1. 铝合金与低碳钢的激光滚压焊

对铝合金与低碳钢进行激光滚压焊时,铝合金板与低碳钢板采用搭接方式,其中低碳钢板置于铝合金板之上以便于激光束照射加热。在这一焊接工艺过程中,焊接速度、滚轮压力和激光输出功率是影响接头性能的主要参数。

国外有研究者利用激光滚压焊技术对 1 mm 厚的 A5052 铝合金板和 0.5 mm 厚的低碳钢(SPCC)板进行了焊接,获得了良好的接头。试验时所用加压滚轮是直径 40 mm、厚 10 mm 的不锈钢滚轮,激光输出功率 1.5 kW,散焦距离 25 mm,并采用氩气对加热区进行保护。图 5-31 显示了滚轮压力为 202 MPa 情况下焊接速度对激光滚压焊焊接头截面微观组织的影响。

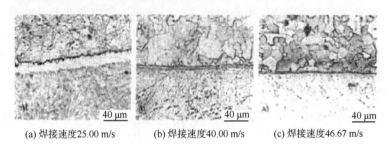

(a) 焊接速度25.00 m/s   (b) 焊接速度40.00 m/s   (c) 焊接速度46.67 m/s

图 5-31   滚轮压力为 202 MPa 焊接速度对激光滚压焊接头微观组织的影响

由图 5-31 可见,不同焊接速度下获得接头的截面特征是不同的。当焊接速度较低时,形成在接合界面的反应层较厚,如图 5-31(a)所示,焊接速度为 25.00 mm/s 时,界面反应层厚度约 17 μm。由于焊接速度较低,单位面积的激光照射加热时间较长,致使加热温度较高。而界面反应层厚度 X 是反应温度 T 和时间 t 的函数,即 $X=(2Kt)^{0.5}$,而 $K=K_0\exp(-Q/RT)$(K 为成长系数,K_0 为系数,R 为气体常数,Q 为反应层成长活化能)。所以,较低焊接速度条件下获得接头的界面反应层较厚。另外,如图 5-31(a)所示,在反应层/钢的锯齿形界面处有较多微观孔洞(由于 Fe 原子在 Al 中的扩散速度远远大于 Al 原子在 Fe 中的扩散速度,致使在钢侧形成微观孔洞)。随着焊接速度的提高、加热温度降低,如图 5-31(b)所示,界面反应层变薄。当焊接速度为 40.00 mm/s 时,界面反应层厚度约 5 μm。由于原子扩散的缓和,在界面区没有出现微观孔洞。然而,焊接速度过大,虽然界面反应层继续变薄,如图 5-31(c)所示,当焊接速度为 46.67 mm/s 时,界面反应层厚度约 3 μm,但在界面处有未焊合缺陷形成。研究结果表明,铝合金与低碳钢的激光滚压焊接合界面反应层厚度随焊接速度增加而变薄,如图 5-32 所示。

根据研究者所做的结构、成分分析可知,靠近铝合金侧反应层主要由富 Al 的金属间化合物 Fe_2Al_5 和 $FeAl_3$ 组成;而在钢侧生成的是富 Fe 相 FeAl 和 Fe_3Al。由试验得知,随焊接速度增加,在界面反应层中($FeAl+Fe_3Al$)的厚度分数增大。相对于 Fe_2Al_5 和 $FeAl_3$,FeAl 和 Fe_3Al 的脆性较低,所以通过调整焊接速度能够控制界面反应生成物,可以提高接头性能。

图 5-32 显示了铝合金与低碳钢激光滚压焊接头抗剪强度和焊接速度的关系。虽然界面反应层厚度随焊接速度增加而减小,但接头抗剪强度随焊接速度并不呈单调变化。首先随着焊接速度的增加而增加,焊接速度约 40 mm/s 时,接头抗剪强度达到最大值;之后又随着焊接速度的增加而减小;焊接速度小于 40 mm/s 时,由于随焊接速度增加界面层变薄,且其中脆性不大的富 Fe 相($FeAl+Fe_3Al$)的厚度分数增大,所以接头抗剪强度也随之增大。当焊接速度大于 40 mm/s 时,虽然随焊接速度增加界面层继续变薄,($FeAl+Fe_3Al$)的厚度分数仍增大,但因焊接速度过大,扩散不充分造成未焊合缺陷生成,致使接头抗剪强度下降。

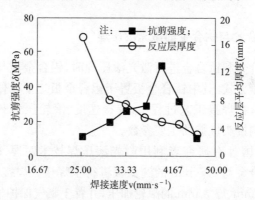

图 5-32 铝合金与低碳钢激光滚压焊接头抗剪强度和焊接速度的关系

增加滚轮压力不仅可以破坏铝合金表面的氧化膜,还可加剧材料塑性变形,能够促进原子扩散和接头形成。在一定的激光输出功率条件下,增加压力能在较高的焊接速度(较低温度)下形成接头。图 5-33 给出了铝合金与低碳钢激光滚压焊适焊参数的范围。左上部参数组合得到的热输入量过大,可使低碳钢部分熔化,造成界面层厚度过大而无法焊接,右下方参数组合所得的热输入量非常低,会造成未焊合等缺陷生成而不能形成接头;阴影部分为铝合金与低碳钢适焊参数组合范围。

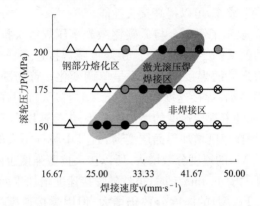

图 5-33　铝合金与低碳钢激光滚压焊适焊参数范围

2. 铝合金与钛合金的激光滚压焊

对铝合金和钛合金进行激光滚压焊时,铝合金板与钛合金板也采取搭接方式,其中钛合金板置于铝合金板之上以便于激光束照射加热。在焊接工艺过程中,焊接速度、滚轮压力和激光输出功率是影响接头性能的主要参数。

例如,国外有研究者利用激光滚压焊技术对厚 1.0 mm 的 A5052 铝合金与 0.5 mm 的纯钛板进行了焊接。焊接过程中,采用直径 75 mm、厚 3 mm 的滚轮加压,并置于氩气保护气氛中焊接(滚轮加压方式如图 5-34 所示)。图 5-35 显示了在各种参数下获得的接头中心区接合介面微观组织。由图 5-35 可见,生成在铝合金与纯钛板激光滚压焊接合介面的反应层厚度随焊接速度的增加而变薄,随激光输出功率的增加而增加。产生这种现象的主要原因是焊接速度增加使焊接区加热温度降低,而输出功率增加却使焊接温度增高。

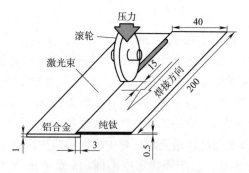

图 5-34 铝合金板与纯钛板焊接示意图(单位:mm)

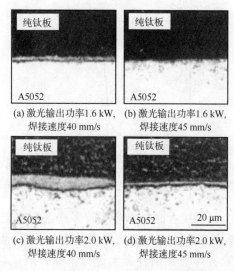

(a) 激光输出功率1.6 kW,焊接速度40 mm/s
(b) 激光输出功率1.6 kW,焊接速度45 mm/s
(c) 激光输出功率2.0 kW,焊接速度40 mm/s
(d) 激光输出功率2.0 kW,焊接速度45 mm/s

图 5-35 不同参数接头中心区接合界面微观组织

众所周知,温度是影响反应层质量的主要因素之一,因而界面反应层厚度随参数变化而变化。界面观察可知,即使在同一接头,不同区域的界面反应层厚度也不同。接头中央区截面反应层较厚,而周边区域反应层较薄。这主要是由于在铝合金的热传导作用下焊接区周边因散热温度降低所致。

由显微电子探针分析结果可知,在激光输出功率 2.0 kW、焊接速度 40 mm/s 的条件下获得的接头结合界面反应层的主要成分是 Ti_3Al_5,而焊接速度 45 mm/s 时获得的接头界面反应层主要由 TiAl 组成。这种界面反应生成物因焊接速度而异的原因是 Ti 与 Al 间相互扩散系数的温度依存性不同。如图 5-36 所示,温度超过 1 000 ℃时 Al 原子在 Ti 中的扩散系数随温度增加缓慢增加,而 Ti 原子在 Al 中的扩散系数在温度超过 500 ℃时急速增加。因此,在铝合金与纯钛激光滚压焊中界面反应生成物主要有 Ti 原子在扩散中生成。由于焊接速度不同,Ti 原子在 Al 中扩散量不同,生成的反应物也不同。

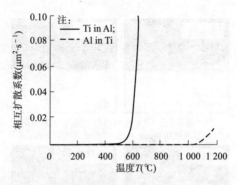

图 5-36 温度对 Al 和 Ti 相互扩散系数的影响

实践表明,如果接合面未焊合区较多就会影响铝合金和纯钛的激光滚压焊接头性能。为增加界面的熔合程度,促进 Al 的润湿,国外有研究者焊前在铝合金上进行了涂钎剂试验,即在铝合金上涂层钎剂($KAlF_4$:$K_2AlF_5 \cdot H_2O$),然后进行激光滚压焊。结果表明,焊前加涂钎剂的接头在抗剪试验时破坏主要发生在母材纯钛侧,如图 5-37 所示。加涂钎剂的铝合金与纯钛激光滚压焊焊接接头强度确实得到提高。所以,采用激光滚压焊技术焊接异种金属,通过调整焊接速度、滚轮压力、激光输出功率以及散焦距离等参数,控制界面反应层形成以及生成物类别,能够获得强固的焊接接头。

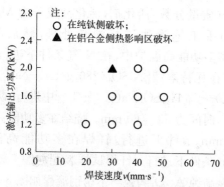

图 5-37　铝合金上涂钎剂激光滚压焊焊接参数与剪切强度的关系

十九、如何进行高纯 Al_2O_3 陶瓷和不锈钢的高强度连接?

近些年来,随着真空器件的大型化、高功率化,能源化工和航空航天领域高温、腐蚀、高承载等苛刻的服役环境,以及陶瓷材料本身高纯、复合和非氧化物陶瓷大量使用等发展趋势,对陶瓷与金属的连接技术提出了新的挑战。特别是连接高纯 Al_2O_3 陶瓷具有很好的应用前景。

目前,对于高纯 Al_2O_3 陶瓷的连接方法主要有烧结金属粉末法(主要为活化 Mo-Mn 法)、活性金属钎焊和部分瞬间液相连接技术等。与后两者相比较,烧结金属粉末法钎焊时不需要压力,因此可以形成批量和大范围钎焊接头,从而可降低成本。

陶瓷与金属的连接,其接头的强度和可靠性至关重要。以往研究和应用的陶瓷-金属连接组件,其金属件主要是一些与陶瓷热膨胀系数比较匹配的贵金属及其合金,如 Cu、W、Mo 以及 Kolar 或一些膨胀合金等,这些贵金属及其合金的应用必将限制陶瓷与金属连接件的广泛应用。因此,如何使价格相对低廉、综合性能更加优异的不锈钢取代贵金属,已成为陶瓷-金属连接组件更广泛应用亟待解决的问题。

目前,有学者利用活化 Mo-Mn 法实现了高纯 Al_2O_3 陶瓷和不锈钢的高强度连接。其中,陶瓷表面金属化配方是采用 70% 的

Mo 和 30% 的（质量分数）活化剂，活化剂成分为 MnO、Al_2O_3 和 SiO_2。首先用手工笔涂法进行涂膏处理，然后将构件置于 MULTi-500 型多功能高温炉中，在 N_2 气条件下进行陶瓷表面金属化。镀镍可在瓦特溶液[$NiSO_4$(280 g/L)＋NiC_{12}(45 g/L)＋HBO_3(35 g/L)＋$C_{12}H_{25}SO_4Na$(0.1 g/L)]中进行，阴极电流密度约为 1 A/dm^2，时间为 50～60 min。烧结在多功能高温炉内真空 1 000 ℃、60 min 条件下进行，钎焊在多功能高温炉内真空 820 ℃、20 min 条件下进行。钎焊试样装配如图 5-38 所示，活化 Mo-Mn 法连接高纯 Al_2O_3 陶瓷与不锈钢流程如图 5-39 所示。

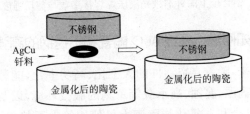

图 5-38　钎焊试样装配示意图

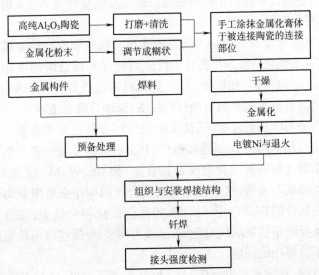

图 5-39　活化 Mo-Mn 法连接高纯 Al_2O_3 陶瓷与不锈钢的流程图

在陶瓷与不锈钢的连接中,金属化温度、保温时间以及加热和冷却速度对接头剪切强度有一定的影响,如图 5-40 所示。

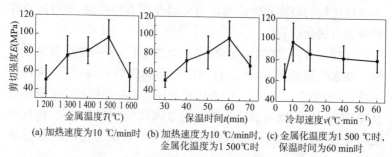

(a) 加热速度为10 ℃/min时　　(b) 加热速度为10 ℃/min时,　(c) 金属化温度为1 500 ℃时,
　　　　　　　　　　　　　　　金属化温度为1 500 ℃时　　　保温时间为60 min时

图 5-40　不同金属化温度、保温时间以及加热
和冷却速度与接头剪切强度的关系

由图 5-40(a)、(b)可以看出,随陶瓷金属化温度升高和保温时间的延长,接头强度先增大后快速下降。这是由于在金属化过程中,随金属化温度从 1 200 ℃ 升高到 1 500 ℃,保温时间从 30 min 延长升高到 60 min,陶瓷金属化层中的玻璃相向陶瓷体方向迁移越充分,同时金属化层本身烧结也更充分。但当金属化温度达 1 600 ℃ 时,保温时间达 70 min 时,金属化层表面有明显过度烧结现象,且均可使随后的镀镍不均匀,金属化层表面外围甚至会出现镀镍镀不上的现象;另外,由于陶瓷金属化在 N_2 气氛中进行,金属化温度过高还可能导致金属化层中液相玻璃与 N_2 发生反应,从而导致接头强度迅速下降。在图 5-40(c)中,当冷却速度小于给定数值时,可以采取随炉冷却方式。由图 5-40(c)可知,当加热和冷却速度由 60 ℃/min 降低到 20 ℃/min 时,接头强度几乎没变化;从 20 ℃/min 降低到 10 ℃/min 时,接头强度明显提高;但从 10 ℃/min 降低到 5 ℃/min 时,接头强度迅速降低。这是因为较慢的速度有利于缓解接头层间残余热应力,但当加热和冷却速度过低时,其效果相当于保温时间过长而导致接头强度降低。

另外,在不采用镀镍工艺连接时,在相同钎焊条件下,焊料几乎不流动,无法进行钎焊;而在采用镀镍工艺连接时,焊料会均匀地铺开在金属化的陶瓷表面上,这样镀镍层也阻止了焊料与金属化层的直接接触。因此,连接中采取薄镀镍层的方法有利于焊料对金属化层的浸湿和阻止焊料与金属化层直接接触,即可防止焊料腐蚀金属化层。

连接过程中,镀镍后烧镍(退火处理)对接头强度也有显著影响。在未烧镍情况下,可进行陶瓷与不锈钢的钎焊,但接头强度很低,一般小于 50 MPa。产生这种现象的主要原因是由于镀镍后烧镍(退火处理)既可以使镀镍层与金属化层结合更紧密,而且可使陶瓷基体、金属化层和镀镍层的层间残余应力得到缓解甚至消除。

采用活化 Mo-Mn 法连接高纯 Al_2O_3 陶瓷与不锈钢,经过剪切试验发现,接头的断裂均发生在过渡层或靠近过渡层处的陶瓷基体处,钎缝没有断裂现象发生,且接头的剪切强度较高。因此,实践证明陶瓷-不锈钢的活化 Mo-Mn 法连接工艺可以实现陶瓷与不锈钢的有效连接。

二十、如何进行陶瓷与金属的活性封接?

Ti-Ag-Cu 活性焊料法由于具有被焊陶瓷与金属不需加压、在较低温度(800 ℃~900 ℃)下一次加热即可焊接成功的优点,被广泛用于 Al_2O_3、AlN、BN 和 Si_3N_4 等陶瓷与金属的焊接中。例如,Al_2O_3 绝缘套筒与不锈钢的封接、宝石与金属封接、AlN 陶瓷封装中陶瓷金属化及封接、CVDBN 输能窗的气密封接,以及 Si_3N_4 刀具与不锈钢刀架的封接等都用到了活性焊料。在活性焊料中,Ti 可以以多种方式引入,如涂覆 Ti 粉、真空镀 Ti 膜、夹 Ti 箔,或直接制成 Ti-Ag-Cu 活性合金焊料,甚至还可以直接以 Ti 材料为焊接金属。

在 Ti-Ag-Cu 活性焊料法中,直接用 Ti-Ag-Cu 活性合金焊料进行封接是比较经济实用的方法,特别是对封接应力较大的陶瓷-金属封接配组(如 99% Al_2O_3 陶瓷和不锈钢、Si_3N_4 刀具与不锈钢刀架的封接),可以优先使用低 Ti 含量的 Ti-Ag-Cu 活性合金焊料进行焊接。对于不同的陶瓷,可以根据活性合金焊料在陶瓷表面的浸润情况,选择不同 Ti 含量的 Ti-Ag-Cu 活性合金焊料进行焊接。

试验表明,不同 Ti 含量的 Ti-Ag-Cu 活性合金焊料在陶瓷(Al_2O_3、AlN 和 CVDBN)表面经真空高温加热后,只是原位熔化,不会发生流散;但在不同的封接金属表面,则呈现不同的流散特性。

根据有关学者的研究结果,同种焊料在不同金属表面呈现不同的流散特性,不同种焊料在同种金属表面呈现的流散特性也不同。例如,选用三种成分不同的焊料(分别为 3%Ti-Ag-Cu、1.25%Ti-Ag-Cu-Al 和 6%Ti-Ag-Cu 合金焊料)进行同种金属与不同种金属焊料流散性的研究试验与分析,结果发现,各 Ti-Ag-Cu 焊料在不同金属表面呈现不同的流散特性。三种焊料在 Mo 表面均没有过度流散,焊料基本原位熔化,且从颜色上看没有明显组分偏析;3%Ti-Ag-Cu 焊料在铜表面也属于原位熔化,但另两种焊料,特别是 1.25%Ti-Ag-Cu-Al 焊料在铜表面呈现出过度流散,严重时焊料甚至将铜蚀穿。三种焊料在铜表面没有明显组分偏析,但在金属 Ni 或镀 Ni 金属表面及 Ti 表面均有较大的流散性,所不同的是从焊料颜色判断,在金属 Ti 表面除 1.25%Ti-Ag-Cu-Al 焊料外,其他两种焊料都属于均匀流散,而在 Ni 表面,无论是金属 Ni 还是电镀 Ni 表面,两种焊料在流散过程中发生偏析,属于不均匀流散。

有文献报道 Cusil-ABA(2%Ti-63%Ag-35%Cu)合金焊料在金属 Ni 表面会出现过度流散,并指出焊料在 Ni 表面的过度流散将会带走一部分 Ti,从而使浸润陶瓷所必需的活性 Ti 含量减少。但也有学者经过试验与分析认为,几种合金焊料在 Ni 表面的流散实际上主要是其中的 Ag 和 Cu 的流散,并不是合金焊料的均匀流动,即存在明显的偏析。这一点已由相关的能谱分析结果得到证实。能谱分析表明,采用 2%Ti-63%Ag-35%Cu 焊料连接陶瓷与镀 Ni 金属表面及 Ti 金属表面,向外围流散的主要是 Ag 和 Cu,

Ti 基本处于原位不发生迁移。Ag 的大量流失将直接导致陶瓷与金属接合界面处合金组成偏离原组分,其结果等于相对增加了与陶瓷作用的合金焊料中的 Ti、Cu 含量。

根据 Ti-Ag-Cu 三元合金相图可知,当其中的 Ti、Cu 含量相对较多时,合金出现液相的温度即熔融温度将升高,因而会使陶瓷表面的浸润温度升高。也就是说,焊料的成分偏析将会导致在原始组成焊料的钎焊温度下并不能获得有效的陶瓷与金属的连接,而必须将连接温度进一步提高,才能获得连接成型或使连接接头的性能得到保证。

以 AlN 陶瓷为例,2Ti-Ag-28Cu 合金焊料在 AlN 陶瓷表面的浸润温度最高为 950 ℃;而 Cu(5~10)Ti 合金焊料至少到 1 000 ℃才能浸润 AlN 陶瓷,通常的钎焊温度为 1 150 ℃,比 Ti-Ag-Cu 焊接温度约高 100 ℃。极端情况假设偏析使 Ag 全部流失,则焊接温度需提高约 100 ℃。实践结果证明,在用上述 3 种焊料进行镀镍 Kovar 件与 AlN 陶瓷的封接时,由于焊料的偏析,很难获得气密封接件。因此在用 Ti-Ag-Cu 合金焊料焊接陶瓷和表面镀镍的金属时,必须注意焊料的偏析问题。连接过程中最好避免使用镀 Ni 金属件。另外,连接时尽量保持慢速升温,以减小由于陶瓷和金属热导率不同而产生的温差,避免金属件升温过快而导致焊料在未浸润陶瓷前在待焊金属表面就已经过度流散。

另外,在封接结构设计时,尽量采用如图 5-41(a)所示封口面积较小的端封结构,而避免采用类似图 5-41(b)的金属件封口面积较大的平封结构,以控制焊料的过度流失。

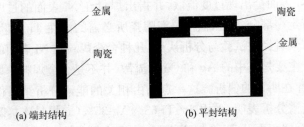

图 5-41 端封结构示意图

陶瓷与金属在连接前对陶瓷进行有效处理可以提高连接的质量,保证使用过程中的可靠性。例如,连接前在陶瓷表面通过溅射法形成 Ti 膜,然后用 Ag-Cu 焊料进行封接也是有效的活性封接方法。由于溅射形成的 Ti 膜和陶瓷已具有一定的结合力,因此该方法比较适用于氮化物陶瓷等反应活性低的陶瓷与金属间的封接,适用于难于焊接的宝石与金属之间的封接。另外,由于在陶瓷表面通过溅射法形成 Ti 膜的方法形成的焊接界面可以控制得很薄,而且焊接后不会形成脆性的 Cu-Ti 合金层,在连接界面 Ag-Cu 焊料仍然保持原有的共晶组织结构。因此,采用先在陶瓷表面通过溅射法形成 Ti 膜然后再进行连接,是一种高可靠性的陶瓷-金属封接的方法。在该法中,连接过程中保持 Ti 的活性,即控制 Ti 不被氧化并且不被焊料侵蚀是获得高强气密结合的连接接头的关键。为此,在进行陶瓷与金属的连接与封接中,常采用多层膜金属化的方法,即在金属上镀过 Ti 膜的基础上,在 Ti 膜上再镀一层或一层以上的其他金属膜。表 5-33 列出了有关研究人员在 AlN 陶瓷表面溅射 Ti/Ni 双层金属膜后与无氧铜的焊接强度。由上述试验结果可知,在 Ti/Ni 双层膜金属化系统中,在表 5-33 所列的 Ni 层厚度范围内,均可获得气密性较好的封接。但是大量的实践证明,第二层 Ni 膜的溅射时间必须足够长才能在保证陶瓷与金属封接性能良好的同时保证连接件有较高的接合强度与较好的使用性能。

表 5-33　AlN 陶瓷 Ti/Ni 薄膜金属化焊接强度

试验序号	溅射时间(min)	抗拉强度($kg \cdot cm^{-2}$)	气密性
1	2	412.0	气密
2	5	422.0	气密
3	10	541.6	气密
4	30	791.0	气密

注:Ni 层厚度由溅射时间决定

为确保陶瓷与金属连接件的气密性与连接强度,北京某研究基地也进行了大量的研究,试验中发现,Ni 膜溅射时间达 30 min

才获得高强度的气密封接接头。按照 140 nm/min 的溅射速率估计,此时第二层厚度约达 5.2 μm。由此可见,第二层金属膜的溅射厚度确实对封接质量有很重要的影响。但是,双层金属化膜系统不适合更高温度的钎焊,如对 Pd-Ag-Cu 或 Ag 的封接钎焊。

图 5-42 是在 99 Al_2O_3 陶瓷表面溅射厚度达 5 μm 的双层金属化膜后用 Pd-Ag-Cu 焊料焊接的界面微观结构。由图可见,由于焊料的侵蚀,陶瓷的金属化膜层变得不连续,这样的界面甚至不能保证气密。众所周知,溅射形成的膜颗粒很细小、活性较高,在加热过程中,构成膜的颗粒会发生迁移、聚合和长大,这个过程会使膜的致密性变差,同时双层金属膜相互间会由于浓度梯度而扩散,这就使高温焊料容易侵蚀膜组织。在此情况下,通常可通过电镀再形成一层金属保护层来满足高温焊接的需要,金属电镀层颗粒相对较大,抗氧化性和抗侵蚀性好。

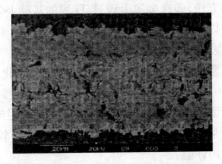

图 5-42　Pd-Ag-Cu 焊料焊接双层金属膜化 99Al_2O_3

二十一、金属与陶瓷连接时如何选择中间过渡层材料?

陶瓷在常温下韧性差,难以制备复杂形状的零件。虽然金属材料的塑性及韧性优于陶瓷材料,但高温下(> 1 100 ℃)金属材料的力学性能较低。因此,如果采用连接技术制备陶瓷-金属复合构件,既可以利用陶瓷材料优异的高温性能,又可以较好地发挥出金属材料的塑性和韧性,满足现代工程和极端环境条件应用的需要。但是,陶瓷与金属的理化性质差异大,很难直接连接,主要因为两者的热膨胀系数差异较大，在连接接头处易产生很大的残余热应力。因此，通常需加入中间层（又称过渡层）材料，以减小连接接头的残余应力，提高连接强度。

一般情况下，人们常把钎焊时可以完全熔化的中间连接材料称为钎料，钎焊时为缓冲应力且不完全熔化而加入的材料称为中间层材料，在扩散连接及部分瞬时液相连接过程中采用的连接材料多为中间层材料。

合适的中间层材料能够提高陶瓷-金属复合构件在严酷服役条件下（如高温、腐蚀气氛下）使用的可靠性。

陶瓷与金属的连接，添加中间层材料可以减缓陶瓷与金属因热膨胀系数不同产生的残余应力，提高连接强度。在焊接过程中，可以通过熔化或与陶瓷的反应促进界面润湿，形成牢固的冶金接合，还可以在焊接中控制界面反应，改变或抑制界面产物，使界面处于更稳定的热力学状态。

此外，中间层材料在加热后的焊接反应中还有助于消除连接界面的孔洞，形成密封性更好的陶瓷-金属连接等。

由于中间层材料的热物理性能以及与母材（包括金属和陶瓷）的匹配作用等问题，陶瓷与金属连接的中间层材料很少采用有机物，采用无机物的也不多。目前为止，中间层材料绝大多数采用的是金属材料或复合材料。

中间层材料的分类方法有多种，根据弹性模量的不同，可分为弹性模量较低的软质中间层（如铜、铝及镍等）和弹性模量高且线膨胀系数与陶瓷接近的硬质中间层（如钨、钼等）两大类。其中，软质中间层是通过金属本身的塑性变形来降低应力的，而硬质中间层是将接头处的残余应力转移到中间层中。根据中间层中是否含有活性元素，中间层又可分为活性中间层和非活性中间层。按其使用目的不同，中间层还可分为缓解应力中间层（如铜、镍、铌、钨、钼、膨胀合金）和连接用中间层（如钛、锆、铁以及金属基复合材料）等。中间层也可以按照使用时组合方式的不同，分为单层中间层、复合中间层和梯度中间层等三类。

1. 单层中间层

单层中间层中材料多采用弹性模量较低的软质金属或合金。软质金属的塑性好、屈服强度低，不但能够通过塑性变形和蠕变等缓解焊接接头的残余应力，而且还可以通过调整合金成分配比改善性能(如调整中间层的膨胀系数和抗氧化性能等)。

例如，陶瓷热障涂层(Thermal barrier Coating, TBC)与高温合金基体间的过渡层材料多采用MCrAlY合金(其中M代表钴、镍、铁等)。这种MCrAlY合金过渡层材料可有效地提高陶瓷涂层在金属基体上的连接强度。据报道，美国坦克技术研究中心和Cummins发动机公司制备的超厚陶瓷隔热涂层(厚度达3～7 mm)已在卡车发动机上成功应用。

目前，国内外对厚陶瓷热障涂层(TBC)的研究重点是降低涂层的内应力，实质上就是改善陶瓷热障涂层(TBC)与基体连接的中间过渡层材料。

通常，中间层的弹性模量越小，厚度越大(不超过某一临界值)，缓解应力的效果越好。例如，有研究者对Si_3N_4陶瓷与钢的钎焊连接进行了研究。结果表明，当不采用中间层材料时，接头的最大残余应力达350 MPa，加入1.5 mm厚的金属钼中间层后，残余应力降低到250 MPa，采用厚1.5 mm的金属铜中间层时，应力下降到180 MPa。表5-34列出了几种中间层材料及其钎焊工艺参数供参考。

表5-34 中间层材料及其工艺参数

母材/中间层/母材	界面尺寸(mm)	中间层厚度(μm)	温度(K)	时间(ks)	接头强度(MPa)	测定方法
Si_3N_4/Invar/AISIA316	$\phi 10$	250	1 323	5.4	95.0	剪切
Si_3N_4/V/Mo	$\phi 10$	25	1 328	5.4	118.0	剪切
Al_2O_3/Ti/1Cr18Ni9Ti	$\phi 10$	200	1 183	1.8	32.6	拉伸

有研究者采用Ni51Ti49与Cu52Ni18Ti30两种薄片状钎料焊接Al_2O_3与金属铌，焊接结构组合为Al_2O_3/(Ni-Ti/Mo网)/Nb

和 Al_2O_3/(Cu-Ni-Ti/Mo 网)/Nb 两种。测定了焊接接头性能,并与不加钼网的接头性能进行对比。对比结果表明,钎焊接头的抗热冲击性能分别提高了 180% 和 130%,其中无钼网中间层断口出现大块的陶瓷剥落。加钼网中间层后,沿连接面呈混合断裂。加钼网的接头性能好于没有加钼网的接头性能,这是因为钼网中间层把大面积的熔融钎焊料界面分成了许多个小凝固界面,从而明显降低了接头处的残余应力。

2. 复合中间层

目前,陶瓷与金属连接时多采用复合中间层。复合中间层的连接效果通常优于单层中间层。复合中间层可分为两类:一类是由金属箔带等组成的复合层,如镍/钨/镍、钛/钒/铜等;另一类是在过渡材料中添加增强相(如颗粒、纤维)制备的中间层。对于用金属箔组成的中间层,层数不能太多(一般以不超过 4 层为宜)。否则,会因为金属层间接合性能下降影响接头的整体性能。

复合中间层可以是叠合的多层金属箔带,也可以是通过电镀、气相沉积或离子溅射等方法制备的复合层。复合中间层在结构中放置的方法是,在陶瓷一侧放置热膨胀系数小、弹性模量高的金属材料(如钨、钼等),靠近金属母材一侧放置塑性较好的金属(如铜、铝等)材料。同时,为了增强 SiC 陶瓷-金属连接时的润湿,还应考虑选用的中间层材料与基体要有适度的反应。SiC 陶瓷-金属连接所用中间层材料及其焊接工艺参数见表 5-35。

表 5-35 SiC 陶瓷/金属连接用中间层材料及其工艺参数

陶瓷/中间层/金属	界面尺寸 (mm×mm)	中间层厚度 (μm)	温度 (K)	时间 (ks)	接头强度 (MPa)	测定方法
SiC/(Al-10Si/Al/Al-10Si)/Kovar[①]	8×8	40/600/40	873	1.8	110.0	弯曲
CMC/(MMC)/Fe18Cr8Ni[②]	5×5	1 500	1 073	0.6	106.1	剪切
(C_f/SiC)/(Zr/Ta)/GH128[①]	3×4	400/400	1 323	0.6	110.9	弯曲

注:①扩散连接;
②钎焊,CMC 为陶瓷基复合材料,MMC 为金属基复合材料。

在复合中间层应用方面,国内有研究者采用 FeNi/Cu 复合中间层在低真空(1 Pa)和高真空(2×10^{-2} Pa)条件下扩散连接 Si_3N_4 与金属镍,最高连接温度为 1 393 K,获得了较高的连接强度,弯曲强度分别达到 150 MPa 和 130 MPa。经对焊接后 Si_3N_4 与金属镍扩散连接接头测试发现,扩散界面处发生了 Si_3N_4 的分解和硅元素向金属的固溶扩散,没有形成化合物反应层,与采用活性复合中间层 Ti/Cu 的扩散连接不同,扩散连接的连接时间对连接强度影响很小。

还有研究者借助不同的连接方法,通过部分瞬时液相连接,采用金属镍、钛和箔组成活性中间层(Ni/Ti/Ni)等连接 Al_2O_3 与 Kovar 合金。结果表明,在 980 ℃～1 010 ℃ 温度范围内,瞬时液相连接、采用金属镍、钛和箔组成活性中间层(Ni/Ti/Ni)等连接 Al_2O_3 与 Kovar 合金都能够形成比较牢固的连接接头,且在 995 ℃、80 min 条件下制备的连接接头的剪切强度可达到 65 MPa。但采用以上方法连接 Al_2O_3 与 Kovar 合金,随温度上升,连接强度并未提高,这是为什么呢? 经过试验与分析发现,中间层材料的熔点及焊接性能对温度非常敏感,连接 Al_2O_3 与 Kovar 合金合适的温度范围较窄。高温下,镍箔与钛箔在接触面处成低熔点液态合金,但该液相在高纯 Al_2O_3 陶瓷表面的润湿性并不好,因此影响接头组织的致密程度,致使接头的连接强度并未提高。

目前,还有许多研究者通过添加增强相来制备陶瓷与金属连接用的复合中间层。其中,国外有人采用 SiC 纤维增强的铝基复合材料制备的 1.5 mm 厚的中间层连接 CMCs 与不锈钢,连接接头处基本无气孔等缺陷,最高剪切强度达到 106.1 MPa。国内有人将金属间化合物加入到钎焊料中以强化陶瓷-金属连接接头,但有研究结果表明,颗粒强化钎焊接头以及用金属网、蜂窝结构等中间层作增强相时,只能提高接头的剪切强度。于是又有人提出了采用平行排布的连续金属丝强化钎焊接头,并认为该方法的优点是增强相在钎料中的比例易控制,而且母材间还可以通过扩散钎焊或扩散焊直接连接,不但能提高接头的剪切强度,而且能改善拉伸强度及韧性。

在连接构件中,材料成分和性能的突然变化常常会导致接头处明显的局部应力集中(无论这种应力是内部产生的还是外加的)。如果一种材料过渡到另外一种材料是逐渐进行的,那么造成的应力会大大降低。按照这种思路,钎焊时可以采用具有渐变特性的梯度中间层来降低接头应力,并以此提高接头的性能。

3. 梯度中间层

在连接金属与陶瓷时可以采用梯度中间层的方法,该中间过渡层材料可以通过控制成分使膨胀系数及弹性模量从陶瓷一侧逐渐转变到金属侧,从而能更好地降低接头处的残余应力。例如,采用 Y_2O_3 稳定的 ZrO_2 陶瓷(Yittria Stabilized Zirconia, YSZ)与 NiCr 合金粉组成的功能梯度中间层(Functionally Graded Materials, FGM),通过热压工艺将 YSZ 与 NiCr 合金连接在一起。结果表明,YSZ 与 NiCr 合金连接在一起的接头具有良好的热震稳定性和抗氧化性,而且在温度 1 000 ℃下,经 30 次热循环,仍保持着较高的连接强度。

梯度中间层可用烧制成分配比逐渐变化的合金粉末制备,也可以通过沉积或镀层来实现。此外,国内还有研究者通过自蔓延高温合成技术,采用钛、碳和镍等材料制备梯度过渡中间层连接 SiC 陶瓷与 GH169 合金,这种方法有效地降低了因膨胀系数差异在接头处产生的残余应力,使钎焊后的接头性能更稳定。

随着众多研究者的努力,随着人们对陶瓷与金属连接研究的深入,发现金属与陶瓷连接时中间层厚度及形状对接头性能影响显著。例如,国外有人研究了中间层厚度对陶瓷与金属连接接头残余应力的影响后认为,拉应力是中间层厚度的函数,而剪应力与中间层厚度无关。同时还认为,梯度中间层必须超过一定厚度才能降低接头处陶瓷一侧的热应力。这些研究成果为陶瓷与金属连接选用中间层和中间层厚度奠定了一定的理论基础。

中间层可以制备成网格状或蜂窝状,网格状或蜂窝状的中间层可以提高接头的连接强度。另外,试验证明,对于在连接温度下形成液相的中间层材料,采用细粉比粗粉效果好,厚度为几十微米的箔带明显优于粉末。对于箔带材料,采用激冷技术制备的非晶箔带是最好的中间层,非晶箔带制备的中间层使钎焊陶瓷与金属连接接头的应力明显降低,连接强度得到有效提高,这与非晶材料本身的组织成分均匀、厚度一致等特性有关。

二十二、SiC 陶瓷及 SiC 陶瓷基复合材料与金属连接时如何选用中间层材料?

SiC 陶瓷及其 SiC 复合材料与金属连接的目的是制备能在高温环境下服役的复合构件。因此,SiC 陶瓷及其 SiC 复合材料与金属连接接头的高温性能成为评价复合材料构件优劣的首要指标。

SiC 陶瓷及其 SiC 复合材料与金属连接所选用的中间层材料在常温下应具有高强度和较好的塑性,有利于降低界面残余应力;在高温下能保持强度高、组织稳定性好,且尽量不与其他物质发生反应生成有害相。同时,为提高中间层的高温性能,中间层中应含有较多的钨、钼、铌和硅等高熔点元素。

目前,陶瓷与金属钎焊时多使用 Ag-Cu-Ti 钎料,但是该钎料熔点较低,而且加热温度超过 600 ℃ 后该钎料组成的钎接接头抗氧化性能变差。因而,使用 Ag-Cu-Ti 钎料进行 SiC 陶瓷及其 SiC 复合材料与金属的连接构件难以在高温环境下使用。

SiC 陶瓷在制备及保存过程中很难避免被氧化,其表面总有一层影响连接的 SiO_2。不过 SiO_2 可以用 HF 酸清洗或者用 SiO_2 的碳热还原反应加以去除,该还原反应过程的反应式为:

$$SiO_2 + 3C = SiC + 2CO$$

高温下该反应为:

$$2SiO_2 + SiC = 3SiO + CO$$

若中间层材料中还存在强活性的元素钛,则还会发生如下反应:

$$9Ti+4SiC=4TiC+Ti_5Si_4$$
$$8Ti+3SiC=3TiC+Ti_5Si_3$$

所以，连接 SiC 陶瓷与金属时要分析中间层材料与母材间的热力学关系。另外，也必须考虑高温下中间层材料与 SiC 陶瓷和金属母材间的化学冶金作用，以及高温下被连接材料的相变或化学变化对接头性能的影响。

例如，如果中间层材料中含有铝，铝元素会与 SiC 反应生成微观结构为层状的碳化物 Al_4C_3。该碳化物将导致接头的连接强度降低。

钎焊 SiC 与金属时，SiC 与金属的连接温度应尽量不超过金属母材的热处理温度，更不能超过其熔点，避免钎焊过程中在高温及应力作用下金属的组织结构不断发生变化。例如，钎焊中高温合金中会出现相的凝聚和粗化、溶入和再析出以及相的分解（碳化物、氮化物）等，致使材料的力学性能下降。

总之，SiC 陶瓷与金属连接选取中间层材料时，必须综合考虑各种因素，通过试验验证及性能检测来确定材料和材料的制备形式。

二十三、如何进行石墨/Ni+Ti 体系的润湿与连接？

根据有关研究，在真空条件下加热连接等静压石墨（等静压石墨纯度为 99.93% 与纯度大于 99.7% 的石墨连接在一起，粒度小于 74 μm 的 Ni 体系在 1 340 ℃时的接触角为 78°），保温时间对接触角没有显著影响。但活性元素的含量对石墨/Ni+Ti 体系润湿性有显著影响。例如，纯度大于 99.2%、粒度小于 74 μm 的活性元素 Ti 的含量的质量分数少于 30%时，接触角的变化规律性不强。Ti 的质量分数超过 40%时，该体系的润湿性随着 Ti 含量增加而显著改善。Ti 的质量分数高于 40%时，石墨/Ni+Ti 体系的接触角随着保温时间延长而减小。

实际上在连接石墨/纯 Ni 体系和连接石墨/Ni+Ti 体系时，

界面上均可以发生元素的互扩散。在 1 340 ℃时,石墨/纯 Ni 体系中的 Ni 开始熔化并快速形成球冠状液滴,这个温度低于 Ni 的熔点(1 455 ℃)。

界面上发生元素互扩散的原因主要有两方面:一是由于粉体材料具有较高的比表面能;二是由于受体系中石墨的影响。液态 Ni 能够润湿石墨(Ni 与 C 的共晶温度为 1 316 ℃),但是润湿性并不理想。所测初始接触角(球冠状液滴形成瞬间的接触角,相应地称液滴达到平衡时的接触角为平衡接触角)为 78°,如继续升温至 1 375 ℃,在此升温的过程中(升温速率为 6 ℃/min)接触角没有明显变化。由此可以看出,温度对石墨/纯 Ni 体系的润湿性影响不大。有研究者将试样在 1 340 ℃下保温 30 min,所得结果如图 5-43 所示。

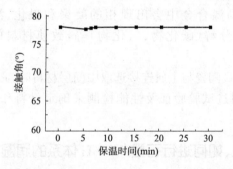

图 5-43　保温时间对石墨/纯 Ni 体系润湿性的影响

由图 5-43 可以看出,保温时间对石墨/纯 Ni 体系润湿性的影响与温度对该体系的影响是相似的,即石墨/纯 Ni 体系接触角受保温时间影响所产生的波动很小。

石墨/纯 Ni 体系界面微观结构如图 5-44 所示。很明显,界面附近存在 Ni 元素向石墨渗透扩散现象。石墨表面的孔隙被 Ni 金属所填充。图 5-45 显示的是图 5-44 中 A 点的形貌,从图中可见,界面附近的 Ni 中分布着许多黑色条状区域,EDX 分析结果表明这些黑色相含有原子数分数约 56% 的 C。由此可见,界面附近不仅存在金属 Ni 向石墨中的渗透和扩散,也存在石墨中 C 元素向金属 Ni 的扩散。

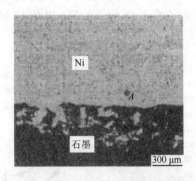

图 5-44 石墨/纯 Ni 体系界面微观结构

图 5-45 图 5-44 中 A 点的放大形貌

连接石墨/Ni+Ti 体系过程中,石墨/Ni+Ti 体系的润湿性与 Ti 含量的关系如图 5-46 所示。由图 5-46 可见,焊料中含有不同的 Ti 量,连接时具有不同的平衡接触角及初始接触角。当焊料中 Ti 的质量分数低于 30% 时,接触角变化的规律性不显著,总体变化也不十分明显;当焊料中 Ti 的质量分数高于 30% 时,焊料中所添加的 Ti 量越大,石墨/Ni+Ti 体系的润湿性就越好;当焊料中 Ti 的质量分数高于 40% 时,Ti 含量对平衡接触角及初始接触角的影响变得非常明显;当焊料中 Ti 的质量分数高于 40% 时,焊料中即使有少量 Ti 的含量的再提高,平衡接触角及初始接触角都急剧减小。例如,Ti 的质量分数由 50% 提高到 55%,则对应体系的平衡接触角由 74° 下降到 56.5°;初始接触角由 81° 下降到 57.5°。

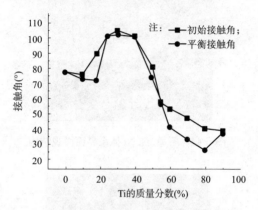

图 5-46　Ti 含量对石墨/Ni+Ti 体系初始接触角和平衡接触角的影响

石墨/Ni+Ti 连接时,石墨/70% Ni+30% Ti(质量分数)体系焊接接头的界面微观形貌如图 5-47 所示,图中界面左侧是金属焊料,右侧是石墨基体。由图 5-47 可见,连接接头界面附近存在明显的界面产物层。图 5-47 中各点的 EDX 分析结果见表 5-36。表中数据说明,b 点含有原子数分数为 25.68% 的 Ti,不但比石墨基体中 c 点的 Ti 含量高出约 25.6%,而且比 Ni+Ti 焊料区域中 a 点的 Ti 含量还高出约 5%。b 点的 C 含量也较高,原子数分数为 73.95%。该体系界面区域各成分 EDX 线扫描图谱如图 5-48 所示。图 5-48 中的结果也进一步表明,Ni 元素仅在界面附近存在浓度梯度,并没有在界面附近富集,扩散路程较短;而 Ti 元素和 C 元素扩散路程较长,在界面附近形成富集区,Ti 元素在界面附近的富集尤为明显。这种现象与 Ti 元素和 C 元素的亲和力强及发生反应形成化学性质比较稳定的碳化物有关。

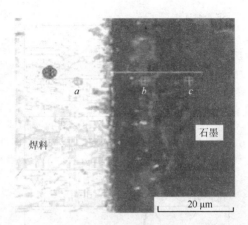

图 5-47 石墨/70%Ni+30%Ti 体系的界面形貌

表 5-36 图 5-47 中各点的成分

化学成分 \ 分析点	a	b	c
C	0.68	73.95	98.26
Ni	78.73	0.37	0.18
Ti	20.59	25.68	0.05
Si	/	/	0.84
P	/	/	0.35
Ca	/	/	0.32

注：表中数据为原子分数，单位为%。

在不同温度下，升温速率为 6 ℃/min 时，成分为 40%Ni+60%Ti 的焊料熔化后与石墨的动态接触角如图 5-49 所示。由图 5-49 可见，随着连接温度的升高，接头体系的润湿性明显改善。当温度为 1 080 ℃，接触角大约在 54°；温度升高到 1 100 ℃，接触角大约在 46°；随着温度升高，接触角继续下降，当温度升高到 1 180 ℃左右时，接触角降到 20°以下。

石墨/40%Ni+60%Ti 体系润湿界面如图 5-50 所示。从图 5-50 中可以看出，连接接头中金属已经渗透到了石墨孔隙中，形成一系列孤岛。对图 5-50 润湿界面各元素的线扫描如图 5-51 所

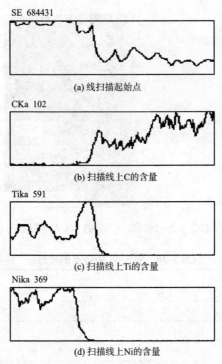

图 5-48 石墨/70%Ni+30%Ti 体系界面区域各成分线扫描图谱

示。由图 5-51 所示结果来看,接头界面附近金属元素和碳元素均存在一定的浓度梯度,由此说明界面附近存在元素的互扩散现象。

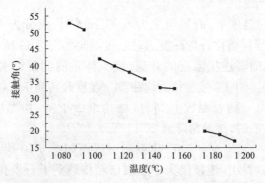

图 5-49 温度对石墨/40%Ni+60%Ti 体系润湿性的影响

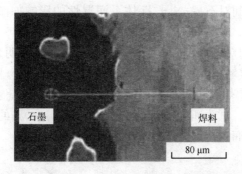

图 5-50 石墨/40%Ni+60%Ti 体系的润湿界面形貌

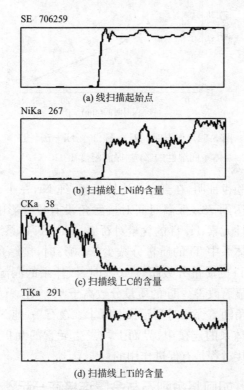

图 5-51 石墨/40%Ni+60%Ti 体系界面线扫描成分图谱

保温时间对石墨/Ni+Ti 体系润湿性的影响如图 5-52 所示（焊料成分为 30%Ni+70%Ti，保温温度为 1 040 ℃）。一定温度下，保温时间对该焊料与石墨润湿性的影响是比较明显的。保温时间越长，接触角越小。保温时间达到 25 min 以后，接触角降到了 34°以下。焊料可铺展在石墨基体上，铺展面积随着保温时间延长而增大。试验证明，采用 Ti 质量分数高于 40%的焊料，在保温时体系的润湿性都会产生与上述相类似的变化。

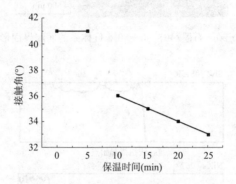

图 5-52　保温时间对石墨/30%Ni+70%Ti 体系润湿性的影响（保温温度 1 040 ℃）

以上试验也证明，在真空中连接石墨/纯 Ni，在 1 340 ℃时的接触角可以达到 78°，保温时间对接触角没有显著影响。在连接体中添加活性元素 Ti，Ti 的含量对石墨/Ni+Ti 体系润湿性有影响显著。当体系中 Ti 的质量分数少于 30%时，接触角的变化规律性不强。Ti 的质量分数超过 40%时，该体系的润湿性随着 Ti 含量增加而显著改善。Ti 的质量分数高于 40%时，石墨/Ni+Ti 体系的接触角随着保温时间延长而减小。在石墨/纯 Ni 体系和石墨/Ni+Ti 体系的连接中，界面上均发生元素的互扩散，元素的互扩散对连接过程是有促进作用的。

二十四、如何将金刚石与金属连接在一起？

金刚石具有极高的硬度和良好的耐磨性，是制造碎岩工具的理想材料。由于金刚石与一般金属及其合金之间具有很高的界面能，与金属及其合金的浸润性很差，高温时容易石墨化，致使金刚石焊接性很差。金刚石与金属连接的主要困难在于：一是焊接温度受到金刚石石墨化转变温度的限制，难以实现真正意义上的化学冶金结合，焊接接头强度很低；二是大多数低碳钢基体材料或者胎体材料对金刚石难以浸润或者不能浸润，焊接后基体对金刚石的把握能力非常差，造成制品在使用过程中金刚石脱离，不能充分发挥金刚石的优良性能；三是金刚石的线膨胀系数低于大多数金属材料或者合金，焊接时容易出现裂纹。故传统的金刚石工具的制造一般都是采用化学镀或者低温钎焊的方法，没有实现金刚石与基体的冶金结合，焊接强度较低，使用性能差，对金刚石的利用程度也非常低。只有综合解决好以上这三方面的焊接难点，才能真正发挥金刚石的高性能。目前，金刚石高温焊接技术受到有关焊接技术人员的关注，焊接金刚石时不妨借鉴。

金刚石工具使用过程中，胎体材料的性能是影响金刚石工具使用性能的关键因素之一。国外研究发现，采用胎体材料的预合金化工艺，金刚石工具的使用效果较好。国内在这方面的工艺还只在烧结金刚石制品上少量采用，而焊接用的胎体合金采用预合金粉末工艺还鲜有报道。

由于金刚石在高温下极容易石墨化，故在焊接时采用在低碳钢基体上喷焊一层低熔点的胎体材料，其性能要求为：(1)能与金刚石金属化表面合金形成低熔点的共晶体，以降低金刚石的焊接温度，避免石墨化；(2)能与低碳钢基体有良好的焊接性；(3)有较高的硬度，能有效地支撑金刚石；(4)与金刚石金属化后的过渡层 TiC 层及低碳钢基体的膨胀系数差异较小，以减少焊接应力，避免焊接裂纹。为达到上述四个方面的要求，胎体合金可以以镍、钴为主要成分，再加入适量的钛、微量的稀土及少量的硼、硅等，稀土、硼、硅等在降低合金熔点的同时能提高合金流动性与浸润性。可以将预选合金进行金属粉末的预合金化，即先按设计配方将其熔炼成合金，然后雾化成为所需粒度的胎体粉末。试验证明，通过预合金化的方法可制备出组织均匀、熔点低、易烧结、对金刚石具有良好浸润性与黏结性的预合金粉末。将其喷焊在钢基体上，重熔时加热到稍高于预合金粉末的液相线温度，预合金粉末熔化后与金刚石实现冶金结合，不会出现机械混合粉末胎体焊接时经常出现的密度偏析、低熔点金属先熔化富集和流失、易氧化或者易挥发的金属在重熔的过程中难以控制等缺陷，有利于焊接工艺的稳定。

为减少金刚石的石墨化倾向，要求金刚石有尽可能好的热稳定性。由研究可知，一般条件下随金刚石磁性的减弱，其热稳定性显著提高。鉴于金刚石的磁性与其热稳定性之间的密切关系，有研究者建议用于焊接的金刚石最好采用测量其磁性的方法来优选。

近几十年，人们为改善金属及其合金对金刚石的浸润性和焊接性做了许多的研究工作，但研究大都停留在采用金刚石表面镀覆工艺上，这种工艺只是在金刚石表面包裹一薄层金属外衣，并未在金刚石上生成金属碳化物过渡层。

为了更好的实现焊接，采用在金刚石表面金属化工艺，首先需要把金刚石分别用稀盐酸、丙酮清洗干净并于 150 ℃下烘干，然后在坩埚中与钛粉混合，再以 $BaCl_2+NaCl$ 为主，加少量添加剂的氯基混合盐将其覆盖。把箱式电阻炉加热至混合盐熔点以上 100 ℃～150 ℃，然后将坩埚放入炉中，保温 0.5～1 h 后随炉冷却，再取出坩埚放入煮沸的清水中，使盐溶解就可得到渗覆了钛的金刚石，而且这种金刚石表面金属化工艺的方法使金刚石表面渗覆均匀、完整。经检测证明，金刚石表面渗覆物主要为钛。

再将经盐浴渗覆后的金刚石置于真空炉中，在 $1.33×10^{-3}$ Pa 的真空度下加热 900 ℃(1 h) 后随炉冷却。由于钛是强碳化物形成元素，在加热过程中与金刚石表面的碳原子结合生成 TiC 的晶核并逐渐长大，直至在金刚石表面形成一薄层 TiC 过渡层。

采用热绝缘剂能保护金刚石在高温焊接时免受热侵蚀，避免金刚石的高温石墨化。相关研究表明，TiH_2 粉末的导热率为

0.5 W/(m·K)，且 TiH_2 分解反应的焓变是 125.4 kJ/mol，利用其来吸收并带走金刚石周围的热量，可以屏蔽胎体熔化时金刚石出现过热而石墨化。有些有机聚合物高温可分解成烷、烃类小分子气体和游离碳，吸收热量约为 105 kJ/kg。如果按 1 kg 合金中涂覆有机热绝缘剂用量为 10 g 计算，则在金属液滴形成阶段，绝缘剂的理论吸热量可达 1 000 kJ，而形成 1 kg 过热熔融金属液滴（1 000 ℃）需要提供热量约 3 000 kJ。因此，热绝缘剂在防止金属化金刚石升温的同时，也可以降低胎体的过热度，从而可以有效地防止金刚石的过热导致的石墨化。此外，金属氢化物 TiH_2 分解残留的钛可以与有机聚合物高温分解物中的残余碳形成 TiC 层，起到对金刚石的金属化作用。

因此，先将金属化的金刚石清洗，再用 TiH_2 粉末包裹金属化金刚石表面薄薄一层，然后再涂覆有机聚合物，可做到涂层厚度合适、均匀性好。涂覆后应烘干，除水分。由于涂覆的成本低，故可应用于工业生产。将胎体合金预合金化，然后喷焊在低碳钢基体上，将喷焊层磨平、清洗后，用水玻璃将涂覆金刚石粘在喷焊层上，并烘干。焊接时采用氧-乙炔气焊，采用偏于碳化焰的火焰进行焊接，使金刚石与胎体的焊接处处于还原性气氛中，有利于防止金刚石石墨化。

焊接金刚石要注意焊后缓冷，避免出现焊接裂纹。金刚石与胎体的焊接质量好坏最重要的指标就是焊接件的耐磨性能。相同条件下，采用其他传统的焊接工艺焊接后试样的磨损量为 330 g 左右，采用高温焊接技术试样的磨损量为 40.5 g。由此可见，高温焊接技术这一新的焊接工艺保持了金刚石高的耐磨性。

第六章 钎　　焊

　　钎焊是通过加热使熔点比焊件金属低的钎料熔化，润湿填充仍处于固态的焊件金属的间隙而形成牢固接头的一种焊接方法。钎焊属于固相连接，加热时母材不熔化，比母材熔点低的钎料熔化，液态钎料在母材表面和缝隙间润湿、毛细流动、填缝、铺展，与母材相互溶解，扩散后凝结实现金属间的连接。

　　根据使用钎料的不同，钎焊可分为软钎焊和硬钎焊。钎料液相线温度低于 450 ℃ 的钎焊属于软钎焊；钎料液相线温度高于 450 ℃ 的钎焊称为硬钎焊。根据使用能源的不同，钎焊又可分为：利用化学能的火焰钎焊、炉中钎焊等；利用电能的高频和中频感应钎焊、电阻钎焊、等离子器钎焊、真空电子束钎焊等；利用光能的激光钎焊；利用声能的超声波钎焊等。

　　钎焊具有很多优点：加热温度低，对母材组织和性能影响小；焊接头平整光滑，外形美观；焊件变形小，可以实现同种有色金属和异种金属合金、金属与非金属的连接等。因此，钎焊有着广泛的应用范围，例如：工具钢和硬质合金的钎焊技术广泛应用于刀具、模具、量具和采掘工具的制造；不锈钢的钎焊技术广泛应用于航空航天、电子通讯、核能和仪器仪表等工业领域及日常用品的制造；钛和锆的钎焊技术在石油化工、原子能工业和航天航空等领域得到广泛应用；贵金属如金、银等钎焊技术在电器设备中广泛用于制造开启和闭合电路元件；碳钢和低合金钢焊接、铸铁的焊接也广泛采用钎焊技术。

　　尽管钎焊技术出现较早，但很长时间内没有得到大的发展，直到二次世界大战后，由于航空、航天、核能、电子等新技术的发展,新材料、新结构形式的采用,对连接技术提出了更高的要求,钎焊受到了前所未有的重视,从而迅速发展起来。许多新的钎焊方法涌现而出,应用也越来越广泛。本章根据国内外研究成果和实际经验,针对一些典型材料介绍其焊接工艺。

一、如何将钨钴硬质合金与45号钢焊接在一起?

随着实际生产对硬质合金工具的要求不断提高,硬质合金与其他金属的焊接越来越多,将硬质合金与韧性好、强度高、加工性能优异、价廉的碳钢连接起来使用,可以降低成本,提高工具性能,具有重要的实用价值。

钨钴硬质合金YG9的密度为14.6 g/cm^3,硬度为90.5HRA,抗弯强度大于或等于3 200 MPa,热膨胀系数为5.3 10^{-5}/℃,弹性模量为500 GPa。钨钴硬质合金YG9属于高硬、脆材料,加工与焊接过程中严禁敲打。否则,将会产生开裂、崩角、塌边,甚至在线切割过程中钨钴硬质合金YG9也会开裂。因此,对于物理化学性能差别较大的硬质合金与碳钢的连接,有较大的难度。

进行硬质合金与碳钢的焊接,扩散连接、摩擦焊等固相连接方法和钎焊都可以采用,其中钎焊连接硬质合金和碳钢方法的适应性更好一些。例如,焊接某刀具,刀头为钨钴硬质合金YG9,刀柄为中碳调质45号钢,硬质合金YG9和中碳调质45号钢的化学成分见表6-1。钎焊刀具示意图如图6-1所示。对于这样的刀具结构,可以采用Cu-Zn钎料对45号钢刀柄和硬质合金刀头进行高频感应钎焊,感应钎焊原理图如图6-2所示。

表6-1 硬质合金YG9和中碳调质45号钢的化学成分

材料	W	Co	C	Si	Mn	Cr	Ni	Cu
硬质合金YG9	91	9	—	—	—	—	—	—
45号钢	—	—	0.42~0.50	0.17~0.37	0.5~0.8	≤0.25	≤0.30	≤0.25

注:表中数据为质量分数,单位为%。

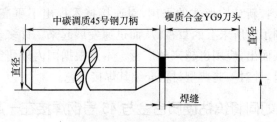

图 6-1 钎焊刀具示意图

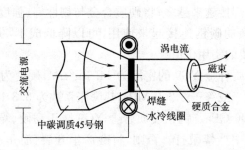

图 6-2 感应钎焊原理图

连接钨钴硬质合金 YG9 和中碳调质 45 号钢,钎料可以选用流动性好、接头抗剪强度高,熔化温度范围为 900 ℃～905 ℃的 Cu-Zn 钎料(名义成分为 62Cu38Zn),钎剂可以选用氟钎剂,焊接方法可以选用感应钎焊。

感应钎焊分为高频感应钎焊、中频感应钎焊和低频感应钎焊三种。硬质合金 YG9 和中碳调质 45 号钢的钎焊可以选用高频感应来焊接,即利用高频交流电来实现钎焊的目的。

高频感应钎焊过程主要依靠工件在交流电的交变磁场中产生感应电流的电阻热来加热,焊接时可将导电的 45 号钢和硬质合金的焊接件放置在变化的电磁场中,感应加热电源(交流电源)给单匝或者多匝的感应线圈(水冷线圈)提供变化的电流,从而产生磁场。当焊接件被放置在感应线圈之间并进入磁场后,涡流进入工件内部,产生精确可控的局域热能。由于热量是由工件本身产生的,因此加热迅速,焊接件表面的氧化比炉中钎焊少得多,而且高频感应钎焊可防止钎焊过程中母材晶粒的长大和再结晶的发展。

感应钎焊与其他钎焊方法相比,具有独特的优点:首先,感应钎焊加热速度快;其次,加热过程中易于实现局部加热;第三,感应加热的热量集中;第四,感应钎焊的温度易于控制,易于实现自动化。本例采用高频感应钎焊成功地实现了硬质合金刀头与45号钢的钎焊就是一个很好的例证。

感应钎焊焊接硬质合金YG9和中碳调质45号钢过程中应注意以下几方面问题:

一是,彻底清洁待焊刀具零件表面。由于待焊刀具零件在钎焊前的加工和存放过程中不可避免地覆盖着氧化物、油脂和灰尘等,这些表面覆盖物在焊接中不可避免地会妨碍液态钎料在母材上的润湿与铺展,因而在钎焊前必须将它们彻底清除。

二是,选择合适的钎焊熔剂。在钎焊前,尽管我们一般都安排了清除母材被焊表面的氧化膜及其杂质的工序,但仅靠清理往往很难满足高质量焊接要求,钎焊加热过程中母材和熔化钎料的表面还会迅速被氧化或再次形成氧化膜。因此,实际钎焊中还要采用钎焊熔剂。钎焊熔剂具有去除氧化膜膜、防止液态金属氧化、保护和活化钎料的作用,钎焊熔剂可以促进钎焊接头的顺利形成。

三是,选用钎焊温度比较低的钎料。实践证明,硬质合金烧结后未经清理的表面层往往含有较多游离状态碳,这些游离状态的碳妨碍焊接时钎料的润湿和铺展,导致硬质合金的钎焊性能变差,而且硬质合金的线膨胀系数比较低,与45号钢的线膨胀系数相差较大。在钎焊时,两种材料线膨胀系数的差异导致其在焊接接头处产生很大的热应力,从而促使其被焊接的构件产生裂纹。有些研究者在试验时选用钎焊温度比较低的银基钎料,正是因为低的钎焊温度可有效防止裂纹的产生,同时还需要控制加热速度(由高周波控制)、冷却速度以及焊后的保温处理,这样可以减小和清除钎焊接头的残余应力,避免钎焊裂纹。

四是，组对合适的钎焊接头。由于钎焊接头的间隙大小对于接头性能有着明显影响，并且对于不同形式的接头和不同类型的载荷，以及不同的母材和钎料组合，对接头间隙都有不同的要求，综合考虑各个因素，焊接本例的构件可以选用 0.02～0.04 mm 的焊缝间隙。

五是，对接头进行消除应力处理。实践证明，在焊接后的短时间内对钎焊焊缝进行二次加压，对强化焊接接头和消除焊接残余应力可以起到很大的作用。因此，焊接时可以把二次压力大小、二次加压时间以及二次加压延迟时间（焊接结束与二次加压的时间间隔）作为影响钎焊强度的因素来考虑。

钨钴硬质合金 YG9 和中碳调质 45 号钢的焊前准备及钎焊工艺如下：

（1）仔细清理待焊工件表面的各种氧化物、油脂、水分和杂质，消除可能影响钎料润湿与铺展的一切影响因素。为使焊接后能形成良好的钎焊接头，可先将构件被连接处用丙酮清洗，然后用 600#～1000# 金相砂纸进行手工逐级磨平。

（2）焊前在 45 号钢和硬质合金连接处预先涂上氟钎剂，将刀头和刀柄定位并固定好，将黄铜 62Cu38Zn 钎料弯成未封闭的环状预先放置在焊缝处。

（3）焊前工艺参数确定。

1）在钎焊过程中，钎焊温度与加热速度是影响焊接质量的主要参数，过高的钎焊温度与过快的加热速度使工件产生很大内应力，焊后易产生裂纹及崩裂现象；过低的钎焊温度影响钎缝强度，过慢的加热速度引起母材晶粒长大、金属氧化等不良现象。实践证明，钎焊温度一般应高出钎料熔化温度 30 ℃～50 ℃为好。H62 熔化温度为 900 ℃～905 ℃，钎焊温度可以在 930 ℃～960 ℃之间选择。这样，合适的钎焊温度可以使钎料流动性好、渗透性好。否则，如果钎焊温度过高，容易引起钎料中锌元素蒸发与锰的氧化，引起接头产生夹渣或接头强度下降等问题；如果钎焊温度过低，则影响钎焊过程中钎料的铺展。

2)钎焊过程中,钎焊接头还要预留适当的间隙,以使钎料在接头中均匀分布,达到最佳的钎焊效果。钎焊接头间隙范围一般可选为 0.05~0.2 mm。

3)根据焊接工件的大小调节高频设备的输出功率,使工件加热速度适中,温度均匀。焊接刀柄与刀头加热速度可以选择为 40~70 ℃/s。

(4)焊后工件要及时清洗。钎剂在使用中可防止氧化,去除氧化可增加钎缝内金属的流动性。但是焊接后焊缝残留的钎焊熔剂也会对工件表面产生腐蚀作用。因此,对钎焊后构件及钎焊接头具有腐蚀作用的钎剂残留物必须予以彻底清除。焊接后的刀具冷却至室温,用铁棒轻轻敲击焊缝以及残留物,使其与母材剥落,有条件时最好用热水清洗焊缝。

经焊接实践证明,采用 H62 黄铜钎料感应钎焊焊接钨钴硬质合金与 45 号钢,45 号钢与硬质合金之间接合良好;钎料熔化以后在毛细作用下填充到焊缝中一次成型,因而接头处钎料填充均匀、饱满、圆滑、美观。

二、如何将 40Cr 钢与 YG8 硬质合金焊接在一起?

YG8 硬质合金与 40Cr 钢的化学成分见表 6-2。

表 6-2 YG8 硬质合金与 40Cr 钢的化学成分的质量分数(单位:%)

材料	WC	Co	C	Si	Mn	Cr
YG8	92	8	—	—	—	—
40Cr	—	—	0.37~0.45	0.17~0.37	0.5~0.8	0.8~1.1

YG8 硬质合金的退火硬度小于 207 HBS,正火硬度小于 250 MPa,调质状态的抗拉强度在 1 000 MPa 左右,屈服强度在 800 MPa 左右,延伸率达到 2.9%,断面收缩率为 45%,冲击值为 588 kJ/m^2。YG8 硬质合金常作为刀具材料被广泛使用着。

多数情况下,为节省 YG8 硬质合金材料和降低刀具成本,人们通常将 YG8 硬质合金作为刀体连接到刀柄基体金属上。作为连接技术,钎焊法是其中使用最多的一种方法。目前,就该硬质合金刀具的生产制作技术,美国和德国的专业公司处于领先水平,国内一些大型企业也已经进行了该类刀具生产工艺的开发,有的厂家甚至已经批量生产。然而,用户在实际使用该类刀具的过程中存在硬质合金刀头从刀柄上非正常脱落的问题。为什么YG8硬质合金刀头连接到基体金属上经常有脱落的现象呢?其原因很简单,一是硬质合金的线膨胀系数与普通钢材相比差别很大,硬质合金的线膨胀系数仅为普通钢材的二分之一左右,这两种线膨胀系数不同的材料焊接在一起,导致了使用过程中受热或冷却不同步,致使刀体与刀头的连接处产生应力集中,使用过程中应力集中处容易引发裂纹,致使刀体与刀头脱离;二是普通钢材材料的刀体与硬质合金刀头的钎焊工艺不合理,使焊缝的连接强度低,或者在钎焊过程中产生的氧化物处理不得当,使构件在钎焊后的冷却过程中会产生很大应力,易使硬质合金产生裂纹。

  刀头与刀体连接处产生的各种裂纹是硬质合金钎焊成功与否的一个主要问题。所以,想让钎焊后的刀具经久耐用,钎焊时的钎料选择比较关键。钎焊工艺措施也是刀头与刀体能否成功连接的关键环节。只有钎焊过程中的钎料合适,钎焊过程中采取的工艺措施合理,尽可能地减少钎焊应力,才能保证钎焊后的接头经久耐用。

  在40Cr钢与YG8硬质合金焊接中,有研究者选用CuMnNi钎料(成分见表6-3),采用加补偿垫片的方法,并采取适宜的钎焊工艺等措施,有效降低了钎焊应力,实现了硬质合金与40Cr钢的高质量钎焊,解决了硬质合金刀头非正常脱落的问题。

表6-3 CuMnNi钎料中各种不同元素的含量

元素	Mn	Ni	Cu
含量(%)	5~30	1~10	60~94

  选用CuMnNi钎料焊接40Cr钢与YG8硬质合金,具体工艺和方法可以参照以下步骤进行:

(1)仔细清除刀头材料 YG8 硬质合金和刀体材料 40Cr 钢上的氧化物、杂质、油污等。有关研究表明,材料的润湿性与其被焊接的材料表面状态有关。一般来讲,硬质合金的含碳量都较高,未经处理的硬质合金表面往往含有较多的游离碳,这些游离状态的碳会阻碍钎焊过程中钎料的润湿与铺展。所以,在钎焊前必须仔细清理材料表面。清理方法是:在铸铁块上涂抹金刚石研磨膏,对硬质合金钎焊部位进行打磨,直至光亮为止。同样,也对 40Cr 钢进行表面处理。最后,再将 40Cr 钢、YG8 硬质合金及钎料放入丙酮中清洗,除去表面油污等。

(2)选择好适当厚度的 Ni 片作为中间层。要使焊接后的构件得到优质的钎焊接头,焊接过程中就要使钎料填满钎缝,且钎料与母材通过毛细填缝的原理相互作用。处理完毕后,将钎料置于 YG8 硬质合金与 40Cr 钢之间,放置时可将硬质合金放在上面,40Cr 钢放在下面,然后一并放入夹具中,再采用两块耐热钢作为加载块将其压稳。YG8 硬质合金与 40Cr 钢的焊接接头的形式如图 6-3 所示。

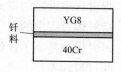

图 6-3 钎焊接头形式

(3)选择钎料。由于 CuMnNi 钎料在室温下为单相组织,塑性较好,在冷却过程中能较好的松弛应力,且 CuMnNi 钎料熔点远高于 40Cr 钢的热处理温度,刀具钎焊后可以进行热处理,使钎焊后的钎料熔敷金属不受其热处理的影响。因此,可以选用 CuMnNi 钎料。

(4)钎料可以购买也可以按照化学要求制备。钎料制备一般需经过真空熔炼、锻压、多次轧制(期间有中间退火)及酸洗等过程,最终使其成为 0.1~0.2 mm 的薄片。如果制备的钎料比较好,其熔化温度范围就在 920 ℃~950 ℃内,这种温度范围的钎料在焊接 40Cr 钢与 YG8 硬质合金的过程中钎料填缝和两种金属的润湿都比较好。

(5)钎焊。钎料及母材在较高温度下容易氧化,但在有氧化膜的金属表面上,由于氧化物的表面张力比金属本身低得多,液态钎料不易与金属发生润湿,会直接影响钎焊接头性能。真空钎焊可以防止钢、硬质合金及钎料与氧、氢、氮等气体介质发生激烈反应,并且真空炉可以控制加热及冷却速度,为降低钎焊应力创造了积极条件。因此,有条件时应该选用真空钎焊,使钎焊在真空电阻炉中进行。在加热及冷却过程中,真空度保持在 5×10^{-2} Pa 左右。

加热速度是钎焊过程中保证钎焊质量的重要参数,加热速度过快容易导致真空度急剧下降,易使硬质合金及钎料氧化。因此,钎焊过程中可以从室温以 10 ℃/min 的速率升至 800 ℃,保温 30 min;再以 9 ℃/min 的速率升至设定温度,保温 10 min 后再随炉冷却。

钎焊过程中进行 800 ℃保温的目的是使母材受热均匀;而钎焊过程中设定的以 9 ℃/min 的速率升温至拟定的温度是为了保持钎焊过程中的真空度不会明显下降;升至设定温度下的 10 min 短时保温是为了让钎料有时间充分熔化,并防止高真空度下 Mn 的过量挥发。

虽然硬质合金钎焊冷却时的冷却速率慢些对钎焊接头的性能和防止裂纹的产生有一定的益处,但在真空炉中焊接,利用随炉冷却也基本可以满足钎焊性能的要求。根据有关资料的不完全统计,随炉冷却的钎焊刀具未发现由于应力过大而导致开裂的现象。

为了探究和确定 40Cr 钢与 YG8 硬质合金的钎焊温度,有研究者对 CuMnNi 钎料的熔点和钎焊过程进行了分析,确定 40Cr 钢与 YG8 硬质合金钎焊的温度为 980 ℃~1 080 ℃。在 980 ℃钎焊温度的基础上,每 20 ℃增加一个温度间隔,对其温度范围从 980 ℃开始到 1 080 ℃的 6 个系列钎焊温度进行了系统研究。

该研究者确定了最佳钎焊温度后,又研究了增加中间层对接头性能的影响,并分别选取厚度为 0.05 mm、0.1 mm、0.2 mm、0.3 mm 和 0.4 mm 的 Ni 片进行钎焊试验,研究其温度和中间层厚度对钎焊过程和钎焊接头性能的影响。钎焊完毕后,试样经砂纸打磨,并用研磨膏精抛,最后用 3%~5%的硝酸酒精溶液腐蚀

40Cr钢,用$K_3Fe(CN)_6$和KOH溶液混合配制的腐蚀液腐蚀硬质合金。将尺寸为5 mm×15 mm×35 mm的试样切割成尺寸为5 mm×5 mm×35 mm,做三点弯曲强度试验。

试验结果表明,在1 020 ℃钎焊时,焊接接头的抗弯强度最高,可达到526 MPa;在1 080 ℃钎焊时,钎焊接头的抗弯强度最低,仅为108 MPa。由此可见,钎焊过程中温度对钎焊抗弯强度的影响很大,不同温度下的钎焊接头抗弯强度见表6-4。

表6-4 钎焊温度对接头抗弯性能和断口的影响

钎焊温度(℃)	抗弯强度(MPa)	断口特征
980	330	断在钎缝(靠近硬质合金一侧)
1 000	405	断在硬质合金侧,断口无规则
1 020	526	断在钎缝(靠近硬质合金一侧)
1 040	459	断在钎缝(靠近硬质合金一侧)
1 060	239	断在钎缝(靠近硬质合金一侧)
1 080	108	断在钎缝(靠近硬质合金一侧)

钎焊过程中,温度过高或过低都将使钎焊抗弯的抗弯强度下降。钎焊温度过低,钎料流动性差,且钎料中的合金元素扩散不充分,使得钎焊过程中钎料的铺展性不好,刀头与刀体间不能实现很好的冶金接合。钎焊温度过高,钎料中Mn元素会严重流失,其结果是严重影响接头的抗弯性能。不同温度下锰在钎料中的比重见表6-5。

表6-5 不同温度下锰在钎料中的比重

温度(℃)	比重(%)
980	13.72
1 000	12.03
1 020	9.95
1 040	5.67
1 060	5.53
1 080	2.02

钎焊过程中,熔化的钎料能否顺利铺展并填入焊件间的间隙,主要取决于液态钎料能否很好的润湿母材表面,即取决于钎料的润湿性。润湿性与钎料和母材成分、钎焊时的加热温度、金属表面上的氧化物等因素有关。钎焊时,不同加热温度下钎料在 40Cr 和 YG8 硬质合金两种母材上的润湿角见表 6-6。

表 6-6 不同钎焊温度下 YG8 硬质合金与 40Cr 钢的润湿角比较

钎焊温度(℃)	40Cr 钢润湿角(°)	YG8 硬质合金润湿角(°)
980	4	13
1 000	4	9
1 020	4	7
1 040	3	6
1 060	2	6
1 080	2	5

由表 6-6 可见,虽然钎料在 YG8 硬质合金上的润湿角比在 40Cr 钢上的润湿角大,但钎料在 YG8 硬质合金上的润湿角均小于 15°,钎焊过程中仍然会有较好的润湿性。从表 6-6 中还可以看出,随着钎焊温度升高,润湿角有所下降。因此,提高钎焊温度可保证钎焊过程中的润湿性提高,使得钎料宜于铺展,有利于钎焊过程的进行。

断口试验表明,只有钎焊过程中钎缝与硬质合金在液态钎料充分流入并致密地填满全部焊缝间隙,又与母材有良好相互作用的前提下,才能获得优质的接头。

通过观察断口发现,断裂大多发生在钎缝与硬质合金交界处,且断裂多数发生在靠近硬质合金一侧。这说明焊接过程中两种材料的线膨胀系数仍然是导致应力集中的主要因素。因为在焊接中,YG8 硬质合金与 40Cr 钢的线膨胀系数差异较大,在接头冷却过程中,线膨胀系数较大一侧的收缩较快,在硬质合金侧就形成了较大的拉应力。

为解决 YG8 硬质合金与 40Cr 钢焊接过程中两种材料的线膨

胀系数差异较大而引发的裂纹问题,可以采用加 Ni 质补偿垫片的方法,具体就是在焊接前将补偿垫片夹在 YG8 硬质合金与 40Cr 钢之间,钎料 1 和钎料 2 分别放在 YG8 硬质合金与补偿垫片之间和补偿垫片与 40Cr 钢之间。钎料的具体放置位置与方法如图 6-4 所示。

有关研究表明,随着钎焊时中间补偿层厚度的改变,钎焊接头的强度也随之改变。当中间层 Ni 的厚度为 0.05 mm 时,接头三点弯曲强度最低,仅为 351 MPa;当中间层 Ni 的厚度为 0.2 mm 时,接头三点弯曲强度最高,可达到 671 MPa;当中间层 Ni 的厚度为 0.4 mm 时,接头三点弯曲强度又下降为 503 MPa。各个中间层钎焊试样的抗弯强度值见表 6-7。由表 6-7 可见,钎焊过程中中间补偿层 Ni 的厚度存在一个最佳值,大于或小于该最佳值都不能得到最佳的钎焊接头性能。

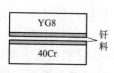

图 6-4 加中间 Ni 层的钎焊接头形式

表 6-7 中间层厚度对钎焊接头性能的影响

中间层厚度(mm)	抗弯强度(MPa)
0.05	351
0.1	434
0.2	671
0.3	502
0.4	503

对以上不同厚度的中间层接头性能进行分析可见,中间层厚度不同,其钎焊过程中受到两侧母材的拘束度也不同。当中间层厚度适当时,中间层受到的拘束较大,在外加载荷的作用下有可能处于三向应力状态,而使中间层 Ni 的屈服点上升,这种情况下接头的强度是由中间层能缓解的焊接内应力及本身强度上升综合作用决定的;当中间层厚度过薄时,其缓解内应力的能力有限,故接头的强度也不高;当中间层过厚时,其缓解内应力的能力趋

于饱和,受到的拘束较小,在外加载荷的作用下较易发生变形,即接头强度将主要决定于中间层本身的强度。

国内有研究者对在 40Cr 钢与 YG8 硬质合金之间加 0.2 mm 补偿垫片,采用 1 020 ℃钎焊温度焊接的钎焊接头进行了扫描电镜研究与分析。分析结果表明,40Cr 钢与钎缝界面处扩散充分,钎料与母材相互作用明显,形成了清晰均匀的扩散反应区;钎料中元素与 40Cr 钢中元素相互溶解,形成了一定宽度的固溶体相区,钎料已渗入 40Cr 钢的晶界内部;硬质合金与钎料结合处有明显的分界线,但在硬质合金一侧有深色的带状组织,可能是元素从钎料或中间层中扩散过来而形成。具体分析结果如图 6-5 所示。

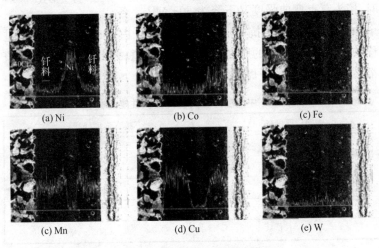

图 6-5 接头线扫描能谱图

由图 6-5 可见,Co 元素的扩散比较明显,Co 最初只存在于硬质合金中,图中显示已扩散到钎料及钢中。可见部分 Co 元素穿过焊缝到达钢中,并向内部扩散,这是因为 Co 和 Fe 无限互溶;Mn 在中间层中没有扩散,但在硬质合金中扩散明显,这可能是因为 Co 和 Mn 有良好的互溶性;W 元素在中间层中有扩散,这同 Ni 有关;Cu 没有向钢中明显扩散,但部分进入硬质合金当中,这与 Co 有关。通过能谱分析还发现,Cu 与 Mn 的扩散具有一致性,在硬质合金侧,两种元素同时聚集在深色的带状区域内,而在此区域内 Co 和 W 的含量明显减少。同时,Ni 也伴随着 Cu 与 Mn 扩散到硬质合金中。由此可见,采用加垫片法焊接 YG8 硬质合金与 40Cr 钢,当中间层 Ni 的厚度选择合理时,钎焊接头的焊接质量好,接头的强度高,可以满足使用的基本要求。

三、如何采用火焰钎焊焊接 6061 汽车用铝管管件?

6061 铝合金作为一种 Al-Mg-Si 系变形铝合金,比重轻,具有良好的强度及耐腐蚀性,广泛应用于制造汽车管路件及阀件。目前在该类零部件组装生产过程中,主要采用钎焊连接。钎焊接头在主要考虑气密性的同时对接头强度也有一定要求,但由于 6061 铝合金中 Mg 元素含量(质量分数)超过 1%,氧化膜复杂,需要借助腐蚀性钎剂去除,一般情况下去除氧化膜后残留的腐蚀性钎剂为焊接后的工件使用留下了隐患,并且 6061 铝合金的熔点比较低,用传统的 Al-Si 钎料焊接极易出现过烧,所以该类零部件的钎焊一直比较困难。

为实现 6061 铝合金的焊接,有研究者自制了一种无腐蚀钎剂,并利用这种钎剂实现了 6063 铝合金的钎焊。该研究者认为该钎剂在焊接过程中以反应、溶解的形式去除了铝合金表面的氧化膜,保证了钎料在铝合金表面的顺利铺展,但该试验使用的 6063 铝合金中 Mg 元素含量(质量分数)不到 1%。虽然研究发现 Cu、Ge、Ni、Re 等元素的添加都有助于降低 Al-Si 钎料的熔点,但该系列钎料熔点依旧很高,高的钎料熔点对焊接铝合金不利。对此,另有研究者成功地将 Al-Si-20Cu 用于 6061 铝合金的钎焊,但由于此种钎料钎焊加入过多的 Cu 元素会使得钎料脆化严重而影响钎焊接头的性能,所以大面积使用仍然受到一定限制。

最近,有研究者采用符合国家标准《锌锭》(GB/T 470—2008)

的 Zn99.995(含锌质量分数不小于 99.995%)、《重熔用铝锭》(GB/T 1196—2008)的 Al99.90(含铝质量分数不小于 99.90%),以及 Al-10Si 中间合金铸锭混合熔炼,配制得到两种成分的 AlZnSi 钎料(钎料的成分见表 6-8),对 6061 铝合金板材和 6061 铝合金管件进行了火焰钎焊。

表 6-8 AlZnSi 钎料合金成分的质量分数 (单位:%)

钎料 \ 成分	Al	Si	Zn
钎料 1	22	0.2	余量
钎料 2	40	2.0	余量

焊接用的 6061 铝合金母材的规格为 40 mm×40 mm×2 mm,对接焊接件的规格为 60 mm×25 mm×3 mm,气密性 6061 铝合金管材内径为 12 mm,壁厚为 1.2 mm,6061 铝合金板材和管件的化学成分见表 6-9。钎焊过程中所用钎剂分别为市售的无腐蚀钎剂 $KAlF_4$ 及改进型 $CsKAlF_4$。

表 6-9 6061 铝合金化学成分的质量分数

化学成分	Mn	Mg	Si	Cu	Cr	Al
质量分数(%)	0.01	1.10	0.61	0.25	0.12	余量

在焊接之前,首先要对 6061 铝合金板材或管件进行处理,处理时可用 400 号左右的碳化硅砂布打磨,清除铝合金表面的氧化膜并保持铝合金表面光洁、无污物。

钎焊中钎料 1 与钎料 2 在炉中铺展的数据见表 6-10。由表可见,即使在 580 ℃下使用 $KAlF_4$ 钎剂,两种钎料都不能在铝材表面较好的铺展。而在试验温度下使用 $CsKAlF_4$ 钎焊熔剂,两种钎料均能润湿 6061 铝材表面,并且钎料 2 的铺展面积要大于钎料 1。这一方面跟钎料本身的密度有关,密度越小,钎料铺展后所占体积越大;另一方面,Al 元素含量的增加及 Si 元素的加入也有益于提高钎料在铝母材表面的铺展能力。

表 6-10　采用无腐蚀钎剂 $KAlF_4$ 及改进型 $CsKAlF_4$ 焊接时钎料在炉中铺展面积比较

项目 类别	密度 $\rho(g \cdot cm^{-3})$	钎剂 种类	试验温度 $T(℃)$	铺展面积 $S(mm^2)$
钎料 1	5.40	$KAlF_4$	540	——
钎料 1	5.40	$KAlF_4$	560	——
钎料 1	5.40	$KAlF_4$	580	——
钎料 1	5.40	$CsKAlF_4$	490	142.77
钎料 1	5.40	$CsKAlF_4$	510	178.56
钎料 1	5.40	$CsKAlF_4$	530	174.62
钎料 2	4.25	$KAlF_4$	540	——
钎料 2	4.25	$KAlF_4$	560	——
钎料 2	4.25	$KAlF_4$	580	——
钎料 2	4.25	$CsKAlF_4$	490	187.23
钎料 2	4.25	$CsKAlF_4$	510	235.65
钎料 2	4.25	$CsKAlF_4$	530	238.92

铝合金表面氧化膜的溶解通常是通过以下反应式进行的：

$$Al_2O_3 \longrightarrow AlO_2^- + AlO^+$$

然而，对于含镁的铝合金，尤其是 Mg 元素含量超过 0.5% 的 6061 铝合金而言，$MgAl_2Si_3O_{10}$、$MgO \cdot Al_2O_3 \cdot SiO_2$ 等氧化膜的出现使得这一过程变得复杂。由于钎剂中的一部分元素与 Mg 元素发生反应，使得去除 6061 铝合金表面 Al_2O_3 等氧化膜的钎剂量相对减少，将恶化合金表面的氧化膜去除效果，从而阻止了钎料在钎剂表面的顺利铺展。

市售的常规 $KAlF_4$ 钎剂的活性温度一般在 560 ℃～575 ℃ 区间内，560 ℃～575 ℃ 这一区间已经很接近 6061 铝合金焊接的过烧温度，再加上 Mg 元素的存在，使得 $KAlF_4$ 钎焊熔剂在 6061 铝合金的钎焊中几乎不起作用。但是，当使用 $CsKAlF_4$ 钎剂时，Cs^+ 将优先与 Mg^{2+} 形成 $CsMgF_3$ 或者 $Cs_4Mg_3F_{10}$，这一过程阻止 Mg 元素与 F 元素形成难溶的化合物层。研究表明，这类 Cs 化合物将在低温下熔化,并不干扰钎焊过程的进行。

对焊后的6061铝合金对接试样进行力学拉伸试验,试验结果见表6-11。由表6-11可见,钎料1的接头与钎料2的接头抗拉强度相差不大,均能达到110 MPa左右,但钎料2的钎焊接头抗拉强度值比钎料1的抗拉强度值更为稳定。由于汽车管路件一般不受力或者仅受较小的作用力,故该钎焊强度完全可以满足使用要求。

应用于汽车管件的6061铝合金的使用寿命在很大程度上取决于其抗腐蚀性。为了了解6061铝合金遭受腐蚀后的性能变化,将焊接后的构件样品置于3.5%NaCl溶液中腐蚀30天,腐蚀后的6061铝合金强度大幅度降低,见表6-11。由此可见,6061铝合金钎焊后,应注意钎焊熔剂的清洗。另外,由强度测试结果来看,采用钎料2钎焊后接头的腐蚀速率也低于钎料1钎焊后的腐蚀速率。

表6-11　6061铝合金钎焊接头抗拉强度

类别	项目	抗拉强度 R_{m1}(MPa)	腐蚀后强度 R_{m2}(MPa)
钎料1		104±15	85±7
钎料2		109±8	96±5

6061铝管采用扩口形式进行两种钎料下的火焰钎焊连接,焊接完成后对管路件进行气密性检测。结果表明,在低压状态下(12 MPa,保压10 min)焊后的管路无泄漏现象出现,当压力达到21 MPa时,6061铝管首先出现破裂,说明钎焊接头的耐压能力好于6061铝材本身。该部分零部件工作压力一般在0.8~2 MPa左右,故该接头完全能够满足汽车用管路件的要求。

所以,焊接6061铝合金时,首选应该选用$CsAlF_4$钎焊熔剂,且选用表6-8所示的钎料2比选择钎料1可使得6061铝合金的焊接更顺利,钎料的润湿性也更好。

四、如何进行 TC4 钛合金的钎焊？

钛合金因其优良的性能，被广泛应用于航空、航天和其他工业领域。在一些钛合金复杂结构的制造工艺中，由于钎焊连接具有独特的优势而越来越受到重视。在所有的钛合金中，用量最大的是 TC4。TC4 钛合金中钛的含量很高，而钛是活性很强的金属材料，在高温下容易与 N_2、H_2、O_2 反应，并同其他许多金属反应生成脆性金属间化合物。所以，TC4 钛合金的焊接最好采用真空钎焊。真空钎焊可以避免高温情况下，氧、氮、氢等气体元素对 TC4 合金钎焊缝性能的影响，因此近年来 TC4 真空钎焊技术的应用越来越广泛。

TC4 钛合金的主要化学成分见表 6-12。TC4 钛合金钎焊时可以采用 Ti-Zr-Ni-Cu 非晶钎料，其钎料化学成分见表 6-13。

表 6-12　TC4 钛合金化学成分的质量分数

化学成分	Al	V	Fe	Si	C	N	H	O	Ti
质量分数(%)	5.5~6.8	3.5~4.5	≤0.30	≤0.15	≤0.10	≤0.05	≤0.015	≤0.20	余量

表 6-13　Ti-Zr-Ni-Cu 非晶钎料化学成分的质量分数

化学成分	Ti	Zr	Ni	Cu
质量分数(%)	40	25	15	20

TC4 钛合金钎焊前，首先应仔细去除材料表面的氧化膜、污物和杂质，可以采用手工机械去膜方法，即用 240#、400#、600#、800#、1000# 水砂纸对试件表面进行逐级磨光，再用丙酮或无水乙醇清洗，用石墨夹具对试样进行装配和固定。然后，在真空度优于 2×10^{-3} Pa 的钎焊炉内进行钎焊。

在钎焊过程中，影响钎焊接头强度的因素是钎焊温度和保温时间，因此应该注意这两个参数的选取，使焊后构件强度满足使用要求，经久耐用。

例如，某单位对图 6-6 和图 6-7 所示的某航天杆类样品与阶梯状样品分别装配后,采用 Ti-Zr-Ni-Cu 非晶钎料,在真空度保持在 $5×10^{-2}$ Pa 左右的真空炉中进行焊接,焊接后测试了保温时间为 15 min 时钎焊温度对其抗拉强度的影响。

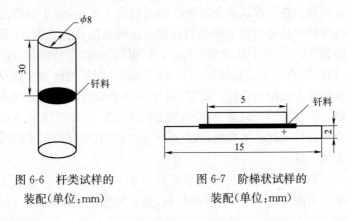

图 6-6　杆类试样的装配(单位:mm)

图 6-7　阶梯状试样的装配(单位:mm)

保温时间为 15 min 时不同钎焊温度对接头强度的影响如图 6-8 所示。从图 6-8 中可以看出,随着钎焊温度的升高,接头的抗拉强度先增大后减小。当钎焊温度为 940 ℃时,接头的抗拉强度达到最高值(412 MPa)。

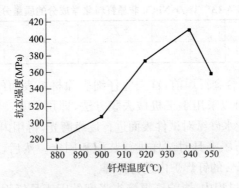

图 6-8　钎焊温度对接头强度的影响

接头强度随钎焊温度产生这种具有峰值的变化是由界面反应程度决定的。钎焊过程中,当钎焊温度较低时,母材与钎料之间的原子溶解、扩散、固溶和反应不充分,难以实现良好的冶金接合,因而接头的强度比较低。随着钎焊温度的升高,原子溶解、扩散、固溶和反应明显增加,因而钎焊接头的强度随之提高。在以上焊接条件下,当钎焊温度达到940 ℃左右时,不但界面反应比较充分,而且反应层的金属间化合物数量也较适中,有效地实现了母材与钎料的冶金接合,增加了接头的抗拉强度,于是接头强度达到最大值。当钎焊温度达到940 ℃以后,随着温度升高,钎料对母材的熔蚀增加,接头界面厚度增加,界面上金属间化合物增多,当钎焊温度达到950 ℃左右时,钎焊接头的抗拉强度突然降低。因此,钎焊过程中,要想获得较高的接头抗拉强度,控制好钎焊的焊接温度与控制好钎焊焊缝的成分至关重要。

其次,保温时间对接头抗拉强度也有一定的影响。图6-9为钎焊温度为940 ℃,不同保温时间对接头强度的影响。由图6-9可以看出,随着保温时间的增加,接头的抗拉强度也是先增大后减小。当保温时间为15 min时,接头的抗拉强度最高,达到412 MPa。保温时间对接头抗拉强度的影响同钎焊温度对接头抗拉强度的影响相类似,是通过界面反应和元素扩散来实现的,具体结果如图6-10、图6-11所示。

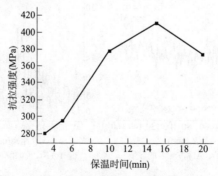

图6-9 保温时间对接头抗拉强度的影响

钎焊过程中,当保温时间比较短时,钎料与母材之间的界面反应程度较低,难以实现有效的冶金接合,因而钎焊接头的强度

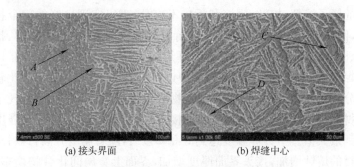

(a) 接头界面　　　　　　　　　(b) 焊缝中心

图 6-10　钎焊接头接头界面与焊缝中心微观组织

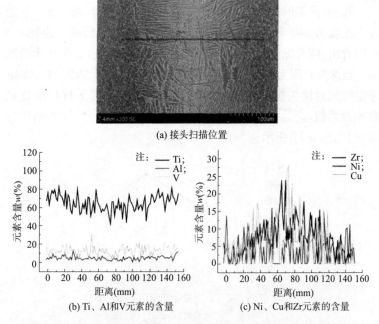

图 6-11　TC4 钛合金接头各元素从母材到焊缝中心含量分布

较低。而当保温时间过长时,界面反应过于激烈,界面上生成了过多的金属间化合物,金属间化合物的存在是造成接头强度降低的主要原因。只有选择合适的钎焊保温时间,钎焊界面反应才能到达既充分,金属间化合物的数量又适中,接头的强度才较高。因此,采用 Ti-Zr-Ni-Cu 钎料钎焊 TC4 钛合金的最佳钎焊温度为 940 ℃,保温时间为 15 min,此时接头抗拉强度为 412 MPa,而且 TC4 钛合金钎焊接头接合较好,如图 6-10 所示。由图 6-10 还可见,整个钎焊界面的过渡层厚度较为均匀,界面区间较宽。

对钎焊温度为 940 ℃ 和保温时间为 15 min 的 TC4 钛合金接头进行线扫描分析,扫描位置如图 6-11(a)所示横线位置,得到各元素沿焊缝含量分布结果如图 6-11(b)、(c)所示。

由图 6-11(b)可知,从母材到焊缝的中心位置,Ti、Al 和 V 元素的含量逐渐减少,证明钎焊过程中母材中这三种元素都向钎缝中扩散,但由于钎焊速度快,加之钎焊过程中的加热的温度有限,Ti、Al 和 V 元素扩散的不够充分。而从 6-11(c)可知,钎焊焊缝中 Cu 和 Zr 元素从过渡区到焊缝中心的含量逐渐增加,说明焊缝中的 Cu 和 Zr 元素也向母材扩散,但扩散的也不够充分。同时,由 Ni 元素在整个界面的分布都较均匀可推断,Ni 元素在这几种元素中的扩散速度最快。

由以上某单位的焊接试验可以看出,采用 Ti-Zr-Ni-Cu 钎料,选择 940 ℃ 的钎焊温度和 15 min 的保温时间等最佳焊接参数钎焊焊接 TC4 钛合金,可以实现 TC4 钛合金航天某构件的钎焊连接,且此航天焊接件经过地面试车考核验证了钎焊接头的可靠性,该研究成果已经应用于某型号航天发动机中。

五、如何焊接不锈钢与碳钢制备的复合钢板?

不锈钢/碳钢复合钢板兼顾了不锈钢的美观、耐蚀性和碳钢的高强度、低成本等特点,在化工、造船、建筑等行业得到广泛应用。目前,国内不锈钢复合板的生产方法普遍存在工艺时间长、界面平直度差等问题,因此开发出一种新的高效复合钢板的生产方法有很重要的理论与应用价值。

钎焊作为一种焊接方法在材料面与面的连接及异种材料的

连接方面有着独特的优势,已在很多领域得到应用。在钎焊中,高频感应钎焊由于可以选择性加热、加热速度快、设备要求低而受到人们越来越多的重视。尤其是以黄铜为钎料,采用高频感应钎焊的方法制备不锈钢复合板,借助黄铜钎料在碳钢/不锈钢间隙熔化、润湿、铺展可以实现两者之间良好的冶金接合。

例如,某高校使用规格为 50 mm×12.5 mm×2 mm 的 20 钢板和 304 不锈钢板,以及规格为 50 mm×12.5 mm×0.05 mm 的黄铜箔实现了不锈钢/碳钢面与面的钎焊,成功地制备了不锈钢/碳钢复合板。20 钢板、304 不锈钢板以及黄铜箔的化学成分见表 6-14。

表 6-14　20 钢板、304 不锈钢板以及黄铜箔的化学成分的质量分数

(单位:%)

材料	C	Al	Si	Mn	Cr	Ni	S	Cu	Zn	Fe
20 钢板	0.20	0.83	0.41	0.61	—	—	—	—	—	余量
304 不锈钢板	≤0.08	—	0.78	—	18.09	7.80	0.06	—	—	余量
黄铜箔								63.37	36.73	

实现碳钢和不锈钢的面与面钎焊要采用表面清理、夹具装配、感应钎焊的三步法复合工艺。钎焊前,20 钢和 304 钢板以及黄铜箔先用 10%NaOH 或 10%KOH 水溶液浸泡,用 800~1 000 目左右的砂纸打磨以去除材料表面的氧化膜,再用丙酮擦洗、吹干;采用特制的夹具将其固定,使其待钎焊的复合表面紧密接触;使用高频感应加热炉进行钎焊。

根据 Cu-Zn 二元合金相图,黄铜钎料的液相线温度为 903 ℃,因此,钎焊温度依次可以选择为 910 ℃、930 ℃和 950 ℃,保温 1~5 min 后空冷。

但从图 6-12 所示的不同焊接温度下保温 3 min 所得试样的微观组织看,在高于钎料液相线温度焊接时,黄铜箔熔化并填满间隙,形成了由碳钢母材、碳钢/黄铜界面、黄铜钎料层、黄铜/不锈钢界面、不锈钢母材组成的接合区。在焊接温度为 910 ℃时,碳

钢/黄铜界面形成了少量的岛状组织;随着焊接温度的提高,岛状物之间平行于界面相互连接并且向着不锈钢侧垂直延伸。随温度的升高,液态钎料表面张力降低,润湿性提高,此外温度升高能够使各元素扩散加剧。但钎焊温度不能过高,黄铜箔中的锌由于沸点比较低易挥发,另外温度过高,液态钎料流动性过大,在一定的压力下易被挤出钎缝,导致接合强度降低。而若钎焊温度过低,钎料将不能完全熔化,难以实现碳钢与不锈钢之间的冶金接合,因此钎焊温度控制在 950 ℃较好。

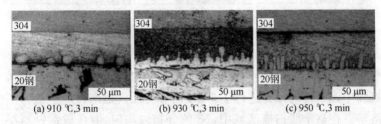

图 6-12 不同焊接温度下保温 3 min 接合区的显微组织

钎焊温度 950 ℃保温不同所得复合板的微观组织如图 6-13 所示。由图可见,钎料层在整个复合界面连续分布,并且厚度较均匀,碳钢/黄铜界面、黄铜/不锈钢界面没有发现明显的孔洞或者间隙,在界面区域已经实现了良好的接合。从图 6-13(a)中可看出,在碳钢/黄铜界面生成了一些岛状物;随着保温时间的延长,岛状组织不断长大,平行于界面相互连接,并垂直于界面向黄铜中延伸,部分岛状物逐渐脱离碳钢/钎焊层界面而游离于钎焊层中;保温 5 min 时,大量岛状物已经贯穿黄铜钎料层。以上结果表明,保温时间为 5 min 时钎焊效果较好。因此,钎焊时需要严格控制保温时间。时间过短,母材与钎料之间扩散不充分,界面强度不高;时间过长,母材在钎料中溶解过量,导致界面出现熔蚀的现象。另外,保温时间过长,母材晶粒会长大。黄铜中碳钢侧与不锈钢侧的组织形貌不同是由于碳钢与不锈钢组织性能存在较大的差异,各元素在界面两侧母材中的扩散系数不同,存在非对称性,从而导致液相凝固速度不同。黄铜两侧界面处 Cu 浓度小于固液相浓度时,便发生等温凝固。岛状物从碳钢/黄铜界面开始形成,然后向黄铜中延伸,说明凝固是从碳钢/黄铜界面开始,然后向黄铜中推进。

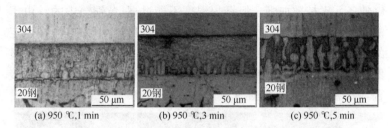

图 6-13　950 ℃不同保温时间条件下接合区的显微组织

从不锈钢/碳钢接合区的原子扩散结果(如图 6-14 所示)看,钎料中元素都向母材进行了扩散,而母材元素也向钎缝中进行了溶解。在整个线扫描区域中,Ni 的分布较均匀,但在黄铜钎料层中,Fe、Cr、Cu、Zn 的浓度分布存在较大的差异,岛状物中 Fe、Cr 的含量较高,而在黄铜钎料中 Cu、Zn 的含量较高。其原因是,在 Cu-Ni 系中,异种原子间的作用能小于同种原子间的作用能,Cu 与 Ni 能够完全互溶,而 Cu-Fe 系与 Cu-Cr 系中异种原子间的作用能大于同种原子间的作用能,故 Fe、Cr 只能在 Cu 中部分溶解。

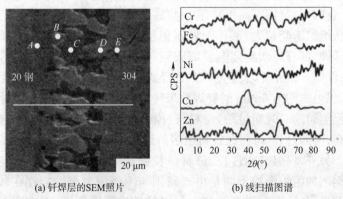

图 6-14　钎焊层合金元素成分线扫描分析(950 ℃,5 min)

观察图 6-14(a)所示的钎焊层微区成分(结果见表 6-15),可见 A 点主要成分为 Fe 元素,不含任何钎料合金成分,这点为 20 钢未受到扩散影响的区域;B 点和 D 点分别为碳钢侧和不锈钢侧岛状物成分,其成分大致相同,同时含有 Fe、Cr、Ni、Cu 和 Zn 等元素成分,其中 Fe 来自碳钢,Cr 和 Ni 来自不锈钢,Cu 和 Zn 则来自于钎料,该结果也表明该岛状物系由上述三种材料相互扩散并发生反应的结果,并且具有较为特定的合金元素组成;C 点为钎焊层基体成分,主要由 Cu 和 Zn 两种元素组成,并含有少量 Fe、Cr、Ni 等合金元素,值得注意的是,相对于原始 H62 黄铜钎料成分而言,钎焊层基体成分中 Cu 元素含量明显发生富集,其原因可能是由于在钎焊过程中,钎料中的 Zn 元素向两侧母材发生了选择性优先扩散,这与 Zn 元素在碳钢和不锈钢中的溶解度和反应活性均高于 Cu 元素有关;E 点位于不锈钢母材区,由于钎缝界面区域是母材向钎料的溶解所形成,故其组织和成分接近于母材。

表 6-15 钎焊试样的接合区元素点分析结果(950 ℃,5 min)

位置＼成分	Cr	Ni	Cu	Zn	Fe
A	—	—	—	—	100.00
B	12.95	2.19	18.55	2.68	余量
C	0.57	0.77	86.71	8.18	余量
D	12.19	2.15	21.06	1.95	余量
E	18.55	8.18	—	—	余量

注:表中数据为质量分数,单位:%。

钎焊过程中,焊接温度和保温时间对钎焊焊缝的力学性能有很大的影响,因此钎焊过程中尤其要重点控制好焊接温度和保温时间。本例焊接温度和保温时间对钎焊焊缝的力学性能的影响如图 6-15 所示。由图 6-15 可知,该工艺条件下复合板的抗剪强度均高于 200 MPa,达到《不锈钢复合钢板和钢带》(GB/T 8165—2008)的要求。从强度试验结果可以看出,断口都是位于钎料层,说明钎料层强度低于母材和界面的强度。由图 6-15(a)可看出,随保温时间的延长,抗剪强度逐渐增大,这是因为当保温时间较短时,钎料与母材作用不充分,岛状物的数量较少,此时的强度由强度较低的黄铜决定;保温时间延长,钎缝合金化程度增加,强度提高。此外随保温时间的延长,扩散加剧,岛状物长大,弥散强化作用明显,提高了抗剪强度,但是保温时间不可过长,保温时间过长会导致钎料层晶粒长大,强度随之降低。由图 6-15(b)可看出,随温度的升高,抗剪强度逐渐增大,这主要是因为温度升高,合金元素扩散加强,钎缝合金化程度提高,此外钎料的表面张力减小,润湿性提高,但是焊接温度不能过高,如果钎焊的焊接温度过高时,焊接材料中的 Zn 挥发加剧,钎缝区易产生气孔,致密性下降,接头强度降低。抗剪试验结果也表明,钎焊温度 950 ℃,保温 5 min 得到的钎焊接头质量最好。

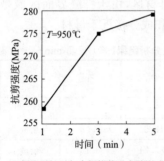

(a) 保温时间对复合板抗剪强度的影响

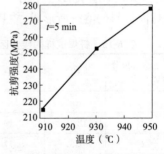

(b) 加热温度对复合板抗剪强度的影响

图 6-15 复合试样的界面剪切强度

六、如何将氧化铝和铜焊接在一起?

高纯度、超细晶粒氧化铝陶瓷具有耐高温、耐腐蚀、耐磨损以及绝缘强度高、介质损耗低和电性能稳定等优良的电气性能;无氧铜具有优良的导电、导热性能和良好的机械加工性能。因此,在电真空领域,将两者连接起来可以充分发挥各自的特点,获得优异性能。但是,陶瓷与金属很难实现有效焊接。连接陶瓷与金属,钎焊往往成为连接的首选方法。虽然钎焊是陶瓷与金属连接的首选方法,但钎焊时钎料弱的润湿性、陶瓷和金属之间的残余应力等几个重要问题仍然制约着陶瓷和金属构件的钎焊以及后续接头的安全使用。

为解决陶瓷和金属的连接问题,不少研究者进行了大量的研究。有研究者发现,在钎焊焊接过程中使用超声波振动可以达到加速钎料润湿的目的,对提高钎料接合性能和焊缝质量效果显著。

钎焊氧化铝和铜可以采用 Zn-Sn 和 Zn-Al 钎料,焊接方法可按图 6-16 所示的方式进行钎焊连接的接头定位。钎焊前,首先采用超声波浴去除氧化铝表面杂物,然后将母材与钎料接触,启动频率为 18 kHz、功率为 1 kW 的超声波,可以分别选择在 673 K 和 723 K 温度下利用超声波振动促使钎料迅速润湿并填满焊缝。

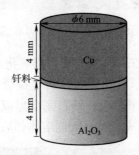

图 6-16　钎焊连接的接头定位

钎焊过程中发现,在 673 K 温度下采用含锡量分别为 30%、60%和 91%的 Zn-Sn 钎料进行氧化铝和铜的钎焊接头,其各处均未发现孔洞,这表明熔化的钎料合金完全润湿了氧化铝和铜的表面。图 6-17 是采用 Zn-30%Sn 钎料钎焊后其接头横断面的扫描电镜照片,可以观察到其界面包含三个反应层:厚度 30 μm 的灰色的第一反应层是在刚刚与铜接触时形成的,其组织是铜和锌之间产生的 γ 固溶体;第二层白色基体中含有大量灰色集群,利用电子探针分析得出灰色集群中含有 1.3%的铜、98.7%的锌,而白色区域则包含 1.8%的铜、18.9%的锌和 89.4%的锡,从铜-锌-锡三元图中可以得知,灰色聚集处的锌包含最多1.3%的铜,而白色区域是锡与过量锌形成的β固溶体;第三层在氧化铝表面附近,厚度2~3 μm,这部分并没有与陶瓷化学反应,仅是由于超声波的机械力而达到接合。

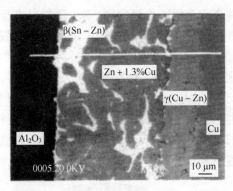

图6-17 采用Zn-30%Sn钎料焊接Al_2O_3/Cu后界面的扫描电镜照片

图6-18是采用Zn-5%Al钎料焊接氧化铝和铜30 s后接头的微观结构。由图可见,氧化铝和钎料连接处没有任何缺陷,氧化铝被钎料完全润湿,Zn-5%Al钎料完全形成了富锌的共晶体,在铜与钎料的连接处形成了Cu-Zn固溶体(β)。

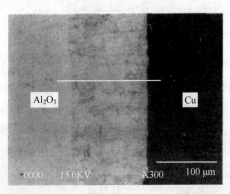

图6-18 采用Zn-5%Al钎料焊接Al_2O_3/Cu后界面的扫描电镜照片

由钎焊过程可知,钎焊的接头强度取决于三个因素:第一个因素是钎料合金与氧化铝陶瓷的润湿性,钎焊过程中增加钎料的润湿性将会使钎焊接头的强度得到明显改善;第二个因素是钎料合金的强度,即钎料合金的强度越高则接合强度越高;第三个因素是由基体合金和钎料之间的化学反应形成的金属间化合物的组成。

在钎焊过程中,如果钎料合金成分变化将会影响到钎焊陶瓷与金属的润湿性和钎焊质量(如图 6-19、图 6-20 所示)。由图 6-19 可以看出,增加 Zn-Sn 钎料中锡的含量将降低接头的连接强度,这主要是由于高含量锡形成脆性金属间化合物所致。

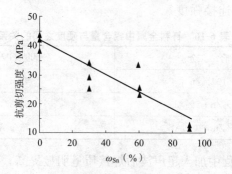

图 6-19　Zn-Sn 钎料中锡含量与接头抗剪强度的关系

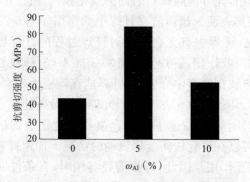

图 6-20　Zn-Al 钎料中铝含量与接头抗剪强度的关系

图 6-20 是在 723 K 温度下,钎焊时间为 40 s 条件下氧化铝和铜钎焊接头强度与 Zn-Al 钎料中铝含量之间的关系。实践证明,添加 5% 铝到锌钎料中将使连接强度得到提高,但随着铝进一步增加至 10% 时,钎焊接头的强度又将降低。由前面的分析可知,钎焊接头强度的增加主要受两个因素影响:一是熔融的 Zn-Al 钎料对氧化铝的润湿性,实践证明,添加 5% 铝后增强了钎料对氧化铝的润湿性;二是锌中添加铝可以改善 Zn-Al 钎料的强度。铝含量和钎料合金硬度的关系见表 6-16,提高锌钎料中的铝含量到 10% 后,钎料的硬度从 42.5 HV 增加到 73.6 HV,但焊接接头处会出现缩孔,从而降低了接头的连接强度。

表 6-16 钎料金属中铝含量与硬度之间的关系

合金	硬度(HV)
100%Zn	42.5
95%Zn+5%Al	54.3
90%Zn+10%Al	73.6

钎焊过程中加入超声波后焊接质量明显提高。研究表明,钎焊过程中超声波的应用原理是利用超声波振动在液态金属中产生的空化作用,充分消除材料表面的氧化膜,促进原子扩散,使焊液迅速润湿其表面。超声波在钎焊中的作用如图 6-21 所示。由图 6-21 可见,钎焊中有无超声波对钎焊过程的钎焊界面影响显著。没有超声波作用,钎焊界面钎料铺展不好,钎料与陶瓷润湿性差;而超声波在钎焊中介入后,钎料能在陶瓷上顺利铺展,润湿性显著提高。图 6-21(b)表明,超声波可以提高钎料合金与氧化铝的相互作用,因此加速了钎料合金与氧化铝表面的润湿。另外,超声波可以在没有任何金属流动的情况下加速钎料和基体合金之间的相互作用。因此,钎焊陶瓷与铜时,有条件时利用超声波介入的作用可以提高陶瓷与金属的润湿,使陶瓷与金属实现顺利的钎焊。

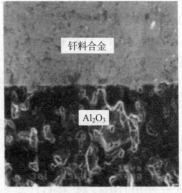

(a) 未应用超声波　　　　　　(b) 应用超声波

图 6-21　有无采用超声波作用的 Al_2O_3 陶瓷与钎料的界面照片

另外,钎焊过程中,采用 Zn-Sn 钎料时,应注意钎料中的各成分含量,一般情况下增加钎料合金中锡的含量会降低接头的抗剪强度;采用 Zn-Al 钎料时,增加钎料合金中铝的含量可以增加接头的抗剪强度,但铝的含量增加的幅度不可过大,否则过量的铝也会降低接头的力学性能。

七、如何进行电极触头的钎焊?

电极触头是使电器导电相互接通形成回路的关键元件,其性能好坏直接影响电器的可靠性、稳定性、耐蚀性和易加工等机械性能。由于对开关电器小型化、长寿命和工作可靠性要求的不断提高,对电极触头的连接也提出了越来越高的要求。电极触头可以选择火焰钎焊、炉中钎焊、感应钎焊和电阻钎焊等方法焊接。

1. 火焰钎焊

火焰钎焊设备较简单,成本低,操作方便,尤其适用于大型或较复杂形状电器钎焊触头钎焊。昆明船舶设备集团技术人员采用手工火焰钎焊方法对 3 种银触片 AgNi30、AgC3 和 AgC5 进行了连接,发现 HLAgCu34-16 丝状钎料、BAg50CuZn 片状钎料、

ALAgCuP80-5钎料和钎剂QJ102较适合这3种银触片的钎焊。采用HLAgCu34-16丝状钎料、BAg50CuZn片状钎料或ALAgCuP80-5钎料和钎剂QJ102进行电极触头的钎焊，可以使钎焊接头上的钎料填缝饱满，工艺性能好。然而，火焰钎焊过程中操作者要注意火焰温度的调整与控制，焊接中若温度控制不好时容易使钎焊接头的两个侧面填缝不充分，偶有也会有针孔出现。

经常进行电极触头钎焊的操作者会发现，在对触头进行火焰钎焊时，总有少数触头的工作表面及周围会出现一些凸出的焊接残余物或变色的斑点，这些焊接残余物或变色的斑点将会增加触头在使用时的接触点阻，严重影响接触器的正常操作。因此，火焰钎焊焊接过程中，操作者要注意钎焊前电极触头表面的清理，要注意钎焊温度和时间的控制，焊接后要及时将钎焊溶剂清除干净。同时，钎焊过程中要防止火焰钎焊时铜触头座经焊接加热后的退火问题。

2. 气体介质炉中钎焊

电极触头还可采用气体介质炉中钎焊。气体介质炉中钎焊的焊接效率高，钎焊后触头表面光洁、明亮，钎焊质量较好，劳动强度低，焊工易于掌握钎焊操作技术，可对钎焊温度进行较好的检测控制。国外对于电极触头大多采用这种方法，如美国西德电气公司比佛工厂应用BAC全自动气体保护隧道式焊接炉对塑壳开关触头进行钎焊，钎焊工效比火焰钎焊提高20～60倍，质量稳定可靠。但是，气体介质炉中钎焊电极触头存在消耗电能大、应用氢气有较大危险性等缺点。

3. 感应钎焊

感应钎焊具有可钎焊各种形状和尺寸的工件、使用传送带或回转台可实现流水作业的特点，因此生产率高，劳动强度低。由于钎焊压力可以控制，能获得较准确的钎焊间隙，利用电源输出功率和感应时间可以对钎焊温度进行稳定可靠的控制，所以易获得钎着率高、组织形态理想的钎焊接头。此外,采用间接感应钎焊,夹具作为受感应器,可实现动触头上下3个钎焊面同时钎焊。在感应钎焊中,西安交通大学有研究者利用3匝感应线圈,采用BAg45CuZn钎料,并配备了专用夹具对Ag-CdO与Cu触桥进行了感应钎焊。研究结果表明,理想组织形态下的工艺条件是:钎焊温度为735 ℃~770 ℃,保温时间为10 s,钎焊间隙为0.08 mm。

为保证钎焊过程中加热均匀,特别是针对接触桥采用铁质材料的接触器桥形触头,保证其钎焊过程中与两触头片及联结板温度的均匀同步升高,避免产生过热而导致铁质接触桥烧损熔化,从而满足由多种不同金属材料制成的接触器桥形触头的钎焊,钎焊过程中可以采用具有特殊形状感应线圈的感应器。例如,浙江正泰电器股份有限公司的技术人员为满足该公司的实际生产需求,提高大电流接触器触头的焊接质量和生产效率,成功对CJX2型接触桥高频钎焊工艺进行了改进,采用了1台八工位高频感应钎焊自动钎焊专机,旋转步进方式对待焊工件进行自动钎焊。钎焊工艺参数确定为钎焊电流14.2 A,加热时间10 s,保温电流10.6 A,保温时间2 s。另外,研究者还认为感应线圈采用直径为4 mm的铜管,绕制成多匝线圈,且使线圈内壁与工件间保持3 mm的有效感应距离,加热效果良好。

4. 电阻钎焊

电阻钎焊的优点包括:设备结构简单,易于维护修理;焊工易于掌握焊接操作技术;劳动强度较轻;使用安全,对环境无污染;占用生产场地少,设备易于调动,便于其他相关联的工序配套成流水作业或进入生产作业线;可得到较准确的焊接定位;大大减少了铜触头座的受热退火区域。

例如,有研究者采用BAg45CuZn电阻钎焊对AgW50与纯铜进行钎焊,其触头钎焊的最佳工艺为钎焊压力1.3~1.5 MPa,钎焊时间3.5~4.5 s,解决了火焰钎焊存在的效率低、钎焊质量不稳定的问题。另有研究者也采用电阻钎焊对AgNi20触头材料和

H62黄铜进行了连接,发现若使用BAg45CuZn钎料,能得到质量较高的钎焊接头;若使用BCu93P钎料,则钎缝中易出现未焊透现象。还有研究者采用CuPSnNi合金钎料(天津市焊接研究所生产)对AgC4触头材料与T2铜进行钎焊,采用专用夹具与专用电极钎焊,定位系统采用电磁铁、导槽定位及半自动施焊,各项综合电性能指标均可达到HL304钎料或国外钎料焊接后的同等效果,产品一次合格率均在99%以上,避免了各种缺陷的产生,大大降低了钎料成本,有效地解决了AgC4触头材料钎焊中存在的问题。

八、如何对重要构件进行钎焊连接?

随着航空、航天、电子、国防等工业的发展,钎焊技术被广泛采用,同时也对钎焊质量提出了更高的要求。那么,对于一些重要的构件如何进行钎焊才能保证其钎焊接头的质量呢?

实践证明,对于航空、航天、电子、国防等工业应用的重要构件,如果采用普通钎焊,其质量很难得到保证,但若对其采用真空加压钎焊,钎焊接头的质量和强度可明显提高。

真空加压钎焊技术具有真空钎焊与真空扩散焊两种焊接技术相结合的特点,是一种综合性焊接工艺技术。与常规真空钎焊相比,经过真空加压钎焊工艺处理后的构件表面、钎接夹层无氧化,焊缝均匀、密实、无泄漏,接合强度高,从而可以保证一些重要构件的承压强度要求。

1. 真空加压钎焊技术工艺原理及特点

常规真空钎焊工艺是在真空加热状态下用熔点比基体金属低的钎料靠两工件间微小间隙的毛细管吸力作用填充基体金属间隙而形成的牢固结合。真空加压钎焊工艺是一种综合性焊接工艺技术,这种技术是对工件钎焊夹层进行抽空状态下,在钎焊温度时,炉膛内充入保护性惰性气体,达到对工件钎焊夹层给定0.8MPa的外压力条件,以使对工件形成真空钎焊与真空扩散焊两种焊接方式相结合的综合性工艺方法。

真空加压钎焊工艺在合适的钎焊温度时炉膛内充入保护性气体给定的外加压力（有人采用 0.8 MPa 外压力）使得被连接的工件与钎焊夹层贴合更紧密，同时工件以较低的速度保持自旋转，使钎料能够充分漫流，并使钎料与基体金属发生足够程度的相互扩散作用，从而增强焊接接头的接合强度。在钎焊升温时，炉膛内为对流换热和辐射换热，这会使得加热更快更均匀。钎焊升温结束降温过程中，所加的炉膛压力随温度梯降，此时启动强制冷却系统，对喷管形成高压气淬效果，冷却速度接近高压气淬速度，相比真空钎焊冷却速度有大幅提高。

采用扩散泵真空机组单独对工件钎焊夹层抽真空（焊夹层真空度可视钎焊材料而定），避免常规真空钎焊时，钎焊材料因为具有不同的蒸气压，在炉膛真空度因材料放气等因素而变化的情况下产生挥发现象。

2. 真空加压钎焊设备

进行真空加压钎焊研究，最重要的是要有一台真空加压钎焊设备。如兰州某公司为实现真空加压钎焊，自行设计制造了 1 台充气压力为 0.4 MPa，加热方式采用电磁感应加热的真空加压钎焊设备，后来经过技术改进及工艺完善，钎焊炉膛内充气压力增加到 0.8 MPa，加热方式改为电阻加热，使得真空加压钎焊设备的性能及真空加压钎焊工艺过程逐渐趋于成熟与稳定。

(1) 性能指标

该焊接设备主要性能指标包括以下几个方面：

温度方面：最高加热温度为 1 200 ℃，升温速率由常温到 1 200 ℃ 的升温时间为 40 min，在真空、恒温状态下温度均匀性可达 ±5 ℃，在加压、恒保温状态下温度均匀性可达 ±10 ℃，温度控制精度为 ±1 ℃。

真空方面：炉膛内极限真空度在 5 Pa 左右，喷管钎接面夹层内极限真空度在 1×10^{-2} Pa。左右，炉膛及喷管钎接面夹层压升率要求均不高于 0.67 Pa/h。

压力方面:炉膛、喷管钎焊面夹层抽真空后,喷管钎焊面夹层保持高真空状态,并向炉膛内充入惰性气体加热,达到钎焊温度时炉膛内最高保持 0.8 MPa 的压力。

冷却方面:采用专用真空高压风机、高效翅片式换热器设计进行内循环冷却,40 min 内从 700 ℃ 降温至 200 ℃。

(2) 结构

真空加压钎焊设备采用卧式结构,主要由真空系统、炉体加热室、工件传动车、工艺充气及强制冷却系统以及电气控制系统等部分组成。设备结构如图 6-22 所示。

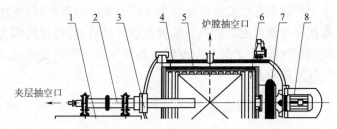

图 6-22 真空加压钎焊设备示意图
1—工件传动车;2—工件传动轴;3—传动密封组件;4—真空高压炉壳;
5—隔热屏;6—加热器;7—高效换热器;8—真空高压风机

1) 真空系统

炉膛真空系统采用罗茨-旋片真空机组,达到满足抽除氧化性气体的真空度后,再向炉膛内充入保护性惰性气体。真空机组与炉膛之间设置气动真空压力球阀,炉膛充入惰性气体时,气动球阀关闭,并与炉膛内气体压力设置安全性连锁功能。同时对喷管钎接面夹层进行独立抽真空,真空度优于 10^{-2} Pa,保证了喷管钎接面夹层的洁净,与炉膛充气压力形成 0.9 MPa 的压力差,利于喷管钎接面的紧密贴合,保证钎接效果。喷管夹层真空机组采用高真空油扩散泵、罗茨泵、油封式旋片泵三级配置,高真空机组抽空管道与工件钎接面夹层抽空接口采用快卸连接。

2) 炉体加热室

加热室炉壳采用以不锈钢为内壳的双层夹套结构,夹套通水对炉壳进行冷却。加热室炉壳上设有电极引出、热偶检测、压力测量、充放气阀等接口。加热室炉壳及各接口作为受压元件均按压力容器规范进行设计制造。加热室电源为炉内加热器提供可控制的电源,采用变压器与智能控温仪、控制热电偶、数字化调功器、加热器电阻性负载构成闭环控制回路,通过调节调功器内部可控硅元件的导通角的大小调节电阻性负载的供电电流和电压,从而调节加热器的输出功率。

3)工件传动车

工件传动车用于喷管的安装,安装主轴具有旋转功能,使喷管在加压钎焊工艺全过程中以较低转速进行旋转。加压钎焊时,由于加热室均温区内存在较强对流换热效应,造成炉内均温区温度场不均匀,喷管旋转对均温场进行搅拌,达到改善均温性的作用,同时喷管夹层内的钎料均匀漫流填充,保证钎接质量。旋转主轴电机采用变频电机,可根据不同喷管钎接工艺调节旋转转速。

4)工艺充气及强制冷却系统

炉膛工艺充气压力无需到工艺需要的最高压力 0.8 MPa,升温前仅对炉膛充压到 0.2~0.4 MPa。随着炉膛温度的升高,气体发生等容变化,压力随之升高,达到钎焊时所需压力。

强制冷却系统采用专用真空高压风机和高效翅片式换热器。强制冷却循环启动时,炉膛压力随着温度的降低而降低。通过加压提高了炉膛冷却时的热交换能力,强制冷却速度比同规格真空钎焊炉冷却速度提高了 40%~50%。

5)电气控制系统

该真空加压钎焊设备的电气控制系统原理如图 6-23 所示。温度控制采用温度控制仪,具有多段温度曲线给定、手动—自动无扰动切换等功能。计算机监控通过通讯网络与控制级 PLC、智能控温仪进行通讯,可同时采集各工艺过程的工艺参数、电气参数数及设备工况运行状态信息,并对现场数据进行分析、处理、储存、实时监视、跟踪工艺运行过程。整个工作过程开关量、模拟量的设定和控制均由 PLC 及相关电器元件、复合真空计、压力控制器等实现,工艺参数可通过各控制仪表的参数更改来控制。

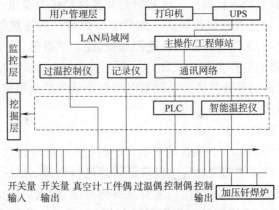

图 6-23 电气控制系统原理图

通过打印记录仪进行实时记录工作过程的真空度、压力、温度工艺曲线,可对记录仪中存储卡内的数据进行波形、数字等显示,并可打印输出。

3. 真空加压钎焊生产工艺及流程

真空加压钎焊的生产工艺:将喷管安装在工件传动车自旋转主轴上,对喷管钎焊夹层进行抽空并检漏,合格后关闭炉门。喷管保持自旋转状态,对炉膛进行抽空达到真空度要求,充入保护性惰性气体达到所需压力后,按工艺升温曲线进行升温。炉内温度和压力达到要求后恒保温。钎焊结束后,自然降温至 700 ℃ 以下,开启风机进行强制冷却降温至室温,工件钎焊夹层停止抽空和自旋转,炉体泄压后,开炉门取出工件。

真空加压钎焊工艺流程如图 6-24 所示。

经过有关单位和人员的钎焊实践证明,真空加压钎焊技术解决了真空扩散焊不易实现均匀加压过程的难题,解决了真空扩散焊对于复杂形状、具有空间曲面的工件,不能获得满意焊接效果的难题。真空加压钎焊技术使得薄壁空间曲面、复杂形状工件的焊接成为可能。

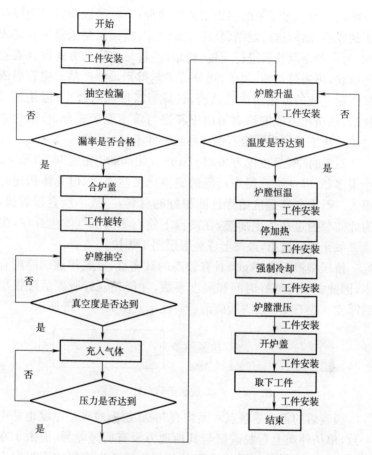

图 6-24 真空加压钎焊工艺流程

真空加压钎焊作为一种综合性焊接工艺技术,其焊接接头的综合性能稳定。由于该技术的一系列突出优点,有望日后在重要构件的加工中获得更广泛应用。

九、如何进行热挤压银石墨触点的钎焊?

银石墨具有优越的抗熔焊性和较低的电阻率,在低压电器(特别是微型断路器 MCB、塑壳断路器 MCCB 等开关)中得到广泛应用。银石墨常见的制作工艺有两种：一种是混粉后采用模具压制成型，然后进行烧结、复压完成制作，覆银层是依靠压制完成的；另一种是混粉后进行压锭、烧结，通过热挤压的方式得到需要的形状，再通过切断、脱碳、切分等工艺得到最终产品。银石墨依靠压制完成的覆银层比较致密，钎焊时难度相对较小；但是通过烧结、热挤压形成的银石墨由于其银与碳不能形成合金，因此通过热挤压工艺得到的银石墨产品致密性不好。

石墨的理论密度仅为 2.23 g/cm^3，比银的理论密度 10.50 g/cm^3 小很多，所以在银石墨中石墨的质量比虽然不大，但其体积比却很大。石墨本身是抗熔焊性能很好的材料，一般不能直接焊接，为此需要通过在炉中加热，在高温下使石墨与氧气发生反应，生成二氧化碳后逸出，最终形成纯银层用于焊接。

挤压型银石墨(AgC)具有较高的致密性，氧气渗透的厚度有限，因此必须控制好时间和温度参数，才能控制好脱碳后纯银层的厚度。银石墨(AgC)脱碳前后对比示意图如图 6-25 所示。

图 6-25　AgC 脱碳前后对比示意图

脱碳后的银石墨触点六面均有"脱碳层"，脱碳层厚度也基本一致，单从外观上看脱碳层与其他地方没有明显差异，但由于在脱碳过程中该层的石墨绝大部分与氧气反应生成气体逸出到空气中，又因为银石墨中石墨的体积比较大(AgC(5)中的石墨接近 20%)，在脱碳层内存在很多孔洞，脱碳层实质上是一层"多孔的疏松材料"，如图 6-26 和图 6-27 所示。

由图 6-26 和图 6-27 可以看出，挤压型银石墨脱碳层致密性并不好，脱碳层基本上是由一层疏松且多孔的银层构成，该银石墨脱碳层大约存在 20% 的孔洞。从进一步放大后的银石墨脱碳层形貌(图 6-27)可以看出，孔洞的大小约为 1.0～2.5 μm，与石墨的原始颗粒大小基本一致。

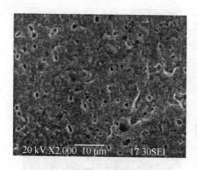

图 6-26 AgC 脱碳层的形貌（2000×）

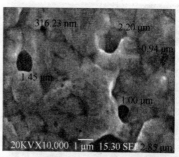

图 6-27 AgC 脱碳层的形貌（3000×）

银石墨触点的特性及生产工艺与其他常用的挤压型触点材料（AgCdO、AgSnO₂等）相比有很大区别。其他常用挤压型触点的覆银层通常是通过热轧复合的方式将银板直接复合到触点材料的焊接面作为最终的焊接银层。这种方法得到的焊接银层非常致密，触点材料本身也非常致密。但挤压型银石墨触点脱碳后的脱碳层特殊，导致焊接后的物理性能，尤其是其剪切力与其他材料有很大区别，不能简单地套用单位面积承受剪切力的模式。为此，温州某集团公司的研究人员通过钎焊与力学试验研究了银石墨触点焊接剪切性能。

焊接材料选择见表 6-17，焊接设备选择 25 kW 交流点焊机，焊接电极选用高纯石墨 ϕ15。焊接前样品及焊接后的组件分别如图 6-28 和图 6-29 所示。

表 6-17 焊接用材料

触点材料及规格	铜件材料及规格	钎料及规格	钎剂材料
AgC(5) 8 mm×8 mm×5 mm	T2 δ=8 mm	BAg60CuZn δ=0.1 mm	FB102 钎剂

焊接后，为了解此焊接材料在上述焊接工艺条件下热挤压银石墨触头钎焊接头的质量如何，对热挤压银石墨触头钎焊接头进行了剪切强度测试。为保证使剪切结果具有一定的代表性，先利用超声波无损探伤仪对焊接产品进行钎着率的检测，挑选 5 件钎着

图 6-28　焊接用铜条和 AgC(5)片　　图 6-29　焊接完成的 AgC(5)组件

率在 90%以上的产品进行剪切试验。剪切试验采用万能拉力机和特殊制作的剪切工装进行。零件在剪切工装中的位置如图 6-30 所示。万能拉力机的下夹头夹住铜件一端，上夹头夹住剪切工装的模柄；触点根部与剪切刃靠齐，右边的限位块轻微靠住铜件，保证铜件在受拉过程中不出现弯曲、触点剪切位置在触点根部的焊接面等，从而保证剪切测试结果真实有效。为便于后期的数据统计及分析，剪切过程中将组件和触点分别编号，利用专用软件记录剪切过程的数据。图 6-31 和图 6-32 分别是组件剪切完毕及触点剪切后的图片。图 6-33 是组件剪切过程"力-位移"曲线，图 6-34 是触点剪切过程"力-位移"曲线，表 6-18 是剪切力测试数据。

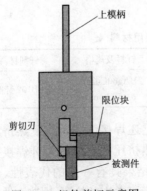

图 6-30　组件剪切示意图　　图 6-31　组件剪切完毕

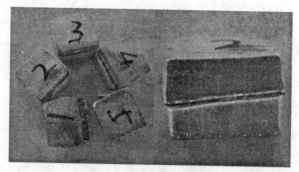

图 6-32　触点剪切结果

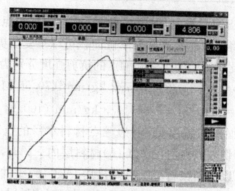

图 6-33　组件剪切过程"力-位移"曲线

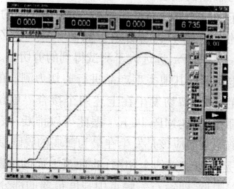

图 6-34　触点剪切过程"力-位移"曲线

表 6-18 剪切力测试数据

编号	剪切力	
	焊接组件(kN)	AgC(5)触点本身(kN)
1	4.806	6.735
2	4.782	6.649
3	4.516	7.068
4	4.586	6.953
5	4.223	5.687
平均值	4.582 6	6.618 4

从表 6-18 可以看出,焊接后的组件剪切力比触点本身的抗剪力小很多。将剪切数据换算为单位面积可以承受的剪切力,可以简单计算出此次试验的组件和触点的抗剪强度分别为：

$$\tau_{组件} = 4.582\ 6/8 \times 8 \approx 7.2\ \text{kg/mm}^2 (70.56\ \text{MPa})$$

$$\tau_{触点本身} = 6.618\ 4/8 \times 8 \approx 10.3\ \text{kg/mm}^2 (100.94\ \text{MPa})$$

根据上面的数据可见,因为触点材料本身的抗剪强度比较高,组件的剪切断面出现在 AgC(5) 材料层内。同时,根据其他产品的数据,可以推断银石墨触点焊接后,AgC(5)组件的剪切断面不会出现在焊接层面,即剪切断面不会出现在铜材与焊料的接合界面和焊料与触点的接合界面。因为铜材与焊料的接合界面强度主要取决于焊料本身的强度和焊接面积,样品用的铜材是焊接性能非常好的纯铜,焊料为含银量很高的 BAg60CuZn,其抗剪强度可达 176～245 MPa,远远大于测试得到的剪切力。

根据对电阻钎焊其他类型产品进行剪切力测试的结果而言,如果焊接质量良好,剪切发生在上述两个接合界面位置时,其抗剪强度一般都在 83.3 MPa 以上。据此可以推断,该银石墨触点钎焊接头的剪切断面应该是发生在最为薄弱的脱碳层附近。

图 6-35 是剪切试样的金相图,验证了上面的推断,剪切断面出现在脱碳层附近,即银石墨触点中强度最弱的部分。此部分经过脱碳后,材料内部比其他地方更为疏松,存在孔洞,能承受的剪

切力最低,是最先被破坏的部分。因此挤压型银石墨经过钎焊后,即使焊接良好,其剪切力也不会超过脱碳层的抗剪强度,如果剪切力低于脱碳层剪切强度太多,也可以证明是焊接质量不好。导致焊接质量不好的原因可能是焊接面积不足或焊接部分有贴合而不是焊合。正是由于挤压型银石墨触点的这种特殊性能,而不宜将挤压型银石墨的焊接组件的剪切力设计得过高,而是应当不高于脱碳层的抗剪强度。即设计 AgC(5)钎焊组件时,理论抗剪强度应选择为一个低于脱碳层抗剪强度的值(68.6 MPa 左右),这样的设计才会使焊接后的银石墨触头更符合实际生产情况。

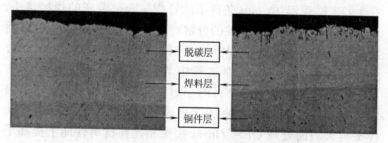

图 6-35　剪切后金相图

十、如何进行颗粒增强石英纤维复合材料与因瓦合金的钎焊?

在先进复合材料的发展中,因质量轻、良好的机械性能和优异的耐高温烧蚀性能等特点,纤维编织复合材料得到越来越多的关注,但是其机械加工性能较差,在很多领域不便于直接应用。关于纤维编织复合材料与异种材料的连接问题逐渐成为研究领域的一个热点,也成为焊接工作者焊接的难点,而且以活性反应钎焊方面的研究成果居多。其中,石英纤维复合材料(quartz fibers reinforced silica composite,QFSC)作为一种典型的纤维编织复合材料,因具有独特的电气性能已在航空航天工业得到应用。根据有关研究,由于疏松的编织结构,纤维编织复合材料的层间接合强度低成为实现界面间高强度连接的一个主要不利因素。

在改善纤维编织复合材料的层间结合强度方面,已有多种工艺措施得到应用并获得良好效果。例如,二维或三维编织复合材料的树脂传递注塑和真空辅助树脂传递注塑技术,以及颗粒填充改性技术。

为研究颗粒填充改性技术在焊接中的应用,哈尔滨工业大学先进焊接与连接国家重点实验室的有关教授和专家采用 Ag-21Cu-4.5Ti 钎料对表面沉积了 $CaCO_3$ 颗粒的石英纤维复合材料(QFSC)与因瓦合金(Invar)进行了钎焊试验与研究。结果表明,在 1 173 K 保温 10 min 条件下的钎焊可获得致密的焊接接头。在钎焊过程中,$CaCO_3$ 颗粒的分解产物 CaO 与 QFSC 发生界面反应生成 $3CaO·2SiO_2$ 固溶体,钎料与 QFSC、钎料与 Invar 合金均发生界面反应,钎焊过程中界面形成了 QFSC/$3CaO·2SiO_2+Ti_3O_5+Fe_2Ti+NiTi+Ag(s,s)+Cu(s,s)$/Invar 的组织结构。接头力学性能测试结果表明,颗粒填充 QFSC/Invar 接头与未表面处理 QFSC/Invar 接头相比在抗剪性能上提高了约 5 倍。颗粒填充 QFSC/Invar 的钎焊接头抗剪强度可以达到 11.6 MPa。

在颗粒填充 QFSC/Invar 钎焊中使用的 QFSC 为二维编织结构,该材料在力学性能上具有各向异性(垂直于纤维编织方向的抗剪强度达到 160 MPa,平行于纤维编织方向的抗剪强度仅为 8~11 MPa)。钎焊时选用平行于纤维编织方向的 QFSC 表面作为钎焊面,选用市场采购的 Invar 合金作为钎焊基板(其 Invar 合金的化学组成见表 6-19),选用 Ag-21Cu-4.5Ti 合金箔(厚度为 100 μm)作为钎料。

表 6-19 Invar 合金的化学组成

化学成分	Fe	Ni	Mn	Si	S	C	P
质量分数(%)	余量	35.0~37.0	0.2~0.6	≤0.2	≤0.02	≤0.02	≤0.05

焊接前,采用金刚石切片机和电火花线切割机分别对 QFSC 和 Invar 合金进行试样切割加工,尺寸为 5 mm×5 mm×5 mm。将钎料箔裁剪成尺寸为 100 μm×5 mm×5 mm 箔片。随后,将试样及钎料箔片在丙酮中进行超声清洗 15 min。超声清洗及干燥后,将 QFSC 试样浸泡在 $Ca(OH)_2$ 的水溶液中并向溶液中通入 CO_2 气体(气流速度为 500 mL·min)。待 15 min 后,将 QFSC 试样取出,用蘸有丙酮的脱脂棉擦拭 QFSC 表面,去除被焊接物体表面多余的沉积颗粒。再采用 1 000 号左右的金相砂纸对 Invar 合金的待连接表面进行研磨抛光。最后,将试样按照颗粒填充 QFSC/Ag-21Cu-4.5Ti/Invar 的结构进行装配,置于真空热压炉中进行钎焊。钎焊温度为 1 173 K,保温时间为 10 min,装配加压 0.02 MPa。钎焊过程中的升温、降温速度均为 10 k/min。

为便于钎焊件的对比与分析,研究者采用同样的焊接工艺参数及钎料对表面未进行颗粒填充改性的 QFSC 与 Invar 合金也进行了钎焊试验。

采用 Ag-21Cu-4.5Ti 钎料对 QFSC 与 Invar 合金进行直接钎焊所得接头界面形貌如图 6-36(a)所示;颗粒填充的 QFSC/Invar 合金的钎焊接头界面组织致密,如图 6-36(b)所示。由图 6-36(a)可见,钎焊后在 QFSC 侧出现一个宽度为 40~80 μm 的破碎区,石英纤维碎成小块状。而在相同工艺条件下,在 QFSC 侧则没有破碎区,石英纤维完整、清晰。

为研究颗粒填充 QFSC/Invar 接头的界面组成,对其颗粒填充 QFSC/Invar 接头的界面进行了线扫描分析(如图 6-36(c)所示)。结果表明,在颗粒填充 QFSC/Invar 接头的焊缝中心区靠近 Invar 合金侧分布着 Fe、Ni 两种元素的原子。其中,N 的原子百分比为 15%~20%,Fe 的原子百分比则在 40% 以上。焊缝中 Cu、Ag 两种元素的原子百分比为 60%~80%。而 Ti 原子则主要集中在两个部位:一部分 Ti 原子在焊缝中心区与 Fe、Ni 富集,原子百分比达到 15%~20%;另一部分 Ti 在 QFSC 侧富集,原子百分比达 45%。焊缝中的 Ca 含量很少,在定量分析中可忽略不计。

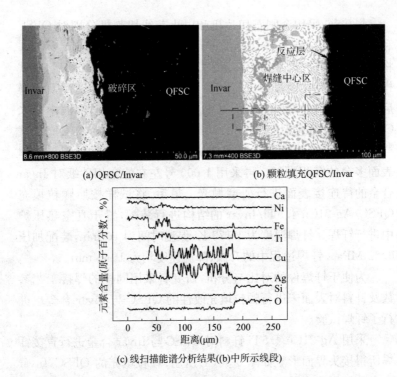

(a) QFSC/Invar
(b) 颗粒填充QFSC/Invar
(c) 线扫描能谱分析结果((b)中所示线段)

图 6-36 钎焊接头的界面组织(钎焊温度 1 173 K,保温 10 min)

颗粒填充 QFSC/Invar 接头的界面物相组成如图 6-37 所示,对接头各区域进行的 EDS 分析结果见表 6-20。在颗粒填充 QFSC/Invar 接头的焊缝区靠近 Invar 合金侧的灰色块状相主要由 Cu 及少量 Fe、Ni 组成,根据 Cu-Fe 相图可以推断此灰色块状相为铜基固溶体 Cu(s,s)。在焊缝中心区,黑色条状相中有一些 Ti 与大量 Fe、少量 Ni 共存,经过对比与推断,此黑色条状相可能由 Ti、Fe、Ni 三种元素的金属间化合物组成。同理,根据元素组成可推断界面中的白色区域为银基固溶体 Ag(s,s)。在 QFSC 侧,沿石英纤维表面分布的深灰色反应层主要由 O(原子百分比为 19.60%)、Ti(原子百分比为 38.05%)、Fe(原子百分比为 18.19%)和 Ni(原子百分比为 15.61%)组成,由此可推测此深灰色层可能含有上述元素组成的金属间化合物或金属氧化物。

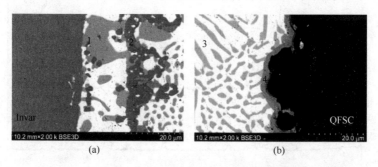

图 6-37　颗粒填充 QFSC/Invar 接头的界面微观组织 SEM 图

表 6-20　颗粒填充 QFSC/Invar 接头界面各区物相化学成分

化学成分 位置	O	Si	Ag	Ca	Ti	Fe	Ni	Cu	可能相
1(灰色块状相)	04.02	01.52	03.28	01.05	00.80	04.06	03.21	82.06	Cu(s,s)
2(黑色条状相)	08.07	01.02	09.76	00.12	23.78	43.56	11.02	02.67	Fe_2Ti,NiTi
3(白色区域)	17.16	00.00	59.95	00.00	00.99	05.81	05.88	10.21	Ag(s,s)
4(深灰色层)	19.60	05.24	00.83	00.42	38.05	18.19	15.61	02.06	Ti_3O_5,NiTi,Fe_2Ti

注：表中数据为原子百分数,单位为%。

为进一步确定颗粒填充 QFSC/Invar 接头的物相组成,对钎焊温度 1 173 K,保温时间为 10 min 的接头各界面区进行了逐层的 XRD 分析,分析结果如图 6-38 所示。

由图 6-38 测定结果及有关文献可以判定,焊缝区靠近 QFSC 侧的深灰色层是由 Ti_3O_5、Fe_2Ti 和 NiTi 组成的。由于此深灰色反应层的厚度仅为 3 μm,因而邻近的 SiO_2、Ag(s,s)、Cu(s,s) 均在 XRD 谱线中有所显示。

基于上述分析,接头界面中的生成物相可以确定如下:焊缝区靠近 Invar 合金侧的灰色块状相为 Cu(s,s),焊缝中心区的黑色条状相由 Fe_2Ti 和 NiTi 组成,白色区为 Ag(s,s),而 QFSC 侧的深灰色反应层为 Ti_3O_5、Fe_2Ti 和 NiTi。QFSC 试样经过颗粒填充改性处理,其表面吸附了反应沉积的 $CaCO_3$ 颗粒,发生了如下反应:

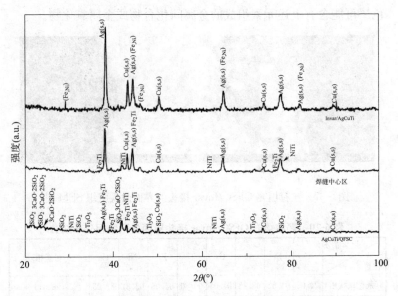

图 6-38 颗粒填充 QFSC/Invar 接头界面 XRD 分析

$$Ca^{2+}(aq)+2OH^-(aq)+CO_2(aq)\longrightarrow CaCO_3(s)+H_2O$$

在钎焊加热过程中，$CaCO_3$ 的热分解产物 CaO 与石英纤维反应形成固溶体：

$$CaCO_3(s)\longrightarrow CaO(s)+CO_2(g)$$
$$2CaO(s)+SiO_2(s)\longrightarrow 2CaO\cdot SiO_2(s)$$
$$3CaO(s)+SiO_2(s)\longrightarrow 3CaO\cdot SiO_2(s)$$
$$3CaO(s)+2SiO_2(s)\longrightarrow 3CaO\cdot 2SiO_2(s)$$

根据有关文献描述，硅酸盐为一种离子化合物。另据酸碱反应理论可以推断，在 CaO 与 QFSC 反应形成固溶体（一种硅酸盐）过程中会产生自由氧离子（O^-）。由于 Ti 原子的 d 轨道存在电子空位，Ti 原子易与氧离子结合形成共用电子对或共价键，呈现出亲氧性。因此，QFSC 表面的 CaO 与 SiO_2 的反应为含 Ti 钎料的界面反应连接提供了有利条件。

焊后接头的力学性能见表 6-21。颗粒填充 QFSC/Invar 钎焊接头的抗剪强度达到 11.6 MPa，其抗剪强度与 QFSC 的母材性能相当;而 QFSC/Invar 合金的直接钎焊接头抗剪性能均低于 2 MPa以下。

表 6-21 QFSC/AgCuTi/Invar 及颗粒填充 QFSC/AgCuTi/Invar 的钎焊接头抗剪强度

装配方式	钎焊工艺	接头室温抗剪强度(MPa)	备注
QFSC/Ag-21Cu-4.5Ti/Invar	1 173 K,10 min	0,1.5,1.8	未连接或接头断在 QFSC 侧基体上
颗粒填充 QFSC/Ag-21Cu-4.5Ti/Invar	1 173 K,10 min	11.6,10.5,12.1	接头断裂在 QFSC 侧基体上距离焊缝约 0.5 mm 处

颗粒填充 QFSC/Invar 钎焊接头的抗剪强度之所以大幅度高于 QFSC/Invar 合金的直接钎焊接头的抗剪强度,主要是由于室温条件下,在通入 CO_2 气体的 $Ca(OH)_2$ 溶液中,QFSC 试样表面逐渐沉积白色 $CaCO_3$ 颗粒,发生了如下反应:

$$Ca^{2+}(aq)+2OH^-(aq)+CO_2(aq) \longrightarrow CaCO_3(s)+H_2O$$

研究者利用 HSC Chemistry 5.0 软件(Outotec Oyj,芬兰)对以上反应式进行热力学计算,求出 $CaCO_3$ 的生成吉布斯自由能为: $\Delta G(1)=-72.623 \text{ kJ} \cdot \text{mol}^{-1}$。

随着钎焊过程中温度的不断升高,$CaCO_3$ 在 1 118 K 时发生如下分解反应:

$$CaCO_3(s) \longrightarrow CaO(s)+CO_2(g)$$

QFSC 试样表面间隙填充的颗粒逐渐转变为 CaO,随后 CaO 将可能与 QFSC 表面的石英纤维(SiO_2)发生如下 3 种反应:

$$2CaO(s)+SiO_2(s) \longrightarrow 2CaO \cdot SiO_2(s)$$
$$3CaO(s)+SiO_2(s) \longrightarrow 3CaO \cdot SiO_2(s)$$
$$3CaO(s)+2SiO_2(s) \longrightarrow 3CaO \cdot 2SiO_2(s)$$

在钎焊加热温度条件下,AgCuTi 钎料中的 Ti 原子将会与石英纤维发生反应:

$$3Ti(s)+2.5SiO_2(s) \longrightarrow Ti_3O_5(s)+2.5Si(s)$$

此外,焊缝中出现的 Fe、Ni 原子也会与遇到的 Ti 原子发生反应:

$$2Fe(s) + Ti(s) \longrightarrow Fe_2Ti(s)$$
$$Ni(s) + Ti(s) \longrightarrow NiTi(s)$$

上述反应的吉布斯自由能如图 6-39 所示。此外，Ti_3O_5 的生成吉布斯自由能为 $-1\,959.802 \sim -1\,934.537$ kJ·mol^{-1}（$1\,123 \sim 1\,183$ K）。

由以上展现的数据结果可以看出，上述反应生成物均可在钎焊过程中生成。其中，CaO 与 SiO_2 的反应产物中以 $3CaO \cdot 2SiO_2$ 的生成可能性最大。

综上分析，颗粒填充 QFSC/Invar 接头的界面中有 $3CaO \cdot 2SiO_2$、Ti_3O_5、Fe_2Ti 和 NiTi 生成，形成如下界面组织结构：QFSC/$3CaO \cdot 2SiO_2 + Ti_3O_5 + Fe_2Ti + NiTi + Ag(s,s) + Cu(s,s)$/Invar。

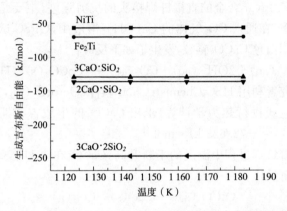

图 6-39 接头形成过程中可能生成物的生成吉布斯自由能

对于颗粒填充 QFSC 与 Invar 合金的钎焊接头形成过程，有关专家给出了钎焊接头形成与生长模型。颗粒填充 QFSC 与 Invar 合金的钎焊接头形成过程的模型可大致分为 3 个阶段（如图 6-40 所示），具体可以描述为：在室温条件下，$CaCO_3$ 颗粒在 QFSC 表面沉积吸附，待焊母材与 AgCuTi 钎料物理接触。随着温度的升高，QFSC 的表面填充物转变为 CaO 颗粒。CaO 颗粒通过反应与 QFSC 紧密结合。在钎焊加热温度条件下，熔化的 AgCuTi 钎料同时与两待焊母材发生反应,形成致密接头组织。在冷却过程中,接头逐渐形成由 3CaO·2SiO₂、Ti₃O₅、Fe₂Ti、NiTi、Ag(s,s) 和 Cu(s,s) 组成的界面结构。

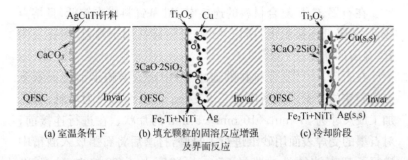

(a) 室温条件下　　(b) 填充颗粒的固溶反应增强　　(c) 冷却阶段
　　　　　　　　　　及界面反应

图 6-40　颗粒填充 QFSC/Invar 的钎焊接头界面形成模型

由此可以看出,采用 Ag-21Cu-4.5Ti 钎料对颗粒填充 QFSC 和 Invar 合金在 1 173 K 保温 10 min 条件下可进行钎焊的有效连接,连接后的接头抗剪强度可以达到 11.6 MPa,颗粒填充 QFSC 和 Invar 合金钎焊与 QFSC/Invar 合金的直接钎焊接头相比在力学性能上提高了约 5 倍。因此,QFSC 和 Invar 合金钎焊是一种进行颗粒增强石英纤维复合材料与因瓦合金的钎焊连接值得采用的、比较好的钎焊方法。

十一、如何进行高纯石墨的钎焊?

石墨、C/C 复合材料具有随着使用温度升高而强度上升的奇异特性,在高温领域有着广泛的应用。随着宇航、军事、冶金等工业的发展,许多高温应用场合需要将石墨或 C/C 复合材料进行连接。然而,这些炭材料的熔点很高,不可能利用熔化焊对其进行连接,但钎焊方法可以利用其母材不与钎料熔化的毛细填缝的现象与特点对石墨、C/C 复合材料进行连接。

目前,对于石墨的钎焊,主要研究侧重点大多在于采用不同的钎料对石墨、C/C 复合材料进行连接,如有关研究者采用 Ag-Cu-Ti 钎料连接石墨与铜,钎焊后的接头强度是石墨母材强度的

55%~76%,但钎料高温性能差,成本较高;还有的研究者采用 Ti+Cr 的活性钎料钎焊石墨,所得连接件的最高弯曲强度为 22.8 MPa,但焊料熔点高达 1 400 ℃。

在石墨、C/C 复合材料的连接中,Al 基钎料成本较低,且熔点较低,能降低连接温度,所以 Al 基钎料通常用于陶瓷/陶瓷或陶瓷/金属的连接。

在石墨、C/C 复合材料的连接中,中南大学粉末冶金国家重点实验室的专家采用密度为 1.8 g/cm^3 的高纯石墨为母材,将其加工成尺寸为 27 mm×10 mm×5 mm 的片状。在进行连接前,对石墨的受焊表面用砂纸进行了打磨,打磨后将石墨放入酒精中进行了超声波清洗。选择 75 μm、纯度大于 99% 的 Al 粉和 50 μm、纯度大于 99% 的 Ti 粉,按 Al-14%Ti(质量分数)的成分配比称取粉末配置了钎料,将钎料在酒精中湿混均匀后进行干燥,然后称取等量混合粉用有机粘结剂调制成钎料膏体。

钎焊连接在真空碳管烧结炉中进行。具体方法为:首先将 Al-Ti 钎料膏体放置在块状石墨中间,如图 6-41(a)所示,为保证待焊表面紧密接触,要在试样上加一定重量的压块,使两待焊件的表面紧密结合。试件安装定位后,放入真空炉中在氩气气氛下进行钎焊,钎焊的温度为 1 100 ℃,保温时间为 10 min,然后随炉冷却。

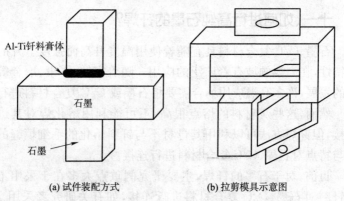

(a) 试件装配方式　　　　(b) 拉剪模具示意图

图 6-41　试件装配方式与拉剪模具示意图

焊后,宏观可见焊缝连接良好,焊缝厚度均匀。图 6-42 为 Al-14Ti 钎料在 1 100 ℃、10 min 钎焊条件下的扫描电镜背散射像及对应的元素线分析图谱。由扫面电镜检测结果也可观察到,图中钎焊焊缝处连接良好,厚度分布得十分均匀。但从试样的线扫描(如图 6-42(a)所示)看,接头中各元素的分布并不均匀。C 元素向焊料内部扩散不明显,Al 元素向两侧的石墨基体扩散,Ti 元素由钎焊层中心向两侧扩散。在石墨基体与钎焊层的界面处,Ti 元素浓度分布呈线性递增,而 C 元素浓度分布呈线性递减。对图 6-42 (b)的界面区域 A 进行能谱分析,其分析结果见表 6-22,A 区域中主要含 Ti 和 C 而 Al 元素含量较少,B 区域主要元素为 Al 和部分 Ti,不含 C 元素。

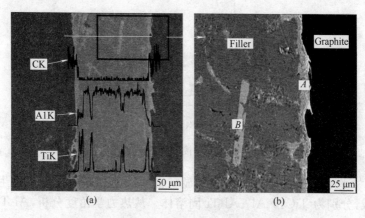

图 6-42 石墨/Al-14Ti/石墨钎料接头的界面结构(1 100 ℃,10 min)

表 6-22 图 6-42(b)中 A 点与 B 点的成分分析结果

成分 位置	原子百分数(%)		
	C	Ti	Al
A	40.69	39.58	19.73
B	0	28.09	71.91

在钎料内部可看到白色的长条状组织(如图 6-42(b)所示的 B),从线扫描曲线可知,在该区 Al 元素和 Ti 元素的成分呈现出

此消彼长的态势,为典型的金属间化合物特征。EDS 分析发现 Ti 与 Al 的原子百分比接近 1∶3,可推断该金属间化合物为 $TiAl_3$ 共晶组织。

图 6-43 给出了 1 100 ℃、10 min 钎焊条件下钎焊接头的 XRD 图谱。从图中可见,界面处除了 C 元素外还有 Al 和 Ti,而 Ti 主要以 TiC 的形式存在。能谱分析并结合 XRD 可知,钎料中 Ti 向界面处偏聚,并在此处富集,且分别与钎料中的 Al 和基体中的 C 发生反应,生成凸凹形的 TiC 和剩余钎料组成的混合层。

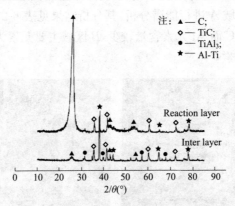

图 6-43 钎焊接头的 XRD 图谱

图 6-43 的 XRD 图谱结果显示中间层中有 3 种反应产物生成,分别为 TiC、$TiAl_3$、Al-Ti 固溶体。从热力学角度分析,Al-Ti 焊料与石墨连接,焊缝中可能发生如下反应:

$$Ti(s)+C(s)=TiC(s)$$
$$Ti(s)+3Al(l)=TiAl_3(s)$$
$$4Al(l)+3C(s)=Al_4C_3(s)$$

根据武汉理工大学有关研究人员对 Ti-Al-C 体系热力学分析及动力学机理研究,采用自行设计的程序研究各物质的标准生成 Gibbs 自由能,得出在 700 ℃~1 300 ℃温度范围内 $\Delta G_{T,TiC} < \Delta G_{T,Al_4C_3} < \Delta G_{T,TiAl_3}$ 的关系。根据其研究结果可知,在反应能自发进行的条件下,$\Delta_f G$ 越小,反应越优先进行。在 1 100 ℃时 $\Delta G_{T,TiC}$

$<\Delta G_{T,Al_4C_3}<\Delta G_{T,TiAl_3}$,说明焊缝中生成 TiC 的反应比生成 TiAl$_3$ 和 Al$_4$C$_3$ 的反应优先发生,生成 Al$_3$C$_4$ 的反应比生成 TiAl$_3$ 的反应优先发生。然而事实上 XRD 分析的结果中,组织中未发现 Al$_4$C$_3$ 相生成,其原因可能有三方面:一是 Al$_4$C$_3$ 含量太少未能检测出来;二是 Al 液与石墨的润湿性较差,阻碍了反应的发生;三是母材中的 C 原子接触的 Al 量较少。

根据前面的结果和分析,石墨/Al-Ti/石墨连接接头的界面结构为石墨/TiC+TiAl$_3$+Ti-Al 固溶体/石墨。从界面组织结构特征可知,接头形成过程可分为两部分:TiC 的形成和共晶钎缝组织的形成。当加热温度达到 660 ℃后,钎料开始熔化并在石墨表面铺展,由于浓度梯度的影响,石墨中的 C 原子向液态钎料中扩散,因为 C 原子很小,扩散速度很快,而钎料中的 Ti 在液态钎料中向两侧自由扩散。由于 Ti 是强碳化物形成元素,与碳反应可以降低体系的自由能,使得 Ti 向石墨侧偏聚。进一步升高温度,元素扩散速度加快,随着 Ti 向石墨侧的偏聚,界面处的 Ti 浓度增大,Ti 与 C 充分接触,当达到一定的浓度起伏时,TiC 晶核首先在界面能较高的局部区域优先形核。此时 Ti 的浓度降低,中间部位的 Ti 在浓度梯度的作用下向界面扩散,到达界面后,继续生成 TiC,随着反应时间的延长,界面处 TiC 增加,最后形成一个 TiC 层,随着时间的进一步延长,Ti 的碳化物层厚度增大。实质上,钎焊熔化过程中,随着温度的升高,钛颗粒不断溶解在周围的铝液中,发生 $3Al(l)+Ti(s)\rightarrow TiAl_3(s)$ 的反应,最后从饱和 Al-Ti 熔体中析出 TiAl$_3$。钎焊保温结束后,在冷却过程中,钎料中活性元素 Ti 与石墨中的 C 反应逐渐结束,而 Al 的相对浓度增高,达到 Al-Ti 共晶成分,继续冷却凝固,条状 TiAl$_3$ 共晶析出。

钎焊实践证明,钎焊过程中,钎焊工艺参数对接头界面结构的影响非常显著,尤其是钎焊温度和保温时间显著影响钎缝组织和性能。图 6-44 为保温时间为 10 min 条件下不同温度钎焊后的连接界面的微观形貌。由图 6-44 可见,钎焊温度较低时,其界面反应层不连续,白色的颗粒状 TiC 分布较弥散,而钎焊层内部生成较多的金属间化合物 TiAl$_3$。随温度的升高,界面反应层增厚;随保温时间的变化,连接界面微观形貌也将发生相应的变化。

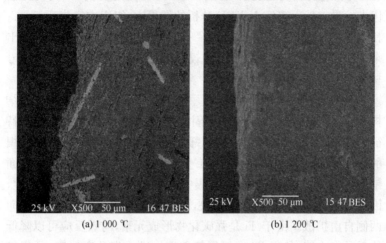

(a) 1 000 ℃　　　　　　(b) 1 200 ℃

图 6-44　不同钎焊温度下钎焊接头界面的微观组织形貌

采用 Al-14Ti 钎料在 1 100 ℃ 钎焊 5 min 的界面微观形貌如图 6-45(a) 所示,与图 6-42(b) 保温时间 10 min 的界面微观形貌比较,较短的保温时间生成的 TiC 层较窄,反应层不连续,钎料对石墨润湿不充分,界面接合力偏小;而较长的保温时间生成的界面反应层厚度增加(如图 6-45(b) 所示),钎缝中心出现了一些类似于反应层形貌的化合物相。但是反应层并不是随着时间的延长和钎焊温度的升高一直增厚,其原因一方面是因为随着反应的进行,形成连续的 TiC 层,减缓了 Ti 和 C 的相互扩散;另一方面是钎料中 Ti 的含量很少,随着 Ti+Al→TiAl$_3$ 和 Ti+C→TiC 反应的进行,Ti 消耗完毕。

钎焊试验证明,钎焊工艺参数对接头强度也有影响。在 1 000 ℃~1 200 ℃、5~20 min 条件下对石墨进行钎焊试验,在试验范围内,加热 1 100 ℃、保温 10 min 钎焊所得的连接件的连接强度最高,其最大的室温连接强度近 13 MPa。温度大于或小于 1 100 ℃,保温时间短于或长于 10 min 所得接头的连接强度均呈

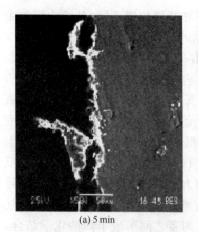 

(a) 5 min　　　　　　　　(b) 20 min

图 6-45　1 100 ℃时不同钎焊保温时间下界面的微观形貌

下降趋势。通过观察不同钎焊温度的断裂试样的断口(如图 6-46 所示)发现,1 000 ℃焊接得到的试样,断裂部位位于母材与焊料的界面处,由于界面反应层不连续,母材与焊料接合强度大小不均,强度较低的部位优先断裂。1 100 ℃焊接得到的试样断口如图 6-46(b)所示,石墨被撕裂说明接头强度较高。进一步升高温度,断裂位置转移到石墨内部,如图 6-46(c)所示,其断口为典型的脆性断裂。

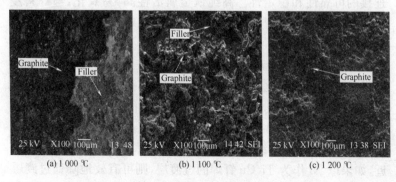

图 6-46　不同钎焊温度下的试样的断口 SEM 图

钎焊温度不同,断口的形态和断裂位置不同,其接头强度主要取决于界面强度及残余应力大小。提高界面强度、降低残余应力都可以有效提高接头强度。由有关研究可知,界面强度与界面反应产物种类、反应层与石墨咬合面积大小及反应层形态(反应产物呈大片层状分布强度较小)等因素有关。过低的钎焊温度或过短的保温时间,焊料中的活性元素 Ti 与石墨母材不能发生适度的界面反应,使界面接合强度很低;反之,当钎焊温度过高或保温时间过长时,焊料中的活性元素 Ti 与石墨母材发生过度的界面反应,过厚的反应层会引起残余应力增加,从而导致基体与钎焊层的分离;只有在连接工艺参数适当的情况下,焊料与石墨结合处才有适度的界面反应,以利于在两者之间形成牢固的化学结合,同时只有避免不良的过度界面反应,才可以获得强度较高的接头。

十二、如何进行钛与铜的钎焊?

高纯钛是 PVD 镀膜用的重要原材料,广泛应用于各种芯片器件的金属化过程。溅射用钛靶通常由钛板坯与铜背板钎焊组成。由于钎焊接头质量影响靶材界面层导热和导电性能,对靶材的溅射功率及溅射薄膜质量都有重要的影响,因此靶材组件对焊接结合率有较高的要求,同时钎焊层的强度必须保证靶材与背板连接的可靠性和稳定性。高纯钛金属活性高,易氧化,与焊料浸润性差,线膨胀系数与铜相差又较大,因此难以与铜背板直接进行钎焊。

要实现高纯钛金属与铜背板的钎焊,在焊接前就应该对难焊材料表面进行金属化,这样可以改善焊料对材料表面的润湿性,缓和异种材料之间由于线膨胀系数的差别而产生的热应力,从而改善靶材与背板的焊接性能,提高焊接强度。

理论上讲,Ni 的线膨胀系数为 13.4×10^{-6} K^{-1},与 Ti 较为接近,如果以 Ni 作为 Ti/Cu 钎焊的过渡层,则可有效地降低过渡层的内应力,使过渡层和基体间的界面结合力得到显著提高,可以防止钎焊时过渡层因内应力过大脱落而造成焊接失效。基于这种思路,可以在钎焊焊接前采用在 Ti 板上制备一层金属 Ni 薄膜的方法,以此来改善了钛/铜的钎焊性能,实现 Ti 与 Cu 板的有效钎焊连接。

例如,北京有色金属研究总院研究人员进行的钛与铜钎焊试验,采用纯度为 99.995% 的高纯钛板和纯度为 99.95% 的无氧铜板作为焊接基体,尺寸规格为 ϕ100 mm×10 mm;焊料采用纯度为 99.99% 的铟锭。钛、镍、铜的部分物理性能见表 6-23。

表 6-23　钛、镍、铜的部分物理性能

金属名称	热导率 ($W \cdot m^{-1} \cdot K^{-1}$)	电阻系数 ($10^{-8} \Omega \cdot m$)	线膨胀系数 ($10^{-6} K^{-1}$)
钛(Ti)	13.8	42.1	8.2
镍(Ni)	69.6	7.8	13.4
铜(Cu)	359.2	1.67	16.6

为增加高纯钛板与无氧铜板钎焊的可焊性,研究者在 Ti 基体上分别沉积厚度为 0 μm、5 μm、10 μm 和 15 μm 的 Ni 作为中间层,试验过程中其他焊接参数如焊接温度、压力、保温时间等保持一致。在对基体进行焊料涂覆时加载超声波,加载超声波的目的是利用其空化作用除去基体表面的氧化膜及焊料和钎焊金属表面的气泡,增强焊料对基体的润湿性。焊后,采用超声 C-scan 评价钎焊质量,表 6-24 给出了不同 Ni 层厚度下焊件的焊合率。

表 6-24　不同 Ni 层厚度下焊件焊合率

Ni 层厚度(μm)	0	5	10	15
焊合率(%)	46.42	82.87	96.73	87.36

由超声 C-scan 检测结果可知,当不添加 Ni 层时,钎焊件上存在大面积、集中的缺陷区域,其焊合率只有 46.42%(如图 6-47(a)所示)这是由于 Ti 基体与 In 焊料难以润湿造成的;当添加 Ni 层后,钎焊件的质量得到很大的改善;当添加的 Ni 层厚度为 5 μm 时,钎焊件的焊接缺陷面积大幅度降低,缺陷的集中程度也有所

降低,焊合率大幅提高至 82.87%(如图 6-47(b)所示),可见 Ni 层的添加对 Ti 基体的钎焊性能有较大的改善;当 Ni 层为 10 μm 时,焊接缺陷的面积降到最低,呈不连续分布,焊合率达到 96.73%(如图 6-47(c)所示),完全符合产品的使用要求;当 Ni 层厚度为 15 μm 时,缺陷面积有所增加,焊合率降低到 87.36%(如图 6-47(d)所示),这应是金属化层厚度过大导致 Ni 层内应力过大而导致薄膜脱落,进而产生焊接缺陷。

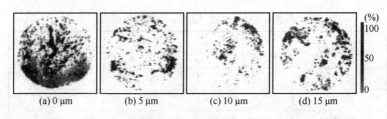

图 6-47　不同 Ni 层厚度条件下焊接界面的超声波 C 扫描图像

焊件上典型位置的显微组织如图 6-48 所示。从图 6-48 中可以看出:在没有 Ni 层的情况下,In 焊料与 Ti 界面处存在大量孔隙,表明两者之间未发生有效润湿;Ni 层为 5 μm 时,可见 Ti 基体上的 Ni 层呈不连续分布,部分溶解于焊料中,根据有关研究,改善基体金属可焊性的过渡层过薄,过渡层会部分或全部溶解于焊料中而露出润湿性差的基体金属,导致 Ti 基体与 In 焊料直接接触,降低了焊接效果;Ni 过渡层为 10 μm 时,Ni/Ti 界面接触良好,过渡层连续无中断,In/Ni 界面润湿完全;Ni 过渡层为 15 μm 时,虽然 Ni 层连续性很好,Ni/In 界面的接触也很完全,但由于过渡层厚度太大而产生的内应力导致 Ni/Ti 界面处发生 Ni 层剥离,严重影响了焊接效果。由此可见,当 Ni 过渡层为 10 μm 时,焊缝具有最好的微观组织性能,对 Ti 基体焊接性能的改善也有最佳效果,与超声 C-scan 的检测结果相符合。

不同 Ni 层厚度下焊件的剪切强度见表 6-25。由表可以看出,随 Ni 层厚度的增加,焊件的剪切强度大幅增大,当 Ni 层厚度为 10 μm 时达到最大值;当 Ni 层厚度为 15 μm 时则有所下降。

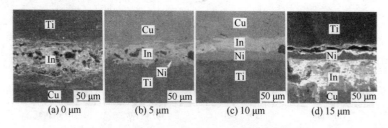

(a) 0 μm   (b) 5 μm   (c) 10 μm   (d) 15 μm

图 6-48　不同 Ni 层厚度下焊缝显微组织照片

由表 6-24 和表 6-25 可见,焊件的焊合率与焊接强度有较好的一致性,可见通过超声 C-scan 检测焊件的焊合率可以高效、直观的对焊件的焊接情况进行判断。

表 6-25　不同 Ni 层厚度下焊件剪切强度

Ni 镀层厚度(μm)	0	5	10	15
剪切强度(MPa)	2.24	3.74	6.07	5.33

图 6-49 为不同过渡层厚度下焊件解剖后典型断面的宏观照片,可以看出,在没有 Ni 过渡层的情况下,解剖后焊件中存在大量的未焊合缺陷,这导致了焊合率及剪切强度均较低。在扫描电镜下对未焊合处进行观察,其显微照片及能谱图如图 6-50 所示,发现 Ti 基体表面生成了 Ti 的球形氧化物,活性较高的 Ti 在加热过程中与空气中的氧发生反应造成 Ti 基体表面产生氧化膜。Ti 基体表面氧化膜的产生阻碍了 In 焊料的润湿,造成焊料无法附着,焊接失败。添加 Ni 过渡层的焊件断面上未发现 Ti 的球形氧化物,表明 Ni 过渡层的添加有效的防止了活性高的 Ti 基体在加热过程中氧化,为 Ti/Cu 的 In 钎焊提供了良好的保护作用。

实践证明,采用 In 钎料,在 Ti 基体上增加 Ni 过渡层能有效提高 Ti 基体与 Cu 的焊接效果,In 焊料与含 Ni 过渡层的高纯 Ti 基体焊接界面平整,结合紧密,没有出现孔洞等缺陷。在其他焊接参数不变的情况下,当 Ni 过渡层厚度为 10 μm 时能取得最好的焊合率和焊接强度。

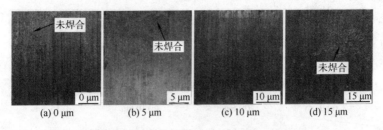

图 6-49 不同厚度 Ni 层焊件断面形貌

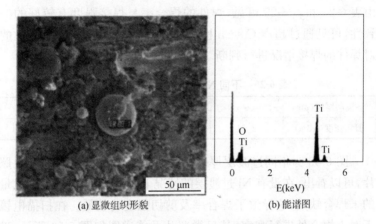

图 6-50 无 Ni 过渡层 Ti 基体表面脱焊处显微组织及能谱图

十三、如何进行钨与铜的钎焊?

钨及其合金材料由于具有高的熔点、低的蒸气压和低的溅射腐蚀率等优点,被认为是最有前景的面向等离子体材料(Plasma Facing Materials,PFMs)。作为面向等离子体材料(PFMs),除了要与等离子体具有良好的相容性外,还必须具备很好的抗热冲击性能,因而要求有较高的热导率。金属铜具有优良的导热性能及加工性能,同时铜是没有氢脆的金属,因而无氧铜(OF-Cu)或弥散强化铜合金(DS-Cu)和 CuZrCr 被选作聚变装置的热沉材料。因此,面向等离子体材料(PFMs)与作为热沉材料的 Cu 的连接技术,成为制备面向等离子体部件(Plasma Facing components,PFCs)的关键技术。

钨和铜的物理性能见表 6-26。由表 6-26 可知,钨和铜的物理性能尤其是热膨胀系数相差很大,等离子体部件(PFCs)在制备和服役过程中将产生很高的热应力,因此选择合适的连接技术,降低连接处热应力成为连接钨和铜的关键问题。

表 6-26　W 与 Cu 的主要物理性能

材料	密度 ($g·cm^{-3}$)	熔点 (℃)	热导率 ($W·m^{-1}·k^{-1}$)	热膨胀系数 ($10^{-6}℃^{-1}$)
W	19.3	3 410	174	4.5
Cu	8.9	1 083	401	17

目前等离子体部件(PFCs)的制备方法主要有涂层技术、焊接、活性金属铸造和功能梯度材料的概念连接等等。其中,钎焊是在母材基体不熔化而处于固态状态下完成连接的,特点是焊接温度较低,对母材的影响小,不需要特殊设备,对焊件尺寸、形状无特别要求。因此,钎焊是一种低成本的有效连接方法。

在连接钨和铜方面,北京科技大学的研究人员采用 Ti-Zr 基非晶钎料在 860 ℃、880 ℃和 900 ℃保温 10 min 的条件下,对真空钎焊钨和 CuCrZr 合金进行了研究,并探讨了热等静压(HIP)后处理对连接接头强度的影响,为进一步提高钨铜钎焊件的连接性能奠定了基础,为实现钨与铜的可靠连接提供了依据。

研究者焊接采用的钨和 CuCrZr 合金均为商用板,其中钨板的尺寸为 30 mm×30 mm×5 mm,CuCrZr 合金的尺寸为 30 mm×30 mm×25 mm,钎料为厚 20 μm 的非晶态箔片,其成分为 45Ti-30Zr-10Ni-15Cu(原子分数,%)。

由于基体金属铜在受热状态下极易与氧、氮、氢以及含有上述气体的物质发生反应,从而在其表面生成以氧化物为主的表面层,钎焊时会阻止钎料的流动与润湿,因此焊前要进行去膜处理。

去除氧化膜最简单的方法是手工机械法。钎焊前可将母材的被连接表面和 Ti-Zr-Ni-Cu 钎料用砂纸打磨平整,再将母材和 Ti-Zr-Ni-Cu 钎料放在酒精中使用超声波清洗 15 min,取出吹干后由下至上按照 CuCrZr 合金→钎料→钨板的顺序组合置于真空炉中。

真空钎焊的加热方式采用电阻辐射加热法进行。具体钎焊工艺参数为:真空度不低于 $5×10^{-3}$ Pa,升温速率 $T_t=10$ ℃/min,钎焊温度 $T=860$ ℃、880 ℃和 900 ℃,钎焊保温时间 $t=10$ min,降温速率 $T_d=4$ ℃/min。

由于钨板密度较大,钎焊过程中可以靠钨板自身重力施加压力,使得 CuCrZr 合金→钎料→钨板紧密结合。图 6-51(a)、(b)和(c)为采用 Ti-Zr 基非晶钎料对钨与 CuCrZr 合金,在连接温度分别为 860 ℃、880 ℃和 900 ℃下,钎焊连接的接头形貌照片。从图 6-51(a)~(c)中可以看出:连接界面清晰可见,在整个接头处没有发现明显的气孔和未焊合的区域,但三种温度范围焊接的钎焊焊缝中均存在微裂纹。随着钎焊温度的升高,焊缝处的物相分布渐趋均匀,尤其是温度升高至 900 ℃时,焊缝厚度明显增加,这些现象的产生主要与钎焊温度有关。可见,焊接中随着钎焊温度的升高,焊料中的元素向铜基体中扩散明显,这也使得图 6-51(c)中焊料与 CuCrZr 合金界面不如图 6-51(a)、(b)平直整齐。

从图 6-51 中还可见,在焊缝内部出现了不规则的灰色、深灰色和黑色 3 种区域(图 6-51(b)中 A、B、C 处)。为进一步分析其组成,研究者对图中各个区域进行了能谱分析,结果见表 6-27。在 CuCrZr 合金与焊料的结合处均匀连续地分布着富 Cu、Zr 的灰色相(A),富 Ti、Cu 的深灰色相(B)呈不规则形状出现在钨与钎料的结合处,而富 Ti 的黑色相(C)只少量的出现在焊缝中,且主要出现在焊缝靠近钨的区域,焊缝中铜的分布明显呈梯度变化。随着钎焊温度由 860 ℃逐渐增加至 900 ℃,A 相逐渐增多,A、B 相交错均匀分布于焊料中,B 相逐渐减少,C 相没明显变化。焊缝中裂纹源主要产生在富 Cu、Zr 的灰色相(A),并由 A 相向整个焊料内部扩展。结合 EDS 和 XRD 试验结果,A、B、C 相可能是 Cu、

Zr、Ti 之间形成的 $CuZr_2$、$CuTi_2$ 和 $NiTi_2$ 等金属间化合物。

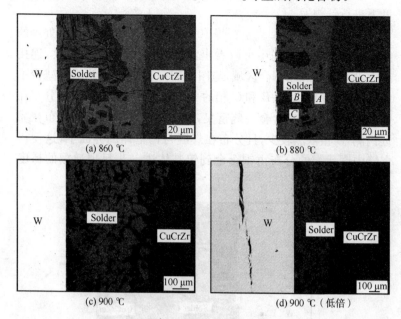

图 6-51 不同连接温度下的 W/CuCrZr 接头形貌

表 6-27 能谱分析焊料组织的成分

区域 成分	Ti	Zr	Ni	Cu
A	4.24	16.81	—	78.95
B	42.12	7.54	15.44	34.9
C	61.26	5.56	15.37	17.8

注：表中数据为原子百分数，单位为%。

图 6-51(d) 为 900 ℃ 钎焊连接的接头低倍形貌照片。从图中可以看出：900 ℃下钎焊，整个接头处没有明显的裂纹和气孔，但钨板层出现了平行于焊料方向的裂纹，裂纹距离钎焊界面约 0.5 mm，裂纹起源于钨端，长度延伸约 1.2 mm，这说明采用 Ti-Zr 基钎料钎焊钨和 CuCrZr 合金时，900 ℃产生的残余热应力较大，

导致钨板出现裂纹。因此,对于钨与铜宜选择在低于 900 ℃ 的温度下进行钎焊。

图 6-52 为 880 ℃ 真空钎焊 10 min 后经热等静压 HIP 处理的样品接头形貌。从图中可以看出:焊缝中观察不到微裂纹,连接界面没有气孔和未焊合区域,与图 6-51(b) 相比,焊缝厚度减少了约 30 μm,焊料中 A、B 和 C 相的分布发生了变化:A 相由分布在整个焊缝向靠近铜合金一侧富集,B 相更加连续均匀地分布在靠近钨侧,C 相依然较少,且分布在焊缝与钨基体的界面上,这使得焊缝中铜元素的分布由铜合金到钨基体进一步呈现递减的梯度分布。

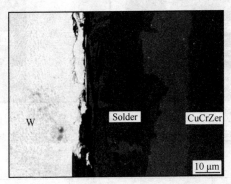

图 6-52　880 ℃ 真空钎焊 10 min 后经热等静压 HIP 处理的样品接头形貌

图 6-53 为 860 ℃、880 ℃ 和 900 ℃ 下钎焊 10 min 以及 880 ℃ 钎焊后经 HIP 处理的连接条件下的样品剪切强度的测试值。由图 6-53 可知,采用 Ti-Zr 基钎料对钨与 CuCrZr 合金在连接温度分别为 860 ℃、880 ℃ 和 900 ℃ 下进行连接,3 种钎焊温度下的结合强度均较低,900 ℃ 下钎焊后样品的结合强度明显高于 860 ℃ 和 880 ℃ 的结合强度,860 ℃ 的结合强度略高于 880 ℃ 的结合强度。这可能与显微结构中 A、B 和 C 三相的含量与分布有关,随钎焊温度增高 A 相逐渐与 B 相均匀分布在焊料层,即 900 ℃ 时的结合强度最高。880 ℃ 钎焊时 A 相增多且 B 相分布不均匀,导致了

结合强度的降低。880 ℃钎焊后经热等静压 HIP 处理的样品结合强度较处理前提高了约 6 倍,这是由于热等静压 HIP 处理后焊缝中的相分布更加均匀,且 Cu 元素呈梯度分布使得热膨胀系数呈梯度变化,从而接头处的残余热应力得到缓和,结合强度提高。

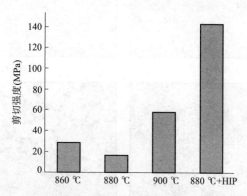

图 6-53　860 ℃、880 ℃和 900 ℃下钎焊 10 min 及 880 ℃+热等静压 HIP 的样品剪切强度的测试值

图 6-54 为不同钎焊温度及热处理后的剪切断口形貌。从图 6-54 可以看出,钎焊温度为 860 ℃、880 ℃和 900 ℃的试样断裂主要发生在焊缝(钨/钎料结合界面)处,880 ℃+热等静压 HIP 的断裂发生在焊缝及钨-钨间,这说明经热等静压 HIP 处理后焊料与钨基体的结合得到改善,从而提高了接头的结合强度。经过热等静压 HIP 处理后钎料内的元素进一步向 CuCrZr 合金和钨基体扩散,焊缝内形成的不同物相的分布呈现更加明显的条带状分布,且主要物相更加连续和均匀,这也使得铜等焊缝内的成分出现更加明显的梯度分布。热等静压 HIP 处理后焊缝中物相和成分分布的这种变化有效改善了接头处的残余热应力,提高了接头强度。

由以上研究结果可以得出:(1)采用非晶态的 Ti-Zr-Ni-Cu 钎料在 860 ℃、880 ℃和 900 ℃保温 10 min 的连接条件下钎焊,能够获得完整的钨/CuCrZr 连接件,接头未发现明显的气孔和未焊合区域。但 900 ℃下钎焊连接的试样中纯钨层有因残余热应力太

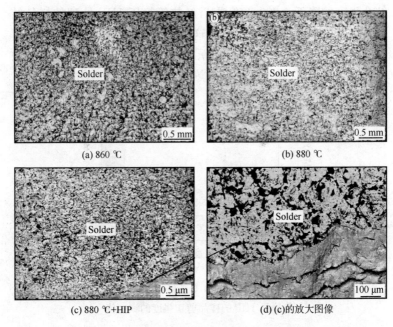

图 6-54 不同钎焊温度及热处理后的试样断口形貌

大而产生的裂纹,所以 860 ℃~880 ℃是采用非晶态的 Ti-Zr-Ni-Cu 钎料钎焊钨铜较合适的温度。(2)真空钎焊后的样品经热等静压处理后剪切强度大幅度提高,说明热等静压处理能明显改善焊料和基体之间的结合,这是由于热等静压处理使得焊缝中焊料成分分布更均匀连续,且铜等焊缝中成分明显呈梯度分布,从而起到缓解连接接头处的残余热应力的效果。因而,钎焊钨铜后如有条件对其钎焊件进行热等静压处理,是提高钎焊件剪切强度,改善焊料与基体结合的有效手段。

十四、如何减少钎剂中活化组分对微连接电路的腐蚀性?

在工业生产中,钎焊技术被广泛使用,特别是在电子行业的封装中,钎焊技术尤其重要。其中以微电子焊接学为基础的计算机和通讯技术发展尤为迅猛,已成长为当今世界的重要产业,推动着人类文明的不断进步。

钎焊中,钎剂中活化剂的种类和用量直接决定了钎剂的活性。有关研究表明,其助焊性能随着有机酸含量的增加而增强,加入有机酸的种类不同,所呈现的活性特性也不同。助焊能力的增强与有机酸的种类和含量有一定的关系,随着活性剂含量的增加,钎剂的助焊性和腐蚀性也随之增强。因此,钎焊后如何减少钎剂中活化组分对微连接电路的腐蚀性是摆在人们面前的重要课题。

有研究者将符合 GB/T 8145—2011 的特级松香 12.5g 固体置入 50 mL 异丙醇中,130 ℃下对异丙醇油浴加热,待松香完全融化后,加入活性剂各 0.375g,待活性剂完全溶解,冷却到室温,制成钎剂样品备用。选用草酸、硬脂酸等 10 种活性剂(其熔点、沸点见表 6-28),参照国家标准《钎料铺展性及填缝性试验方法》(GB/T11364—2008),使用 Sn-0.7Cu 无铅钎料为标准钎料,在(265±3) ℃锡浴下采用普通铺展润湿试验,制成钎料焊接试样。采用 FQY010A 型盐雾腐蚀机进行加速腐蚀试验,加速腐蚀试样参数见表 6-29。

表 6-28 添加的活性剂类型

活性剂	熔点(℃)	沸点(℃)
草酸	101	789.5
硬脂酸	72	360
丁二酸	185	235
DL-苹果酸	130	250
柠檬酸	153	260
戊二酸	98	200
月桂酸	44	225
二甲胺盐酸盐	171	/
二乙胺盐酸盐	227	320
三乙醇胺	21.2	360

经过 72h 盐雾加速腐蚀试验后,用乙醇清洗,并根据《锡焊用液态焊剂(松香基)》(GB/T 9491—2002)中腐蚀性评定标准评定经过

加速腐蚀试验后焊接试样的腐蚀程度。考察钎剂残留物与铜板交界处小瘤状物的多寡,钎剂残留处白色或有色斑块的大小,铜板表面蓝绿色斑点和凹坑的密集程度,并在显微镜下观察对比焊点的形貌和试样形态,各试样的宏观腐蚀形貌如图 6-55~图 6-64 所示。

表 6-29 盐雾腐蚀试验参数设定

参　　数	取　　值
腐蚀时间(h)	72
试验温度(℃)	35
NaCl(质量分数)(%)	(5±0.1)
盐溶液 pH 值(35 ℃)	6.5~7.2
盐雾压力(kPa)	151.95
试验相对湿度(%)	95

图 6-55　硬脂酸焊点

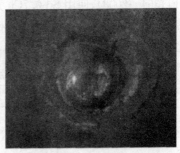

图 6-56　DL-苹果酸焊点

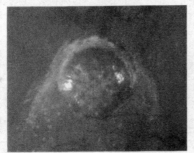

图 6-57　丁二酸焊点

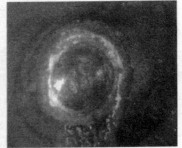

图 6-58　月桂酸焊点

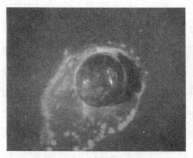
图 6-59 草酸焊点

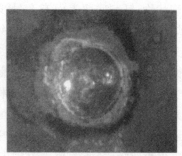
图 6-60 三乙醇胺焊点

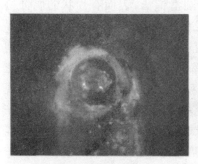
图 6-61 柠檬酸焊点

图 6-62 盐酸二甲胺焊点

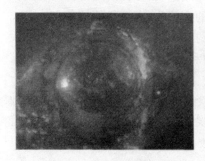
图 6-63 二乙酸盐酸焊点

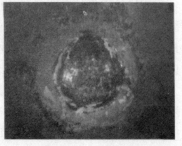
图 6-64 戊二酸焊点

由焊接试验结果可见,硬脂酸作为活性剂的焊点形状较为扁塌,并出现了明显的腐蚀沟痕,在钎剂残留覆盖处有少许的白色瘤状物，钎剂残留表面有大量浅色斑块。DL-苹果酸活性剂的助焊能力扩展不佳，在钎剂残留物中有棕色的斑块，在钎剂和铜板交界处有较多白色瘤状物。丁二酸钎剂的焊点形状圆滑但不够饱满，焊点表面有成片的腐蚀痕迹，而在钎剂残留覆盖面上没有明显的腐蚀痕迹。草酸钎剂试样不管是焊点还是整体，试样都较为完好，但是在钎剂残留覆盖面有少量的瘤状物，在钎剂残留处还有大量的白色金属飞溅。柠檬酸钎剂的助焊性很差，钎料扩展率很小，在钎剂残留覆盖范围内有大量微小瘤状物，其铜板颜色已发生变化，且在钎剂残留处有大量飞溅所产生的金属点颗粒。月桂酸作为活性剂的焊点形状圆滑饱满，表面有片状的腐蚀迹象，在钎剂残留覆盖面有少量浅色斑点，在钎剂残留与铜板交界处有少量棕色瘤状物。三乙醇胺作为活性剂的焊点形状圆滑饱满，焊点腐蚀与月桂酸比较，其腐蚀程度相近，有褐色的腐蚀状花纹，在钎剂残留覆盖处以及钎剂残留物与铜板交界处有大量的浅色斑块，特别是在钎剂和铜板交界处明显发黑，并在铜板上存在微小的点蚀。盐酸二甲胺钎剂试样在钎剂残留物上以及钎剂残留物与铜板的交界处可见少许暗色瘤状物，无明显斑块，但是在钎剂残留处有飞溅留下的微小金属颗粒，其附近范围容易产生电化学腐蚀。二乙酸盐酸盐钎剂焊点饱满，在钎剂残留物以及残留物与铜板的交界处有明显的小的瘤状物，有少量的棕色斑块。戊二酸作为活性剂的焊点有明显的颜色暗沉，在钎剂残留物上有大量小的棕色斑块，在钎剂残留物和铜板的交界处有大量微小的深色瘤状物。

根据腐蚀性评价标准和试验结果可知，以上焊接使用的10种活化剂的腐蚀情况由大到小依次为：盐酸二甲胺、二乙胺盐酸盐、戊二酸、柠檬酸、三乙醇胺、草酸、DL-苹果酸、硬脂酸、月桂酸、丁二酸。

通过对焊接件的观察，可发现所有的焊接试样都出现了明显的腐蚀点，而且钎剂残留的表面出现了严重的变色和腐蚀，表现为防护性能不足的腐蚀失效特征，而且所有的试样都出现了不同程度的粉化。同时可发现,钎剂残留以及钎剂与焊点交界处腐蚀程度差异很大,以二乙胺盐酸盐和盐酸二甲胺最为严重,同时这两种活性剂的助焊能力也是相对最好的。

从前面的试验对比分析发现,盐酸二甲胺作为活性剂的钎剂,其产生的腐蚀最严重。丁二酸作为活性剂的钎剂时,产生的腐蚀最轻微。为此,研究者着重对比分析了这两种活性剂对应的试样钎剂残留处的腐蚀形貌。钎剂残留表面放大 500 倍所见形貌如图 6-65 和图 6-66 所示。

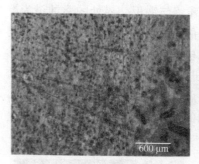 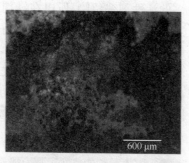

图 6-65　丁二酸钎剂残留表面　　图 6-66　盐酸二甲胺钎剂残留表面

通过对比丁二酸钎剂与盐酸二甲胺钎剂残留表面,可以看到丁二酸活性剂焊接件表面有众多微小的点蚀,在靠近焊点的一边,点蚀逐渐增大,有连成片状的腐蚀状花样,但由腐蚀造成的点状氧化物相对较少。图 6-66 显示在焊接件表面有大量的腐蚀氧化产物和密集的腐蚀坑点。以上现象的产生主要是由于丁二酸焊点与铜板是异种金属,电位相差较大,在湿度很大的情况下,会产生严重的电化学腐蚀,所以在靠近焊点的地方发现点蚀孔越大越多,甚至连接成片。而盐酸二甲胺既含有 CN^-,又含有 HCl,对铜板的腐蚀自然十分严重。CN^- 会和铜直接反应,生成 $[Cu(CN)_4]^{2-}$ 离子络合物,加速了铜的腐蚀。盐酸二甲胺中大量的卤素 Cl^- 在提高活性剂活性的同时,不可避免地增大了它的腐蚀倾向。CN^- 在金属表面覆盖的水膜中电离化,深入到 Cu 的氧化层内部替代氧,形成易溶性的氯化物,这样就会在最先产生的蚀孔内部产生闭塞电池作用,加速 Cu 的腐蚀。

钎剂残留与铜板交界处放大 50 倍的形貌如图 6-67 和图 6-68 所示。由图可以看出,无论是丁二酸还是盐酸二甲胺剂钎剂试样,在钎剂残留与铜板交界处的腐蚀程度都较严重。在 265 ℃锡浴熔融钎料,液态钎料吸收更多的热量,造成焊点附近能量集中,温度更高,增温速度也较铜板快,而活性剂的沸点不会高于 265 ℃,再加上液态钎剂的表面张力作用,从而使钎剂与铜板交界处积聚更多的活性剂残留物,所以在钎剂残留与铜板交界处的腐蚀最为严重。氢化松香不易吸湿,有良好的防腐作用,使得钎剂覆盖处的腐蚀相对降低。在钎焊试验中,松香作为钎剂的成膜剂,起到了较好的延缓腐蚀的作用,所以改进钎剂的溶剂、成膜剂、活性剂的成分以及配比,对焊接件焊后防腐能力的提高有着重要的意义。同时,对足够深层的焊后残留物的清洗,也可以在一定程度上提高其焊后件的耐蚀程度。

图 6-67 丁二酸钎剂残留与铜板交界 　　图 6-68 盐酸二甲胺钎剂残留与铜板交界

钎剂中添加了二乙胺盐酸盐的钎焊试样的铺展率为 63%,在待测钎剂中助焊能力中是最强的。添加柠檬酸钎剂试样的铺展率为 20%,在待测钎剂中助焊能力是最弱的。研究钎剂残留物对铜板的腐蚀程度,既为了提高钎剂活性,又为了降低焊后的腐蚀性,只有做好这两方面,才能使钎焊后的构件经久耐用。二乙胺盐酸盐钎剂残留表面和柠檬酸钎剂残留表面在 500 倍放大倍数下的形貌分别如图 6-69 和图 6-70 所示。

 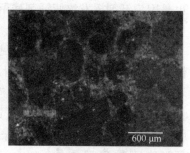

图 6-69　二乙胺盐酸盐钎剂残留表面　　图 6-70　柠檬酸钎剂残留表面

在图 6-69 中，靠近右边的是焊点，可以明显看出腐蚀比较严重，在最右边发现有明显的层状剥落。因为钎料的铺展率较大，在热胀冷缩的情况以及钎料自身张力的作用下，会使焊点和铜板接触处有微小的缝隙，为腐蚀创造了基本条件。铜的耐蚀性主要体现在铜的氧化物产生的钝化层，使腐蚀环境中 Cl^- 的浓度较高。在这种情况下，会产生氧的浓差电池与闭塞电池自催化效应。在这两种效应的共同作用下，易促成缝隙腐蚀。结果使缝隙内 pH 值下降，加快了焊点缝隙内 CuO 等氧化物和金属 Sn 的溶解，相应地缝隙外氧的还原速率加快，使外部表面得到阴极保护，从而加速缝隙内金属的溶解。缝隙内金属离子进一步过剩，又使 Cl^- 迁入缝内，形成易溶性的 $CuCl_2$ 等氯化物，形成盐类，在湿度较大时水解，使缝隙内酸度增加，更加促使 Sn 和 Cu 的溶解，这就是缝隙腐蚀的自催化作用。柠檬酸在 170 ℃时开始失重，在 250 ℃左右时失重速率最大，结束分解温度为 260 ℃，而在 265 ℃下进行钎焊，柠檬酸过早地分解使钎剂残留处中柠檬酸的成分变化起伏较大。由图 6-70 可发现在钎剂残留处明显有大块圆形暗色的柠檬酸残留浓度较高区域，而在钎剂含量不高的区域中生成了碱式碳酸铜（图 6-70 中箭头所示）。在柠檬酸含量较高的区域，明显发黑，碱式碳酸铜钝化层已经遭到破坏，产生大量的氧化物，电化学腐蚀较为严重。草酸的沸点和柠檬酸的沸点都为 200 ℃。从图 6-59 可以看到，草酸的腐蚀也较强，其根本机理和柠檬酸一样，这也是因为钎剂挥发致使钎剂残留物中草酸浓度不均匀，从而产生局部腐蚀。

由以上焊接试验和分析可见，钎剂的腐蚀性主要取决于组成钎剂的化学成分，其中最重要的是活性剂的种类与加入量。加入不同活性剂的钎剂残留物对微连接电路的腐蚀性差别很大。含不同活性剂的钎剂残留物的腐蚀性由大到小顺序为：盐酸二甲胺、二乙胺盐酸盐、戊二酸、柠檬酸、三乙醇胺、草酸、DL-苹果酸、硬脂酸、月桂酸、丁二酸。

钎焊过程中，添加二乙胺盐酸盐的松香钎剂的扩展率最大，添加柠檬酸的扩展率最小，而腐蚀试验表明，二乙胺盐酸盐的腐蚀性明显强于柠檬酸。

因此，在钎剂的成分配比中，选择合适的活性剂、成膜剂可以有效地增加焊后件的耐蚀性能。同时，清洗焊后的残留物也可以减小焊后件在使用中的腐蚀程度。

十五、如何提高铜铝异种金属钎焊接头的抗电化学腐蚀性能？

随着异种金属连接技术的发展，铝铜钎焊接头由于具有优良的力学性能和导电性能，被广泛地用于电气工程、制冷和供暖设备，以及其他需要铝铜连接的各个领域。目前国内外关于铜铝钎焊的报道比较多，但主要集中于工艺的研究，对其焊缝的电化学腐蚀行为研究却鲜有报道。特别是铜铝接头在焊合后，由于它的电阻极为微小，随着接头长时间使用或搁置较长时间不运转，难免会出现腐蚀现象，从而严重影响了工程构件的安全性。另外由于接头的寿命无法估计，工艺因素影响复杂，接头的腐蚀问题已引起广泛的腐蚀科研机构的重视。因此，提高铜铝钎焊接头的耐腐蚀性能具重要的工程应用价值。

实质上，在钎焊过程中采取一定的工艺措施，对提高铜铝钎焊接头的耐腐蚀性能是具有一定作用的。例如,某单位在焊接铜铝过程中采取了加压和保温措施,就使得铜铝钎焊接头的耐腐蚀性能得到提高。表 6-30 为某单位焊接采用的材料和焊接处理工艺参数,焊接采用的基体材料为纯铜(Cu)和纯铝(Al),50 mm×50 mm×2 mm 铜片和 50 mm×50 mm×3 mm 铝片若干,使用 H1AlSi12 钎料在箱式电阻炉 SX-6-10 中进行钎焊。

表 6-30　4 组试样的焊接处理工艺参数

试样编号	保温温度(℃)	保温时间(min)	施加压力(kg)
1	640	2	0.1
2	640	2	0
3	645	4	0
4	645	2	0

焊接后,切取 20 mm×20 mm 的焊后试样,先将铝片打磨去除,让焊缝完全露出,作为研究工作面,用 500#、800#、1 200#、1 500# 水砂纸逐级打磨、抛光,然后将试样一端钻 3 mm 的孔,引出铜导线。用丙酮除油,留出 10 mm×10 mm 的工作面积,非工作段表面用环氧树脂封闭。

电化学试验采用常规的三电极体系,参比电极为饱和甘汞电极,辅助电极为 Pt 电极,采用 3.5% 的氯化钠溶液作为电解液测量。试验设备采用美国 EG&G 公司的 M283 系统,以 0.25 mV/min 的扫描速率,电位范围从相对于开路电位的 -250 mV 到 +250 mV,测示电流的变化,并进行电流、电位的数据采集,然后通过数据处理得到电流与电位变化的 Tafel 曲线图。试验前将试样在溶液中浸泡 5 min 后,以使腐蚀溶液均匀、稳定地浸入试样被测表面中。四组铜铝钎焊接头在 3.5% 氯化钠溶液的 Tafel 曲线如图 6-71 所示。采用 Corrview 软件对曲线进行拟合,得到该组试验的电化学参数。4 组试样不同焊接工艺下的焊接接头极化曲线的自腐蚀电位和自腐蚀电流见表 6-31。

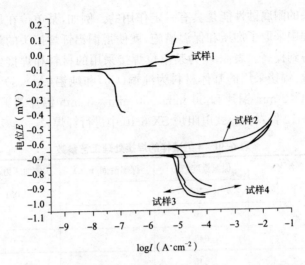

图 6-71 4 组试样不同焊接工艺下焊接接头的 Tafel 曲线

表 6-31 4 组试样不同焊接工艺下的焊接接头极化曲线的自腐蚀电位和自腐蚀电流

参数	试样 1	试样 2	试样 3	试样 4
自腐蚀电流(A/cm^2)	$-1.0893E-07$	$-1.99E-05$	$-5.3124E-08$	$-1.0176E-06$
自腐蚀电位(mV)	-0.15381	-0.67606	-0.78819	-0.75562

1. 压力对耐蚀性的影响

从图 6-71 及表 6-30 中可以看出,试样 1 的自腐蚀电流远远小于试样 2,因此,试样 1 的耐腐蚀性能比试样 2 的耐腐蚀性能好。而试样 1 与试样 2 在焊接工艺上的最大区别就在于焊接过程中在工件上放置了一块重达 0.1 kg 的重物,因为焊接本身将产生残余应力,并且是影响焊接接头耐蚀性的最大因素,在其焊接接头上放置重物,在有平面缝补的残余应力存在时,应力腐蚀破裂引起的方向大约与最大主应力方向相互垂直,又因为重物所造成的压力与残余应力的方向垂直,这样就会大大减少焊接接头的残余应力,这使得应力腐蚀发生的情况处于比较安全的状态,从而相对试样 2 来说,就大大提高了接头的耐蚀性。由此可知,在钎焊过程中,对焊件施加一定的压力会减少焊接时对接头的残余应力,减少了应力腐蚀发生的可能性,使得材料的耐蚀性大大提高。

2. 保温温度对耐蚀性的影响

通过比较试样 2 与试样 4 这两组试样的腐蚀电流,可以发现试样 4 的腐蚀电流明显小于试样 2 的腐蚀电流,这说明试样 4 的耐蚀性比试样 2 的好,产生这种现象的原因是由于试样 2 在钎料与母材在冶金反应过程中,钎缝里有大量 $CuAl_2$ 沿晶界析出,$CuAl_2$ 的电极电位比 Al 的电极电位高,易产生晶间腐蚀,导致接头耐腐蚀性能变差,而试样 4 在保温温度为 645 ℃时,钎料和母材的反应过程可能是由母材 Cu 基体扩散开来,Cu 元素固溶在 Al 的晶格中形成了 α-Al 固溶体,起到了固溶强化基体的作用。

3. 保温时间对耐蚀性的影响

通过比较试样 3 和试样 4 的自腐蚀电流(见表 6-31),试样 3 的自腐蚀电流小于试样 4 的自腐蚀电流,这说明试样 3 的耐腐蚀性能比试样 4 的耐腐蚀性能好。其原因是由于钎焊件在一定的保温温度下,可以使接头的成分均匀化,延长保温时间也可以使接头的成分均匀化从而减少了电偶腐蚀,提高了接头的耐腐蚀性能。

因此,钎焊铜铝过程中,施加一定压力会减少焊接时对接头产生的残余应力,减少应力腐蚀发生的可能性,使得材料的耐蚀性大大提高;在一定的保温温度下,延长保温时间,可以使接头的成分均匀化,减少电偶腐蚀,提高接头的耐腐蚀性能。

十六、如何解决钎焊过程中紫铜与铜钨合金焊接接头出现的强度和硬度降低问题?

由紫铜(T2-Y)与钨铜(CuW70)组成的触头元件在开关设备中所占的比例很大,该种类型的触头元件在使用过程中承受高温、高压、耐磨,并有一定的强度要求,大部分的触头元件要求抗冲击性良好。因此,触头元件的焊接质量的好坏直接关系到开关产品质量的优劣。

对于紫铜(CuCr)与钨铜(CuW70)组成的触头元件的焊接,目前国内多采用火焰钎焊。火焰钎焊焊接紫铜(CuCr)与钨铜(CuW70)组成的触头元件时,其焊接效率低,合格率也低,经常出现被焊件加热后硬度、强度降低等问题,严重制约着紫铜(CuCr)与钨铜(CuW70)组成的触头元件的生产。为了解决这个难题,国内有研究者通过大量工艺试验认为,采用效率高的中频感应高速局部加热,氧化少,硬度降低小,是焊接触头的最有效方法。

中频感应加热设备一般由整流电路、送变电路和控制电路组成。通过电位器可调节输出功率大小,用脚踏开关控制加热过程。常用设备的主要参数见表 6-32。

表 6-32 设备主要参数

参　数	取　值
输入电压(V)	380×(1±10%)
额定输出电压(V)	700
输出功率(kW)	50~100
输出频率(kHz)	8
装置效率	>90%
冷却水压力(MPa)	0.1~0.2

在中频感应加热设备中,由于可控硅、电容器、电抗器及感应线圈等均为发热元件,工作时必须有水进行冷却,保持水路畅通及合适的水压非常重要。

感应线圈在中频感应加热设备中直接把电能转化为热能,钎焊时可根据不同零件需要的热量来选择不同规格和匝数的感应线圈。

从触头构件的工作状态和使用要求、钎料的合理放置、分合闸时所承受的冲击力和剪切力等方面考虑,可将触头设计成如图 6-72 所示的型式。图中上部放置铜钨(CuW70),下部放置紫铜

(T2-Y)。

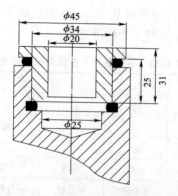

图 6-72 触头接头型式及钎料放置(单位:mm)

在焊接紫铜(T2-Y)与铜钨合金(CuW70)触头过程中,正确选择钎料是保证获得优秀钎焊接头的关键。焊接该类触头可选用 BAg45CuZn 银基钎料进行钎焊,其钎焊温度可以确定为 745 ℃～845 ℃。为了使用方便,最好选用糊状钎剂(QJ112)。

钎焊是钎料与两部分母材发生浸润,从而渗透到母材金属中,以达到原子间的结合。润湿性受材料表面清洁度、表面形状等因素影响,更重要的是受材料本身属性所决定。为提高钎料与母材的润湿性,焊接过程中可采取一些工艺措施。根据有关文献介绍,在其他条件相同的情况下,BAg45CuZn 银基钎料对紫铜的浸润性较好,而对铜钨的浸润性很差。以有关力学性能试验情况看(见表 6-33),触头在试验中几乎未发生断裂就将铜钨全部或部分拉出,铜钨钎焊面(特别是周向圆柱面)几乎不浸润,抗拉强度一般不超过 150 kN。可见,提高铜钨润湿性便成为钎焊的首要问题。

经过有关人员的大量调研,并先后利用氯化盐溶液、某酸及电镀的方法对铜钨进行浸蚀处理,发现用酸及电镀的方法并不能改变铜钨的浸润性,证明铜钨与酸并不是简单的置换反应。最后,有关人员通过严格控制氯化盐的加热温度、浸泡时间及焊件清理等程序,制定出了一整套严格的工艺规范,改变了铜钨的润湿性,使触头的抗拉强度值从 120 kN 提高到了 200 kN 以上(见表 6-32),抗拉强度得到了大幅度提高。

表 6-33 不同条件下各试件检查结果

试验条件 \ 编号	结果			
	1#	2#	3#	4#
是否浸蚀	否	否	是	是
是否转动、加压	否	是	是	是
加热方式	火焰	中频	中频	中频
A 超结果	不合格	不合格	合格	合格
C 超钎着率(%)	25.4	40.5	83	87
抗拉强度(kN)	104	120	217	217
断裂情况	将铜钨拉出		紫铜出现颈缩并断裂于下焊接面	

钎焊过程中,钎焊接头的间隙对接头的机械性能有着很大的影响,合适的间隙不仅有利于钎焊过程中形成毛细作用,促进钎料流动,还可防止夹渣和气孔的产生。有研究者综合考虑钎焊的毛细填缝作用和材料热膨胀对间隙的影响,将间隙限定在不同的范围内进行观察,最后发现,当接头间隙在 0.025～0.125 mm 时,钎料流动比较均匀,且有利于钎焊过程毛细作用的形成。

钎焊时,为了避免多次涂抹钎料带来的麻烦,可以在上、下两个焊接面上各预置一个预先加工好的焊料圈(截面直径为3 mm),涂以糊状钎剂。这样不仅可以保证装焊容易,还能使钎料铺展均匀,使钎焊过程容易进行。

钎焊过程中,温度是影响钎料流动的主要因素。温度太高,钎料大部分从焊缝中溢出;温度太低,钎料不能很好的溶化和流动。如图 6-73 所示,钎焊时需要保温 $\triangle t_1$ 和 $\triangle t_2$ 两段时间,也就是说,钎焊时,在温度达到 750 ℃～770 ℃时,需要保温 20～30 s,使钎料充分铺展;继续加热到 810 ℃～830 ℃时,再保温 20 s,使钎料充分渗透到母材中并进行扩散,以增强原子间的结合力。

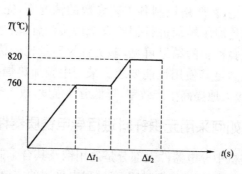

图 6-73 触头加热曲线

钎焊过程中,容易形成的焊接缺陷一般有未焊合、气孔、夹渣等。钎焊缺陷的存在将直接影响到钎焊质量。有关研究表明,如果在钎焊时,当温度达到 750 ℃~770 ℃时,稍微转动几下铜钨合金头;当温度达到 810 ℃~830 ℃时,对触头施加一定的垂直静压力,有利于气体的及时排出以及钎料均匀铺展,对提高钎焊接头的焊接质量极为有利。图 6-74 是钎焊过程中没有加压转动的接头 A 超检验后照片,其中图中白色为缺陷,黑色(底色)最好,黑色多表明钎焊的钎着率高。对比钎焊过程中没有加压转动的接头(如图 6-74 所示)和加压转动的接头图(如图 6-75 所示),可见没有加压转动的接头反映钎焊钎着率比较低,而加压转动的接头钎着率比较高。

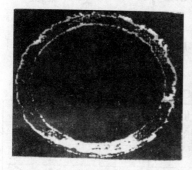

图 6-74 没有加压转动的 1# 接头试件

图 6-75 加压转动的 3# 接头试件

由此可见,在严格控制各工艺参数的情况下,完全可以采用中频感应加热加压转动进行铜钨合金触头的钎焊;通过 A 超、C 超和拉力试验检查的结果可见,触头钎焊质量比较优良,机械性能完全可能满足其使用性能要求。采用中频加热焊接铜钨合金触头,可以极大地提高生产效率,降低劳动强度,改善劳动环境。

十七、如何采用无银钎料进行导电铜质器件的钎焊?

电子整机中导电器件大部分是选用铜及其合金制造的,为了保证其良好的电性能要求,在生产过程中采用的主要连接方式是硬钎焊(加热温度高于 450 ℃),而且主要采用银基钎料来保证接头具有良好的导电性、耐腐蚀性以及机械性能,因而生产成本较高。为了节约用银,降低生产成本,就需要有一种钎料,既能保证导电器件的性能,有较好的工艺性,又价格实惠且有较好的经济性。对此,无银钎料给人们带来了希望。

在无银钎料的试验和使用中,中温 QCu12Z 钎料给生产者降低生产成本,保证导电器件的性能,带来了无限的希望。有研究者经过多次无银中温钎料的工艺试验,对其焊接条件、工艺性能、焊接接头的性能进行了研究,其结果表明,所选器件经过中温 QCu12Z 钎料钎焊后,质量和导电性能完全达到要求。

1. 无银中温 QCu12Z 钎料与银基钎料 303 的性能对比试验

(1)化学成分

为了更好的了解银基钎料和无银钎料,表 6-34 给出了两种钎料的化学成分。

表 6-34　银基钎料 303 与无银 QCu12Z 中温钎料的化学成分对比

钎料牌号	化学成分(%)					
	Ag	Zn	Sn	P	Ni	Cu
料 303	45±1	25±1	—	—	—	余量
QCu12Z	—	—	(7~10)+1.5	48±1	0.7±0.4	余量

从表 6-34 中可看出,银基钎料 303 含银量约为 45%,而 QCu12Z 中温钎料含银量为 0。由此可见,采用 QCu12Z 中温钎料钎焊可以使生产单位节约了大量制造成本。

(2) 接头机械性能试验

银基钎料 303 为 Ag-Cu-Zn 三元合金,由 α_1(Ag-Cu)、α_2(Cu-Zn) 固溶体组成,有一定强度和可塑性。因此,采用银基钎料 303 钎焊后的电器元件接头机械性能良好。

无银钎料 QCu12Z 是以 Cu 为基的 Cu-Sn-P 三元合金,室温状态下由 α 固溶体及脆性 Cu_3P 化合物组成,Cu_3P 使接头性能变脆。

接头机械性能试验表明,无银钎料 QCu12Z 与料 303 所焊接头的抗剪强度,虽然有差距,但数值相差不是很大,而弯曲角相差很大,钎料 QCu12Z 所焊接头的弯曲角很小,说明其接头塑性差,这主要与 Cu_3P 的存在有关。

(3) 物理性能试验

两种钎料的电阻率、熔点及浸流面积见表 6-35。

表 6-35 银基钎料 303 与无银 QCu12Z 中温钎料的物理性能

材料牌号	熔点 (℃)	电阻率 ($\Omega \cdot mm^2 \cdot m^{-1}$)	浸流面积 (mm^2)		备注
料 303	660~725	0.097	H62	452	相同重量的钎料,相应的钎焊温度
			T4	347	
QCu12Z	620~660	0.380	H62	1 195	
			T4	602	

从钎料的化学成分可知,钎料 QCu12Z 中由于 P、Sn 元素的存在,特别是 P 元素的含量较高,大大降低了钎料 QCu12Z 的熔点。从表 6-35 中可看出,钎料 QCu12Z 比料 303 的熔点低 40 ℃~65 ℃,而且结晶温度区间也比较小,因焊接加热过程及结晶过程都要比料 303 短,这将大大缩短焊接进程,降低了焊件的变形倾向。表 6-35 中浸流面积数值也表明,钎料 QCu12Z 中由于 P、Sn

等元素的加入,使其比钎料303具有更好的流动性、漫流性及填缝能力。

(4)工艺性试验

采用火焰钎焊方法,分别采用钎料QCu12Z和钎料303焊接相同材质、相同结构形式、相同装配间隙的焊件,结果表明,采用钎料QCu12Z配用钎剂102钎焊,其漫流性和填缝能力都比银基钎料303优越,但钎焊过程中钎料QCu12Z填缝的均匀性比银基钎料303差。采用钎料QCu12Z钎焊后,其器件在漫流面上有孔穴出现,而且钎焊缝中较易产生气孔。为避免钎焊过程中气孔的产生,采用钎料QCu12Z进行器件的焊接时,要掌握合适的钎焊温度,操作时不要用火焰直接加热钎料,以防止Sn元素的蒸发。实践证明,只要钎焊温度合适,钎焊时操作手法得当,钎焊缝中的气孔是完全可以避免的。

(5)致密性试验

在无银钎料的试验和使用中,有关院校采用钎料QCu12Z对广播发射机中铜馈管进行了钎焊,经机加工后对钎缝致密性进行检测,其致密性能够达到SJ/T 10667—1995中银钎焊钎缝的质量标准要求。

(6)镀银试验

通过对采用钎料QCu12Z所焊焊缝进行镀银试验,其钎缝镀银层致密、光亮、钎缝与母材色泽一致。

(7)电参数测试

某型电子整机中的电桥,结构复杂,既有腔体拼接,又有插入式的搭接结构,采用钎料QCu12Z焊接后,对其电性能进行测试,其驻波系数、功率分配比等参数均达到产品技术要求。

(8)耐腐蚀性试验

使用过银基钎料303的操作者一般都知道,采用钎料303的钎焊接头在各种介质中均有良好的抗腐蚀性,而钎料QCu12Z中含有P元素,在高温SO_2的气氛中使用时,其钎焊接头的抗腐蚀性较差,但在其他气氛中抗腐蚀性良好。

(9)可靠性

通过在不同条件下进行的可靠性试验,采用钎料QCu12Z钎焊具有以下特点:

(1)采用钎料QCu12Z进行焊接,其焊接的重复性好;

(2)在钎焊管接头两端垂直方向进行锤击试验,钎缝无裂纹出现;

(3)对管接头进行400 km产品试验,质量合格;

(4)钎缝着色探伤检查及密封检查均达到合格;

(5)对所焊焊件进行耐压试验,质量合格;

(6)进行冷热疲劳试验,器件耐冷热疲劳均能达到设计标准。

以上结果说明,在电子产品中,对于承受静载荷和轻微交变载荷的导电铜质构件,采用无银钎料QCu12Z的钎焊接头具有较好的可靠性。

2. 无银中温QCu12Z钎料应用的注意事项

鉴于操作者对无银中温钎料使用的了解程度,使用无银钎料钎焊时应注意以下一些事项:

(1)接头设计

采用无银中温钎料QCu12Z钎焊黄铜H62和紫铜T4后,其接头的抗拉强度、抗剪强度均小于银基钎料303所焊接头,而且接头塑性较差。因此,钎料QCu12Z不能用于对接接头钎焊,且在搭接接头中通过增加搭接量来使其接头强度与母材相等。

其等强搭接量,即搭接长度按式(6-1)计算:

$$L = \delta(\sigma_b/\sigma_\tau) \tag{6-1}$$

式中 δ——钎焊件中薄焊件的厚度,mm;

σ_b——母材抗拉强度,MPa;

σ_τ——钎焊接头的抗剪强度,MPa。

在广播发射机中,很多馈管、法兰盘的材质为黄铜,通过材料手册可查得σ_b,通过所做接头机械性能试验可得σ_τ,依据式(6-1)就可计算出采用无银中温钎料QCu12Z钎焊时接头的搭接量。

(2)钎焊工艺

采用无银中温钎料 QCu12Z 钎焊时,在工艺上应注意以下几点:

1)焊前清理。与采用银基钎料 303 焊前处理方法一样,一般采用化学清理和机械清理的方法,对焊件进行严格的表面清理;

2)采用钎剂 102 进行辅助钎焊;

3)装配间隙一般比钎料 303 焊接时的装配间隙要稍微小一点,可在 0.02～0.15 mm 范围内选择;

4)钎焊温度要比银钎焊的温度稍低,但要高于钎料熔点,一般的钎焊温度可选择在 700 ℃左右,并在整个钎焊过程中严格控制钎焊温度。这样既可以防止因钎焊温度过高引起的氧化、金属元素蒸发、流失,避免钎料填缝能力下降、残留夹杂物及严重的气孔等缺陷,还可以克服因钎焊温度过低引起的钎料流动性差、钎缝填不满、母材与钎料相互作用不够导致的接头致密性差、强度低及冲击韧性差等性能方面的不足。

3. 经济效益

白银是贵金属,因此银基钎料价格昂贵。如果用无银中温钎料 QCu12Z 来代替银基钎料 303 进行钎焊,据有关资料估计,每公斤钎料可节约资金 500～600 元,这将极大地降低产品的生产成本,取得可观的经济效益。

4. 结论

实践证明,由于无银中温钎料 QCu12Z 比银基钎料 303 熔点低、钎焊温度低,因此,焊后焊件变形小,修整加工量小;采用无银中温钎料 QCu12Z 进行钎焊,其钎焊接头具有一定的强度,搭接接头能达到与母材等强;无银中温钎料 QCu12Z 的流动性、漫流性、填缝能力优于料 303,采用其钎焊铜及其合金具有良好的工艺性;无银中温钎料 QCu12Z 钎焊接头具有良好的抗腐蚀性,镀银性能好,但塑性较差,因此建议只应用于铜及其合金的搭接接头不受或者承受较小弯曲、冲击、振动等载荷作用的钎焊结构中。

对于有些电子整机,如广播发射机中,大部分器件选材都是铜及其合金。机器工作过程中,对钎焊接头的导电性能有较严格的要求,这些部件或许会受到轻微的振动载荷,但器件一般不承受弯曲、冲击载荷,因此,采用无银中温钎料QCu12Z进行钎焊是可行的,是完全能够保证产品质量的。

十八、如何利用火焰钎焊焊接冷凝管?

制冷装置中的管道接头或管件多而复杂,所用材料主要是紫铜、黄铜、不锈钢和碳钢等,这些材料采用火焰硬钎焊连接,工艺上操作相对容易,得到的接头强度高、柔韧性好,可承受较大的振动力和冲击力。因此,钎焊工艺在制冷装置的制造与维修领域应用最为广泛。

制冷装置的工作依靠密闭制冷系统内的制冷循环完成,系统泄漏故障在制冷装置故障中几乎占到一半的比例,故要求管道的所有焊接点无裂、无泄漏以及牢固可靠,因为钎焊效果的好坏对制冷装置的质量起到决定性的作用。为保证钎焊质量,作业时必须严格按照有关钎焊工艺要求进行操作。以下将结合制冷空调制造与维修行业的实际情况,介绍管道钎焊工艺的几个要点。

1. 焊接设备准备

(1)火焰硬钎焊是利用可燃气体与氧气混合燃烧的火焰加热焊件的一种焊接方法。可燃气体包括乙炔、丙烷、石油气和天然气等,使用的设备有氧气瓶、燃气瓶、带压力表减压阀和焊剂发生器等,主要工具有焊炬和胶管等,如图6-76所示。

(2)根据所使用燃气种类选择专用焊炬并配备适当的焊咀(一般选用5号和6号)。用扳手将焊咀拧紧,焊炬的氧气管接头必须与氧气管连接紧密,而燃气进气管接头与燃气管应避免连接过紧,以不漏气且容易插上为准,便于使用中焊炬回火时迅速拔掉燃气管,断绝回火路径。

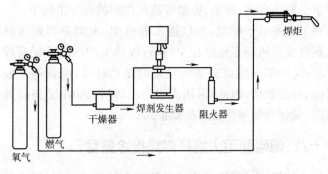

图 6-76 火焰硬钎焊基本设备

(3) 对射吸式焊炬,应检查其射吸性能。检查时,先接上氧气胶管,不接燃气胶管,打开燃气阀和氧气阀,用手指按在燃气进气管接头上,若手指上感觉有足够的吸力,表明射吸能力是正常的,反之,则必须修理,否则严禁使用。

(4) 检查胶管与各部位的连接时,应将焊炬的 2 个进气阀门关闭,再检查胶管连接处是否有漏气现象。

2. 焊条的选择

火焰钎焊焊接冷凝器管路时,钎焊的焊条选择对保证焊接质量至关重要。

(1) 选择焊条要注意在保证焊接质量的前提下,考虑焊接中的成本问题,尽可能选用含银量低的焊条。钎焊中,可用含银量高的焊条替换含银量低的焊条,但用含银量高的焊条才能保证焊接质量时,决不可选用含银量低的焊条。

(2) 钎焊的管件越小,钎焊难度就越小,选用的焊条含银量可越低。

(3) 一般情况下,紫铜件和紫铜件之间的钎焊,选用含银量 2%~15% 的银焊条;紫铜件和黄铜件之间以及紫铜件和不锈钢件、碳钢件之间的钎焊,应选用含银量 34%~45% 的银焊条。

3. 焊前工件的检查和准备

火焰钎焊焊前工件的检查和准备很重要。

(1) 钎焊结合区域表面应保持清洁、无油脂和氧化物的污染，如有油污，应做除油清洗。必要时，钎焊前可用砂纸或钢丝刷将钎焊区域刷磨处理干净，钎焊效果将更好。

(2) 钎焊前应检查插管间隙是否均匀、合理，管口不能有明显的变形，管端毛刺要清理。理想的钎焊间隙在 0.05～0.15 mm 之间，且间隙越小越好。插入深度一般应为管径的 1～1.5 倍，如图 6-77 所示。

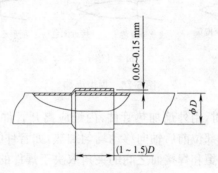

图 6-77　钎焊间隙和插入深度

4. 钎焊操作要点

(1) 如果钎焊后的管件不进行酸洗，在钎焊操作开始前应用干燥的氮气将管内的气体全部置换干净，并在钎焊时和冷却过程中保持一定压力（0.02～0.05 MPa）的氮气流，以避免被焊金属高温氧化。同时，在燃气中使用的焊剂发生器应加入助焊剂。

(2) 当钎焊一些重要的部件时，如电磁阀、膨胀阀、单向阀、四通阀、旁通阀、视液镜、干燥过滤器等，应采取有效的降温措施。最简单的降温措施就是用湿布缠绕包扎这些部件或将这些部件浸泡在水槽中，均可起到很好的降温效果。同时，在保证钎焊质量的前提下,钎焊时间应尽可能得短。

(3)钎焊前,在确认焊炬、气管、气瓶之间的连接无误后,打开氧气和燃气瓶阀门,将氧气和燃气出口压力调整到合适的值。使用乙炔时,氧气出口压力为 0.3~0.5 MPa,乙炔压力为 0.1~0.12 MPa;使用石油气时,氧气出口压力为 0.4~0.7 MPa,石油气压力为 0.05~0.09 MPa;当不使用焊剂发生器时,燃气压力大约可缩减一半。

(4)点燃焊炬,调整火焰为"中性焰",避免使用"氧化焰"和"碳化焰",如图 6-78 所示。

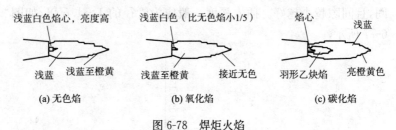

图 6-78 焊炬火焰

(5)钎焊时,用外焰加热管件,内焰应离开管件 15~25 mm;火焰沿需加热部位前后轴向移动均匀加热,如管件能转动则慢慢转动更好。焊炬和焊接面之间的夹角取决于焊件的厚度、熔点和导热性:焊件越厚,熔点和导热性越高,应采用较大的夹角,使火焰的热量集中;否则,应采用较小的夹角。铜管件钎焊一般采用 60°~80°夹角,焊条与焊炬的夹角为 90°~100°,如图 6-79 所示。

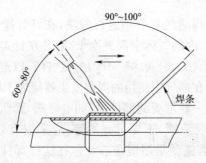

图 6-79 钎焊时焊炬与焊条相对于工件的角度

(6)对于难于粘附钎料的钎焊,可使用助焊粉改善,方法是用加热的焊条端部粘上助焊粉向已预热的钎焊处涂抹。助焊粉和助焊剂在加热过程中均能减少氧化物的生成,增加钎料的流动性。

(7)用火焰将连接部位加热到桔红色(接近焊条的熔化温度,约700℃),这时将焊条端部搭接到接口处,继续加热接头区域使钎料熔化,熔化的钎料会向高温区域流动并渗入焊缝深处。直到焊缝表面被钎料均匀填满,在整个焊缝形成弯月状的圆根时(如图 6-80 所示),此时停止加热。在钎焊过程中,不能用火焰直接加热钎料。

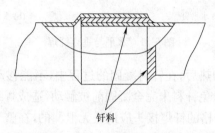

图 6-80　优质钎焊接头示意图

5. 注意事项

采用火焰钎焊焊接冷凝管时要注意以下几个方面的问题:

(1)钎焊时管件要加热到钎焊温度(桔红色,约700℃)才能加入钎料,但温度达到钎焊温度后若钎料加入不及时,钎焊区域会过烧导致助焊剂失效,影响钎焊质量。

(2)当进行管子和接头的水平钎焊时(图 6-81(a)),先加热管子,再加热接头。从何处开始加入钎料,要取决于操作者的习惯和钎焊的位置,但如果是大尺寸的管件钎焊,一般先从底部开始加钎料,然后沿周边焊上去。这样,先加的钎料凝固后形成一"栓塞",阻止后加钎料的流出。

(3)当进行管子和接头的垂直钎焊时(图 6-81(b)),应将管子与接头一起加热,使两者的加热温度一致。如果管子温度较高,钎料将会沿管子流下而不聚集在钎焊处。

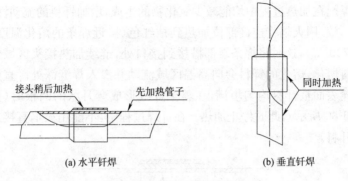

图 6-81 水平与垂直钎焊

(4) 停止加热后,在钎料凝固的过程中,不能移动和振动所焊接的管接头,以免钎料未完全凝固前被触动,造成焊缝暗裂。

(5) 一个合格的钎焊接头应该是无泄漏的,在整个焊缝形成弯月状的圆根,表面清洁干净,无裂纹、夹渣、气孔和母材熔蚀等缺陷。

(6) 钎焊接头的检查方法有多种,其中,目测能够确认钎料渗透到整个接头优劣的情况,尤其是炉内钎焊工艺,这是检验质量的最简捷方法。

6. 后处理

钎焊后的管件一般应做后处理。

(1) 钎料凝固后,关键接头表面会粘附一些助焊剂残留物,这些残留物吸收水分后会加快管件的腐蚀。因此应及时彻底清理焊接助焊剂的残留物。清理方法可用水浸洗或用湿布巾擦洗,必要时也可用砂纸打磨或钢丝刷刷磨清理。但实践证明,对钎焊后的接头进行酸洗,防腐蚀的效果更好。

(2) 对于一些有美观要求的管接头焊件,为避免焊接部位在使用中氧化变色,避免钎料被一些介质侵蚀开裂或穿孔,可在清洁、清理后的焊接部位刷一到两层透明漆。

7. 焊接缺陷及原因

(1)火焰钎焊焊接冷凝管经常出现的问题是钎料冷却凝固后出现裂纹,如图 6-82 所示。出现裂纹的原因:首先,与钎焊过程冷却速度过快有关;其次,过大的焊缝间隙在受压和振动下也容易引起焊缝破裂;第三,用含磷的低银钎料焊接黑色金属时,在焊接过程中焊料与金属反应会形成松脆的磷化物,引起焊缝冷脆发生裂纹;第四,对于两种不同的金属钎焊(属于异种材料焊接,异种材料的线膨胀系数不同),膨胀和收缩系数大的金属(如铜管)插入膨胀和收缩系数较小的金属(如钢套)中进行钎焊时,钎料在冷凝后承受拉力,冷却后导致冷凝管被拉裂,反之(即钢管插入铜套)则可大大改善钎焊质量。

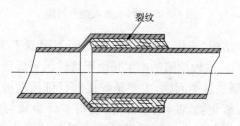

图 6-82 焊接裂纹

(2)在钎焊处出现泄漏(如图 6-83 所示)也是火焰钎焊焊接冷凝管的常见问题。根据有关资料统计,钎焊件 90% 的泄漏是由钎焊操作不规范造成的。常见原因:一是钎焊处加热方法或加热温度不正确,造成焊缝中钎料分布不均匀;二是钎焊温度过高,使母材和钎料过热,引起钎料中某些元素(磷、锌等)的挥发;三是钎焊火焰不正确,致使钎焊件产生结碳或产生过多的氧化物。

(3)表面上看钎料已经充满焊缝口,但钎料并不渗入接合间隙中(如图 6-84 所示),这种钎焊缝在使用中很容易发生泄漏。产生这种缺陷的原因一般是钎焊区域加热温度不均匀,特别是接合处外部热而内部尚未达到钎焊温度,或者钎焊件过热使助焊剂分散失效,以致钎料流动不畅。

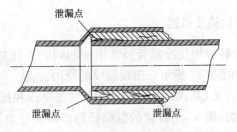

图 6-83 焊接处泄漏

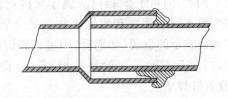

图 6-84 焊料未渗入接合间隙

(4)钎料结成"球状"滚落进接合处而不附着于工件表面(如图 6-85 所示)。这种缺陷的产生是由于管件的钎焊区域清洁不好造成的。要解决这类问题,主要是焊接前仔细清理被钎焊件被钎焊面的杂质、氧化物、油污、水分等,使得被焊金属与钎料接合良好。另外,被焊金属未达到钎焊温度而钎料已熔化、接合处过热造成助焊剂失效等也会引起钎料结成"球状"滚落进接合处而不附着于工件表面的缺陷。

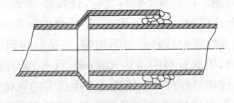

图 6-85 钎料结成"球状"

十九、如何进行紫铜管的火焰钎焊?

紫铜质地坚硬,导热性好,不易腐蚀,且耐高温、高压,这些性能特点使其可在多种环境中使用,如换热设备(冷凝器等)的制造、制氧设备中的低温管路;润滑系统、油压系统等输送有压力的液体;由于紫铜管的耐腐蚀性好,也使其成为现代承包商在商品住宅的自来水管道、供热、制冷管道安装的首选(过去住宅中多用镀锌钢管,镀锌钢管在使用中极易锈蚀,使用时间不长就会出现自来水发黄、水流变小、在高温下强度迅速降低等问题,用于热水管时会产生不安全隐患,而铜的熔点高(1 083 ℃),用于热水系统时安全可靠)。由于紫铜管应用的日益广泛,其焊接工艺及焊接质量越来越受到人们的重视。

1. 紫铜熔焊时易产生的问题

紫铜焊接时可以采用的焊接方法通常有焊条电弧焊、气焊、惰性气体保护焊等熔焊方法。由于紫铜本身的热物理性能特点,使其在进行熔焊时易产生以下问题:

(1)易形成未焊透

紫铜的熔点(1 083 ℃)虽然比钢低得多,但由于其热导率高,焊接时大量的热被散失了,所以紫铜焊接时难以熔化,易形成未焊透。

(2)易产生较大的焊接应力及变形

为了保证焊透,需采用大的热输入,同时需要进行充分的预热,又由于紫铜的线膨胀系数大,所以焊接时易产生较大的变形。为了防止变形,需要增大结构的刚性,这样就必然在工件中产生较大的焊接应力。

(3)易形成焊接裂纹

紫铜虽然没有固液共存的温度区间,但由于焊接过程中产生了较大的焊接应力,同时由于采用大的热输入,易造成焊接接头形成粗大的柱状晶。另外,由于铅、铋等杂质的存在,会在晶间形成低熔点的共晶体,而造成热裂纹的形成。

(4)易形成气孔

由于铜的热导率大,使焊缝结晶速度比较快,高温时熔入到熔池中的大量的氢来不及析出,就会在焊缝中形成氢气孔。此外,铜在高温下会被氧化生成 Cu_2O,Cu_2O 会与溶解在液态铜中的氢发生反应:

$$Cu_2O + 2H = 2Cu + H_2O \uparrow$$

由于水蒸汽不溶于铜,熔池的结晶速度又快,当水蒸汽来不及逸出时就会形成反应气孔,所以含氧铜的气孔敏感性比无氧铜大。

因此,紫铜进行熔焊时,易产生未焊透、变形、裂纹和气孔等问题。

2. 钎焊

钎焊是采用比母材熔点低的金属材料作为钎料,将焊件和钎料加热到高于钎料的熔点而低于母材熔点的温度,利用液态钎料润湿母材,填充接头间隙并与母材相互扩散,从而实现连接焊件的焊接方法。

钎焊与熔焊相比,钎焊时母材是不熔化的,这就减少了母材热导率大对焊接质量的影响,防止了未焊透的形成,并能减少产生气孔和裂纹的倾向,保证焊缝性能。又由于在焊接过程中,母材不熔化,所以母材的组织、结构性质几乎不发生变化,从而可以保证母材原有的使用性能。

3. 紫铜管的钎焊工艺

(1)钎料的选择

钎料选用丝状或棒状($\phi 3.0 \sim \phi 5.0$ mm)的 BCu60ZnSn-R(丝221),化学成分见表 6-36。丝 221 的熔化温度为 890 ℃~905 ℃。

表 6-36 BCu60ZnSn-R(丝 221)的化学成分

牌号	国家牌号	化学成分(%)			
		Cu	Sn	Si	Zn
HY221	BCu60ZnSn-R	59~61	0.8~1.2	0.15~0.35	余量

(2)钎剂的选用

钎焊紫铜管的钎剂一般选用 FB101,成分见表 6-37。其主要成分为硼酸和氟硼酸钾,其熔化温度为 550 ℃～850 ℃。

表 6-37　FB101 的化学成分

牌　号	化学成份(%)	
	H_3BO_3	KBF_4
FB101	29～31	69～71

(3)接头形式

钎焊紫铜管的接头形式多采用插入式,如图 6-86 所示。

(4)焊前清理

钎焊紫铜管前需进行管口边缘修正,并去除毛刺,并保证管口无裂纹、破裂或其他缺陷。且在装配前需将紫铜管插入接头部分的表面及与其连接部分的表面进行清理。清理时,用钢丝刷或砂纸清除氧化物,用丙酮等有机溶剂清除油污。

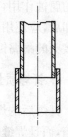

图 6-86　插入式接头形式

(5)定位焊

装配后,采用定位焊将其固定,定位焊缝的数量、尺寸和高度见表 6-38。定位焊的次序为沿圆周上下左右对称均匀分布,在钎焊过程中应将定位焊缝熔入到焊缝中。

表 6-38　定位焊的数量、尺寸和焊缝高度

管子直径 (mm)	定位焊数量 (个)	定位焊缝高度 (mm)	定位焊长度 (mm)
32～121	2～3	2～3	5～10
121～350	4	3～4	10～15

(6)焊接

钎焊紫铜管时,应尽可能采用俯焊平角位置操作,以保证进

行连续焊接。根据铜管接头的大小选择合适的焊枪。钎焊火焰应采用中性焰,因为氧化焰含氧量高,会使铜氧化而引起裂纹;碳化焰中含有游离状的氢,会导致气孔。焊接前,在给管子进行加热时,火焰应与受热面垂直,并均匀加热被焊铜管接头,尽可能快速将母材加热,当温度在 650 ℃~750 ℃时送入钎料,一般加热钎料下部,使熔化的钎料填充进间隙中。当钎料全部熔化时应立即停止加热,避免铜管接头的温度过高,加热时间过长。在钎焊过程中,钎缝及钎料均应处于火焰的保护之下。钎缝焊后自然冷却,注意钎缝凝固前不得搬动工件。

由于 FB101 钎剂中含有氟化物,长期存在对焊接材料具有一定的腐蚀作用,而且焊渣的存在也会妨碍钎缝的检查,所以钎缝冷却后,应使用热水或湿布对钎缝及周围进行擦拭,清除焊渣,保证接头的耐腐蚀性及焊后检查的可靠性。

4. 钎焊质量

钎焊后的焊接接头应保证焊缝表面无裂纹、气孔、未熔合等缺陷,而且焊缝表面成型要美观。对有力学性能要求的焊接接头一般要进行力学性能试验,以保证其抗拉强度不低于母材。

参 考 文 献

[1] 王绪科,周吉学,詹成伟,等.镁合金焊接技术研究进展[J].2012,25(5):29-37.

[2] 吴小俊,袁苗达.镁合金活性TIG焊发展与研究现状[J].2013,42(2):8-12.

[3] 张兆栋,刘黎明,王来.镁合金活性TIG焊焊接接头组织特征分析[J].焊接学报,2004,25(4):55-59.

[4] 李晓泉,初雅杰,杨宗辉.AZ31B镁合金TIG焊接头的热碾压力学改性实验研究[J].航空材料学报第,2009,32(3):46-51.

[5] 葛茂忠,项建云,张永康.AZ31B镁合金TIG焊接件应力腐蚀性能研究[J].材料导报,2013,27(2):40-46.

[6] 张新恩,周吉学,詹成伟,等.AZ31镁合金氩弧焊接接头组织与力学性能研究[J].山东科学,2012,25(3):92-96.

[7] 王红英,莫守形,李志军.AZ31镁合金CO_2激光填丝焊工艺[J].焊接学报,2007,28(6):93-98.

[8] 仲子平.工艺参数对镁合金焊接接头力学性能的影响[J].热加工工艺2010,39(5):158-160.

[9] 刘政军,贾华,张文,等.焊接电流对AZ31镁合金接头的影响[J].沈阳工业大学学报,2010,32(1):40-44.

[10] 王红英,李志军.焊接工艺参数对镁合金CO_2激光焊焊缝表面成形的影响[J].焊接学报,2006,27(2):64-71.

[11] 葛茂忠,项建云,张永康.激光冲击处理对AZ31B镁合金焊接件抗应力腐蚀的影响[J].中国激光2012,39(12):1-7.

[12] 苏允海,刘政军,王玉,等.磁场参数对AZ31焊接接头组织和性能的影响[J].2007,28(5):45-49.

[13] 刘政军,贾华,苏允海,等.电磁搅拌对AZ61镁合金TIG焊焊缝质量的影响[J].焊接技术,2010,39(2):8-13.

[14] 刘政军,赵福冬,苏允海,等.AZ91镁合金焊接接头组织及力学行为分析[J].焊接学报,2012,33(6):27-32.

[15] 孟昭北,苏允海.电磁搅拌对AZ91合金TIG焊接头性能的影响[J].热加工工艺,2011,40(7):155-158.

[16] 刘政军,苏允海,罗君,等.AM50镁合金的TIG焊接性研究[J].沈阳工业大学学报,2007,29(5):492-497.

[17] 全亚杰,陈振华,黎梅,等.AM60变形镁合金薄板激光焊接接头的组织与性能[J].中国有色金属学报,2007,17(4):525-530.

[18] 谢丽初,陈振华,全亚杰.ZK60镁合金CO_2激光焊接接头的显微组织与性能[J].机械工程材料,2012,36(9):11-15.

[19] 周楠,戚文军,刘畅,等.挤压ZK60-Gd合金搅拌摩擦焊接头的组织与性能[J].材料研究与应用,2012,6(4):240-246.

[20] 赵妍,胡伟叶,周海峰,等.厚板镁合金搅拌摩擦焊性能与组织分析[J].航空制造技术,2013,21:78-80.

[21] 蒋健博,刘黎明,祝美丽,等.镁合金小孔变极性等离子弧缝焊工艺[J].焊接学报,2007,28(5):65-70.

[22] 伍碧霞.TC6钛合金焊接工艺[J].电焊机,2010,40(9):89-92.

[23] 王建超,付明.TC4钛合金焊接前的酸洗工艺[J].2013,46(9):61.

[24] 陈倩清,唐永刚.TA2钛合金焊接试验研究[J].船舶工程,2007,29(2):58-62.

[25] 吴允光,傅华.钛的氩弧焊焊接[J].川化,2002,4:9-13.

[26] 高飞.钛及钛合金材料的焊接技术[J].石油化工建设,2006,28(4):38-43.

[27] 查友其.船用钛合金高效焊接工艺研究[J].材料开发与应用 2012,2:62-67.

[28] 贺飞.TA15钛合金高压及中压电子束焊接接头组织性能研究[J].航空制造技术,2013,16:87-89.

[29] 惠媛媛.TC2钛合金换热管与管板焊接工艺研究[J].焊管,2011,34(9):41-44.

[30] 姜永春.厚板钛合金窄间隙TIG焊焊接接头组织与力学性能[J].Defense Manufacturing Technology,2003,3:48-52.

[31] 符浩,刘希林,卢海,等.焊接接头参与应力的消除方法[J].中国有色金属学报,2010,20(1):713-717.

[32] 马杰,尤逢海,方声远,等.超声冲击对钛合金焊缝表面压应力的影响[J].宇航材料工艺,2012,1:89-91.

[33] 陈文静,赵平,邱涛.TC6钛合金焊接接头性能研究[J].稀有金属材料与工程,2012,41(2):162-164.

[34] 关迪,孙秦.TC18钛合金焊接接头力学性能试验研究[J].航空工程进展,2012,3(2):174-179.

[35] 王新宽.钛及钛合金焊接缺陷的控制措施[J].石油化工建设,2006,28(3):46.

[36] 韦生,费东,田雷,等.钛及钛合金焊接工艺探讨[J].焊接技术,2013,42(4):43-77.

[37] 陈耀坤,陈建华,席浩君.助焊剂消减TC4钛合金焊接气孔的试验研究[J].石油化工设备,2008,37(5):20-23.

[38] 李国庆.小直径TA2钛管氩弧焊焊接[J].焊管,2011,34(11):39-42.

[39] 熊志林,朱政强,吴宗辉,等.6061铝合金超声波焊接接头组织与性能研究[J].热加工工艺,2011,40(17):130-135.

[40] 谭兵,刘红伟,马冰,等.铝合金CO_2激光电弧复合焊保护气体影响研究[J].激光技术,2012,36(4):497-451.

[41] 傅子霞,袁海洋,胡永会.预应力在2A12高强铝合金薄板焊接中的作用[J].热加工工艺,2012,41(13):140-142.

[42] 石红信,邱然锋,涂益民,等.激光滚压焊技术在异种金属连接中的应用[J].电工文摘,2012,2:41-45.

[43] 李淑华,王申.焊接工程组织管理引弧先进材料焊接[M].北京:国防工业出版社,2007.

[44] 肖诗祥.陶质焊接衬垫吸湿性研究[J].船海工程.2011,40(5):114-117.

[45] 邱葭菲,王瑞权.铝合金气焊修复工艺研究及应用实例[J].热加工工艺,2011,40(19):203-206.

[46] 陆杨,王海龙,周基江.40Cr钢与YG8硬质合金的真空钎焊工艺研究[J].江苏科技大学学报:自然科学版,2007,21(4):76-79.

[47] 戴玮,薛松柏,蒋士芹,等.6061铝合金中温钎焊接头组织与性能[J].焊接学报,2012,33(6):105-110.

[48] 马军龙.TC4钛合金喷嘴真空钎焊工艺研究[J].金属加工(热加工),2011,12:47-50.

[49] 王小霞,丁毅,朱婧,等.不锈钢/碳钢的高频感应钎焊工艺及性能研究

[J].热加工工艺,2011,40(17):152-154.
[50] 苏光,杜伟.超声波及钎料成分对氧化铝/铜钎焊效果的影响[J].热加工工艺,2011,40(7):154-157.
[51] 秦优琼.电极触头钎焊连接研究进展[J].焊接技术,2011,40(9):1-4.
[52] 牛小莉.火箭发动机喷管真空加压钎焊技术与设备[J].真空与低温,2012,18(2):115-119.
[53] 母仕华,何海楠,何斌.挤压型银石墨触点脱碳层分析及钎焊后剪切力研究[J].电工材料,2011,3:19-24.
[54] 赵磊,冯吉才,田晓羽,等.颗粒填充石英纤维复合材料与因瓦合金的钎焊连接[J].科学通报,2011,56(18):1481-1486.
[55] 邓利霞,李国栋.铝基复合金属粉末钎焊石墨的界面结构及性能[J].粉末冶金材料科学与工程,2011,16(4):659-575.
[56] 徐学礼,江轩,何金江.镍过渡层对钛/铜软钎焊性能的影响[J].热加工工艺,2011,40(7):124-127.
[57] 屈丹丹,周张健,谈军,等.钎焊温度和热处理对钨铜连接性能的影响[J].粉末冶金材料科学与工程,2012,17(3):390-394.
[58] 刘斌,黄文超,王涛.钎剂中活化组分对微连接电路腐蚀性的影响[J].精密成型工程,2012,4(2):54-56.
[59] 朱晓欧,王晓丽,陆鹏程,等.铜铝异种金属钎焊接头的电化学腐蚀性能研究[J].科技视界,2012,2:8-11.
[60] 梁谦.铜钨触头中频钎焊研究与应用[J].高压电器,2012,48(7):8-10.
[61] 金莹,董亚兰,李锁牢,等.无银中温钎料在导电铜质器件焊接中的应用[J].煤矿机械,2012,33(2):140-141.
[62] 何生.制冷装置管道钎焊工艺[J].制冷与空调,2011,11(5):72-75.
[63] 赵丽玲.紫铜管的火焰钎焊工艺[J].有色矿冶,2012.28(1):33-34.
[64] 陈海英.冶金焊接中常见缺陷的成因和防止措施[J].黑龙江冶金,2011,31(2):38-40.
[65] 裴静,高陇桥.氮化铝陶瓷 Ti-Ag-Cu 活性法焊接[J].真空电子技术,2012,2:24-27.
[66] 李家科,刘磊,刘欣.高温共晶钎料对 SiC 陶瓷的钎焊连接[J].无机材料学报,2011,26(12):1314-1319.
[67] 解荣军,黄莉萍,陈源.氮化硅陶瓷连接工艺及结合强度研究[J].硅酸盐学报,1998,26(5):635-639.

[68] 张俊计,刘学建,孙兴伟. 氮化硅基陶瓷连接技术的研究进展[J]. 陶瓷学报,2002,32(2):130-133.

[69] 张勇,何志勇,冯涤. 金属与陶瓷连接用中间层材料[J]. 钢铁研究学报 2007,19(2):1-5.

[70] 李树杰,毛样武. 陶瓷材料的微波连接技术进展[J]. 粉末冶金技术,2005,23(3):219-224.

[71] 刘洪丽,李慕勤. 活性填料对聚硅氮烷连接 SiC 陶瓷接头性能的影响[J]. 焊接学报,2008,29(6):65-69.

[72] 刘名郑,刘家臣,高海. 先进陶瓷连接的新技术-坯体连接技术[J]. 陶瓷学报,2003,24(3):164-167.

[73] 刘桂武,乔冠军,王红洁. 活化钼-锰法连接高纯 Al_2O_3 陶瓷/不锈钢[J]. 稀有金属材料与工程,2007,36(5):920-924.

[74] 鲁燕萍. 陶瓷与金属的活性封接[J]. 真空电子技术,2003,53(4):44-47.

[75] 刘桂武,杨刚宾,乔冠军. 氧化锆陶瓷润湿及钎焊的研究进展[J]. 稀有金属材料与工程,2009,38(1):406-410.

[76] 原效坤,许丰社. 用有机硅树脂连接结构陶瓷的研究进展[J]. 材料热处理学报,2006,27(5):30-35.

[77] 刘金状,段辉平,李树杰,等. 石墨/Ni+Ti 体系润湿性研究[J]. 粉末冶金技术,2005,23(3):168-171.

[78] 杨芙,吕文桂,张文明. 铝及铝合金先进焊接技术[J]. 铸造技术,2012,333(7):841-842.

[79] 丁可. LC9CS 超硬铝合金的焊接方法与焊缝组织的强度分析[J]. 机电信息,2011,309(79):191-193.

[80] 杨小坡,童彦刚,王能庆. 保护气体对铝合金焊接气孔敏感性的影响[J]. 热加工工艺,2011,41(3):139-142.

[81] 傅子霞,袁海洋,胡永会. 预应力在 2A12 高强铝合金薄板焊接中的作用[J]. 热加工工艺,41(13):141-142.

[82] 李占明,朱有利,杜晓坤,等. 2A12 铝合金焊接接头超声冲击处理前后拉伸性能分析[J]. 装甲兵工程学院学报,2012,26(3):79-84.

[83] 肖晓明,彭云,张建勋. 拘束控制铝合金焊接面外变形行为分析[J]. 焊接学报,2011,32(5):33-37.

[84] 马慧坤,贺地求,刘金书. 2519 铝合金角接结构的搅拌摩擦焊[J]. 焊接学报,2011,32(8):73-79.

[85] 秦国梁,苏玉虎,林建.铝合金/镀锌钢板脉冲MIG电弧熔-钎焊就额头的组织与性能[J].金属学报,2012,48(8):1018-1024.

[86] 尹兰礼,雷永平,林健,等.铝钢异种材料电弧熔钎焊接技术的研究[J].热加工工艺,2011,(40)15:142-145

[87] 吴相省.硬质合金/钢活性液相扩散焊接技术研究[J].硬质合金,2011,8(2):103-110.

[88] 周媛,熊华平,陈波.以铜和Cu-Ti作为中间层的TiAl/GH3536扩散焊[J].焊接学报,2012,33(2):17-22.

[89] 朱红军,鹿世敏,朱孝林.珠光体耐热钢与奥氏体不锈钢的焊接[J].工业设计,2012,2:64-65.